国家林业和草原局普通高等教育“十四五”规划教材
高等院校园林与风景园林专业系列教材

风景区规划（第2版）（附数字资源）

Scenic Area Planning

李文　吴妍◎主编

中国林业出版社
China Forestry Publishing House

内容简介

本教材作为国家林业和草原局普通高等教育“十四五”规划教材，主要是为风景园林、城乡规划、园林等相关专业必修课“风景区规划”撰写的教材。教材按风景名胜区规划规范内容展开，较全面地讲述了风景区规划相关理论、方法及内容。教材中论述了国内外风景名胜区发展的现状，并介绍了国外国家公园的先进规划管理经验，并在相关章节引入优秀案例。同时教材针对一些关键问题的新方法也作了重点论述。

教材内容广泛、新颖，具有较强的系统性、科学性、先进性和实用性，可以作为高等院校风景园林、园林、旅游管理、城乡规划、环境艺术等专业的教学用书，也可作为有关规划设计研究院设计人员和科研工作者的参考用书。

图书在版编目（CIP）数据

风景区规划 / 李文，吴妍主编. — 2版. — 北京：中国林业出版社，2023.1（2024.3重印）
国家林业和草原局普通高等教育“十四五”规划教材　高等院校园林与风景园林专业系列教材
ISBN 978-7-5219-1979-0

Ⅰ.①风…　Ⅱ.①李…　②吴…　Ⅲ.①风景区规划-高等学校-教材　Ⅳ.①TU984.181

中国版本图书馆 CIP 数据核字（2022）第 221513 号

策划编辑：康红梅
责任编辑：康红梅
责任校对：苏　梅
封面设计：周周设计局

出版发行：中国林业出版社
（100009，北京市西城区刘海胡同7号，电话 83223120）
电子邮箱：cfphzbs@163.com
网　　址：www.forestry.gov.cn/lycb.html
印　　刷：北京中科印刷有限公司
版　　次：2018年1月第1版（共印3次）
2023年1月第2版
印　　次：2024年3月第3次印刷
开　　本：889mm×1194mm　1/16
印　　张：18.5
字　　数：523千字
定　　价：68.00元

数字资源

国家林业和草原局院校教材建设专家委员会
园林与风景园林组

《风景区规划》编写人员

主　　编　李　文　吴　妍

编写人员　（以姓氏拼音排序）

丁晨旸（东北农业大学）

黄　滢（南京林业大学）

李　文（东北林业大学）

孟祥彬（中国农业大学）

阙晨曦（福建农林大学）

吴　妍（东北林业大学）

张　敏（东北林业大学）

赵志强（哈尔滨市城乡规划设计研究院）

周　丽（西南林业大学）

主　　审　李　雄（北京林业大学）

第2版前言

目前我国正在建立、健全以国家公园为主体的自然保护地体系，积极推动各类自然保护地科学规划设置，建立自然生态系统保护的新体制、新机制、新模式。自然保护地是我国实施保护战略的基础，是建设生态文明的核心载体，在维护国家生态安全中居于首要地位。风景名胜区是保护地体系中重要的一个类型，是中华民族的宝贵财富、美丽中国的重要象征。为有效保护风景名胜资源，全面发挥风景名胜区的功能和作用，提高风景区的规划管理水平和规范化程度，2018 年住建部公布了新的行业标准——《风景名胜区总体规划标准》(GB/T 50298—2018)、《风景名胜区详细规划标准》(GB/T 51294—2018)。

因此，《风景区规划》第 2 版在第 1 版基础上，融入了新的行业标准中新内容与新要求，结合近年来自然保护地体系的新发展、新应用及编者的教学经验，改进了部分内容的叙述方式，增加了新技术在风景区中应用和自然保护地体系的发展，更加符合行业发展与当今高等学校应用型人才的培养要求。

本教材以风景区总体规划内容为核心，旨在提高学生的风景区规划理论水平，提高其分析问题和解决问题的能力。在教材内容的组织和叙述方面，力求做到符合教学规律和认知特点。在每章末配有实际应用案例，有助于学生理解和掌握相关章节内容，使风景区规划教学能够适应大学教学体系和内容的改革。

本次修订由李文、吴妍任主编，多所院校及设计研究院同仁参加了编写，具体分工如下：

李　文　　第 1 章、第 7 章、第 9. 1~9. 3 节；
吴　妍　　第 2 章、第 8 章、第 12. 4 节、第 13. 2 节；
张　敏　　第 3. 3~3. 8 节、第 13. 3 节；
赵志强　　第 10~11 章；
黄　滢　　第 4 章；
周　丽　　第 6 章、第 12. 1~12. 3 节、第 13. 1 节；
阙晨曦　　第 5 章；

孟祥彬　　第 9.5~9.7 节；

丁晨旸　　第 3.1~3.2 节、第 9.4 节。

此外，参加本教材资料整理、校对工作的还有杨维菊、李若楠、孙梦桐、张子璇、曹兴佳、杨启慧、刘乃瑜、衣炫等研究生。在此，对所有为本教材努力的同仁一并表示衷心的感谢！

本教材获“东北林业大学教材建设资金”资助，特表感谢！

限于编者水平，本书在内容取舍、编写方面难免存在不妥之处，恳请读者批评指正。

编　者

2022 年 9 月

第1版序

生态文明建设功在当代、利在千秋。

作为习近平新时代中国特色社会主义思想的重要组成部分，生态文明和环境保护工作尤为重要。党的十九大报告明确提出我们要建设的现代化是人与自然和谐共生的现代化，既要创造更多物质财富和精神财富以满足人民日益增长的美好生活需要，也要提供更多优质生态产品以满足人民日益增长的优美生态环境需要。党的十九大报告在具体论述生态文明建设的重要性时，报告前所未有地提出了“像对待生命一样对待生态环境”的经典论断，明确地提出“坚持人与自然和谐共生”。

如何面对具有优美自然景观和人文历史传统的风景名胜区，运用风景区名胜规划设计专业知识保护风景区的生态环境，提供引人流连忘返的游憩场所，推进绿色发展，实现经济发展与生态环境保护双赢是每一位规划设计师追求的目标。风景名胜区规划在发展过程中也遇到了新的矛盾与问题，比如加强规划本身科学性、可行性，处理好保护与利用的辩证关系等问题。在新的历史条件下，风景名胜区的规划必须系统地综合整理自然资源和风景资源与经济开发的友好关系，既要保证风景资源永续利用，又要带动相关产业发展，提高居民的生态文化意识和经济福利水平，建设生态文明，风景名胜区规划的意义与价值显得尤为重要。

在此背景下，我要向为国家生态文明建设付出努力的、致力于本教材编写的所有参编人员致以诚挚的祝贺与感谢。本教材以《风景名胜区规划规范》(GB 50298—1999)为编写依据，全面系统地介绍了风景名胜区规划的有关内容，论述了国内外风景名胜区发展的现状，介绍了国外国家公园的先进规划管理经验，引入优秀案例，针对风景名胜区规划设计的关键问题作出了重点论述，值得借鉴与肯定。教材的编写广泛吸收了有关专家、教师及风景园林工作者的意见和建议，立足于培养具有综合创新能力的本科风景园林人才，精心选择内容，既考虑了相关知识和技能的科学体系的全面系统性，又结合了编写人员多年来教学与规划设计的实践经验，吸收国内外最新相关研究成果。教材深度合适，内容翔实，适用于风景名胜区规划设计教学系列用书，具较高的学术价值和实用价值。

我们要牢固树立社会主义生态文明观，推动形成人与自然和谐发展的现代化建设新格局，为保护生态环境作出我们风景园林人的努力和贡献。

2017 年 11 月

第1版前言

风景名胜区是人类珍贵的自然和文化遗产，风景区的可持续发展是建立在科学研究、科学规划与科学管理基础上的，风景区规划的科学观念是风景区可持续发展和永续利用的前提。我们从宏观角度出发，编写了《风景区规划》教材。

本教材内容符合教学大纲的要求，有明确的教学目标，重点解决教学中的难点、重点，并注意教材的思想性、启发性和适用性。教材编写理论联系实际，注意培养学生分析问题和解决问题的能力，注重前沿及实践的内容。教材编写时根据教学经验，体现循序渐进的原则，由浅入深、由易到难，对于教材中的难点、重点阐述透彻，为翻转课堂奠定基础。

风景区由于面积一般比较大，内部不仅仅有游客，还有社会居民系统，因此规划设计时面对的问题纷繁复杂。因此，本教材的编写是以《风景名胜区规划规范》为依据，分为上、中、下三篇，共14章。上篇为风景名胜区规划导论，中篇为风景名胜区规划，下篇为风景名胜区规划案例与发展经验。

本教材由东北林业大学李文、吴妍任主编，具体分工如下：

李　文	东北林业大学	第1章，第7章，第9章；
吴　妍	东北林业大学	第2章，第8章，第14章，第15.2节；
张　敏	东北林业大学	第3.3~3.8节；
赵志强	哈尔滨城乡规划设计研究院	第5章，第11章，第13章；
黄　滢	南京林业大学	第4章；
周　丽	西南林业大学	第6章；
阙晨曦	福建农林大学	第10章；
孟祥彬	中国农业大学	第12章；
丁晨旸	东北农业大学	第3.1~3.2节，第15.1、15.3节。

参加编书工作的人员还有杨维菊、耿华、仲昭婷、崔春英、刘紫薇、秦铭泽、王文丰、章舒文、金悦、李双全、卿如冰、王圆璇等，由于时间及编者水平有限，如有疏漏和不足之处，敬请批评指正。在此表示感谢。

编　者

2017 年 4 月

目录

中篇 风景区规划

下篇 风景区规划案例与发展经验

上篇　风景区规划导论

第1章 风景名胜概述

随着经济的发展和人们生活水平的提高，人们的精神需求越来越高，其中一个重要的方面就是对美好自然环境的向往。风景名胜区的建立，正是为社会提供了广阔的游览、观光、休闲、度假和文化教育的空间和场所，使人们能够体验、享受到美好的自然环境，同时也使人们在回归自然的过程中，唤起和培养人们热爱大森林、保护大自然的美好情操，增强了自觉保护生态环境的意识。风景名胜区由此成为普及自然科学知识、生态环境知识的一个重要阵地，也是进行爱国主义和革命传统教育的一个重要基地。

在我国，风景名胜地很早就见于史载，保留下来的也不少。但现代型的风景名胜区则在20世纪才出现，70年代末是其发展兴盛的开始。最初，由于缺乏经验，无成例可依据，对国外情况亦知之甚少，经过多年的共同努力，在实践中积累经验，并不断研究探索，我国风景名胜区逐渐走出了一条自己的道路。风景名胜区规划这门业务相应地独立成长，规划的从业者大多来自城规、园林、建筑等行业。随着时间的推移，各种类型的风景名胜区的数量越来越多，形成了国家、省两级体系。

自1982年国务院审定公布了第一批国家级风景名胜区以来，至今全国国家级风景名胜区数量已达244处，它们是国务院分别于1982年(八达岭、十三陵等44处)、1988年(野三坡等40处)、1994年(盘山等35处)、2002年(石花洞等32处)、2004年(三山风景名胜区等26处)、2005年(方山等10处)、2009年(太阳岛等21处)、2012年(太行大峡谷等17处)、2017年(额尔古纳风景名胜区等19处)分9批审定后确定的，面积约1036万 km^2。这些风景名胜区基本覆盖了我国各类地理区域，占我国陆地总面积的比例由1982年的0.2%提高到2017年的2.02%。基本建立起具有中国特色的国家风景名胜区管理体系，并形成了在国内外具有广泛影响力的风景名胜区行业。

自从2015年我国启动国家公园体制试点建设，构建以国家公园为主体的自然保护地体系，推进自然保护地优化整合，目前已经取得阶段性成果，已正式设立第一批国家公园。在自然保护地优化整合中，将自然保护地依据管理目标与效能，按照自然属性、生态价值和保护强度高低依次分为国家公园、自然保护区和自然公园三种类别。风景区被划定为自然公园中的一个类型，风景区将继续在自然保护地体系建设中发挥着其重要的生态文明价值，自然保护地体系发展具体内容详见第13章。

为了认真履行《保护世界文化和自然遗产公约》，建设部*根据国务院的职能分工，不断强化

* 建设部为现住房和城乡建设部，简称住建部。

对自然遗产、文化遗产和自然与文化双遗产的申报和保护监督工作。自1986年开始，建设部陆续向联合国教科文组织申报世界遗产项目。截至2022年7月，我国共有世界遗产56处，其中文化遗产38项、自然遗产14项、自然与文化双遗产4处，位居全球第二，自然遗产数量和混合遗产数量位居全球第一。涉及多处国家级风景名胜区，如泰山、黄山、武陵源、九寨沟、黄龙、峨眉山、武夷山等。

为进一步加强我国风景名胜区申报世界遗产的工作，根据世界遗产申报和管理工作面临的新形势，建设部于2004年设立了《中国国家自然遗产、国家自然与文化双遗产预备名录》，五大连池、南岳衡山等30处风景名胜区入选首批国家遗产名录，建立了我国遗产申报管理的国家遗产名录、世界遗产预备名单、世界遗产名录三级申报和管理体系，进一步完善了我国自然遗产、自然与文化双遗产申报和保护机制。

近年来，我国将生态文明提升至国家战略高度，加快推进自然保护地体系建设，致力于发展自然生态系统保护的新模式、新机制。遵循生态系统的整体性与原真性，依据区域生态价值与保护强度的高低，我国将自然保护地依次划分为国家公园、自然保护区与自然公园三大类型，其中国家公园以其涵盖最为广泛与全面的管理内容，作为自然保护地体系的主体。风景区作为自然公园中的一个类型，对生态文明建设具有重要作用。

风景名胜是一种资源，是一种特殊的不可替代、不可再生的自然和文化遗产，只有妥善保护好才能实现可持续发展和永续利用。由于我国正处于工业化、城镇化和旅游产业快速发展的阶段，经济建设、城乡建设、旅游开发对风景名胜区的压力仍然十分突出。一些地方过于注重风景名胜区的经济功能，片面强调旅游开发，收取高额门票，出让或转让经营权，严重影响了风景名胜区的公益性；一些地方不顾风景名胜资源不可再生的特殊性，违章建设，错位开发，导致风景名胜区资源破坏严重；还有一些大型基础设施建设缺乏科学论证，随意侵占、穿越风景名胜区，严重破坏其生态环境和损害自然文化遗产价值，风景名胜区面临着巨大的冲击和严峻的挑战。为使风景名胜区得到永续利用而发挥其社会效益和环境效益，无论新开发的还是保留下来的风景名胜区，都先后编制了规划，以便有序地进行整治和建设。风景区事业的长足发展，对规划的质量提出了更高的要求，需要把规划编制工作纳入科学化、规范化、社会化的范畴。

1.1 风景资源

风景资源是在一定的条件之中，通过山水景物以及自然和人文现象所构成的足以引起人们审美与欣赏的景象。日出日落、黄山云海、太白积雪等均为一方风景。风景构成必须具备两个条件：一是具有欣赏的内容，即景物；二是易于被人欣赏。

《风景名胜区总体规划标准》中定义“风景名胜资源”为：能引起审美与欣赏活动，可作为风景游览对象和风景开发利用的事物与因素的总称，简称风景资源。风景资源是构成风景环境的基本要素，是风景区产生环境效益、社会效益、经济效益的载体，也称景观资源、风景旅游资源，简称景源。风景资源有诸多分类方式，具体内容详见3.3节景源类型。

1.1.1 景源的构成

① 景物　是风景区构成的客观因素，是具有独立欣赏价值的风景素材的个体。不同的景物，不同的排列组合，构成了千变万化的形体与空间，形成了丰富多彩的景象与环境——景观。景物主要有山、水、植物、动物、建筑、气、光等。

② 景感　是风景构成的活跃因素、主观反应，是人对景物的体察、鉴别、感受能力。景物以其属性对人的眼、耳、鼻、舌、身等感官起作用；人通过感知印象、综合分析等主观反应，从而产生美感和风景等概念。人类的景感能力是在社会发展过程中培养起来的，是含有审美能力的，是多样和综合的。景感主要有视觉、听觉、嗅觉、味觉、触觉、联想、心理等。

1.1.2 景源的特征

① 环境特征　风景不同于音乐、舞蹈和绘画等，它不能随意搬动，只产生于特定的环境之中。它是一个思维空间，只能在其整体的环境中进行欣赏，环境一旦破坏，风景即不存在。万里长城脱离险峻的群山也就失去了其雄伟的特征；龙门石窟没有“伊阙”和伊水中流，白居易也就不会有“洛阳四郊山水之胜，龙门首焉”的赞誉。

② 时间特征　风景之所以充满活力，蕴含着变化，还在于它的美不可分离地结合着时间的美。组成风景空间的各种景观因素，如山水、植被、阳光、云、月夜，随着时间改变而变幻多姿。植物的色、香、形，因四季变化而不同；动态水景在雨季和旱季的观赏效果各异。人们对风景的欣赏也随着游人的行进而产生步移景异的效果。

③ 观赏效果的“距离”特征　最佳距离就是最佳的主客体汇合点(交叉点)，即最佳境界、最佳感受。风景区之所以受到当代人喜爱，除了对自然环境的追求之外，历史造成的差异和奇异感，也是吸引人们去游览观光的重要因素。这种心理距离的因素，常给风景名胜区带来永恒的效益。

④ 综合特征　风景是综合性资源，需要多学科协同工作。为了充分发挥风景的科学和艺术价值，需要有地质学家、动植物学家、园林设计师、建筑师、画家和诗人等各行各业的专家协同规划，共同建设。

1.2 风景名胜区

1.2.1 风景区的概念

风景名胜区，又称风景区*，是指具有观赏、文化或科学价值，自然景观、人文景观比较集中，环境优美，可供人们游览或者进行科学、文化活动的区域，是由中央和地方政府设立和管理的自然和文化遗产保护区域。海外的国家公园相当于国家级风景区。风景名胜区概念与内涵的发展见表1-1所列。

表1-1　风景名胜区概念与内涵的发展

时间(年)	法规及文件	概念与内涵
1985	风景名胜区管理暂行条例	凡是具有观赏、文化或科学价值，自然景物、人文景物比较集中，环境优美，具有一定规模游览和范围，可供人们游览、休息或进行科学、文化活动的地区，应当划分为风景名胜区
1987	风景名胜区管理暂行条例实施办法	风景名胜区系指风景名胜资源集中，自然环境优美，具有一定规模和游览条件，经县级以上人民政府审定命名、划定范围，供人游览、观赏、休息和进行科学文化活动的地域
1994	中国风景名胜区形势与展望	确定风景名胜区的标准是：具有观赏、文化或科学价值，自然景物、人文景物比较集中，环境优美，可供人们游览、休息，或进行科学文化教育活动，具有一定的规模和范围
2000	风景名胜区规划规范	风景名胜区也称风景区，海外的国家公园相当于国家级风景区。指风景资源集中，环境优美，具有一定规模和游览条件，可供人们游览欣赏、休憩娱乐或进行科学文化活动的地域
2016	风景名胜区条例	风景名胜区，是指具有观赏、文化或者科学价值，自然景观、人文景观比较集中，环境优美，可供人们游览或者进行科学、文化活动的区域
2018	风景名胜区总体规划标准	风景名胜区，一般是指具有观赏、文化或者科学价值，自然景观、人文景观比较集中，环境优美，可供人们游览或者进行科学、文化活动的区域；是由中央和地方政府设立和管理的自然和文化遗产保护区域。简称风景区
2021	自然保护地分类分级标准	符合自然保护地划定条件，具有观赏、文化或者科学价值，景观优美、风貌独特的区域，具有下列特征之一： ①具有较高生态、观赏价值的山岳、江河、湖沼、岩洞、冰川、海滨、海岛等典型的特殊地貌； ②具有科学研究和文化、典型观赏价值，自然与人文融合的人居民俗、生物景观、陵区陵寝和纪念地等独特风貌的区域； ③中华文明始祖遗存集中或重要活动且与文明形成和发展关系密切、自然文化融合的历史圣地

* 下文一律用“风景区”一词，除非法律法规以及地名、专有名称。

1.2.2 风景区的性质

1994年发表的《中国风景名胜区形势与展望》绿皮书中明确规定："风景名胜区事业是国家社会公益事业。"也就是说，风景名胜区是不以营利为目的的、满足社会物质和文化需求活动的场所。国务院在规定风景名胜区性质的同时，对其作用也做了规定，即保护生态、生物多样性与环境，这是风景名胜区最基本的功能。同时，它还具有科研、文化、科普以及铸造民族精神等重要功能。风景名胜区之所以具有这些功能，是因为风景名胜区是人类珍贵的自然和文化遗产，对于这样一种特殊的、不可再生的资源，保护是首要的，开发要服从保护。这就决定了国家风景名胜区的社会公益性质。

1.2.3 风景区的功能

(1) 资源保护功能

中国风景区的保护功能主要体现在保护景观、景观所在的区域环境以及景区的文化上，具体而言，就是要保护其典型性、完整性并保持其科学文化价值和游憩价值。近年来，随着保护风景区的意识不断增强，各地日益重视寻求、挖掘自身资源特色，协调发展旅游业与保护资源环境的关系，注重风景区保护独特景观资源功能的发挥，如位于南京的钟山风景名胜区，就注重保护其悠久的历史文化和自然生态植被。

(2) 游憩利用功能

风景区是以具有科学美学价值的自然景观为基础，将自然与人文融为一体的地域空间综合体，具有游憩、陶冶身心、启发灵感、满足精神需求的功能。随着我国国民经济的迅速增长，拥抱自然、回归自然成为人们的心灵所向，而风景区成为开展游憩活动的主要自然承载场地，成为现代都市生活高品质的游憩场所。可进行的游憩活动包括野外游憩、审美欣赏、科技教育、娱乐体育和休养保健等项目。还可以进行假日野餐、登山、运动、娱乐、探险和拓展训练等活动。

(3) 科普教育功能

风景区在地质、地貌、水文、生态、历史和工程上具有重要的科学考察和科学研究意义。同时也是研究地球变化、生物演替等自然科学的天然实验室和博物馆，是开展科普教育的生动课堂，如五大连池作为我国最完整、最典型的天然"火山博物馆"，在地质、地貌等科学研究方面均有极大意义。风景区内优秀的文化资源，是历史上留下来的宝贵遗产，是进行文化教育的良好基地。因此，风景区对于人类文明、社会的进步具有重要的作用。

(4) 经济发展功能

风景区以良好的生态环境和完整的生态体系成为国家生态系统中重要的组成部分，对国家整体生态环境的改善起着重要的作用，并发挥巨大的环境效益。风景名胜区蕴含多种资源，在严格保护的前提下，通过游人到风景区观光游览的方式及风景区的知名度所产生的品牌效益，搭建促进地方经济的"发展平台"，发挥风景区的社会效益和经济效益，带动当地经济的发展、信息的交流、文化知识的传播以及人们素质的提高。

1.2.4 风景区的发展

1.2.4.1 风景区的发展历程

(1) 五帝以前——风景区的萌芽阶段

中国风景区萌芽于农耕与聚落形成的时代，相当于五帝以前，即公元前21世纪以前的氏族社会和奴隶制社会的早期。

自然崇拜和图腾崇拜是审美意识和艺术创造的萌芽，河姆渡文化印记着早期审美活动；轩辕开启的野生动物驯养师在大自然中建立"囿"的开端；城堡式的聚落出现，开始了人与大自然的矛盾演化；祭祀封禅、五岳四渎、名山大川是早期风景区的直接萌芽形式。

(2) 夏商周——风景区的发展阶段

中国风景区肇始于农业与都邑形成的时代，相当于夏、商、周时期，即公元前20世纪至前221年的奴隶社会末期。

大禹治水的实质是我国首次进行国土和大地山川景物规划及综合治理；从甲骨文出现"囿"字和《诗经》记述的灵台沼囿可知，囿是在山水生物丰美地段，挖沼筑台，以形成观天通神、游憩娱乐、生活生产并与民同享的境域;《诗经·卷阿》描绘了风景游憩和寓教于游的史实;石鼓文首次记载了我国早期风景区的开发过程及其敬天习武、狩猎圈养的功能活动。公元前17世纪出现的爱护野生动物、保护自然资源、有节制狩猎,进而把保护自然生态与仁德治国等同的思想应是中国风景区发展的传承动因,也是当代永续利用与可持续发展等概念的源头;春秋战国之际的城市建设推动了邑郊风景区的发展,离宫别馆与台榭苑囿的建设促进了古云梦泽和太湖风景区的形成与发展;战国中叶为开发巴蜀地区而开凿栈道,形成举世闻名的千里栈道风景名胜走廊;李冰率众兴修水利形成了都江堰风景区;《周礼》规定"大司马"掌管和保护全国自然资源,"囿人"是古代掌管苑囿和禽兽的官人,对风景区保护管理和发展起着保障作用;先秦的科技发展引导人们更加深入地观察自然、省悟人生,成为风景区发展的科技基础;诸子百家的争鸣创新,不仅奠定了儒道互补而又协调的古代审美基础,也蕴含着后世风景区发展的动因、思想和哲学基础。

(3)秦汉——风景区的形成阶段

中国风景区形成于土地私有、农工商外贸并举和城市形成的时代,相当于秦、汉时期(公元前221—公元220年)的封建社会早期。

频繁的封禅祭祀及其设施建设,促使五岳五镇以及以五岳为首的中国名山景胜体系的形成与发展;佛教和道教开始进入名山,加之盛传的神仙思想和神仙境界的影响,使人们更多地关注山海洲岛景象,并在自然山川和苑景中寻求幻想中的仙境;秦始皇为统一岭南,军需运粮,特开凿湘漓运河——灵渠,促进了桂林山水的发展;宏大的秦汉宫苑建设,形成了长安西北的甘泉山(海拔1809m)景区和纵横300里*的具有大型风景区特征的上林苑;汉代华信修筑钱塘,使杭州西湖与钱塘江分开,进入了新的发展阶段;秦汉的帝王巡游、学者远游、民间郊游等圃游之风大盛,刺激着对自然山水美的体察和山水审美观的领悟;司马迁游踪遍及南北、博览采集,游历已具有观览江山、探求知识的科学考察意义;秦汉的山水文化和隐逸岩栖现象,不仅使一批山水胜地闻名,也反映着山水审美观的发展并走向成熟。

秦汉时期,因祭祀和宗教活动而形成的风景区有五台山、普陀山、武当山、三清山、龙虎山、崆峒山、恒山、天柱山和黄帝陵等;因游憩发展而形成的风景区有秦皇岛、云台山、胶东半岛、岳麓山、白云山和巢湖等;因建设活动而形成的风景区有桂林漓江、三峡、都江堰、剑门、大理、蜀岗-瘦西湖、滇池、花山、云龙山、古上林苑和古曲江池等。

(4)魏晋南北朝——风景区快速发展阶段

大量史料表明,中国风景区快速发展于庄园经济相对发展和意识形态争鸣转折的时代,相当于魏晋南北朝即公元220—581年的封建社会早、中过渡期。

魏晋南北朝时期,佛教道教盛行,广建寺观。其中,汉地佛寺数以万计,大多建在城镇及其近郊,并逐步向远郊及山林地带发展,在统治者的支持下,还大力开凿山地石窟以形成宗教活动中心,如莫高窟、麦积山、云冈、龙门和炳灵寺等石窟区,佛教雕塑和陵墓雕塑成就卓著,并发展成为流传至今的石窟风景区;道教也逐步创立并完善了神仙谱系、教团组织、教义理论和文字经典,确立了一系列理想和现实相结合的仙山胜境与道教圣地。如传统的五岳五镇和昆仑山,道士们纷纷到这些山水地带建置道观。

在郊野或山水胜地营建寺观,需要配备开展宗教活动、接待僧道与信徒的场所,必要的道路与相关设施,并有符合教义需求的寺观内外环境,以形成教徒朝拜进香的圣地,以此逐步发展演变为大众风景游览胜区。同时,在一些风景优美的胜区,逐渐有了文人名流的山居、别业、庄园和聚徒讲学的精舍,也有舍宅为寺的宅园。这些众多的人文因素和景观,逐步融汇成风景区发展中的重要特色。例如,庐山就是佛儒道共尊和文人名士聚集的风景区。

*1里=500m。

佛教道教的盛行，宗教与朝拜活动及其配套设施的开发建设，促使山水景胜和宗教圣地快速发展。例如，寺观建设促进杭州西湖、九华山、缙云山、苍岩山、丹霞山、雪窦山、罗浮山、邛崃山、天台山等景胜发展。

游览山水、民俗春游、隐逸岩栖等成为社会时尚，经营庄园、山居和山水景物之风盛行，山水诗文与绘画空前活跃并探求新的艺术境界，山水科技与园林转向高深和精细，并升华为艺术创作，诸多山水文化因素促使风景区的游憩和欣赏、审美功能明显发展，并促进雁荡山、天台山、楠溪江、富春江、新安江、桃花源、武夷山、钟山等风景区的发展。

经济建设与社会活动促进了武汉东湖、云南丽江、湖南洞庭、湖北隆中、贵州黄果树等风景区的发展。

(5)隋唐宋——风景区的全面发展阶段

风景区全面发展于隋、唐、宋时期，即公元581—1279年，是中国封建社会的上升与全盛时期，政治统一、经济发达、科技领先、军事强盛，社会思想更是古今中外空前的交流与融合、引进与吸收、创造与革新，文化艺术呈现出灿烂夺目的情景。

隋的统一、唐的强盛、宋的成熟，使其成为中国古代最为辉煌的篇章，是城市体系形成时期，也是中国风景区的全面发展和全盛时期。具体表现如下：

一是风景区的数量与类型增多，分布范围大大扩展，至今244个国家级风景名胜区之中，有近30个是在这个时期新发展起来的，当时的全国性风景区已逾80个，其中有1/3左右进入了兴盛期。除此，分布在各地区大量的中小型和地方性的风景区、风景点，大多也是在这个历史时期发展起来的。

二是风景区的内容进一步充实完善，质量水平提高，人文因素与自然景源更加紧密结合并协同发展，成为以保护与利用自然、游览与寄情山水、欣赏与创造风光美景为主要内容的风景胜地。

三是风景区发展动因多样，并且强劲持久。例如，隋唐的佛寺丛林制度、寺院经济实体和四大佛教名山的出现，隋唐的道教宫观制度、五岳与五镇定为道教名山、道教118处洞天福地的确定等因素，均有力地推动了风景胜地的发展。其中，仅隋文帝就建寺3792所，造塔110座，使五岳各有一寺，在五镇山麓建五镇祠，而石窟造像更是遍地兴起。隋唐宋时期，著名的石窟造像胜区多达30多处，成为世界石窟艺术的精华。这时期，因佛、道两教鼎盛而新发展起来的风景区有千山、盘山、鼎湖山、雅砻河、百泉、清源山、鼓浪屿等地。

此外，唐宋文人名流的游览游历活动成为其生活的要事，“行万里路、读万卷书”成为社会地位的标志；群众性的文化旅游经久不衰并流传为社会习俗；官员的“宦游”及其开发经营风景名胜则成为传统风尚；退隐者在山水胜地结庐营居或开发经营景胜也成时尚；学者开创性地探究山水风景的成因与规律；宋代儒家的书院制度使学术和教育活动与山水景胜结缘。

同时，山水文化的发展和“外师造化、中得心源”的创作准则不仅使山水审美观进一步充实提高，也有力地影响着山水风景的开发水准，追寻情趣和意境成为中国风景区开发的重要目标。

这期间，因游览游历及山水文化发展而形成的新风景区就有15个之多：黄山、方岩、琅琊山、齐云山、太姥山、五老峰、双龙洞、石花洞、仙都、鼓山、江郎山、玉华洞、太极洞、青州、惠州西湖。因开发建设和生态因素而形成的新风景区有镜泊湖、凤凰山、湃阳河、青海湖等；还有因陵墓建设而形成的新风景区如西夏王陵；更有唐代18帝陵分布在渭水以北、形成东西绵延200里的壮观陵群。

(6)元明清——风景区进一步发展阶段

风景区进一步发展于元、明、清时期，即1279—1911年，是中国封建社会后期的3个王朝，蒙、汉、满三族轮番掌管大一统封建王朝的大权，促进了民族融合，形成了多元化的民族文化和地方特征，并不止一次地出现过经济繁荣、政治安定的封建盛世，中国的城市体系逐渐成熟。

元明清时期，也是中国风景区进一步发展和成熟时期。全国性风景区已超过100个，并且大都进入兴盛期，各地方性风景区和省、府、县的景胜体系也都形成，各类名山、名湖、名洞、名瀑、名泉、名楼、名塔、名桥、书院寺观、山林别墅、名园胜景星罗棋布。山水文化中出现了大量的游记杰作，使山水审美、风景鉴赏评价和开发提升到一个更高的境界，风景游览欣赏成为风景区发展的主导因素。

同时，知识界更加关注科学与技术，他们通过对名山大川的实地考察，对自然景物和现象的成因给予系统的、科学的推断与评价，把风景鉴赏与科学探索结合起来，促进了社会对自然山水认识的深化，使风景名胜与人们的生活关系更加密切。“问奇于名山大川”的徐霞客即是佼佼者，李时珍、顾炎武、吴其浚、魏源等人的成就都与游览游历有着密切关系。

风水堪舆学说兴起，这是一种虽有迷信色彩，又有科学与审美内容的综合性环境学问，对风景区的人工与自然关系、景观组织、建筑选址都有重要作用和影响。

元明清朝间，因游览游历和开发建设而形成的风景区有避暑山庄外八庙、鸡公山、黄龙、兴城海滨、蜀南竹海、金佛山、嶂石岩、北武当山、莫干山、桃源洞、金湖、三亚海滨、建水、石林、西双版纳和天池，共计16个。

因文化和纪念因素而形成的新风景区有西樵山、旅顺大连海滨、长城十三陵、大洪山、九宫山、金田、龙门山7个。

清朝末年以后的“百年屈辱史”之中，半封建半殖民地的近代历史状况，使我国大部分风景区落入衰败状态。后期，也出现了若干个避暑胜地，比较著名的有北戴河、鸡公山、庐山牯岭、青岛海滨等地。

(7)中华民国——风景区的停滞阶段

1912—1949年中华民国期间，为风景区发展的停滞阶段，主要颁布了针对文物保护的相关条例，首次针对风景区的保护提出相应的条例办法。1916年，内务部颁发《保护古物暂行办法》五条，分别对帝王陵寝、先贤坟墓，古代城郭关塞、壁垒岩洞、楼观祠宇、台榭亭塔、堤堰桥梁、湖池井泉，历代碑版造像、画壁摩崖，故国乔木，金石竹木、陶瓷锦绣、各种器物及旧刻书帖、名人字画5类古物提出了保护措施。

1928年9月，内政部公布《名胜古迹古物保存条例》11条，就不可移动文物(包括自然风景区)和可移动文物(包括传世文物和出土文物)的保护管理以法规形式加以明确。

1935年民国政府颁布《暂定古物的范围及种类大纲》，内容涉及古生物、史前遗物、建筑物、绘画、雕塑、铭刻、图书、货币、舆服、兵器、器具、杂物12类，其中建筑物又包括城郭、关塞、宫殿、衙署、书院、宅第、园林、寺塔、祠庙、陵墓、桥梁、堤闸及一切遗址。

(8)中华人民共和国成立——现代风景区的无序阶段(1949—1978年)

1949—1978年的数十年间，除一些城市风景区、名山和重要古迹由城市建设、园林、文物部门和当地政府设立专门管理机构进行管理外，全国大多数自然风景名胜古迹都没有纳入国家及地方各级政府的保护和管理体系。“文化大革命”的内乱使国家本已十分脆弱的风景名胜保护工作雪上加霜，一些珍贵历史古迹遭受破坏，许多优美的自然风景也受到破坏，满目疮痍。

(9)改革开放初期——现代风景区的复兴阶段(1978—1999年)

20世纪80年代以来，改革开放的中国社会经济快速复兴发展，中外学术思想新一轮交流，更促使着风景区急速发展。风景区已经是兼备游憩健身、景观形象、生态防护、科教启智以及带动社会发展等功能的重要场所。

自1978年中国实行改革开放政策以来，建设部门及国内一批有识之士、专家学者，从抢救珍贵名胜资源、继承和保护人类历史遗留给我们的自然与文化遗产认识的历史高度，注意吸纳国际上许多国家管理自然与文化遗产及国家公园的经验，结合我国特有的自然风景与历史文化融为一体的实际情况，提出了效仿国外国家公园，建立中国风景名胜区管理制度，发展有中国特色的风景名胜区保护事业。

1978年国务院在城市工作会议上要求加强风

景名胜区和文物古迹的管理。根据这次会议精神，国家建委提出建立全国风景名胜区体系，实行国家、省、县(市)分级管理。1979年国务院发文，明确规定建设部门管理全国风景名胜区的建设与维护工作。1981年国务院批转国家城建总局等单位《关于加强风景名胜区保护管理工作的报告》，要求各地对风景名胜资源进行调查评价。同时，建设部门着手组织起草制定风景名胜区管理法规和申报建立国家重点风景名胜区的工作。

1985年国务院颁布了《风景名胜区管理暂行条例》。1987年建设部颁发了《风景名胜区管理暂行条例实施办法》。经过各省、自治区、直辖市人民政府组织申报，中国国务院分别于1982年、1988年、1994年审定公布了3批共119处国家重点风景名胜区。同时，各地也审定建立了一大批省级和县(市)级风景名胜区，基本形成了三级风景名胜区管理体系。

20世纪80年代以来，新发展并经国务院和省级政府确定公布的风景区有鸭绿江、金石滩、松花湖、嵊泗列岛、武陵源、贡嘎山、织金洞、红枫湖、龙宫、三江并流、本溪水洞、西岭雪山、四面山、四姑娘山、百里杜鹃、青山沟、太阳岛、五大连池、荔波樟江、赤水、马岭河峡谷、九乡、瑞丽江、腾冲热海、“八大部”-净月潭、井冈山、韶山，共计27个。

自1982年国务院审定第一批国家重点风景名胜区，至1992年国务院办公厅转发《建设部关于加强风景名胜区工作报告》的通知的10年期间，这一阶段的主要特点是初步建立了国家、省两级风景名胜管理体系，并在实践过程中初步形成了我国风景名胜区的理论基础。处于改革开放初期，受当时国民经济总体发展水平和国家旅游经济发展的局限，各级风景名胜区主要依靠国家和地方政府财政支持；除部分毗邻中心城市的重点风景名胜区具备一定的游客规模之外，大多数风景区的游客量偏低，旅游服务和基础设施薄弱。

(10) 20世纪末现代风景区规范发展阶段(1999—2017年)

1999年，国家发布了强制性技术标准《风景名胜区规划规范》，促使风景区的规划、建设与管理纳入科学化、规范化、社会化轨道。2006年，国务院颁布实施了《风景名胜区条例》，为加强对风景区管理、有效保护和合理利用风景名胜资源提供了更详尽的规定。

1999—2017年的十几年间，是我国风景名胜区发展突飞猛进的时期，受国民经济快速发展和公众旅游文化消费水平不断提高的直接影响，风景名胜区从规模到综合经济实力都上了一个很大的台阶。国家重点风景名胜区由1982年第一批的44个，发展到2017年的244个，各级风景名胜区总面积约占国土面积的2%。我国部分风景名胜区被联合国教科文组织列入《世界遗产名录》，其遗产价值得到国际的公认。风景名胜区已经成为推动国家旅游经济和精神文明建设的热点行业，许多重点风景名胜区对带动区域经济发展，扩大国内外的文化交流和往来，发挥着越来越重要的作用。我国风景名胜区事业在相对较短的时期内，能形成规模化格局和快速增长的综合实力，是非常令人振奋的，也是来之不易的。与此同时，在我国由计划经济向社会主义市场经济转型的过程中，以及在加入WTO的新形势下，可以看出我国的风景名胜区发展的总体水平仍然处在初级阶段，在法制建设、管理体制、规划规范、资源保护、系统理论建设和规范旅游服务等方面，还存在很多亟待解决的困难和问题。

(11) 自然保护地体系建设阶段(2017年至今)

经过60多年的努力，我国已建立各级各类自然保护地逾1.18万个，保护面积覆盖我国陆域面积的18%、领海面积的4.6%，数量众多、类型丰富、功能多样的各级各类自然保护地体系在保护生物多样性、保存自然遗产、改善生态环境质量和维护国家生态安全方面发挥了重要作用，但仍然存在重叠设置、多头管理、边界不清、权责不明、保护与发展矛盾突出等问题。因此，改革各部门分头设置自然保护区、风景名胜区、文化自然遗产、地质公园、森林公园等的体制，对上述保护地进行功能重组，形成具有中国特色的自然保护地体系是大势所趋。对现有的自然保护区、风景名胜区、地质公园、森林公园、海洋公园、湿地公园、冰川公园、草原公园、沙漠公园、草原风景区、水产种质资源保护区、野生植物原生境保护区（点）、自然保护小区、野生动物重要栖息地等各类自然保护地开展综合评价，按照保护区域的自然属性、生态价值和管理目标进行梳理调整和归类，逐步形成以国家公园为主体、自然保护区为基础、各类自然公园为补充的自然保护地分类系统。

建立以国家公园为主体的自然保护地体系，是贯彻习近平生态文明思想的重大举措，是党的十九大提出的重大改革任务。自 2015 年开始国家公园体制试点建设，经过多年的努力与试点建设，2017 年我国制定《建立国家公园体制总体方案》，2018 年在《深化党和国家机构改革方案》文件中提出“组建国家林业和草原局”，自然保护地是生态建设的核心载体、中华民族的宝贵财富、美丽中国的重要象征，在维护国家生态安全中居于首要地位。2019 年 6 月《关于建立以国家公园为主体的自然保护地体系的指导意见》标志着我国自然保护地进入全面深化改革的新阶段。这有利于系统保护国家生态重要区域和典型自然生态空间，全面保护生物多样性和地质地貌景观多样性，推动山水林田湖草沙生命共同体的完整保护，为实现经济社会可持续发展奠定生态根基。2021 年我国已建立 5 个国家公园，标志着我国自然保护地整合优化已初见成效。

1. 2. 4. 2 风景区的发展动因

中国风景区是在三四千年历史中形成和发展起来的，其直接发展动因可以归纳为以下几个方面。

(1) 自然崇拜、封神祭祀

在远古时代，人们对大自然有强烈的依赖关系，对天地万物之间的关系无所了解。据文字记载，早在先秦时代，已形成“天子祭祀天下名山大川，诸侯祭其疆内名山大川”的祭祀礼仪，祈求风调雨顺、国泰民安。祭祀活动作为历代皇帝的旷世大典，不仅有严格的祭祀和主管官员，还要建造专供祭祀用的场地、祠庙、道路等设施。由于秦皇汉武的频繁封禅活动，促使五岳五镇等山岳景胜的建设、形成与发展，进而确立了以五岳为首的中国名山景胜体系。

(2) 游览与审美

“孔子登东山而小鲁，登泰山而小天下”，这也许是名人登峄山（今在山东邹县东南）和泰山的游览审美活动的最早记录。孔子的“仁者乐山，智者乐水”，让仁者和智者从不同角度领悟山水“生养万物，取益四方”“国家以宁”的品格，反映了文人在农业文明时代与自然山水的精神关系，这种山水比德观念，对后世山水审美有深刻影响。不仅是文人名士的盛事，源于西周的“修禊”活动也演变为三月春游和民俗游乐，从此盛行起来。人们获得了与大自然的自我和谐，对之倾诉纯真的感情，同时还结合理论的探讨而不断深化对自然美的认识，山水审美观念也逐渐成熟起来。

(3) 宗教文化与活动

宗教文化对名山的建设和发展产生了深远而持久的影响，宗教活动逐渐成为名山的重要功能之一，佛、道宗教势力之所以向山岳发展，一是出于宗教教义的目的和道教以“崇尚自然、返璞归真”的主旨；二是由于名山是他们采药炼丹、得道成仙的理想场所。到了唐代，道教盛行全国，并形成了十大洞天、三十六小洞天和七十二福地的道教名山后，受道、儒家思想的影响，遂与名山结缘，形成“天下名山僧占多”的局面，五台山、九华山、普陀山、峨眉山均成为国家级风景名胜区，另有 4 处佛教文化遗产已列入《世界遗产名录》。佛教、道教的空前盛行，宗教与朝拜活动及其配套设施的开发建设，促使山水胜景和宗教圣地快速发展。

(4) 山水文化创作体验

山水文化创作体验是中国风景名胜区特有的高级功能。魏晋南北朝时期，名山大川不仅成为审美对象，还开创了山水文化创作的体验功能。许多文人墨客深入名山，寄情山水，赋诗作画。如谢灵运踏遍大江南北，赋诗寄情，常出入深山幽谷、探奇觅胜，频发情景交融的诗篇与名句，例如：“鸟鸣识夜栖，木落知风发”。山水诗的创作在唐宋时期进入了高峰。“一生好人名山游”的李白，深感名山与创作的关系，得出“名山发佳兴”的结论。诗画同源，山水画宗师宗炳，每当游历山川归来时，便将其“图之于室，卧以游之”。并且宗炳提出“畅神说”，强调山水画创作是画家借助自然形象抒写意境的过程，强调艺术的作用在于给人以精神上的解脱和怡娱。此后，山水画家人才辈出，他们无不深入名山大川，师法自然。明末清初僧人画家石涛被黄山的自然美所吸引，长驻黄山“搜尽奇峰打草稿”，成了黄山画派的创始人之一。除了诗画以外，山水游记、散文及山水园林、山水盆景等无不源于名山胜水。据统计，在拥有近 5 万首全唐诗电子检索系统中，描写风、山、水、树林、石及云等自然景观要素的诗分别占 41. 49%、37. 46%、27. 62%、15. 23%、1. 52%，足见自然景观在诗人心目中的分量。

(5) 问奇于山水、探求考察和探索山水科学

大自然不仅给人以灵感和情感，而且给人以理性的启迪。汉代史学家司马迁 20 岁即南游江淮。后又奉旨出使、陪驾巡幸，游踪遍及南北，为撰写史书而博览采集，游历具有观赏价值的江山，探求知识的科学考察意义；宋代博学家沈括游雁荡山，观奇峰异洞深受启迪，而做出流水侵蚀作用的科学解释；旅行家郦道元热爱自然，考水观山，捕捉山水特点，为《水经》作注，因水记山，因地记事，描绘祖国壮丽山川，对于中国重要河流湖泊以其生花妙笔，写出了许多情趣盎然、风景如画的景物描述，使《水经注》成为价值独特的著作；明代旅行家徐霞客，从 22 岁起到去世的 30 多年中，不畏艰险，足迹跑遍了从华北到云贵高原以南的半个中国，实地记载了各地的地貌，地质、水文、生物等情况，以秀丽的文笔写成了巨著《徐霞客游记》。徐霞客“性灵游求美，驱命游求真”，既欣赏山水之美，又探索其成因，他不仅是旅行家、文学家、地理学家，而且是名山风景科学的开创人。正如英国科学技术史学家李约瑟博士评价徐霞客说的，“他的游记，读起来并不像是 17 世纪学者所写的东西，而像是 20 世纪野外勘察家所写的考察日记”。可见，中国名山具有科学研究的功能。

(6) 隐逸岩栖，寄情山水，学术交流

中国自古以来，就有许多高人隐居于名山胜水，进而出现山居文化、山水文学。这些隐士大多是风景区早期开发的先行者和早期审美者。较早的隐士有隐居于太行山的巢父和岐山的许由；秦末汉初著名隐者有商山“四皓”，魏晋时期的“竹林七贤”和白莲社；另外如庄子、东方朔、严光、陶渊明等，他们崇尚自然，超然尘外，不求功名利禄，隐居山水之间，读书写字，陶冶情操，养浩然正气，扬民族气节，留下许多代表中华民族的与青山绿水长存的精神文化。名山不仅是培养人才的胜地，也成为学术交流的场所。宋代儒家的书院制度使学术和教育活动同山水景胜结缘，在名山风景区建立了不少书院，如庐山的白鹿书院、武夷山的紫阳书院、嵩山的嵩阳书院等，有的名山多达十来个书院，这也是农业文明时代中国名山特有的现象。

(7) 假日经济，远途度假，近郊休闲

随着人民生活水平的提高，经济能力的提升，现代旅游业得到前所未有的发展。风景区也因此成为游客近郊休闲和远途度假的首选之地。这也是推动现代风景区发展的动因之一。

中国风景区的形成因素，除以上几点以外，还有其他动因，比如相关的社会活动，如庙会、节庆，相关的经济活动，如庄园建设，相关的建设活动，如环境保护、运河栈道工程等，也成为现代风景区发展的直接动因。

1. 2. 4. 3 风景区的发展特点

风景区是一个文化与自然的地域综合体，风景区的可持续发展是建立在科学研究、科学规划与科学管理的基础上的，风景区规划的科学观念是风景区可持续发展和永续利用的前提。

①要强调体现综合性科学观念，对风景资源进行多学科综合性的全面考察与评价。

②生态科学的观念逐渐引入风景区规划，如自然生态规划、环境生态科学评价、生态环境指标体系、生态环境效益与价值的量值等生态科学规划内容逐步应用于风景区规划实践之中。

③加强风景区的单项科学考察和专项科学研究、专题规划与论证，可以针对风景区的某一类专题组织专项科学研究。

④高科技技术的引用。现代绘图技术的引入，以及“3S”技术即地理信息系统(GIS)、遥感(RS)和全球定位系统(GPS)为风景区的规划与研究提供了有力的工具。风景区空间信息的采集和定位，规划成图等均可在3S技术支持下完成，规划的成果存贮在计算机中，便于数据的查询、修改和分析等。

1.2.5 风景区的组成

从风景区的悠久历程及其丰富的发展动力因素可以看出，它的组成内容必然与广阔的社会需求以及经济生活密切相关，社会与经济因素依附并融糅于自然山水之中，形成了新的、更能满足时代风景意识及其需求的风景环境。所以，中国风景区有着独特的历史文化特征。

依据风景区发展的历史特征和社会需求规律，我们可以把风景区的组成归纳为3个基本要素及24个组成因子。

首要的因素是游赏对象。即风景区要有一定的游览欣赏对象与内容，有能激发游人景感反应的景物及其风景环境。游赏的基本特征是适宜，游赏对象是风景区的社会功能与价值水平的决定性因素。广义的游赏对象包括极为丰富的景源，当然最基本最常规的仍是天景、地景、水景、生景、园景、建筑、史迹、风物8类景源。

第二个因素是游览设施。即风景区要有配套的旅行游览接待服务设施，有能满足游人在游赏风景过程中的必要设施条件。设施的基本特征是方便，游览设施既是风景区的必备配套因素，又可以提升或降低风景区的水平与职能作用，游览设施的等级、规模与布局，要与游赏对象、游人结构和社会状况相适应。它包括旅行、游览、饮食、住宿、购物、娱乐、保健、其他8类设施。

第三个因素是运营管理。即风景区要有不可缺少的运营管理机构与机制，它既能调动和鼓励风景区的一切积极因素，保障风景游览活动安全顺利以及风景区的自我生存与健康发展，又能防范和消除风景区的消极因素，使风景区永葆时代活力。运营管理的基本特征是可靠。它包括人员、财务、物资、机构建制、规章制度、目标任务、科技手段及其他未尽事项8类因子。

风景区是天人合一的人化自然环境，因而，自然因素决定着它的基本地域特征，社会因素决定着它的发展趋势和人文精神特征，经济因素影响着它的物质和空间特征，并可以转化成构景要素。自然、社会、经济等要素的任何重要变化，都将引发风景区功能与内容的新演绎和新发展。纵观功能特征的变换历程，风景区始终在兼容着游憩、景观、生态三重基本功能。

1.2.6 风景区的分类

风景区的分类方法很多，实际应用比较多的是按等级、规模、景观、结构、布局等特征划分，也可以按设施和管理特征划分。

1.2.6.1 按等级特征分类

依据《风景名胜区条例》(2016年修订)及国际上现行的世界遗产制度，按风景区的观赏、文化、科学价值及其环境质量、规模大小、游览条件等划分为3级。

(1)省级风景名胜区

具有区域代表性的，可以申请设立省级风景名胜区。设立省级风景名胜区，由县级人民政府提出申请，省、自治区人民政府建设主管部门或者直辖市人民政府风景名胜区主管部门，会同其他有关部门组织论证，提出审查意见，报省、自治区、直辖市人民政府批准公布。

如浙江省兰溪市东郊灵动乡洞源村的六洞山风景区，是以水、洞、林为主，文化古迹为辅的省级风景区；浙江省金华的北山双龙风景区，是以奇异洞景为特色的省级风景区；浙江省宁波市鄞州区境内的东钱湖风景区，是以清秀隽永、豁达开旷的湖光秀色和江南水乡泽国为特色的省级湖泊型风景区；浙江省永康市的方岩风景区，是以浙江省丹霞地貌典型、人文荟萃、乡风民俗淳厚为特色的省级旅游风景区。

(2)国家级风景名胜区

自然景观和人文景观能够反映重要自然变化过程和重大历史文化发展过程，对于那些基本处于自然状态或者保持历史原貌，具有国家代表性的，可以申请设立国家级风景名胜区。设立国家级风景名胜区，由省、自治区、直辖市人民政府提出申请，国务院建设主管部门会同国务院环境保护主管部门、林业主管部门、文物主管部门等有关部门组织论证，提出审查意见，报国务院批准公布。

国家重点风景名胜区应符合以下条件：

① 具有全国最突出、最优美的自然风景或人文景观，那里的生态系统基本上没有受到破坏，其自然环境、动植物种类、地质地貌具有很高的观赏、教育和科学价值。

② 国家最高行政机关——国务院已制定颁布了加强对国家重点风景名胜区保护和管理的法规，地方政府也采取了相应措施，严格禁止任何单位、个人对国家重点风景名胜区的侵占，有效地保护其生态、地貌和美学特色。

为了精神享受、娱乐、文化和教育目的，允许游人进入国家重点风景名胜区，但要采取措施，防止某些区域游人超量。

国家重点风景名胜区的面积比较大，一般都在 $50km^2$ 以上。如属山岳型风景区的东岳泰山、西岳华山、中岳嵩山、南岳衡山、北岳恒山；属水域型风景区的武汉东湖、黑龙江镜泊湖风景区等。

(3) 世界遗产

列入《世界遗产名录》的风景区，这是经过联合国教科文组织世界遗产委员会审议公布，俗称世界级风景区。

1.2.6.2 按用地规模分类

主要是按风景区的规划范围和用地规模的大小划分为4类。

① 小型风景区　其用地范围在 $20km^2$ 以下。如洛阳龙门风景区，龙门石窟本身逾 $3km^2$，加上周围若干景点，不过十几平方千米；蜀岗-瘦西湖风景区面积约 $6km^2$；普陀山风景区面积为 $13km^2$。

② 中型风景区　其用地范围在 $21\sim100km^2$。如路南石林风景区总面积为 $36.9km^2$；衡山风景区面积为 $85km^2$；武汉东湖风景区为 $88.2km^2$。

③ 大型风景区　其用地范围在 $101\sim500km^2$。如峨眉山风景区为 $115km^2$；黄山风景区为 $154km^2$；恒山风景区为 $147.5km^2$；泰山风景区为 $242km^2$；麦积山为 $215km^2$；井冈山为 $213km^2$；天山天池为 $158km^2$；雁荡山为 $150km^2$；华山为 $148.4km^2$；九华山为 $120km^2$。

④ 特大型风景区　其用地范围在 $500km^2$ 以上。此类风景区多具有风景区域的特征。如三亚风景旅游区总面积约 $8100km^2$；大理风景区为 $1043km^2$；太湖风景区、贡嘎山风景区等多具有风景区域的特征，镜泊湖风景区总面积为 $1400km^2$、西双版纳总面积为 $1202.3km^2$；五大连池总面积为 $1060km^2$ 等。

1.2.6.3 按景观特征分类

按风景区的典型景观的属性特征划分为10类。

① 山岳型风景区　以高、中、低山和各种山景为主体景观特点的风景区。如五岳和各种名山风景区。

② 峡谷型风景区　以各种峡谷风光为主体景观特点的风景区。如长江三峡、马岭河峡谷等风景区。

③ 岩洞型风景区　以各种岩溶洞穴或熔岩洞景为主体景观特点的风景区。如龙宫、织金洞、本溪水洞等风景区。

④ 江河型风景区　以各种江河溪瀑等动态水体水景为主体景观特点的风景区。如楠溪江、黄果树、黄河壶口瀑布等风景区。

⑤ 湖泊型风景区　以各种湖泊水库等水体水景为主体景观特点的风景区。如杭州西湖、武汉东湖、贵州红枫湖、青海湖等风景区。

⑥ 海滨型风景区　以各种海滨海岛等海景为主体景观特点的风景区。如兴城海滨、嵊泗列岛、福建海坛、三亚海滨等风景区。

⑦ 森林型风景区　以各种森林及其生物景观为主体特点的风景区。如西双版纳、蜀南竹海、百里杜鹃等风景区。

⑧ 草原型风景区　以各种草原草地沙漠风光及其生物景观为主体特点的风景区。如太阳岛、扎兰屯等风景区。

⑨ 史迹型风景区　以历代园景、建筑和史迹景观为主体特点的风景区。如避暑山庄外八庙、

八达岭—十三陵、中山陵等风景区。

⑩ 综合型风景区　以各种自然和人文景源融合成综合性景观为其特点的风景区。如漓江、太湖、大理、两江一湖、三江并流等风景区。

1.2.6.4　按结构特征分类

依据风景区的内容配置所形成的职能结构特征划分为3种基本类型。

① 单一型风景区　其内容与功能比较简单。主要是由风景游览欣赏对象组成一个单一的风景游赏系统。如很多小型风景区以景源和生态保护为主，均属单一型风景区。

② 复合型风景区　其内容与功能均较丰富，它不仅有风景游赏对象，还有相应的旅行游览接待服务设施所组成的旅游设施系统，因而其结构特征是由风景游赏和旅游设施两个职能系统复合组成。如很多中小型风景区就属复合型结构。

③ 综合型风景区　其内容与功能均较复杂，它不仅有游赏对象、旅游设施，还有相当规模的居民生产与社会管理内容组成的居民社会系统，因而其结构特征是由风景游赏、旅游设施、居民社会3个职能系统综合组成。如很多大中型风景区就属综合型结构。

1.2.6.5　按功能设施特征分类

① 观光型风景区　有限度地配备必要的旅行、游览、饮食、购物等为观览欣赏服务的设施。如大多数城郊风景区。

② 游憩型风景区　配备有较多的康体、浴场、高尔夫球场等游憩娱乐设施。可以有一定的住宿床位。如三亚海滨。

③ 休假型风景区　配备有较多的休疗养、避暑寒、度假、保健等设施。有相应规模的住宿床位。如北戴河。

④ 民俗型风景区　保存有相当的乡土民居、遗迹遗风、劳作、节庆庙会、宗教礼仪等社会民风民俗特点与设施。如泸沽湖。

⑤ 生态型风景区　配备有必要的保护监测、观察试验等科教设施，严格限制行、游、食、宿、购、娱、健等设施。如黄龙、九寨沟。

⑥ 综合型风景区　各项功能设施较多，可以定性、定量、定地段的综合配置。如大多数风景区均有此类特征。

1.3　风景区与其他自然公园的对比

在国内，与风景名胜区相类似的还有其他自然公园、森林公园、旅游区及国家公园等，它们都以一定的风景资源为依托，也都可以开展一定的旅游活动，但是它们在概念、管理等方面都有一定的区别与相似之处。

1.3.1　概念有重叠和交叉

① 风景名胜区　也称风景区，指风景资源集中，环境优美具有一定规模和游览条件，可供人们游览欣赏、休憩、娱乐或进行科学文化活动的地域。由国家住房和城乡建设部批准授牌。

② 自然保护区　是指有代表性的自然生态系统、珍稀濒危野生动植物物种的天然集中分布区、有特殊意义的自然遗迹等保护对象所在的陆地、陆地水体或者海域，依法划出一定面积予以特殊保护和管理的区域，由国务院环境保护行政主管部门进行协调并提出审批建议，报国务院批准。

③ 森林公园　是以森林为主体，具有地形、地貌特征和良好生态环境，融自然景观与人文景观于一体，经科学保护和适度开发，为人们提供原野娱乐、科学考察及普及、度假、休疗养服务，多位于城市郊区的区域。

④ 旅游区　是多个景点组合体，指含有若干共性特征的旅游景点与旅游接待设施组成的地域综合体，它不仅包括旅游资源，也含有为旅游者实现旅游目的而不可缺少的各种设施，经行政管理部门批准成立，有统一管理机构，范围明确，由若干旅游点组成的旅游地域。

⑤ 国家公园　指国家为了保护一个或多个典型生态系统的完整性，为生态旅游、科学研究和环境教育提供场所，而划定的需要特殊保护管理和利用的自然区域。世界自然保护联盟(IUCN)对国家公园的最新定义为：保护大尺度生态过程及其典型物种、生态系统的大型自然或近自然区域，

同时在环境和文化方面具有精神、科学、教育、游憩和游客体验兼容性的区域。

总体上来说，风景区、自然保护区、森林公园、旅游区以及国家公园都具有一定的风景资源或者观赏价值，同时对于某些自然资源和生态环境具有重要的保护作用，还能为人们提供娱乐、教育等服务功能，由此也可以看出几者在概念上有重叠与交叉之处，同时也具有各自鲜明的生态特征或者主要保护对象。在我国，从自然保护区开始陆续设立的风景区、森林公园、国家公园等从目的上都可以归为保护区的类型，而旅游区的设立目的则相对侧重于开发旅游资源，但是一些旅游区本身也是或者内部包含保护区。

1.3.2 主管部门及管理方式各异

在大多数西方国家，自然保护与公众游乐事业大多由国家公园或类似机构来单独承担，并由中央政府特设的国家公园管理局来统一管理。在我国，2018 年之前，国家住建部主管风景名胜区，国家林业局主管森林公园，国家旅游局主管旅游区（表 1-2），国家环保部主管自然保护区，还有一些“区域”同时具有风景区、自然保护区等多重身份，自然就产生多头管理的现象，如九寨沟身兼国家级自然保护区、国家风景名胜区、国家森林公园 3 块牌子。这样的现状不仅使得各个不同的规划相互孤立、相互冲突，也导致多个管理部门条块分割，不利于风景名胜区和森林公园的可持续发展。目前对于归属不同管理部门的风景名胜区和森林公园在规划中如何协调还没有相关的规定。所以相较于西方国家的国家公园管理模式，我国有必要建立健全国家公园体系，以解决不同名牌、不同管理体系带来的相关问题。

2018 年，组建了国家林业和草原局，加挂国家公园管理局牌子，统筹管理各类自然保护地。

表 1-2 风景名胜区、自然保护区、森林公园、旅游区与国外国家公园比较（2018 年之前）

类 别	功 能	主管部门	位 置
风景名胜区	自然景观、人文景观的观赏与保护	住建部	远郊、近郊
自然保护区	自然资源的保护与科学研究	国家环保部	远郊
森林公园	娱乐、疗养、科学考察及普及	国家林业局	城郊
旅游区	旅游资源的开发	国家旅游局	远郊、近郊
国外国家公园	自然和人文资源的保护、科学考察及普及	中央政府国家公园管理局	远郊

1.3.3 遵循的法律法规各异

到目前为止，风景名胜区规划相关的法律法规及文件有：《关于加强风景名胜保护管理工作的通知》（1995）、《风景名胜区管理暂行条例》（1985）、《关于加强风景名胜区工作的报告》（1992）、《风景名胜区环境卫生管理标准》（1992）、《风景名胜区建设管理规定》（1993）、《风景名胜区管理处罚规定》（1995）、《风景名胜区安全管理标准》（1995）、《关于加强风景名胜区规划管理工作的通知》（2000）、《关于立即制止在风景名胜区开山采石加强风景名胜区保护的通知》（2002）、《国家重点风景名胜区规划编制管理办法》（2001）、《关于做好国家重点风景名胜区核心景区划定与保护工作的通知》（2003）、《风景名胜区条例》（2016）、《风景名胜区分类标准》（2008）、《国家级风景名胜区和历史文化名城保护补助资金使用管理办法》（2009）、《风景名胜区游览解说系统标准》（2012）、《风景名胜区监督管理信息系统技术规范》（2013）、《国家级风景名胜区规划编制审批办法》（2015）、《风景名胜区管理通用标准》（2017）、国务院关于修改《建设项目环境保护管理条例》的决定（2017）、《风景名胜区总体规划标准》（2018）、《风景名胜区详细规划标准》（2018）等。

森林公园规划相关的法律法规及文件有：《关于加快森林公园建设的通知》（1992）、《中华人民共和国森林公园管理办法》（1993）、《森林公园总体设计规范》（1996）、《林业部办公厅关于建立森林旅游安全事故报告制度的通知》（1997）、《中国森林公园风景资源质量等级评定》（1999）、《国家林业局关于加强森林风景资源保护和管理工作的通知》（2002）、《国家级森林公园设立、撤销、合并、改变经营范围或者变更隶属关系行政许可申请材料及要求的通知》（2006）、《国家林业局关于加快森林公园发展的意见》（2006）、《森林资源资产评估管理暂行规定》（2006）、《关于进一步加强森林公园生态文化建设的通知》（2007）、《关于进一步做好国家级森林公园行政许可申请审查工作的通知》（2007）、《国家林业局森林公园管理办公室关于加强森林公园旅游安全管理的通知》（2007）、《关于切实做好国家级森林公园行政许可项目审查工作的通知》（2009）、《国家级森林公园管理办法》（2011）、《国家级森林公园总体规划规范》（2012）、《国家森林公园设计规范》（2014）、《森林公园建设指引》（2016）、《国家康养旅游示范基地》（2016）、《森林养生基地质量评定》（2017）、《森林体验基地质量评定》（2017）、《国家森林步道建设规范》（2017）、《国家林业局关于加快推进城郊森林公园发展的指导意见》（2018）、《国家林业局办公室关于印发〈国家林业局生产安全事故应急预案（试行）〉的通知》（2017）、《国家林业和草原局关于印发〈中国森林旅游节管理办法〉的通知》（2018）、《森林康养基地总体规划导则》（2018）、《多部门关于开展国家森林康养基地建设工作的通知》（2019）、《国家林业和草原局关于印发修订后的〈国家级森林公园总体规划审批管理办法〉的通知》（2019）、《中华人民共和国森林法》（2020）、《国家级森林康养基地认定实施规则》（2020）。

自然保护区规划相关的法律法规及文件有：《关于加强自然保护区管理有关问题的通知》（2004）、《国家级自然保护区评审标准》（1999）、《关于规范国家级自然保护区总体规划和建设程序有关问题的通知》（2000）、《关于印发国家级自然保护区总体规划大纲的通知》（2002）、《关于编制国家级自然保护区总体规划有关问题的通知》（2010）、《国家级自然保护区总体规划审批管理办法》（2015）、《中华人民共和国环境保护法》（2015年修正本）、《中华人民共和国自然保护区条例》（2017年修正本）、《中华人民共和国环境影响评价法》（2018年修正）、《关于做好自然保护区范围及功能分区优化调整前期有关工作的函》（2020）、《在国家级自然保护区修筑设施审批管理暂行办法》（2018）。

旅游区规划相关的法律法规及文件有：《旅游发展规划管理办法》（2000）、《旅游区（点）质量等级的划分与评定》（2004）、《旅游规划设计单位资质等级认定管理办法》（2005）、《旅游规划通则》（2003）、《旅游资源保护暂行办法》（2007）、《旅游景区质量等级管理办法》（2012）、《中华人民共和国旅游法》（2013）、《旅游资源分类、调查与评价》（2017）、《文化和旅游规划管理办法》（2019）、《国家级旅游度假区管理办法》（2019）等。

国家公园规划相关的法律法规及文件有：《国家公园体制试点实施方案》（2015）、《建立国家公园体制总体方案》（2017）、《国家公园功能分区规范》（2018）、《关于建立以国家公园为主体的自然保护地体系的指导意见》（2019）、《国家公园设立规范》（2020）、《国家公园监测规范》（2020）、《国家公园勘界立标规范》（2020）、《国家公园资源调查与评价规范》（2020）、《国家公园总体规划技术规范》（2020）、《国家公园考核评价规范》（2020）等。

1.3.4　规划内容不尽相同

随着城市化的快速发展，人们与自然的距离愈渐拉远，在这样的社会背景下，风景名胜区、森林公园、自然保护区等成为满足居民回归自然，放松心情的游憩场所，它们都能在改善城市生态环境，促进经济发展，提高城市人居环境质量等方面起到举足轻重的作用。以风景名胜区和森林公园规划为例，《风景名胜区条例》以“科学规划、统一管理、严格保护、永续利用”为指导思想，来正确处理严格保护和合理利用的关系。森林公园的指导思想可概括为：科学保护、合理布局、适度开发。两者规划的原则都是以保护为前提，在不破坏原有资源的前提下，对资源进行科学合理的开发利用。在规划内容上，风景名胜区规划可以分为总体规划和详细规划两个阶段进行。大型而又复杂的风景区，可以增编分区规划和景点规划。一些重点建设地段，也可以增编详细规划。

而森林公园规划主要参考《森林公园总体设计规范》，主要内容包括总则、布局、环境容量与游客规模、景点设计、植物景观工程、保护工程、一般规定、基础设施工程等部分。风景名胜区规划的主要目的是发挥风景区的整体大于局部之和的优势，实现风景优美、设施方便、社会文明，并突出其独特的景观形象、游憩魅力和生态环境，促使风景区适度、稳定、协调和可持续发展。森林公园规划的目的是以良好的森林生态环境为主体，充分利用森林旅游资源，在已有的基础上进行科学保护、合理布局、适度开发建设，为人们提供旅游度假、休憩、疗养、科学教育、文化娱乐的场所，以开展森林旅游为宗旨，逐步提高经济效益、生态效益和社会效益。

总之，在我国有很多与风景区类似的区域存在，彼此相互依存，相互依赖，相互促进。

小　结

本章的教学目的是使学生对风景名胜的各方面价值有所了解，能激发其学习兴趣，并对风景区的产生与发展的过程有初步的认识。教学重点有风景区的组成与分类，不同的分类形式的名称、内容；教学难点为风景区与类似园区的区别与联系。

思考题

[1]风景区的定义是什么？

[2]风景区的组成有哪些？

[3]风景区的类型有哪些？

[4]风景区和类似园区的区别与联系是什么？

推荐阅读书目

[1]风景科学导论. 丁文魁. 上海科技教育出版社，1993.

[2]风景名胜区规划. 唐晓岚. 东南大学出版社，2012.

[3]风景区规划(修订版). 付军. 气象出版社，2012.

[4]风景名胜区规划原理. 魏民，陈战是等. 中国建筑工业出版社，2008.

第2章

风景区规划导论

2.1 风景区规划概述

2.1.1 风景区规划的概念

风景区规划，也称风景名胜区规划，是保护培育、开发利用和经营管理风景区，并发挥其多种功能作用的统筹部署和具体安排。经相应的人民政府审查批准后的风景区总体规划，具有法定效力，必须严格执行。

2.1.2 风景区规划的目的

风景区规划的主要目的，是发挥风景区整体大于局部之和的优势，实现风景优美、设施方便、社会文明，并突出其独特的景观形象、游憩魅力和生态环境，促使风景区适度、稳定、协调和可持续发展。

风景区规划的本质，是通过提炼概括风景特色，把合理的社会需求融入自然之中，优化成人与自然协调发展的风景游憩境域。

2.1.3 风景区规划的任务

《风景名胜区总体规划标准》(GB 50298—2018)明确提出了风景名胜区规划的3个主要方向，即风景名胜资源的保护与培育、风景名胜资源的开发与利用、风景名胜区的管理与经营，并突出强化了风景名胜区规划的法律意义，为规划的有效实施奠定了理论基础。

可见，风景名胜区规划是调控整个风景名胜区发展、保护、建设、管理的基本依据和手段，是在一定空间和时间范围内对各种规划要素的系统分析和统筹安排。风景名胜区规划的主要内容是依据风景区资源保护与利用的整体目标，根据国家、省级等不同层次风景名胜体系规划的要求，同时考虑到风景名胜区域相关的国土规划、区域规划、城市规划等相关内容的衔接，在充分对资源保护与利用现状进行分析研究、科学预测风景名胜区的发展规模与效益的基础上，采取相应的方法与途径，促进风景名胜区生态效益、社会效益和经济效益的协调发展。主要包括以下内容：

① 综合分析评价现状。

② 依据风景区的发展条件，从历史、现状、发展趋势和社会需求出发，明确风景区的发展方向、目标和途径。

③ 展现景物形象、组织游赏条件、调动景感潜能。

④ 对风景区的结构与布局、人口容量及生态原则等方面做出统筹部署。

⑤ 对风景游览主题系统、旅游设施配套系统、居民社会经营管理系统以及相关专项规划和主要发展建设项目进行综合安排。

⑥ 提出实施步骤和配套措施。

2.1.4 风景区规划的特点

风景区规划的特点既具有常见规划或计划工作的目的性和前瞻性特征，又有着以下风景区规划的明显特点：

(1)方法的科学性

规划本身就是人们主观意识对客观存在的一种科学反映，如何避免或减少规划中主观意识的控制，这就需要对风景区的现状进行客观的分析与研究，对未来进行理性的构想与预测，选取切实可行的方法与步骤，实现风景区规划的目标。这样一系列的工作涉及自然的科学性、社会的科学性、经济和管理的科学性、工程的科学性与专家队伍的多学科性。

(2)空间的地域性

风景区规划是对特定地区和特定地域的空间范围内的资源保护与利用活动进行规划。风景名胜资源本身与本地区、区域的自然环境与人文环境有密切的联系，这种联系对风景名胜区本身的地域性起到突出强化作用。风景区的景源特征、自然生境和社会经济因素千差万别，其发展方向、目标定位和结构布局也不相同，规划应在异地对比中着力提取其特殊性，扬长避短，因地、因时、因景地突出本风景区特性，力求形成独具特色的景观形象，防止照搬照抄，重复建设，千篇一律。

(3)系统的复杂性

风景名胜区是一个复杂的系统，在大的风景名胜区系统中包括资源、社会、经济三大子系统，这些子系统又是由更为丰富的下层系统所构成，所以风景名胜区规划所包括的内容也相当广泛，涉及农林、商旅、工副、交通、科教文卫等多个产业部门，规划内容的复杂性可想而知。规划必须在综合分析风景名胜区各项复杂关系的基础上，充分考虑各子系统内部要素、子系统之间相互的联系与制约，找到一个有利于各个系统、各个要素协调共生的发展途径，用有序协调的规划使诸多散乱的条块形成相互补充、相互促进的有机网络。同时，针对风景名胜区这样一个由资源系统、社会系统、经济系统所构成的综合系统进行的规划，不可能由单一学科或专业来完成，而是需要风景园林、林业、历史、经济、水利、文学等多个学科的配合、协调与决策。

(4)发展的动态性

风景名胜区规划既要解决当前资源保护与利用中存在的问题，又需要对风景名胜区未来的发展状态和出现的问题做出科学的预测，并寻求方法来解决。所以规划既要有现实性，又要具有前瞻性。但是，任何事物都在不停地运动与变化，风景名胜区内部的各种系统要素以及风景名胜区外部环境也在时刻产生变化，所以风景名胜区规划不可能是一成不变的，必须根据实践的发展和外界环境的变化，适时地进行调整与补充，给不可预计的内容留有余地，使规划成果能够随着信息反馈而做必要的随机调整。

(5)实施的可操作性

风景名胜区规划的最终目的是要应用于实践，面向管理，指导整个风景名胜区的建设与发展，使风景名胜资源的保护与利用有章可循、有据可依。所以，规划过程的各个环节都应突出实践的需要，使其更利于规划的实施和管理。在规划过程中，规划小组不仅要从各自专业的角度出发，同时需要吸纳当地风景名胜区的建设与管理者作为规划决策的重要成员，并广泛听取当地居民的意见与需求，这些都是提高规划实施可操作性的有效方法。

2.1.5 风景区规划的类型

风景区规划正在向多类型、多层次、多组合、面向发现矛盾并解决实际问题的方向发展，当前，风景区规划类型可以按不同方法划分。

2.1.5.1 按规划内容分类

(1)战略性规划

该类规划重在发展条件分析的论证，发展方向与目标的确定，发展重点与策略的研究。

(2)物质性规划

该类规划重在景源和土地利用及其空间布局，重视各物质要素的功能、结构、指标与空间形态，强调发展项目的规模与布局。

(3)综合性规划

该类规划兼有战略性和物质性规划的特点，内容比较系统与全面。

2.1.5.2 按发展特点分类

(1)高速发展规划

该类规划以生产力为主导，强调效率与速度。多用在重点开发地区与地段。

(2)协调发展规划

该类规划以公平为主导，强调时间、空间、数量、结构、用地、秩序的协调。如风景与城镇协调发展规划。

(3)稳定发展规划

该类规划以稳定和均衡为主导，强调多样性与复杂性及多元化发展。如游人结构与客源市场、生物多样性等规划。

(4)可持续发展规划

该类规划以可持续为主导，强调数量发展度、质量协调度、时间可持续度的综合调控，强调控制人口、节约资源、保护环境、维持稳定、科学决策。如风景区的总体规划。

2.1.5.3 按风景区属性分类

由于风景区属性不同，各类风景区在规划中所要解决的重点问题常有差异，因此会产生不同的风景区规划类型。对于风景区的分类，有多少种风景区种类，便有多少种风景区规划类型。其中，按典型景观特征分类的10类风景区规划、按旅游设施特征分类的6类风景区规划等差异性均较大，风景区分类内容在前文已述，这里不再罗列。

2.1.5.4 按规划阶段分类

20世纪80年代以来，应用最多的规划类型是按规划阶段划分的，从宏观到微观可以分为8种规划类型。其中，风景名胜区规划纲要、风景名胜区总体规划、风景名胜区详细规划3类规划被明文列入2001年4月20日发布的《国家重点风景名胜区规划编制审批管理办法》，需报主管部门审批。其他规划类型虽未列入，但在社会实践中也常遇到。

(1)风景发展战略规划

对风景区或风景体系发展具有重大的、决定全局意义的发展规划，其核心是解决一定时空的基本发展目标、途径与举措，其焦点和难点在于战略构思与抉择。主要内容包括：

① 发展战略的依据　包括内部条件和外部环境。

② 发展战略的目标　包括方向定性、目标定位(定性兼定量)及其目标体系。

③ 发展战略的重点　包括实现目标的决定性战略任务及其阶段性任务。

④ 发展战略的方针　包括总策略和总原则(发展方式与能力来源)。

⑤ 发展战略的措施　包括发展步骤、途径和手段。

例如，创建文明风景区、申报世界自然与文化遗产、构建某种体系和实行某种目标等均属于发展战略规划。

(2)风景旅游体系规划

风景旅游体系规划是一定行政单元或自然单元的风景体系构建及其发展规划，包括该体系的保护培育、开发利用、经营管理、发展战略及其与相关行业和相关体系协调发展的统筹部署。主要内容有：

① 风景旅游资源的综合调查、分析、评价。

② 社会需求和发展动因的综合调查、分析、论证。

③ 体系的构成、分区、结构、布局、保护培育。

④ 体系的发展方向、目标、特色定位与开发利用。

⑤ 体系的游人容量、旅游潜力、发展规模、生态原则。

⑥ 体系的典型景观、游览欣赏、旅游设施、基础工程、重点发展项目等。

⑦ 体系与产业的经营管理及其与相关行业和相关体系的协调发展。

⑧ 规划实施措施与分期发展规划。

例如，全国、省域、市域、流域、气候带等风景体系规划。

(3)风景区域规划

风景区域规划是可以用于风景保育、开发利用、经营管理的地区统一体或地域构成形态的规划，其内部有着高度相关性与结构特点的区域整体，具有大范围、富景观、高容量、多功能、非连片的风景特点，并经常穿插着较多的社会、经济及其他因素，也是风景区规划的一种类型。如漓江、太湖、两江一湖、胶东海滨等。其规划的主要内容有：

① 景源综合评价、规划依据与内外条件分析。

② 确定范围、性质、发展目标。

③ 确定分区、结构、布局、游人容量与人口规模。

④ 确定严格保护区、建设控制区和保护利用规划。

⑤ 制定风景游览活动、公共服务设施、土地利用与相关系统的协调规划。

⑥ 提出经营管理和规划实施措施。

(4)风景名胜区规划纲要(审批管理)

在编制国家级风景名胜区总体规划前应当先编制规划纲要，其他较重要的或较复杂的风景区总体规划也宜参考这种做法。规划纲要的主要内容有：

① 景源综合评价与规划条件分析。

② 规划焦点与难点论证。

③ 确定总体规划的方向与目标。

④ 确定总体规划的基本框架和主要内容。

⑤ 其他需要论证的重要或特殊问题。

(5)风景名胜区总体规划(审批管理)

风景名胜区总体规划为保护培育、合理利用和经营管理好风景区，发挥其综合功能作用、促进风景区科学发展所进行的统筹部署和具体安排。

统筹部署风景名胜区发展中的整体关系和综合安排，研究确定风景名胜区的性质、范围、总体布局和设施配置，划定严格保护地区和控制性建设地区，提出保护利用原则和规划实施措施。总体规划应当包括下列内容：

① 分析风景名胜区的基本特点，做出景源评价报告。

② 确定规划依据、指导思想、规划原则、风景名胜区性质与发展目标，划定风景区范围及其外围保护地带。

③ 确定风景名胜区的分区、结构、布局等基本构架，分析生态调控要点，提出游人容量，人口规模及其分区控制。

④ 制定风景名胜区的保护、保存或培育规划。

⑤ 制定风景游览欣赏和典型景观规划。

⑥ 制定旅游服务设施和基础工程规划。

⑦ 制定居民社会管理和经济发展引导规划。

⑧ 制定土地利用协调规划。

⑨ 提出分期发展规划和实施规划的配套措施。

当然，不同用地规模和人口密度的风景名胜区，其总体规划的侧重点应有所不同。

(6)风景名胜区分区规划

在总体规划的基础上，对风景名胜区内的自然与行政单元控制、风景结构单元组织、功能分区及其他分区的土地利用界线、配套设施等内容做进一步的安排，为详细规划和规划管理提供依据。

分区规划应当包括下列主要内容：

① 确定各功能区、景区、保护区等各种分区的性质、范围、具体界线及其相互关系。

② 规定各用地范围的保育措施和开发强度控制标准。

③ 确定各景区、景群、景点等各级风景结构单元的数量、分布和用地。

④ 确定道路交通、邮电通信、给水排水、供电能源等基础工程的分布和用地。

⑤ 确定旅游游览、住宿接待服务等设施的分布和用地情况。

⑥ 确定居民人口、社会管理、经济发展等项目管理设施的分布和用地。

⑦ 确定主要发展项目的规模、等级和用地。

⑧ 对近期建设项目提出用地布局、开发序列

和控制要求。

(7)风景名胜区详细规划(审批管理)

风景名胜区详细规划是为落实风景区总体规划要求，满足风景区保护、利用、建设等需要，在风景区一定用地范围内，对各空间要素进行多种功能的具体安排和详细布置的活动。风景区详细规划是风景区总体规划的下位规划，为风景区的建设管理、设施布局和游赏利用提供依据和指导。风景区详细规划要满足和反映总体规划或分区规划中所确定的风景名胜区职能、布局和发展战略的要求。风景名胜区详细规划将总体规划要求分析、现状综合分析、功能布局、土地利用规划、景观保护与利用规划、旅游服务设施规划、游览交通规划、基础工程设施规划、建筑布局规划等内容作为详细规划的必备内容。根据详细规划区特点，可增加景源评价、保护培育、居民点建设、建设分期与投资估算等规划内容。

(8)景点规划

在风景名胜区总体规划或详细规划的基础上，对景点的风景要素、游赏方式、相关配套设施等进行具体安排。主要包括以下内容：

① 分析现状条件和规划要求，正确处理景点与景区、景点与功能区或风景区之间的关系。

② 确定景点的构成要素、范围、性质、意境特征、出入口、结构与布局。

③ 确定山水骨架控制、地形与水体处理、景物与景观组织、园路与游线布局、游人容量及其时空分布、植物与人工设施配备等项目的具体安排和总体设计。

④ 确定配套的水、电、气、热等专业工程规划与单项工程初步设计。

⑤ 提出必要的经济技术指标、估算工程量与造价及效益分析。

景点规划成果包括规划文本和规划图纸。

景点规划图纸包括：景点综合现状图，规划总平面图，相关设施和相关专业规划图，反映规划意图的分析图、剖面图、方案图及其他图纸。图纸比例为1∶500~1∶1000。

与风景区规划相关的规划主要有：国土规划与区域规划、城市规划、土地利用规划、旅游规划(区域旅游结构规划、旅游业发展总体规划、旅游地域总体规划、旅游项目规划)。

在某些快速发展的时段、地区或建设单元，因时间、人力或财力投入等条件限制，难以按正常步骤做一系列的规划，为此需要一种相对快捷、简便而又能满足实际需要、可以操作的急用性规划。例如，这个规划可能有简要的战略规划构思或概念规划创意，有概要的总体规划安排，有合理的用地或分区规划，有发展或建设项目的详细规划。当然，它不要求达到上述某一种规划的细度和深度，但应避免同其中任一种规划原则相矛盾。这种简要、快捷和实用性强的规划，常笼统或模糊地称为某某建设单元规划，其实质是一种组合规划。

2.1.6 风景区规划的术语

风景区规划工作的术语，不仅有其自身特点，还涉及自然科学、社会科学和工程技术的定性、定量与规律性内容，因而，术语不断分化、交叉、综合、协调之类的难点自然不少。

例如，20世纪70年代中期以后，有关风景区的称呼逐渐增多，比较多见的有自然风景区、旅游风景区、名胜风景区、山水风景区、城市风景区、近郊风景区、风景名胜区、风景游览区、风景旅游区、风景保护区、风景控制区等，大都是在“风景”前后加一词而构成的复合词，用其表达某种更具体、更特定的含义。其中，1985年国务院在有关条例中规定了“风景名胜区”的特有含义。经分析，为满足和适应风景区发展态势对技术法规的需求，“风景区”一词仍具有言简意赅的优点，有较好的历史延续性和较强的发展适应性，既可以理解为其他复合词的通称或简称，又保留了相关复合词的特定含义及其实际应用范围；反之，诸多复合词均难以替代“风景区”的意义。因此，《风景名胜区总体规划标准》对“风景区”一词的含义给予了统一规定。

又如，随着旅行游览活动的发展和人均资源紧缺矛盾的增长，风景区的容量已成为重要课题，而描述有关容纳人口数量的术语有环境容量、旅游容量、游人容量、容人量、居民容量等。经分析，对风景区的生态和容量影响较大的是外来游人数量和当地常住居民数量，因而，肯定了游人容量、居民容量两条术语，并对其词解和相关内容做了统一规定。

再如，因经济社会发展、学科交叉、中外交流和责、权、利关系调整等因素，对同一事物和现象的描述常会出现多种用语，20 世纪 70 年代中期以来对自然和人文风景资源的词汇相继有：风景资源、风景名胜资源、景观资源、景源、自然风景资源、历史人文资源、观光旅游资源等。经分析，本词汇的使用频率很高，为减少规划执笔者的负担，肯定了“风景资源”和“景源”的含义。

为便于风景区规划图纸中对规划范围内不同类别用地的标注，特规定了风景区土地利用表中各类、各项用地的名称和代号，以便计算和统计。

(1) 景物

景物指具有独立欣赏价值的风景素材的个体，是风景区构景的基本单元。

(2) 景观

景观指可以引起视觉感受的某种景象，或一定区域内具有特征的景象。

(3) 景点

景点由若干相互关联的景物所构成，具有相对独立性和完整性，并具有审美特征的基本境域单位。

(4) 景群

景群由若干相关景点所构成的景点群落或群体。

(5) 景区

景区在风景区规划中，根据景源类型、景观特征或游赏需求而划分的一定用地范围，包含较多的景物和景点或若干景群，形成相对独立分区特征的空间区域。

(6) 风景线

风景线也称景线。由一连串相关景点所构成的线性风景形态或系列。

(7) 游览线

游览线也称游线。是为游人安排的游览欣赏风景的路线。

(8) 功能分区

在风景区总体规划中，根据主要功能的管理需求划分出一定的属性空间和用地范围，形成相对独立功能特征的分区。

(9) 游人容量

游人容量在保持景观稳定性，保障游人游赏质量和舒适安全，以及合理利用资源的限度内，单位时间、一定规划单元内所允许容纳的游人数量。是限制某时、某地游人过量集聚的警戒值。

(10) 居民容量

居民容量在保持生态平衡与环境优美、依靠当地资源与维护风景区正常运转的前提下，一定地域范围内允许分布的常住居民数量，是限制某个地区过量发展生产或聚居人口的特殊警戒值。

(11) 典型景观

典型景观指最能代表风景区景观特征的风景资源。

(12) 核心景区

核心景区是指风景区内生态价值最高、生态环境最敏感、最需要严格保护的区域。

(13) 游览解说系统

在风景区内建立的解说信息及信息传播方式，通过合理配置、有机组合形成的游览解说体系。

(14) 防灾工程设施

为预防、抵御灾害而修建，具有确定防护标准和防护范围的工程设施，如防洪工程、消防站等。

(15) 应急避难设施

应急避难设施指应急救援和抢险避难所必需的医疗卫生设施、生活保障、交通、供水、能源电力、通信等基础设施，以及提供安全避难、救援和指挥的场所。

(16) 旅游服务设施

风景区内因旅行、游览、餐饮、住宿、购物、娱乐、文化、休养及其他服务需要而设置的各项设施的统称。简称旅游设施。

(17)旅游服务基地

旅游服务设施集中布置形成的不同规模和等级的设施区点。

2.2 风景区规划相关理论

2.2.1 风景区规划的理论

2.2.1.1 系统理论

(1)系统理论的基本原理

系统论的创立者贝塔朗菲把系统定义为:“处于一定的相互关系中并与环境发生联系的各组成部分(要素)的总体(集合)。”我国著名学者钱学森给系统下的定义是:“系统是由相互作用和相互依赖的若干部分结合成的具有特定功能的有机整体。”从系统的定义可以看出,一个具体的系统,必须具备3个条件:① 系统必须由两个以上的要素(元素、部分或环节)组成;② 要素与要素、要素与整体、整体与环境之间,存在着相互作用和相互联系;③ 系统整体具有确定的功能。系统论一经诞生,便与自然科学、社会科学和工程技术等相互渗透、相互影响。系统科学的概念、理论、原则和方法日益运用到科学技术体系的各个层次、各个领域,为现代科学技术提供了有效的思维方式与方法,成为现代科学技术整体化、综合化趋势的重要桥梁和工具。系统是事物存在的普遍形式,从原子到宇宙、从一个景点到整个风景区、从一个家庭到整个社会,都是以系统的形式存在。

系统有如下属性:整体性、动态相关性、层次等级性和有序性等。

① 系统的整体性　其实质是系统诸要素集合起来的整体性能,即系统诸要素相互联系的统一性。要素一旦构成系统,系统作为有机联系的整体,就获得了各个组成要素所没有的特性。

② 系统的动态相关性　任何系统都处在不断发展变化之中,系统状态是时间的函数,这就是系统的动态性。系统的动态性,取决于系统的相关性。系统的相关性是指系统的要素之间、要素与系统整体之间、系统与环境之间的有机关联性,它们之间相互制约、相互影响、相互作用,存在着不可分割的有机联系。

③ 系统的层次等级性　要素的组织形式就是系统的结构,而结构又可以分成不同的层次等级。在简单系统之中,结构只有一个层次;而在复杂的系统中,存在着不同的系统层次关系。一个系统的组成要素,是由低一级要素组成的子系统,而系统本身又是高一级系统的组成要素。系统的层次等级结构是一切物质系统具有的普遍形式。处于不同等级层次的系统具有不同的结构和功能,不同层次等级的系统之间是相互联系、相互制约的,它们处于辩证的统一之中。

④ 系统的有序性　是指构成系统的诸要素通过相互作用,在时间和空间上按一定秩序组合和排列,由此形成一定的结构,决定系统的特殊功能。系统的有序性是表示结构实现系统功能的程度。任何系统都有特定的结构。结构合理,系统的有序度就高,功能就好;结构不合理,系统的有序度就低,功能就差。

(2)系统理论在风景区规划中的应用

系统论的基本思想就是把研究和处理的对象都看成是一个系统,从整体上考虑问题;同时还要特别注意各个子系统之间的有机联系;把系统内部的各个环节、各个部分以及系统内部和外部环境等因素,都看成是相互联系、相互影响、相互制约的。系统理论把风景名胜区看成是一个系统。风景名胜区的系统性主要是指风景名胜区结构的系统性。风景名胜区系统包括3个子系统:风景子系统、旅游子系统和居民子系统。其中以风景子系统最为重要,是形成风景游赏的主体系统,其他二者相对次要,分别形成旅游设施配套辅系统和居民社会经济辅系统。各子系统下面还有更低级的子系统,如风景子系统还有自然景源子系统、人文景源子系统等更低级的子系统。

风景名胜区的系统性决定了其规划同样需要系统理论来指导,用系统的方法来研究风景名胜区和规划风景名胜区。系统理论对风景名胜区规划的指导通过以下几点来表现：

① 规划的要素　规划的内容是什么？规划时需要考虑哪些因素？要回答这些问题，首先要清楚风景名胜区的系统性，认清组成这个系统的诸多要素，了解要素之间的联系。规划是一个系统，组成这个系统的诸要素是相互联系、相互制约、相互影响的，从风景名胜区规划的本质上讲，规划的过程就是以风景名胜区的“严格保护、统一管理、合理开发、永续利用”为基点，不断协调主系统与辅系统、各子系统之间关系的过程，各子系统关系的协调统一是风景名胜区规划的核心任务。

② 规划的程序与编制　风景名胜区规划的内容很多，考虑的要素繁杂，所需的知识体系庞大，如何将这些内容和要素合理地组织起来，就需要系统的知识。风景名胜区规划是一个分析和决策的过程，如何使这个过程条理清晰、有条不紊，同样需要系统的理论知识。系统理论贯穿于风景名胜区规划的全过程。

③ 规划者的思维　风景名胜区规划作为一项系统工程，规划任务需要各行业、各学科专家来协力完成，每位专项规划人员都需要具备系统的思维与合作精神，如果片面强调各子系统的重要性，只能使规划任务难以完成，规划目标难以实现。

2.2.1.2　可持续发展理论

(1) 可持续发展理论的基本概念和特征

1987 年，联合国环境与发展委员会在《我们共同的未来》中提出可持续发展是“既满足当代人的需求，又不对后代人满足其自身需求的能力构成危害的发展”。可持续发展理论中包含至少两个关键性的概念：一是人类需求，特别是世界上穷人的需求，即“各种需要的概念”，这些基本需要应被置于压倒一切的优先地位上；二是环境限度，如果它被突破，必将影响自然界支持当代和后代人生存的能力。

可持续发展的特征可以从 3 个方面来认识，即自然可持续性、经济可持续性和社会可持续性。所谓自然可持续性是从自然资源质量角度出发，在人们利用自然资源的过程中，不能导致资源质量的退化，这就要求在利用资源的同时，尊重自然规律，按自然规律容量决定利用强度，最终保护资源，提高资源质量和生产力。保持资源的自然可持续性可以协调当前和未来的关系，防止竭泽而渔的短期行为，它是持续发展的基础。经济可持续发展是以自然可持续性为基础的，即在资源质量不发生退化的前提下，人们可以持续不断地取得净收益，使整个利用系统可持续保持下去。经济可持续性说明了资源利用效益在不同时段的分享关系，那些仅顾当前高收益，使利用行为产生负面影响，导致资源质量下降，未来收益降低的利用方式是不具备经济可持续性的。社会可持续性主要代表局部和区域的关系和区域内不同阶层收益的公平性，那些仅顾局部利益而不考虑区域发展，仅考虑部分人利益而不顾社会利益的行为都会破坏系统的社会可接受性，失去社会可持续性。

(2) 可持续发展理论在风景名胜区规划中的应用

20 世纪中期以来，面对全球日益短缺的自然资源储备以及不断恶化的生态环境，人们开始反省自己浪费和过度消耗自然资源的思想与行为，并寻找到其根源在于整个社会对资源价值的片面理解与认识，可持续发展理论的产生与发展，彻底推翻了“资源无价”的错误理论，将“资源有价”理论确立为国家乃至全球社会经济可持续发展的重要理论基础，并将“资源价值核算”作为可持续发展战略实施的核心手段，以求从根本上改变传统的资源价值观念，使资源的可持续利用成为可能。因此，可以说可持续发展理论贯穿于风景名胜区规划的始终。

风景名胜资源的永续利用与全球社会经济的可持续发展紧密相连，如何保证资源的可持续利用已经成为目前亟待解决的问题。保证资源的可持续利用首先必须正确认识资源的价值，认识到资源价值的巨大，才能制定相关措施，采取相应手段来保护与利用好珍贵的风景资源。只有正确认识风景名胜资源的价值，才能确定资源在利用过程中真正的价值提升与损耗，将这些资源价值的创造与损耗同国家的国民经济核算体系形成必要的连接，使资源价值的消耗与补偿进入一种良性循环的轨道，使资源的永续利用成为可能。1992年联合国环境与发展大会所发表的《21世纪议程》中明确指出：“提倡对树木、森林和林地等所具有的社会、经济和生态价值纳入国民经济核算制的各种方法，建议研制、采用和加强核算森林经济和非经济价值的国家方案。”因此，风景名胜资源同其他类型的资源一样，作为对人类具有效用而且稀缺的物品，无论其是否是商品，无论其是否渗透过人类的劳动，它对于整个人类不仅具有使用价值，而且具有生态价值。在树立可持续的风景名胜资源价值观的基础上，将可持续发展理论与方法落实到资源保护与利用的各项工作中，对于风景名胜区的科学规划、统一管理、合理开发、永续利用都具有极其重要的意义。

2.2.1.3 生态学理论

(1)生态学理论的产生与发展

生态学原本是生物学的一个分支学科，随着20世纪60年代人类面临的一系列严峻问题的出现，成为科学研究的焦点，并逐渐变成受世人瞩目、多学科交叉的综合性学科。传统的生态学是以个体、种群、群落等不同的生命体系为研究对象的宏观生态学。现代生态学重点在于生态系统各个组成部分的相互联系。因此，现代生态学的研究对象既不是生物，也不是环境，而是由生物与环境相互作用构成的整体——生态系统。生态学发展的主流越来越趋向于人类活动与社会经济活动相结合。生态学作为连接自然科学与社会科学的桥梁，已经成为风景名胜资源保护与利用工作的指导性理论。而其中以景观生态学与风景名胜区规划的联系最为紧密。景观生态学是研究景观的空间结构与形态特征对生物活动与人类活动影响的科学。它研究不同尺度上景观的空间变化，以及景观异质性的发生机制（生物、地理和社会的原因）。它是一门连接自然科学和有关人文科学的交叉学科。

(2)景观生态学在风景区规划中的应用

风景区作为一个完整的生态系统和景观系统，其规划是以谋求区域生态系统的整体优化功能为目标，以各种模拟、预测方法为手段，在生态系统分析、综合以及评价的基础上，建立区域生态优化利用的空间结构和功能，并提出相应的方案、对策及建议。景观生态学在风景区规划中的应用主要从以下3个方面得到体现：

景观生态学是一门空间生态学，它重点研究生态系统的空间关系以及格局与过程的关联性。生态系统在空间的分布可用斑块—廊道—基质的模式来表达，异质性是以景观系统的基本特点和研究为出发点，空间异质性是指生态学过程和格局在空间上的不均匀性与复杂性。

景观生态学是生物生态学与人类生态学的桥梁。景观演化的动力机制包括自然干扰与人为影响两个方面，由于当今世界上人类活动影响的普遍性和深刻性，所以对景观演化起主导作用的是人类活动。景观生态学强调人类尺度的作用（人类世代的时间尺度与人类视觉的空间尺度）也正基于此。

景观生态学同时研究生态景观与视觉景观两个方面，注重协调形态与内容、结构与功能的统一。它以人类对于景观的感知作为评价的出发点，追求景观多重价值（经济、生态与美学）的实现。

总之，地球上大多数景观是自然过程与人类文化过程相互作用的产物，是长期适应与演化形成的稳定类型。景观生态学使风景名胜区规划在对各种规划理念兼收并蓄的基础上，通过地理学的格局研究与生态学过程的相互结合，同时吸收风景园林及建筑美学思想，综合考虑了各种社会学、经济学、环境学、文化人类学等因素，而使风景名胜区成为一个整体稳定、协调发展、具有多重价值的生态系统，是实现风景区可持续发展的重要理论依据。

2.2.2 风景区规划的原则

风景区规划作为指导与监督风景名胜资源保护与利用过程中各种行为的法律依据，应落实到生态文明理念和严格保护要求，要符合我国国情，因地制宜，突出其风景区特性，因此在规划过程中必须遵循以下原则：

(1)整体性原则

风景区是一个空间和社会群体，所以要从整体目标(总效益、总费用、总收益等)出发规划各个局部，应合理权衡风景、环境、社会经济三方面的综合效益，权衡风景区自身健全发展与社会需求之间关系，协调各方面的矛盾，对所涉及活动统一筹划、全面安排。在各局部与整体发生矛盾时，要做到部分服从整体。风景区规划在体现内部系统整体性原则的基础上，还需要与相关的区域规划、城市规划相协调统一，形成更大范围的整体与系统。

(2)择优性原则

风景区的规划问题是一种功能活动，一切都服务于既定的功能目标。功能的优劣首先决定于系统的结构。要素之间不同的相互联系方式，代表不同的结构有序性，产生不同的功能水平。规划就是通过对有关量变、因素、手段等的适当选择、改变和控制，调整内部关系，追求最佳的有序结构，以获得最优的效益目标。

(3)动态性原则

任何事物都在不断发展变化着，运动是绝对的，静止是相对的。风景区内部与内部、内部与外部环境之间时时刻刻都存在着物质、能量、信息和价值的反馈。规划的时空多维特征决定了其必然是一个连续的动态决策过程，特别是风景区随着社会经济的发展，规划指标因素必然会相应地发生变化，规划的预测与决策也必然存在着不确定性，因此风景区规划也必然要建立动态的思维，要阶段性地对规划进行补充与完善，以适应实际情况和新认识。

(4)调控性原则

调控发挥景源的综合潜力，展现风景游览欣赏的主体，调控土地利用系统；调配必要的服务设施与措施；调控风景区运营管理机能，防止风景区人工化、城市化、商业化倾向。

(5)真实性与完整性原则

风景区作为国家自然与文化遗产保存最集中的区域，其各种规划行为都要以保护与永续利用为前提，使这些宝贵的自然与文化遗产能够真实与完整地永续传承，在满足当代人欣赏、享用的同时能够满足后代人的需求；在满足本国人欣赏、享用的同时能够满足其他国家人们的需求。《世界遗产公约》中明确规定了世界遗产在保护与利用过程中最为核心的内容就是保护这些珍贵资源的真实性与完整性。可见在风景名胜区规划的全过程中，真实性与完整性原则是必须遵守的。

(6)保护性原则

应严格保护自然与文化遗产，保护原有景观特征和地方特色，维护生物多样性和生态良性循环，防止污染和其他公害的发生，加强生态恢复和植物景观培育。

2.2.3 风景区规划的方法

风景名胜区规划的研究对象是风景名胜资源保护与利用系统，它所涉及的规划内容庞大、因素众多，是功能综合、结构复杂、约束重重、动态变化的生态经济大系统。因此，风景名胜区规划需以系统理论为指导思想，客观全面地对风景资源进行系统综合与评价，在理性预测系统目标的前提下，实现科学决策的架构与发展，其方法体系可以从以下几个方面描述：

(1)遵循系统思维方法

风景区规划应以处理风景名胜资源保护和利用问题为指导思想和基本思路，即从系统的观点出发，重点考虑风景区资源的完整性、动态性和真实性的特点，把风景名胜资源保护与利用作为一个系统来看，在充分研究与综合分析其结果的同时，对其进行系统的评价，进而确定最有效实现系统目标的各项要求和条件，并最终以此指导具体的风景区建设与管理过程中的各项资源的保护与利用活动。

(2)倡导多学科理论结合

风景区的理论方法具有高度的综合性，常涉及多领域学科，如生态学、经济学、地理学、社会科学等，因此，风景区规划的理论方法就是对多种相关学科的理论方法进行综合和提炼，形成综合的具有普遍指导意义的系统理论方法，并与风景名胜资源保护与利用活动密切相关，形成有专业特色的理论方法。

(3)注重内外协调发展

风景区规划的研究应把规划对象看成一个系统，既要注意系统内部子系统之间的平衡，又要注意系统与外部环境的协调，保证规划的各个层次和未来各个阶段的平衡，以达到社会、经济、自然、生态的协调发展。

(4)利用新科技手段

在风景区规划时通常要利用各种相关技术，规划的科学性与综合性决定了在制定规划的过程中，必然会采用各种相关技术的最新成果。利用这些最新成果，可以提高资源保护与利用的科学化水平及可操作程度。纵观整个风景区规划技术方法的更新与完善过程，主要是以信息技术的飞速发展为核心，现代通信技术、测量技术、计算机技术等已然成为当今风景区规划的重要技术手段。

(5)采用科学的管理系统

风景区规划的目的就是要对风景名胜资源进行宏观控制与管理，以实现资源的可持续利用，只有采用科学的管理系统，才能实现风景名胜区的协调发展。主要的管理系统体系如下：①以数据库技术为核心所建立的风景名胜资源管理系统及资源保护与利用决策系统，对风景名胜资源进行快速收集、加工、处理和传递，以实现资源管理的现代化和科学化；②以资源价值定量核算为核心所建立的风景名胜资源资产的管理体系，用来满足国家对风景区资源的可持续利用；③以信息反馈控制为核心所建立起来的控制体系，用来对土地利用的全过程进行最优控制。

(6)讲求科学的工作方法

风景区规划的工作方法应以风景名胜区规划理论为指导，确定风景名胜区规划程序，并进行风景名胜区规划的实施。风景名胜区规划的理论是指风景名胜区规划整个过程中所需的各种专业知识和技术支撑；风景名胜区规划的程序是指风景名胜区规划的逻辑程序，它可分为：明确问题、系统分析、综合、设计和优化决策以及规划实施。风景名胜区规划的实施是指风景名胜区规划的实施过程，它包括风景名胜资源价值管理评估、风景名胜资源保护与利用及动态监测、风景名胜区规划的动态调整等内容。

2.3 风景区规划相关法律法规

风景名胜区制度建立以来，为规范规划、保护、管理、利用等事宜，国家陆续出台了多项政策、法规及规范。

2.3.1 国际公约

《保护世界文化和自然遗产公约》于1972年11月23日订于巴黎，于1975年12月17日生效。1986年3月12日对中国生效。

《濒危野生动植物种国际贸易公约》通常简称为《物种贸易公约》(CITES公约)，1973年3月3日订于华盛顿，并于1975年7月1日生效。1981年1月8日中国政府向该公约保存国瑞士政府交存加入书。同年4月8日，该公约对我国生效。

《联合国防治荒漠化的公约》的全称为《联合国关于在发生严重干旱和(或)沙漠化的国家特别是在非洲防治沙漠化的公约》，1994年6月7日在巴黎通过。1994年10月14日，中国代表签署该公约。1996年12月30日，全国人大常委会决定批准该公约。

《关于特别是作为水禽栖息地的国际重要湿地公约》简称《湿地公约》，缔结于1971年，致力于通过国际合作，实现全球湿地保护与合理利用，现有163个缔约国。中国于1992年加入《湿地公约》。

《生物多样性公约》于1992年6月5日，由签约国在巴西里约热内卢举行的联合国环境与发展大会上签署。公约于1993年12月29日正式生效。

2.3.2 法律文件

1978年中国风景园林学会成立，1982年国务院批准建立第一批共44处国家重点风景名胜区。国家陆续颁布的法律文件是风景区规划必须遵循的准则：

①《中华人民共和国文物保护法》(1982 年 11 月 19 日第五届全国人民代表大会常务委员会第二十五次会议通过，根据 2017 年 11 月 4 日第十二届全国人民代表大会常务委员会第三十次会议修改)。

②《中华人民共和国森林法》(1984 年 9 月 20 日第六届全国人民代表大会常务委员会第七次会议通过，根据 2019 年 12 月 28 日第十三届全国人民代表大会常务委员会第十五次会议修订)。

③《中华人民共和国水污染防治法》(1984 年 5 月 11 日第六届全国人民代表大会常务委员会第五次会议通过，根据 2017 年 6 月 27 日第十二届全国人民代表大会常务委员会第二十八次会议第二次修正)。

④《中华人民共和国土地管理法》(1986 年 6 月 25 日第六届全国人民代表大会常务委员会第十六次会议通过，根据 2019 年 8 月 26 日第十三届全国人民代表大会常务委员会第十二次会议第三次修正)。

⑤《中华人民共和国防洪法》(1997 年 8 月 29 日第八届全国人民代表大会常务委员会第二十七次会议通过)。

⑥《中华人民共和国水法》(1988 年 1 月 21 日第六届全国人民代表大会常务委员会第 24 次会议通过，根据 2016 年 7 月 2 日第十二届全国人民代表大会常务委员会第二十一次会议修改)。

⑦《中华人民共和国野生动物保护法》(1988 年 11 月 8 日第七届全国人民代表大会常务委员会第四次会议通过，根据 2018 年 10 月 26 日第十三届全国人民代表大会常务委员会第六次会议第三次修正)。

⑧《中华人民共和国环境保护法》(1989 年 12 月 26 日第七届全国人民代表大会常务委员会第十一次会议通过，根据 2014 年 4 月 24 日第十二届全国人民代表大会常务委员会第八次会议修订)。

⑨《中华人民共和国水土保持法》(1991 年 6 月 29 日第七届全国人民代表大会常务委员会第二十次会议通过，2010 年 12 月 25 日第十一届全国人民代表大会常务委员会第十八次会议修订)。

⑩《中华人民共和国环境影响评价法》(2002 年 10 月 28 日第九届全国人民代表大会常务委员会第三十次会议通过，根据 2018 年 12 月 29 日第十三届全国人民代表大会常务委员会第七次会议第二次修正)。

⑪《中华人民共和国城乡规划法》(2007 年 10 月 28 日第十届全国人民代表大会常务委员会第三十次会议通过，根据 2019 年 4 月 23 日第十三届全国人民代表大会常务委员会第十次会议第二次修正)。

2.3.3 条例、标准及规范

风景区应遵循的相关条例主要有以下文件：

①《中华人民共和国森林防火条例》(1988 年 1 月 16 日国务院发布，2008 年 11 月 19 日国务院第 36 次常务会议修订通过 2008 年 12 月 1 日中华人民共和国国务院令第 541 号公布自 2009 年 1 月 1 日起施行)。

②《中华人民共和国水下文物保护管理条例》(1989 年 10 月 20 日中华人民共和国国务院令第 42 号发布，根据 2022 年 1 月 23 日中华人民共和国国务院令第 751 号第二次修订)。

③《中华人民共和国自然保护区条例》(1994 年 10 月 9 日国务院令第 167 号发布，根据 2010 年 12 月 29 日国务院第 138 次常委会议，通过《国务院关于废止和修改部分行政法规的决定》修正，2011 年 1 月 8 日国务院令第 588 号发布，2011 年 1 月 8 日起施行)。

④《中华人民共和国野生植物保护条例》(1996 年 9 月 30 日中华人民共和国国务院令第 204 号发布，根据 2017 年 10 月 7 日《国务院关于修改部分行政法规的决定》修订)。

⑤《导游人员管理条例》(1999 年 5 月 14 日中华人民共和国国务院令第 263 号发布，根据 2017 年 10 月 7 日《国务院关于修改部分行政法规的决定》修订)。

⑥《中华人民共和国森林法实施条例》(2000 年 1 月 29 日中华人民共和国国务院令第 278 号发布，自发布之日起施行。2018 年 3 月 19 日，《国务院关于修改和废止部分行政法规的决定》第三次修订)。

⑦《中华人民共和国文物保护法实施条例》(2003年5月18日中华人民共和国国务院令第377号公布，根据2016年2月6日《国务院关于修改部分行政法规的决定》第二次修订根据2017年3月1日《国务院关于修改和废止部分行政法规的决定》第三次修订)。

⑧《风景名胜区条例》(已经2006年9月6日国务院第149次常务会议通过，现予公布，自2006年12月1日起施行，根据2016年2月6日国务院令第666号《国务院关于修改部分行政法规的决定》修订)。

⑨《大型群众性活动安全管理条例》(2007年8月29日国务院第190次常务会议通过，2007年9月14日中华人民共和国国务院令第505号公布，自2007年10月1日起施行)。

⑩《历史文化名城名镇名村保护条例》(2008年4月22日中华人民共和国国务院令第524号公布，根据2017年10月7日《国务院关于修改部分行政法规的决定》修订)。

⑪《国家级文化生态保护区管理办法》2018年12月10日文化和旅游部务会议审议通过。自2019年3月1日起施行。

⑫《国家公园管理暂行办法》2022年6月。

风景区应遵循的相关标准、规范主要有以下文件：

——山岳型风景资源开发环境影响评价指标体系 HJ/T 6—1994；

——风景名胜区分类标准 CJJ/T 121—2008 ；

——风景名胜区游览解说系统标准 CJJ/T 173—2012；

——风景名胜区监督管理信息系统技术规范 CJJ/T 195—2013；

——旅游景区游客中心设置与服务规范 GB/T 31383—2015；

——国家康养旅游示范基地标准 LBT 051—2016；

——风景名胜区管理通用标准 GBT 34335—2017；

——风景名胜区总体规划标准 GB/T 50298—2018；

——风景名胜区详细规划标准 GB/T 51294—2018；

——风景名胜区环境卫生作业管理标准 DB33/T 1174—2019；

——国家公园检测规范 GB/T 39738—2020；

——国家公园考核评价规范 GB/T 39739—2020；

——国家公园设立规范 GB/T 39737—2020；

——国家公园总体规划技术规范 LY/T 3188—2020；

——自然保护地勘界立标规范 GB/T 39740—2020；

——国土空间规划城市设计指南 TD/T 1065—2021；

——景区玻璃栈道建设标准 T/CNP A01—2021；

——旅游景区可持续发展指南 GB/T 41011—2021；

——自然保护地生态旅游规范 LY/T 3292—2021；

——自然保护区生态环境保护成效评估标准(试行)HJ1203—2021；

——自然保护地分类分级标准 LY/T 3291—2021；

——自然资源标准体系 2022—05；

——环境影响评价技术导则 生态影响 HJ 19—2022。

2.4 风景区规划内容和步骤

2.4.1 风景区规划的内容

风景区规划的主要内容是依据风景区资源保护与利用的整体目标，根据国家、省级等层次风景名胜体系规划的要求，同时考虑到与风景区相关的国土规划、区域规划、城市规划等相关内容的衔接，在充分对资源保护与利用现状进行分析研究、科学预测风景区的发展规模与效益的基础上，采取相应的方法与途径，促进风景区生态效益、社会效益、经济效益的协调发展。主要包括以下内容：

① 综合分析评价现状，提出景源评价报告。

② 确定规划依据、指导思想、规划原则、风景名胜区性质与发展目标，划定风景区范围及其

外围保护地。

③ 确定风景区的分区、结构、布局等基本构架，分析生态调控要点，提出游人容量，人口规模及其分区控制。

④ 制定风景区的保护、保存或培育规划。

⑤ 制定风景游览欣赏和典型景观规划。

⑥ 制定旅游服务设施和基础工程规划。

⑦ 制定居民社会管理和经济发展引导规划。

⑧ 制定土地利用协调规划。

⑨ 提出分期发展规划和实施规划的配套措施。

2.4.2 风景区规划的步骤

2.4.2.1 规划程序

风景区作为一项系统工程，其核心就是解决风景名胜资源保护与利用过程中遇到的或者未来可能遇到的问题，所以规划按照解决问题的逻辑分为以下6个步骤。

(1) 系统分析与评价

根据风景名胜资源系统的组成，研究组成系统的各要素(或子系统)之间相互关系，研究系统与周围环境之间的联系。系统的分析在时间上分为历史分析、现状分析与未来趋势预测，在空间上可以分为系统内部分析与系统外部分析两个部分。系统评价一般包括资源、游览设施和社会经济3个方面，而以资源评价最为重要。

(2) 明确问题

① 明确风景名胜区的组成与边界。

② 明确规划性质、规划期限及规划要求。

③ 明确规划依据与指导思想。

④ 明确风景名胜区规划的总目标及分项目标。

问题的明确需要以对系统的理性分析与客观评价为基础，同时使规划能够针对现状问题，提出适当的系统架构，以解决系统当前存在的问题并满足系统未来发展的需要。

(3) 整合系统

在系统分析与评价和明确问题的基础上，突出多种系统构建整合的方案。系统结构突出资源的保护特征，在保护的前提下完善旅游服务、居民调控、经济发展等各子系统间的关系。即构筑以资源保护为核心的系统架构。

(4) 方案的筛选

方案筛选过程是一个理性评价的过程，也是一个决策的过程，需要本着“科学规划、统一管理、严格保护、永续利用”的方针，综合分析各方案的优势与劣势，对各方案的科学性、可操作性、影响度等指标加以评价，确立科学合理的系统结构及功能布局，使系统组成与关联性达到最优。

(5) 系统优化与完善

以系统结构为基础，对决策方案加以完善与补充，通过保护、游赏、道路系统、居民调控、基础工程等各项专项规划，形成总体规划系统的专项支撑子系统，以形成层次分明、结构清晰的规划体系。

(6) 系统的补充与调整

系统的开放性与运行性决定了规划在实施过程中必然无法完全满足系统发展变化的要求。随着系统的变化而不断地补充与调控内容也就成为不可缺少的一个环节。

2.4.2.2 规划的编制程序

按照国家规定，各级风景名胜区应当制定规划，作为保护、建设和管理的依据。风景名胜区规划是针对资源、社会、经济等各系统进行的宏观调控。风景区规划不是孤立的，而有其纵向和横向的联系，是区域性规划系统的一个部分。

从实际工作的顺序来看，可以把一个风景名胜区的规划工作分为以下几个阶段进行：

(1) 第一阶段：资源与现状调查

即风景旅游资源的调查、评价与基础资料收集汇编阶段。

(2) 第二阶段：编制规划大纲

编制规划大纲阶段的主要任务是在充分调查研究的基础上，对风景区开发的几个重大问题进行分析论证，特别是对性质、环境容量、游人规模、规划结构、功能布局、交通组织、开发设想等进行详细论证，并经过专家咨询、评议。

(3) 第三阶段：规划阶段

对规划大纲进行修改，补充调查，按总体规

划编制的任务内容，完成风景区总体规划的全部规划文件和图纸、有需要可进一步编制详细规划。这个阶段应特别充实专项规划和旅游规划内容，并对投资和效益进行估算。

(4)第四阶段：方案决策

总体规划完成后，要组织评审，并报相应级别的政府审批。国家级的风景名胜区应由所在省、自治区、直辖市人民政府报国务院审批。

(5)第五阶段：管理实施

主要包括实施规划的具体步骤、计划和措施，制定风景区保护管理条例、人事管理制度、经营方式及经济管理体制等的建议。

小　结

本章的教学目的是使学生对风景区规划相关基本知识有所了解，激发其学习兴趣，并使学生对风景区规划应遵循的原则理论有初步的认识与了解，并对风景区规划的类型加以了解。要求学生能对风景区规划的基本理论与知识得以正确的认识。教学重点有风景区的主要任务，风景区规划类型中按规划阶段划分的方法，重点掌握需审批的3类规划：风景名胜区规划纲要、风景名胜区总体规划、风景名胜区详细规划。教学难点为风景名胜区规划原则的应用。

思考题

[1]风景区规划的定义是什么?

[2]风景区规划的类型有哪些?

[3]风景区总体规划的主要内容是什么?

推荐阅读书目

[1]风景科学导论. 丁文魁. 上海科技教育出版社，1993.

[2]风景名胜区规划. 唐晓岚. 东南大学出版社，2012.

[3]风景区规划. 许耘红. 化学工业出版社，2012.

[4]风景区规划(修订版). 付军. 气象出版社，2012.

[5]风景名胜区规划原理. 魏民，陈战是等. 中国建筑工业出版社，2008.

[6]风景名胜区总体规划标准(GB/T 50298—2018).

中篇　风景区规划

第3章 风景区总体规划基本规定

3.1 风景区范围的确定

3.1.1 划定范围的必要性

风景区从根本上是以土地为载体而存在的，所以风景区的规划、建设、管理等各项工作都需要对风景区的空间范围加以限定。而范围就是风景名胜资源保护与利用、建设与管理的范围，所以规划中对风景名胜区范围的划定显得尤为重要。为了便于保护与管理，每个风景名胜区必须有确定的范围和外围特定的保护地带。这是风景区规划的重要内容，并时常成为难题。其主要原因是人均资源渐趋紧缺和资源利用的多重性规律，以及它所涉及的责、权、利关系调控等因素在起作用。

划定范围和保护地带要有科学依据，要经过反复调查、核定和论证，不能带有主观随意性。确定的主要范围和保护地带的划分相当于行政区划分的确定，要经过相应的人民政府审批。批准后要立碑刻文，标明界区，记录入档。在对待风景区保护、利用、管理的必要性时，应分析所在地的环境因素对景源保护的需求、经济条件对开发利用的影响、社会背景对风景区管理的要求，综合考虑风景区与其社会辐射范围的供需关系，提出风景区保护、利用、管理的必要范围。

3.1.2 划定范围的原则

(1) 景源特征及其生态环境的完整性

风景区范围的确定应保障景源特征、景源价值、生态环境等的完整性，不得因划界不当而有损其特征、价值或生态环境，并满足游客的需要，不受行政区划限制。

(2) 历史文化与社会的连续性

在一些历史悠久和社会因素丰富的风景区划界中，应维护其历史特征，保持其社会的延续性，使历史社会文化遗产及其环境得以保存，并能永续利用。

(3) 地域单元的相对独立性

应强调地域单元的相对独立性。自然区、人文区、行政区等任何地域单元形式都应考虑其相对独立性。

如广东丹霞风景区范围的界定就考虑了以下几方面的因素：

① 高质量景观资源的地理分布；

② 主体景观与环境的整体不可分性，特别是风景视线通道的控制；

③ 历史的一致性和延续性；

④ 旅游活动地的方便性和连续性；

⑤ 景区管理的可行性。

为此，规划将典型丹霞地貌集中分布的 180km^2

作为主体景观区，丹霞山风景名胜区规划控制范围总面积373km^2。其中，规划总面积292km^2；外围景观环境保护带规划控制面积81km^2，北部、西部基本沿新韶仁公路(规划)、省道246线(新线，在建)为界，东北、东、东南基本沿国道106线和国道323线为界。此外，公路外侧视线可达的第一层山脊线范围为外围环境背景控制地带。

又如，秦皇岛风景区的范围划定也考虑了上述因素。为保障景观的完整性和连续性，秦皇岛北戴河风景名胜区至少要包括北戴河和山海关两个部分。北戴河因其海岸漫长曲折、沙软潮平的特点，是夏季极好的海浴、休息、观海的场所；山海关有雄伟的山海关城、老龙头、龟山长城和孟姜女庙等名胜古迹，是凭吊、游览的好去处，因此两者缺一不可。

(4)保护、利用、管理的必要性与可行性

在风景区规划划界时，有时会与原有行政区划发生矛盾，特别是一些原始性较强的山水景观又常处在原有行政区划的边缘或数个行政区划的交接部位。规划时不能避免与原有行政区划发生矛盾；或者为避免与居民点或村落发生矛盾，将风景区的实际范围划得很小，而将与风景区相邻的大片地区划为事实上无法统一控制和管辖的外围保护地带；或者即便认识到风景区构成的复杂性，但难以解决管理体制问题而不得不将界限划得很小。但从分析结果看，处于外围保护地带居民的活动又常常对景区产生较大的影响。因此，为了有效地保护、合理地利用与科学地管理，可以不受原有行政区划的限制，要同时在适当的行政主管的支持和相关部门的协同下，或适当调整行政区划，或适当协调责、权、利关系，探讨一种既合理又可行的风景区范围。在提出的方案中，应防止“人”和“地”分家，应坚持居民与其生存条件一并合理安排的原则。

例如，井冈山风景名胜区的范围应该考虑保持井冈山革命斗争历史的完整性，除井冈山市内的革命遗址之外，还应该把永新的三湾，宁冈的龙市和遂川、炎陵县，茶陵等处的一些景点规划进去。再如，乐山大佛距峨眉山报国寺逾40km，相当于报国寺至金顶的距离，这里不仅有著名的大佛，同峨眉山佛教文化有着重要联系，而且还有凌云山、乌龙山上的名胜古迹和岷江、青衣江、大渡河汇流之处的“嘉州山水”，历来有游峨眉必游大佛之说。唐代诗人岑参在此写下“天晴见峨眉，如向波上浮”的诗句，更说明两者的联系。因此在规划中给予统一考虑十分必要。

(5)外围保护地带

风景名胜区外围的影响保护地带对于保护景观特色，维护自然环境、生态平衡，防止污染和控制不适宜的建设是必需的。要根据这些要求在规划中划出保护地带。如武夷山风景名胜区的精华九曲溪，其上游的状况对保持景观有至关重要的影响。将风景区外的九曲溪上游流域划为保护地带，规定要保持水土，不得建设污染环境的工厂和其他建设，控制农药化肥的施用，搞好居民点的规划和管理都是非常必要的。天柱山风景区距潜山县城10km，处于皖、潜两水合抱之中，为保证风景名胜免受干扰和破坏，两水流域和风景名胜区至县城公路两侧要划出保护地带加以控制。可见保护地带的划定也不是随意的。有的风景区在边界外围一律划出2km的保护地带，这种做法是缺乏依据的。

3.1.3 划定范围的依据

① 必须有明确的地形标志物为依托，既能在地形图上标出，又能在现场立桩标界。

② 地形图上的标界范围，应是风景区面积的计量依据。

③ 规划阶段的所有面积计量，均应以同精度的地形图的投影面积为准。

④ 风景区规划范围一般要有规划范围原则和四至(即东西南北所及)说明。

规划中的风景区范围和具体界线，必须有明确的标志物为依托，这是防止用三角板或丁字尺在地图上随意划界而在现场无法立桩标界的行为。风景区的标界范围，是风景区规划建设管理中各种面积计量的基本依据，也是风景区规划水平及其可比性的基础，因此，强调面积计量的统一性和严肃性是十分必要的。

如峨眉山风景名胜区总体规划的范围：东至黄湾乡唐河坝，地理坐标东经103°27′35″，北纬

29°33′4″；西至峨眉与洪雅交界处，地理坐标东经103°15′22″，北纬29°30′53″；北至黄湾乡尖峰顶，地理坐标东经103°18′29″，北纬29°36′59″；南至万公山，地理坐标东经103°19′12″，北纬29°28′43″。风景区总面积154km^2。其中核心景区(金顶、洗象池、万年寺、清音阁、神水阁、报国寺和四季坪7个景区)面积93km^2。其外围保护地带范围：东至成昆铁路峨眉河桥，地理坐标东经103°31′14″，北纬29°36′45″；西至棉石岗，地理坐标东经103°15′00″，北纬29°28′10″；北至峨眉河朱坎桥，地理坐标东经103°29′51″，北纬29°38′04″；南至龙池镇三峰山，地理坐标东经103°18′45″，北纬29°24′39″。外围保护地带为风景区外侧1～8km范围，总面积262km^2。

3.2 风景资源调查与现状分析

要使风景名胜区投入经济运行，必须经过风景名胜资源的调查和评价、风景名胜区的规划建设和经营管理3个重要的环节。其中，风景名胜资源的调查和评价是整个开发过程中的首要步骤和基础。

3.2.1 风景资源调查

3.2.1.1 风景资源调查的意义

对风景名胜资源进行评价，可以通过对风景区内各型各类的景观资源，特别是对整体景观资源的数量与质量、结构与分布，以及保护与利用等方面的评价，明确所规划地域风景资源的整体优势与劣势，特有景观在风景区中的占有量以及稀缺程度，揭示各种构景成分在景观结构和时空配置中的关系，从而为以后的规划建设提供全面的科学依据，扬长避短，对风景资源进行有针对性的保护和合理的开发。

资源调查和评价是有效保护、合理利用和科学规划风景名胜资源，正确制定国家相关产业政策法规，风景名胜资源永续利用必不可少的一项工作。评价中所用方法的科学性、公正性、客观性、实用性等直接影响到评价结果的准确性。

3.2.1.2 风景资源调查的原则

在全面调查风景资源的基础上，对风景名胜区内的自然景源、人文景源和综合景源的价值特征，环境氛围及开发利用的社会经济条件等，进行分类及综合的评定，从而为风景资源的有效保护、合理开发利用和规划建设提供科学的依据。在风景资源调查中应遵循以下原则：

(1)客观性原则

风景资源评价必须在真实资料的基础上，把现场勘察与资料分析相结合，实事求是地进行，把主客观评价结合起来，克服在现场踏查与资料分析之间的片面理论及其评价效果。调查者必须亲临现场进行野外调查、记录、拍照、录像、测量或素描，必要时进行采样和室内分析，及时在现场填写调查表格。虽然经搜集整理而获得的第二手资料是野外调查的良好补充，但由于风景资源所具有的动态性特征，实地考察仍是风景资源调查中必不可少的重要环节，以确保调查结果真实可靠。

(2)科学性原则

一方面，在风景资源调查中，科学的技术手段，如RS、GPS等，将有助于调查者发现新的风景资源。提高野外调查的效率和准确性，并可服务于旅游资源的保护。另一方面，要求调查者在资源调查过程中，应用科学的观点，采取定性概括与定量分析相结合的方法，综合评价景源的特征。根据风景资源的类别及其组合特点，应选择适当的评价单元和评价指标，对独特或濒危景源，宜做单独评价。

(3)准确性原则

只有在资源调查结果准确无误的前提下，才能保证风景资源开发利用的合理性，特别是在调查风景资源的特征、成因和类型时，调查者必须尊重客观事实，坚持科学分析，以确保调查结果的准确无误。

3.2.1.3 风景资源调查的内容

风景名胜资源的调查是一项极其复杂的工作，涉及自然、历史、地理、气候、经济、科学、技术、文学、艺术等各个方面，《风景名胜区总体规划标准》要求资源评价要包括景源调查、景源筛选与分类、景源评分与分级和评价结论4个部分。

风景名胜资源评价的对象是一个风景区或某个特定区域内的自然地理及社会、经济条件，自然景源、人文景源和综合景源的特征价值，及其存在环境和开发利用条件，如风景区的地形地貌特征、山体水体特征、土壤类型、历史沿革、民族及人数、国民经济基本情况等，各类景源的数量、规模、形态、成因、价值、空间部分范围、所在环境的空间特征、地形边界等，以及区域内外交通、水电供应、客源市场、用地建设条件、旅游业基础等详细内容。

3.2.1.4 基础资料收集

编制风景区规划应当具备相关的自然与资源、人文与经济、旅游设施与基础工程、土地利用、建设与环境等方面的历史和现状基础资料，这是科学、合理地制定风景区规划的基本保证。

由于风景区的规模和条件等差异性较大，地区性特点明显，因而，基础资料的覆盖面、繁简度、可比性的选择十分重要。应根据风景区及其所处地域的实际情况和实际需要，首先拟订调查提纲和指标体系，用它来描述规划对象的主要特征，并据此进行统计和典型调查，以获取可靠的统计数据，实事求是地采集、筛选、存储、积累、整理并汇编。基础资料收集范围包括：文字资料、图纸资料和声像资料等。基础资料调查类别，应符合表 3-1 的规定。

表 3-1 基础资料调查类别

大类	中类	小类
测量资料	1. 地形图	小型风景区图纸比例为 1/2000~1/10 000；中型风景区图纸比例为 1/10 000~1/25 000；大型风景区图纸比例为 1/25 000~1/50 000；特大型风景区图纸比例为 1/50 000~1/200 000
	2. 专业图	航片、卫片、遥感影像图、地下岩洞与河流测图、地下工程与管网等专业测图
自然与资源条件	1. 气象资料	温度、湿度、降水、蒸发、风向、风速、日照、冰冻等
	2. 水文资料	江河湖海的水位、流量、流速、流向、水量、水温、洪水淹没线；江河区的流域情况、河道整治规划、防洪设施；海滨区的潮汐、海流、浪涛；山区的山洪、泥石流、水土流失等
	3. 地质资料	地质、地貌、土层、建设地段承载力；地震或重要地质灾害的评估；地下水存在形式、储量、水质、开采及补给条件
	4. 自然资源	景源、生物资源、水资源、土地资源、农林牧副渔资源、能源、矿产资源、国有林、集体林、古树名木植被类型等的分布、数量、开发利用价值等资料；自然保护对象及地段
人文与经济条件	1. 历史与文化	历史沿革及变迁、文物、胜迹、风物、历史与文化保护对象及地段
	2. 人口资料	历来常住人口的数量、年龄构成、劳动构成、教育状况、自然增长和机械增长；服务人口和暂住人口及其结构变化；游人及结构变化；居民、职工、游人分布状况
	3. 行政区划	行政建制及区划、各类居民点及分布、城镇辖区、村界、乡界及其他相关地界
	4. 经济社会	有关经济社会发展状况、计划及其发展战略；风景区范围的国民生产总值、财政、产业产值状况
	5. 企事业单位	主要农林牧副渔和教科文卫军与工矿企事业单位的现状及发展资料；风景区管理现状
设施与基础工程条件	1. 交通运输	风景区及其可依托的城镇的对外交通运输和内部交通运输的现状、规划及发展资料
	2. 旅游服务设施	风景区及其可以依托的城镇的旅行、游览、餐饮、住宿、购物、娱乐、文化、休养等设施的现状及发展资料
	3. 基础工程	水电气热、环保、环卫、防灾等基础工程的现状及发展资料
土地与其他资料	1. 土地利用	规划区内各类用地分布状况，历史上土地利用重大变更资料，用地权属，土地流转情况，永久性基本农田资料，土地资源分析评价资料
	2. 建筑工程	各类主要建(构)筑物、园景、场馆场地等项目的分布状况、用地面积、建筑面积、体量、质量、特点等资料
	3. 环境资料	环境监测成果，三废排放的数量和危害情况；垃圾、灾变和其他影响环境的危害因素的分布及危害情况；地方病及其他危害公民健康的环境资料
	4. 相关规划	风景区规划资料，与风景区相关的行业、专项等规划资料

（资料来源：《风景名胜区总体规划标准》，2018）

(1)测量资料

规划图是在准确的地形图及专业图纸的基础上绘制的，因此测量资料是首要收集的文件。传统的地形图纸是最基本的现状底图，可以根据景区面积的大小而选择不同比例的地形图。

随着“3S”(RS、GPS、GIS)技术的应用推广，越来越多的风景区规划也开始应用“3S”技术辅助规划，因此可收集航片、卫片、遥感影像图等图像辅助规划。除此之外如有地下岩洞与河流测图、地下工程与管网等专业测图也需要收集。

(2)自然与资源条件

深入细致地调查自然风景资源的基本数量、质量特征、规模、类型、地理分布和组合状况。以泉为例，需要调查泉眼数，泉眼的形状，泉水的水质和颜色，泉水的涌水量，泉的喷涌高度和特征，泉眼的分布规模，泉的类型。如果是间歇泉，需调查间歇时间；如果是温泉，还需要了解温度有多高等。

① 气候特征　调查区的年降水量及其分布，年降水日数，各月平均气温，最热月与最冷月平均气温，年平均日照小时，相对湿度，年平均有雾日数及出现月份，年平均无霜期及起止月份，全年游览适宜日数及起止月份等。

② 水文特征　调查区的地表水和地下水不仅可构成风景资源，也可成为未来开发中的重要水源，但水灾有可能带给游客和风景资源的不利影响同样是调查者应关注的。水文特征调查的内容包括地表水和地下水的类型、分布和水位，季节性的水量变化，可供开采的水资源和已发生的由降水引发的灾害事件(如洪水、滑坡、泥石流等)。

③ 地质地貌特征

岩性的调查　自然景观类型和特性的不同常常取决于其组成物质的不同。例如，同是山体，花岗岩的自然雕像质朴、浑厚，线条简洁；石灰岩经流水溶蚀风化，其自然雕像则以玲珑精细、线条曲折多变为特色；而由砂页岩组成的山体，由于岩层抗风化能力的差异，那些水平和近水平的岩层形成参差悬空、棱角锋利、线条清晰、变化多姿的奇丽景色。

地层及内部结构的调查　如石英砂岩、水平层理和地壳抬升，就是张家界森林公园自然景观的形成基础。

地形的调查　最高、最低及平均海拔。

地质构造发育特征和活动强度的调查　对于掌握自然景观类型及分布规律，了解自然景观的成因，预测地下景观的分布是十分必要的，并对后期基础设施的选址及游客安全的管理有着重要的指导意义。

④ 自然资源

土壤和植被特征　土壤和植被类型、分布，植被覆盖率，树种，水土流失情况等。

动物特征　动物的类型、分布，珍稀动物的生活习性和保护情况。

环境背景　区内、区外的大气成分，水质，土壤质量及其污染情况。

(3)人文与经济条件

① 调查区的经济状况

——工农林牧等产业产值、产量；

——地方经济特点及发展水平；

——人均年收入情况。

② 调查人文景观　调查包括各种类型的人文景观单体。

——调查现存的、有具体形态的物质实体。

——调查历史上有影响但已毁掉的人文遗迹。

——调查不具有具体物质形态的文化因素，如民情风俗、民间传说和民族文化。对于不复存在的文物古迹和不具物质形态的文化因素，要进行反复调查和访问，全面收集资料，广泛听取意见，坚持资料调查的准确性和客观性原则。

(4)设施与基础工程条件

调查包括内外交通条件：

① 调查景区内现有各类道路等级、里程、路况、行车密度，区内交通方式类型。

② 调查景区到大中城市、飞机场、火车站、港口的距离，以及车站与港口的等级。

③ 调查景区到现有铁路、等级公路、国道、省道等交通干线的距离。

(5)土地与其他资料

① 不利条件

多发性气候灾害　调查暴雨、山洪、冰雹、强风暴、沙尘暴等灾害天气出现的季节、月份、频率、强度以及对旅游、交通、居民的危害程度等。

突发性灾害　调查已发生的突发性灾害，如山崩、滑坡、泥石流、地震、火山、海啸等出现的时间、强度及危害程度等，并依据现有资料尽可能准确地对未来突发性灾害的出现时间、强度和危害程度做出预测和预报。

其他不利因素　调查放射性地质体，有害游人健康和安全的气候和生物因素，可造成大气、水体污染的工矿企业以及恶性传染病和地方性流行性疾病等。

② 土地资料　土地相关资料。

③ 其他资料　其他以上未涉及的材料。

3.2.1.5 风景资源调查的程序

风景资源调查通常可分为3个阶段。

(1) 调查准备阶段

在调查准备阶段应做好以下几项工作：

① 组织准备　由于风景资源规划涉及的管理部门很多，与之相关联的学科也很广，因此需要组成一个由当地政府工作人员、多学科专家组成的调查小组，或调查组成员具备多学科的知识基础。要求具有旅游管理、城乡规划、生态学、地学、建筑学、风景园林学、历史文化、社会学等方面的知识。调查成员必须身体健康，必要时须进行野外考察的基础培训，如野外方向辨别、样品的采集、野外素描、野外伤病急救等。

② 资料准备

文字资料　有关调查区的地质、地貌、水文、气象、土壤、生物以及社会经济状况等调查统计资料；各种书籍、报刊、宣传材料上的有关调查区域内风景资源的资料；有关主管部门保留的前期调查文字资料；地方志书、乡土教材、有关诗词、游记等；当地现代和历史英雄、文化名人的传记等资料；旅游区与旅游点介绍；规划与专题报告等。

图形资料　根据不同规划范围，需准备不同比例尺的地形图，一般范围大的可以选取较小比例尺地图，范围小的可以选取较大比例尺地图，主要是1∶25 000，最好是1∶10 000或更大比例尺的地形图。此外，还应收集调查区的名胜古迹分布图、植被分布图、规划图、水文图、地方交通图、土地利用图、坡度图等。

影像资料　通过互联网、书刊和相册收集有关的黑白、彩色照片，有关调查区的摄像资料、光盘资料、声音资料、航空相片和卫星相片。

③ 器械准备

基本用具　绘图用具、一般测量仪器（卷尺、罗盘、海拔仪）、安全用品、生活用品等。

仪器设备　全球定位系统、普通或数码相机、摄像机、手提计算机、小型录音机等。

交通通信设备　越野汽车、手机、对讲机等。

④ 技术准备

制订工作计划　对已收集到的文字、图形和影像资料进行整理分析，确定调查范围、调查对象、调查工作的时间表、调查路线、投入人力与财力的预算、调查分组及人员分工等。

制定调查标准　在对已有资料分析的基础上，制定各类调查单体的调查表格，表格应包括总序号、名称、基本类型、地理坐标、性质与特征、区位条件、保护和开发现状等。通过对调查人员的培训，统一表格填写标准及调查成果的表达方式。对于第二手资料中介绍详尽的旅游资源，可直接填写风景资源调查表，便于野外核实，补充缺漏。

(2) 实地调查阶段

这一阶段的主要任务是在准备工作，特别是对第二手资料的分析基础上，通过各种调查方式获得翔实的第一手资料。

① 调查方式　风景资源调查依据调查的范围、阶段和目的的不同可分为概查、普查和详查3种。

A. 概查

——范围：全国性或大区域性的旅游资源调查，在对二手资料分析整理的基础上，进行一般性状况调查。

——比例尺：小比例尺，通常利用比例尺小于1∶500 000的地理底图。

——方法：填制调查表格或调查卡片，并适当地进行现场核实。

——结果：旅游资源分布图。

——目的：对已开发或未开发的已知点进行现场核查和校正，全面了解区域内的风景资源类型及其分布情况和目前开发程度，为宏观管理和综合开发提供依据。

——特点：周期短、收效快，但信息量丢失较大，容易对区域内风景资源的评价造成偏差。

B. 普查

——范围：对一个旅游资源开发区或远景规划区的各种风景资源进行综合性调查。

——比例尺：大、中比例尺，一般利用1∶50 000~1∶200 000的地理底图或地形图。

——方法：以路线调查为主，对风景资源单体逐一进行现场勘察；利用素描、摄像、摄影等手段记录可供开发的景观特征；将所有风景资源单体统一编号、翔实记录，并标在地形底图上。

——结果：旅游资源图、调查报告、摄影集和录像带。

——目的：为风景区提供翔实的风景资源分布和景观特征的资料，为旅游资源的开发评价和决策做准备。

——特点：周期长、耗资高、技术水平高，尚未在我国大范围、大规模进行。

C. 详查

——范围：带有研究目的或规划任务的调查，通常调查范围较小，普查所发现的旅游资源景观，经过筛选，确定一定数量的高质量、高品质的景观作为开发对象。

——比例尺：大比例尺，一般利用1∶5000~1∶50 000的地形图。

——方法：确定调查区内的调查小区和调查线路。

为便于运作和此后的旅游资源评价、旅游资源统计、区域旅游资源开发的需要，将整个调查区分为“调查小区”。调查小区一般按行政区划分(如省一级的调查区，可将地区一级的行政区划分为调查小区；地区一级的调查区，可将县一级的行政区划分为调查小区；县一级的调查区，可将乡镇一级的行政区划分为调查小区)，也可按现有或规划中的旅游区域划分。

调查线路按实际要求设置，一般要求贯穿调查区内所有调查小区和主要旅游资源单体所在的地点。

选定调查对象。选定下述单体进行重点调查：具有旅游开发前景，有明显经济、社会、文化价值的旅游资源单体；集合型旅游资源单体中具有代表性的部分；代表调查区形象的旅游资源单体。对下列旅游资源单体暂时不进行调查：明显品位较低，不具有开发利用价值的；与国家现行法律、法规相违背的；开发后有损于社会形象的或可能造成环境问题的；影响国计民生的；某些位于特定区域内的。

——结果：景观的详查图或实际材料图、详查报告、相关图件和录像资料。详查图上除标明景观位置外，还应标明建议的最佳观景点、旅游线路和服务设施点。

——目的：全面系统地掌握调查区风景资源的数量、分布、规模、组合状况、成因、类型、功能和特征等，从而为风景资源评价和风景区总体规划提供具体而翔实的第一手资料。

——特点：目标明确、调查深入，但应以概查和普查的成果为基础，避免脱离区域的单一景点的静态描述。

② 调查方法

野外实地踏勘　这是最基本的调查方法，调查者通过观察、测量、绘图、填表、摄影、摄像和录音等手段，直接接触风景资源，获得最原始的第一手资料。风景资源单体调查表、风景资源分布草图均要求调查者在现场完成，以保证第一手资料的客观性和准确性。如在野外调查后，发现风景资源单体或单体的调查因子方面有遗漏或缺项，应针对缺漏进行补充调查。补充调查的工作量虽小，但很重要，因为实际情况的任何缺漏，都可能对资源评价和景区规划造成影响，所以一旦发现缺漏，应立即进行补充调查。

访问座谈　这是风景资源调查的一种辅助方法。通过走访当地居民或邀请一些熟悉当地情况的人座谈等方式，增加信息收集渠道，为实地勘察提供线索、确定重点，提高勘察的质量和效率。访问座谈是了解当地民俗风情、历史事件、故事传说以及山水风景的快捷有效的办法。虚心、耐心地向他们学习，常常会收到事半功倍的效果或有意想不到的收获。访问座谈要求预先精心设计询问或讨论的问题，便于在尽可能短的时间内引导调查对象讲述有关信息，达到调查目的。调查对象也应具有代表性，如老年人，文化馆的工作人员，行政官员，当

地从事地质、历史、水文等研究的人员等。

遥感调查法　对于较大区域的或地势险峻地区的风景资源调查工作，应用遥感技术可以提高效率，并保证调查者的安全。遥感图像可帮助我们掌握调查区的全局情况、风景资源的分布状况、各类资源的组合关系，发现野外调查中不易发现的潜在旅游资源。在人迹罕至、山高林密、常人无法穿越的地带，遥感调查更显示出其优势。不过，由于受拍摄时间等方面的限制，遥感调查法也有一些局限性，应作为一种辅助调查方法结合历史文献进行野外实地调查。

(3)成果汇总阶段

实地调查阶段完成后，应及时汇总收集到的各种资料，检查野外填写的各种表格，整理各种图件、野外记录以及各种音像材料，并进行统计汇总，进行全面检查总结，对于调查工作中的缺漏应及时进行补充调查，对图表、记录中不准确、不清晰的问题要补充修正。必要时也需进行补充调查。

3.2.2　现状分析

风景区规划要实现“因地制宜地突出本风景区的特性”，现状分析将是首要的环节。由于每个风景区的自然因素很少雷同，社会生活需求和技术经济条件常有变化，因而在基础资料收集和现状分析的交错进程中，应充分重视并提取出可以构成本风景区特点与个性的要素，进而分析论证各要素在风景区规划或风景区发展中的作用与地位。

在现状分析中，风景区的特点分析、资源利用多重性分析、开发利弊分析、用地矛盾分析、生态与社会分析均是经常遇到的难题。

规划实践证明，凡是认真进行现状分析，并能实事求是地提取特点、正视矛盾，就能较好地把握风景区的特征，才有可能出现好的规划成果。

现状分析应包括：自然和历史人文特点，各种资源的类型、特征、分布及其多重性分析，资源开发利用的方向、潜力、条件与利弊，土地利用结构、布局和矛盾的分析，风景区的生态、环境、社会与区域因素5个方面。

现状分析结果，必须明确提出风景区发展的优势与动力、矛盾与制约因素、规划对策与规划重点三方面内容。

在对市场客源和社会需求进行分析时，也可以仅分析优势、劣势、机遇、挑战，称为SWOT分析。

3.2.3　风景区的生态分析

长期的资源保护及低强度的利用，使风景区的生态系统保存较为完整，但同时也受到来自人口、城市发展、资源利用等多方面压力的影响，从而表现出生态系统更为脆弱和孤立的现象，因此，风景区规划分区中还应适当从生态系统保护的角度进行生态分析，并提出生态分区。

3.2.3.1　生态分析内容

生态分析应主要依据生态价值、生态系统敏感性、生态状况等评估结论综合确定，并应符合下列规定：

(1)生态价值评估

生态价值评估应包括生物多样性价值和生态系统价值等，具体评价方法见表3-2所列。

表3-2　生态价值评估方式一览表

生态价值类型	评价方法
生物多样性价值	综合考虑物种数、珍稀濒危种数、特有种数、模式种数，采用专家评价法进行评估
生态系统价值	综合考虑生态系统原始性、典型性、完整性、多样性，采用专家评价法进行评估

(2)生态系统敏感性评估

生态系统敏感性评估可包括水土流失敏感性、沙漠化敏感性、石漠化敏感性，具体评估方法见表3-3所列。

(3)生态状况评估

生态状况评估应包括环境空气质量、地表水环境质量，土壤环境质量等。可分别依据现行国家标准《环境空气质量标准》(GB 3095—2012/XG1—2018)、《地表水环境质量标准》(GB 3838—2002)、《土壤环境质量 建设用地土壤污染风险管控标准(试行)》(GB 36600—2018)等进行评价。生态状况评估可分为4个等级区域，分别为危机区、不利区、稳定区和有利区，不同区的评估方式详见表3-4所列。

表 3-3　生态系统敏感性评估方式一览表

敏感性类型	计算方法
水土流失敏感性	取降水侵蚀力、土壤可蚀性、坡度坡长和地表植被覆盖等评价指标，并根据研究区的实际情况对分级评价标准作相应的调整；将反映各因素对水土流失敏感性的单因子评价数据，将各单因子敏感性影响分布图进行乘积计算，得到评价区的水土流失敏感性等级分布图
沙漠化敏感性	选取干燥指数、起沙风天数、土壤质地、植被覆盖度等评价指标，并根据研究区的实际情况对分级评价标准作相应的调整。根据各指标敏感性分级标准及赋值，利用地理信息系统的空间分析功能，将各单因子敏感性影响分布图进行乘积运算，得到评价区的土地沙化敏感性等级分布图
石漠化敏感性	石漠化敏感性主要取决于是否为喀斯特地形、地形坡度、植被覆盖度等因子。根据各单因子的分级及赋值，利用地理信息系统的空间叠加功能，将各单因子敏感性影响分布图进行乘积计算，得到石漠化敏感性等级分布图

表 3-4　生态状况评估方式一览表

生态状况等级	环境要素状况		
	大气	水域	土壤植被
危机区	×	×	×
	- 或 +	×	×
	×	- 或 +	×
	×	×	- 或 +
不利区	×	- 或 +	- 或 +
	- 或 +	×	- 或 +
	- 或 +	- 或 +	×
稳定区	-	-	-
	-	-	+
	-	+	-
有利区	+	+	+
	-	+	+
	+	-	+
	+	+	-

注：×表示不利；- 表示稳定；+表示有利。

（资料来源：《风景名胜区总体规划标准》，2018）

3.2.3.2　生态分区原则

生态分区过程中应遵循以下原则：

① 制定对自然环境的人为消极作用，控制和降低人为负荷，应分析游览时间、空间范围、游人容量、项目内容、开发强度等因素，并提出限制性规定或控制性指标。

② 保持和维护原有生物群落、结构及其功能特征，保护典型且示范性的自然综合体。

③ 提高自然环境的复苏能力，提高氧气、水、生物量的再生能力与速度，提高其生态系统或自然环境对人为负荷的稳定性或承载力。

3.2.3.3　生态分区

生态分区应综合规划用地的土地使用方式、功能分区、保护和各项规划设计措施等条件，将规划用地的生态状况按照 4 个等级进行分类。另外，按照其他生态因素划分的专项生态危机区应对热污染、噪声污染、电磁污染、卫生防疫条件、自然气候因素、震动影响、视觉干扰等方面进行专项研究与考量。

生态分区及其保护与利用措施应符合表 3-5 的规定，应作为保护分区划定、功能分区划定、土地使用方式和各项规划设计的影响要素。

表 3-5　生态分区及其保护与利用措施

生态分区	评估因素			保护与利用措施
	生态价值	生态系统敏感性	生态状况	
Ⅰ类区	极高	极高/高	优/良	应完全限制发展，并不再发生人为压力，实施综合的自然保育措施
	高	极高	优/良	
Ⅱ类区	高	高/中	优/良	应限制发展，对不利状态的环境要素要减轻其人为压力，实施针对性的自然保护措施
Ⅲ类区	中	+	+	要稳定对环境要素造成的人为压力，实施对其适用的自然保护措施
Ⅳ类区	低	+	+	应规定人为压力的限度，根据需要而确定自然保护措施

注：+表示均适用。

（资料来源：《风景名胜区总体规划标准》，2018）

3.3　景源分类

为做好景源调查和筛选，需要一种以景源调查为目的的应用性景源分类。景源分类应既遵循科学分类的通用原则，又遵循风景学科分类或相关学科分类的专门原则，适应基础资料可以共用、通用以及互用的社会需求。

景源分类的具体原则是：①性状分类原则，强调区分景源的性质和状态；②指标控制原则，特征指标一致的景源，可以归为同一类型；③包容性原则，即类型之间有较明显的排他性，少数情况有从属关系；④约定俗成原则，社会和学术界或相关学科已成习俗的类型，虽不尽合理而又不失原则，尚可以意会的则保留其类型。

以《风景名胜区总体规划标准》(2018)为依据，以调查和评价为目的，按照资源特性，即按照风景旅游资源的现存状况、形态、特征进行划分的分类方案。按照资源特性，以景源调查和评价为目的，内容分类有 3 个层次，即大类、中类、小类。共有 2 个大类，8 个中类和 78 个小类(表 3-6)。在此分类基础上，进一步划分出数以百计的子类(表 3-7)。

表 3-6　风景资源分类表

大类	中类	小类	大类	中类	小类
一、自然景源	1. 天景	(1)日月星光 (2)虹霞蜃景 (3)风雨阴晴 (4)气候景象 (5)自然声象 (6)云雾景观 (7)冰雪霜露 (8)其他天景	二、人文景观	5. 园景	(1)历史名园 (2)现代公园 (3)植物园 (4)动物园 (5)庭宅花园 (6)专类游园 (7)陵坛墓园 (8)游娱文体园区 (9)其他园景
	2. 地景	(1)大尺度山地 (2)山景 (3)奇峰 (4)峡谷 (5)洞府 (6)石林石景 (7)沙景沙漠 (8)火山熔岩 (9)土林雅丹 (10)洲岛屿礁 (11)海岸景观 (12)海底地形 (13)地质珍迹 (14)其他地景		6. 建筑	(1)风景建筑 (2)民居宗祠 (3)宗教建筑 (4)宫殿衙署 (5)纪念建筑 (6)文娱建筑 (7)商业建筑 (8)工交建筑 (9)工程构筑物 (10)特色村寨 (11)特色街区 (12)其他建筑
	3. 水景	(1)泉井 (2)溪流 (3)江河 (4)湖泊 (5)潭池 (6)瀑布跌水 (7)沼泽滩涂 (8)海湾海域 (9)冰雪冰川 (10)其他水景		7. 胜迹	(1)遗址遗迹 (2)摩崖题刻 (3)石窟 (4)雕塑 (5)纪念地 (6)科技工程 (7)古墓葬 (8)其他胜迹
	4. 生景	(1)森林 (2)草地草原 (3)古树古木 (4)珍稀生物 (5)植物生态类群 (6)动物群栖息地 (7)物候季相景观 (8)其他生物景观		8. 风物	(1)节假庆典 (2)民族民俗 (3)宗教礼仪 (4)神话传说 (5)民间文艺 (6)地方人物 (7)地方物产 (8)民间技艺 (9)其他风物

（资料来源：《风景名胜区总体规划标准》，2018）

表 3-7 风景名胜资源分类细表

大类	中类	小类	子类
一、自然景源	1. 天景	1)日月星光	(1)旭日夕阳(2)月色星光(3)日月光影(4)日月光柱(5)晕(风)圈(6)幻日(7)光弧(8)曙暮光楔(9)雪照云光(10)水照云光(11)白夜(12)极光
		2)虹霞蜃景	(1)虹霓(2)宝光(3)露水佛光(4)干燥佛光(5)日华(6)月华(7)朝霞(8)晚霞(9)海市蜃楼(10)沙漠蜃景(11)冰湖蜃景(12)复杂蜃景
		3)风雨晴阴	(1)风色(2)雨情(3)海(湖)陆风(4)山谷(坡)风(5)干热风(6)峡谷风(7)冰川风(8)龙卷风(9)晴天景(10)阴天景
		4)气候景象	(1)四季分明(2)四季常青(3)干旱草原景观(4)干旱荒漠景观(5)垂直带景观(6)高寒干景观(7)寒潮(8)梅雨(9)台风(10)避寒避暑
		5)自然声象	(1)风声(2)雨声(3)水声(4)雷声(5)涛声(6)鸟语(7)蝉噪(8)蛙叫(9)鹿鸣(10)兽吼
		6)云雾景观	(1)云海(2)瀑布云(3)玉带云(4)形象云(5)彩云(6)低云(7)中云(8)高云(9)响云(10)雾海(11)平流雾(12)山岚(13)彩雾(14)香雾
		7)冰雪霜露	(1)冰雹(2)冰冻(3)冰流(4)冰凌(5)树挂雾凇(6)降雪(7)积雪(8)冰雕雪塑(9)霜景(10)露景
		8)其他天景	(1)晨景(2)午景(3)暮景(4)夜景(5)海滋(6)海火海光(合计84子类)
	2. 地景	1)大尺度山地	(1)高山(2)中山(3)低山(4)丘陵(5)孤丘(6)台地(7)盆地(8)平原
		2)山景	(1)峰(2)顶(3)岭(4)脊(5)岗(6)峦(7)台(8)崮(9)坡(10)崖(11)石梁(12)天生桥
		3)奇峰	(1)孤峰(2)连峰(3)群峰(4)峰丛(5)峰林(6)形象峰(7)岩柱(8)岩碑(9)岩嶂(10)岩岭(11)岩墩(12)岩蛋
		4)峡谷	(1)涧(2)峡(3)沟(4)谷(5)川(6)门(7)口(8)关(9)壁(10)岩(11)谷盆(12)地缝(13)溶斗天坑(14)洞窟山坞(15)石窟(16)一线天
		5)洞府	(1)边洞(2)腹洞(3)穿洞(4)平洞(5)竖洞(6)斜洞(7)层洞(8)迷洞(9)群洞(10)高洞(11)低洞(12)天洞(13)壁洞(14)水洞(15)旱洞(16)水帘洞(17)乳石洞(18)响石洞(19)晶石洞(20)岩溶洞(21)熔岩洞(22)人工洞
		6)石林石景	(1)石纹(2)石芽(3)石海(4)石林(5)形象石(6)风动石(7)钟乳石(8)吸水石(9)湖石(10)砾石(11)响石(12)浮石(13)火成岩(14)沉积岩(15)变质岩
		7)沙景沙漠	(1)沙山(2)沙丘(3)沙坡(4)沙地(5)沙滩(6)沙堤坝(7)沙湖(8)响沙(9)沙暴(10)沙石滩
一、自然景源	2. 地景	8)火山熔岩	(1)火山口(2)火山高地(3)火山孤峰(4)火山连峰(5)火山群峰(6)熔岩台地(7)熔岩流(8)熔岩平原(9)熔岩洞窟(10)熔岩隧道
		9)土林雅丹	(1)海蚀景观(2)溶蚀景观(3)风蚀景观(4)丹霞景观(5)方山景观(6)土林景观(7)黄土景观(8)雅丹景观
		10)洲岛屿礁	(1)孤岛(2)连岛(3)列岛(4)群岛(5)半岛(6)岬角(7)沙洲(8)三角洲(9)基岩岛礁(10)冲积岛礁(11)火山岛礁(12)珊瑚岛礁(岩礁、环礁、堡礁、台礁)
		11)海岸景观	(1)枝状海岸(2)齿状海岸(3)躯干海岸(4)泥岸(5)沙岸(6)岩岸(7)珊瑚礁岸(8)红树林岸
		12)海底地形	(1)大陆架(2)大陆坡(3)大陆基(4)孤岛海沟(5)深海盆地(6)火山海峰(7)海底高原(8)海岭海脊(洋中脊)
		13)地质珍迹	(1)典型地质构造(2)标准地层剖面(3)生物化石点(4)灾变遗迹(地震、沉降、塌陷、地震缝、泥石流、滑坡)
		14)其他地景	(1)文化名山(2)成因名山(3)名洞(4)名石(合计149子类)
	3. 水景	1)泉井	(1)悬挂泉(2)溢流泉(3)涌喷泉(4)间歇泉(5)溶洞泉(6)海底泉(7)矿泉(8)温泉(冷、温、热、汤、沸、汽)(9)水热爆炸(10)奇异泉井(喊、笑、羞、血、药、火、冰、甘、苦、乳)
		2)溪流	(1)泉溪(2)涧溪(3)沟溪(4)河溪(5)瀑布溪(6)灰华溪
		3)江河	(1)河口(2)河网(3)平川(4)江峡河谷(5)江河之源(6)暗河(7)悬河(8)内陆河(9)山区河(10)平原河(11)顺直河(12)弯曲河(13)分汊河(14)游荡河(15)人工河(16)奇异河(香、甜、酸)
		4)湖泊	(1)狭长湖(2)圆卵湖(3)枝状湖(4)弯曲湖(5)串湖(6)群湖(7)卫星湖(8)群岛湖(9)平原湖(10)山区湖(11)高原湖(12)天池(13)地下湖(14)奇异湖(双层、沸、火、死、浮、甜、变色)(15)盐湖(16)构造湖(17)火山口湖(18)堰塞湖(19)冰川湖(20)岩溶湖(21)风成湖(22)海成湖(23)河成湖(24)人工湖
		5)潭池	(1)泉溪潭(2)江河潭(3)瀑布潭(4)岩溶潭(5)彩池(6)海子
		6)瀑布跌水	(1)悬落瀑(2)滑落瀑(3)旋落瀑(4)一叠瀑(5)二叠瀑(6)多叠瀑(7)单瀑(8)双瀑(9)群瀑(10)水帘状瀑(11)带形瀑(12)弧形瀑(13)复杂型瀑(14)江河瀑(15)涧溪瀑(16)温泉瀑(17)地下瀑(18)间歇瀑

（续）

大类	中类	小类	子类
一、自然景源	3.水景	7)沼泽滩涂	(1)泥炭沼泽(2)潜育沼泽(3)薹草草甸沼泽(4)冻土沼泽(5)丛生蒿草沼泽(6)芦苇沼泽(7)红树林沼泽(8)河湖漫滩(9)海滩(10)海涂
		8)海湾海域	(1)海湾(2)海峡(3)海水(4)海冰(5)波浪(6)潮汐(7)海流洋流(8)涡流(9)海啸(10)海洋生物
		9)冰雪冰川	(1)冰山冰峰(2)大陆性冰川(3)海洋性冰川(4)冰塔林(5)冰柱(6)冰胡同(7)冰洞(8)冰裂隙(9)冰河(10)雪山(11)雪原
		10)其他水景	(1)热海热田(2)奇异海景(3)名泉(4)名湖(5)名瀑(合计117子类)
	4.生景	1)森林	(1)针叶林(2)针阔叶混交林(3)夏绿阔叶林(4)常绿阔叶林(5)热带季雨林(6)热带雨林(7)灌木丛林(8)人工林(风景、防护、经济)
		2)草地草原	(1)森林草原(2)典型草原(3)荒漠草原(4)典型草甸(5)高寒草甸(6)沼泽化草甸(7)盐生草甸(8)人工草地
		3)古树名木	(1)百年古树(2)数百年古树(3)超千年古树(4)国花国树(5)市花市树(6)跨区系边缘树林(7)特殊人文花木(8)奇异花木
		4)珍稀生物	(1)特有种植物(2)特有种动物(3)古遗植物(4)古遗动物(5)濒危植物(6)濒危动物(7)分级保护植物(8)分级保护动物(9)观赏植物(10)观赏动物
		5)植物生态类群	(1)旱生植物(2)中生植物(3)湿生植物(4)水生植物(5)喜钙植物(6)嫌钙植物(7)虫媒植物(8)风媒植物(9)狭湿植物(10)广温植物(11)长日照植物(12)短日照植物(13)指示植物
		6)动物群栖息地	(1)苔原动物群(2)针叶林动物群(3)落叶林动物群(4)热带森林动物群(5)稀树草原动物群(6)荒漠草原动物群(7)内陆水域动物群(8)海洋动物群(9)野生动物栖息地(10)各种动物放养地
		7)物候季相景观	(1)春花新绿(2)夏荫风采(3)秋色果香(4)冬枝神韵(5)鸟类迁徙(6)鱼类洄游(7)哺乳动物周期性迁移(8)动物的垂直方向迁移
		8)其他生物景观	(1)典型植物群落(翠云廊、杜鹃坡、竹海……)(2)典型动物种群(鸟岛、蛇岛、猴岛、鸣禽谷、蝴蝶泉……)(合计67子类)
二、人文景源	5.园景	1)历史名园	(1)皇家园林(2)私家园林(3)寺庙园林(4)公共园林(5)文人山水园(6)苑囿(7)宅园圃园(8)游憩园(9)别墅园(10)名胜园
		2)现代公园	(1)综合公园(2)特种公园(3)社区公园(4)儿童公园(5)文化公园(6)体育公园(7)交通公园(8)名胜公园(9)海洋公园(10)森林公园(11)地质公园(12)天然公园(13)水上公园(14)雕塑公园
		3)植物园	(1)综合植物园(2)专类植物园(水生、岩石、高山、热带、药用)(3)特种植物园(4)野生植物园(5)植物公园(6)树木园
		4)动物园	(1)综合动物园(2)专类动物园(3)特种动物园(4)野生动物园(5)野生动物圈养保护中心(6)专类昆虫园
		5)庭宅花园	(1)庭园(2)宅园(3)花园(4)专类花园(春、夏、秋、冬、芳香、宿根、球根、松柏、蔷薇……)(5)屋顶花园(6)室内花园(7)台地园(8)沉床园(9)墙园(10)窗园(11)悬园(12)廊柱园(13)假山园(14)水景园(15)铺地园(16)野趣园(17)盆景园(18)小游园
		6)专类游园	(1)游乐场园(2)微缩景园(3)文化艺术景园(4)异域风光园(5)民俗游园(6)科技科幻游园(7)博览园区(8)生活体验园区
		7)陵坛墓园	(1)烈士陵园(2)著名墓园(3)帝王陵园(4)纪念陵园
		8)游娱文体园区	(1)文教园区(2)科技园区(3)游乐园(4)演艺园区(5)康体园区(6)其他娱乐
		9)其他园景	(1)观光果园(2)劳作农园(合计68子类)
	6.建筑	1)风景建筑	(1)亭(2)台(3)廊(4)榭(5)舫(6)门(7)厅(8)堂(9)楼阁(10)塔(11)坊表(12)碑碣(13)景桥(14)小品(15)景壁(16)景柱
		2)民居宗祠	(1)庭院住宅(2)窑洞住宅(3)干阑住宅(4)碉房(5)毡帐(6)阿以旺(7)舟居(8)独户住宅(9)多户住宅(10)别墅(11)祠堂(12)会馆(13)钟鼓楼(14)山寨
		3)宗教建筑	(1)坛(2)庙(3)佛寺(4)道观(5)庵堂(6)教堂(7)清真寺(8)佛塔(9)庙阙(10)塔林
		4)宫殿衙署	(1)宫殿(2)离宫(3)衙署(4)王城(5)宫堡(6)殿堂(7)官寨
		5)纪念建筑	(1)故居(2)会址(3)祠庙(4)纪念堂馆(5)纪念碑柱(6)纪念门墙(7)牌楼(8)阙
		6)文娱建筑	(1)文化宫(2)图书阁馆(3)博物苑馆(4)展览馆(5)天文馆(6)影剧院(7)音乐厅(8)杂技场(9)体育建筑(10)游泳馆(11)学府书院(12)戏楼
		7)商业建筑	(1)旅馆(2)酒楼(3)银行邮电(4)商店(5)商场(6)交易会(7)购物中心(8)商业步行街
		8)工交建筑	(1)铁路站(2)汽车站(3)水运码头(4)航空港(5)邮电(6)广播电视(7)会堂(8)办公(9)政府(10)消防
		9)工程构筑物	(1)水利工程(2)水电工程(3)军事工程(4)海岸工程
		10)特色村寨	(1)山村(2)水乡(3)渔村(4)侨乡(5)学村(6)画村(7)花乡(8)港城

(续)

大类	中类	小类	子类
二、人文景源	6.建筑	11)特色街区	(1)天街(2)香市(3)花市(4)菜市(5)商港(6)渔港(7)文化街(8)仿古街(9)夜市(10)民俗街区
		12)其他建筑	(1)名楼(2)名桥(3)名栈道(4)名隧道(合计93子类)
	7.胜迹	1)遗址遗迹	(1)古猿人旧石器时代遗址(2)新石器时代聚落遗址(3)夏商周都邑遗址(4)秦汉后城市遗址(5)古代手工业遗址(6)古交通遗址
		2)摩崖题刻	(1)岩面(2)摩崖石刻题刻(3)碑刻(4)碑林(5)石经幢(6)墓志
		3)石窟	(1)塔庙窟(2)佛殿窟(3)讲堂窟(4)禅窟(5)僧房窟(6)摩岸造像(7)北方石窟(8)南方石窟(9)新疆石窟(10)西藏石窟
		4)雕塑	(1)骨牙竹木雕(2)陶瓷塑(3)泥塑(4)石雕(5)砖雕(6)画像砖石(7)玉雕(8)金属铸像(9)圆雕(10)浮雕(11)透雕(12)线刻
		5)纪念地	(1)近代反帝遗址(2)革命遗址(3)近代名人墓(4)纪念地
		6)科技工程	(1)长城(2)要塞(3)炮台(4)城堡(5)水城(6)古城(7)塘堰渠坡(8)运河(9)道桥(10)纤道栈道(11)星象台(12)古盐井
		7)古墓葬	(1)史前墓葬(2)商周墓葬(3)秦汉以后帝陵(4)秦汉以后其他墓葬(5)历史名人墓(6)民族始祖墓
		8)其他胜迹	(1)古战场(合计57子类)
二、人文景源	8.风物	1)节假庆典	(1)国庆节(2)劳动节(3)双休日(4)除夕春节(5)元宵节(6)清明节(7)端午节(8)中秋节(9)重阳节(10)民族岁时节
		2)民族民俗	(1)仪式(2)祭礼(3)婚仪(4)祈禳(5)驱祟(6)纪念(7)游艺(8)衣食习俗(9)居住习俗(10)劳作习俗
		3)宗教礼仪	(1)朝觐活动(2)禁忌(3)信仰(4)礼仪(5)习俗(6)服饰(7)器物(8)标识
		4)神话传说	(1)古典神话及地方遗迹(2)少数民族神话及遗迹(3)古谣谚(4)人物传说(5)史事传说(6)风物传说
		5)民间文艺	(1)民间文学(2)民间美术(3)民间戏剧(4)民间音乐(5)民间歌舞(6)风物传说
		6)地方人物	(1)英模人物(2)民族人物(3)地方名贤(4)特色人物
		7)地方物产	(1)名特产品(2)新优产品(3)经销产品(4)集市圩场
		8)民间技艺	(1)手工技艺(2)民间表演(3)民间艺术
		9)其他风物	(1)庙会(2)赛事(3)特殊文化活动(4)特殊行业活动(合计52子类)

中国的风景名胜资源十分丰富，亦有多种分类方法。按利用限度和生成价值，分为再生性和非再生性资源，此分类方法有助于科学地质资源保护，避免过度开发。按形态特征，分为有形和无形资源。有形资源指可以直接触及或观赏到的资源；无形资源指无法直接触及和观察到的资源，只能间接感受到它的存在。按开发利用的变化特征，分为原生性和萌生性资源。按用途分为物质享受型和精神享受型。按活动的性质，分为观赏型、运动康乐型和特殊型资源。按空间层次分为天上、地上、地下、海底等资源。

受到地理、气候、气象、文化等因素的影响，风景名胜资源包括多种景观要素，按照风景资源中占主导地位的景观要素的属性，可分为自然景观、人文景观和综合景观资源三大类。分类时，应确定影响该风景名胜资源构成的主要景观要素，并从3个方面进行考虑：地质地貌特点以及其他的自然条件特点，如植被、水文、气候、天象等；观赏的视觉效果和审美特色；人文因素的特点及其在该风景名胜资源中的地位和作用。

3.3.1 自然景观资源

自然景观资源指以自然事物和因素为主的景观资源，可以分为气候、地貌、水文、生物等自然景观现象和因素，简称天景、地景、水景和生景，共4类。

3.3.1.1 天空景象

天景主要是指天空的日月星辰、虹霞蜃景、冰雪霜露、风雨云雾等天象景观。以下以气候、气象和天象为例，来说明天景在自然风景中的典型性。

(1)气候

气候是某一地区多年天气状况的综合，是大气物理特征的长期平均状态。气候以冷、暖、干、湿等特征来衡量，通常由某一时期的平均值和离差值表征，包括气压、气温、湿度、风力、降水、日照等。气候是自然地理环境结构及其特征形成的主导因素，也是地表千差万别的自然景观形成的主导因素。气候的差异性及其分布规律，造成了自然地理环境及人文地理环境的差异性，同时决定着自然地理环境，影响着人文地理环境的分布规律。

太阳辐射在地球表面分布的差异，以及海洋、陆地、山脉、森林等不同性质的下垫面，在到达地表的太阳辐射的作用下所产生的物理过程不同，使气候除具有温度大致按纬度分布的特征外，还具有明显的地域性特征。按水平尺度大小，气候可分为大气候、中气候与小气候。大气候是指全球性和大区域的气候，如热带雨林气候、地中海气候、极地气候、高原气候等；中气候是指较小自然区域的气候，如森林气候、城市气候、山地气候以及湖泊气候等；小气候是指更小范围的气候，如贴地气层和小范围特殊地形下的气候，具体的如一个山头或一个谷地的气候。

一般来说，气温昼夜差不大，年较差也不大，稳定在18~28℃，降水充足，年降水量800mm左右，这种气候是比较宜人的。宜人气候是指人们无须借助任何消寒、避暑的装备和设施，就能保证一切生理过程正常进行的气候条件。该气候条件与时间变化(季节变化)、空间变化有关。在水平地带结构中，宜人气候分布在中、低纬度上的湿润与半湿润气候区内，尤以海滨、岛屿地区最佳。在山区垂直地带结构中，宜人气候分布的上、下限因地而异。此外，众多的内陆水面(内海、湖泊、水库)沿岸地区，也分布着宜人气候。具不具备宜人的气候条件及其持续时间的长短，是风景区开发的先决条件，也是旅游季节长短的决定条件。

气候不仅包括该地相对稳定发生的天气状况，也包括偶尔出现的极端天气状况，如一些极冷、极热、极干燥的天气。

(2)气象

气象是地球外围大气层中经常出现的大气物理现象和物理过程的总称，包括冷、热、干、湿、风、云、雨、雪、霜、雾、露、霞、虹、晕、闪电、雷等。气象景观是构成天气的最基本要素，气象要素(温度、降水、风等)的各种统计量(均值、极值、概率等)是表述气候的基本依据。气象瞬息万变，在特定环境下能构成各种美的意境。在我国的风景名胜区内，以云、雾、雨、雪命名的佳景颇多。

①云海　是水汽在高空大气层中的凝结物，多见于高山之中，一般发生在午夜或早晨。当人们在高山之巅俯视云层时，看到的是漫无边际的云，如临于大海之滨，波起峰涌，浪花飞溅，惊涛拍岸，称为“云海”。日出和日落时形成的云海，五彩斑斓，称为“彩色云海”。许多名山都有壮观的云海景观，如黄山、泰山、峨眉山、阿里山等。

②雾　是水汽在低空大气中的凝结物。雾的出现以春季2~4月较多。凡是大气中悬浮的水汽凝结，能见度低于1km，就会出现雾的气象。雾能赋予自然风景一种朦胧的美，让人产生无限的遐想。

③冰雪、雾凇　是在寒冷季节或高寒气候区才能见到的气象景观。雾凇非冰非雪，是雾中无数0℃以下且尚未凝华的水蒸气随风在树枝等物体上不断积聚冻黏的结果，表现为白色不透明的粒状结构沉积物。雾凇形成需要气温很低，而且水汽又很充分，同时能具备这两个极重要而又相互矛盾的自然条件是非常难得的，所以，这类气象也是居住在热带、亚热带的旅游者向往的景观。

(3)天象

天象是指古代对天空发生的各种自然现象的泛称。现代通常指发生在地球大气层外的现象，如太阳出没、行星运动、日月变化、彗星、流星、流星雨、陨星、日食、月食、极光、新星、超新星、月掩星、太阳黑子等。

①日晕、蜃景　这均是大气中光的折射现象所构成的奇幻景观。日晕(又称宝光)是一种光的自然现象，当阳光照在云雾表面时，经过衍射和漫反射作用，阳光将人影投射到云彩上，云彩中细小冰晶与水滴形成独特的圆圈形彩虹。我国除峨眉山外，庐山、泰山、黄山都出现过日晕。蜃景(又称海市蜃楼)是一种因光的折射和全反射而形成的自然现象，是地球上物体反射的光经大气

折射而形成的虚像。资料显示，山东的长岛是我国海市蜃楼出现最频繁的地域，特别是7、8月间的雨后。广东的惠来也因海市蜃楼的频繁出现而广为人知。

② 日出、日落与霞　日出、日落的美景是晨昏时刻，太阳于地平线上升起或沉下的两个顺序截然相反的景观变化过程，然而美妙的情景是相似的。观赏日出和日落的最佳景点为可以见到地平线的海滨和无视线障碍的中低山地峰顶。霞是斜射的阳光被大气微粒散射后，剩余的光色映照在天空和云层上所呈现的光彩，多出现在日出和日落前后。空中的尘埃、水汽等杂质越多，其色彩越显著；如果有云层，云块也会染上橙红艳丽的颜色。此外，月色、极光、流星雨等也是具有一定观赏价值的天象景观。

3.3.1.2　地貌景观

从构景的角度看，地貌景观是风景的骨架，它决定了风景的气势和主要特征，还影响着动植物的生长。但不是所有的地貌类型都有景观价值，只有那些有观赏价值，且能够构成风景的地貌，即风景地貌才有景观价值。在进行地貌景观的开发建设时，首先要从众多的地貌类型中区别出有观赏价值的风景地貌，然后研究地貌类型与其他风景组成要素的关系，在不同的地貌类型上，合理配置风景建筑和植物，使其观赏效果最佳，构成一定的地貌景观。

中国北方多大山脉、大高原、大平原，对比强烈，总体上给人以雄浑博大之感；南方则多为中小型山脉、丘陵，小平原、盆地交错丰富，河流纵横，湖泊棋布，总体给人以纤巧秀丽之感。因此，从宏观的观赏感受出发，常将中国风景概括为“北雄南秀”。其实，雄、险、奇、幽、秀、旷、野等多种美感的产生，都与地貌有着直接联系。以下介绍6种重要的地貌景观类型。

(1)岩石景观

① 花岗岩景观　花岗岩地貌是由于地下深处含石英成分较多，处于高温高压状态下的酸性岩浆侵入到地壳中逐渐冷凝而成的，凝结部位一般在距离地表3km以下；颜色常为灰白色或肉红色，具有明显的颗粒结构。其发育受岩性、岩体构造等因素影响，表现为主峰突出、群峰簇拥、山岩陡峭、雄伟险峻、气势宏伟、岩石裸露；沿节理、断裂有强烈的风化剥蚀和流水切割作用痕迹；多奇峰、深壑、怪石。球状风化作用突出，可形成“石蛋”。

中国的花岗岩山地分布广泛，主要集中在云贵高原和燕山山脉以东的第二、三级地形阶梯上；以海拔2500m以下的中低山和丘陵为主，其他一些山地也有分布。其中，以安徽黄山、九华山、天柱山，山东泰山、崂山，陕西华山，湖南衡山，江西三清山等地的花岗岩景观最为著名。此外，浙江普陀山，福建厦门鼓浪屿和万石岩、泉州清源山、福州鼓山，甘肃祁连山，四川贡嘎山等都是著名的花岗岩地貌风景名胜区。

② 砂岩景观　这是砂岩发育形成的地貌，如石英砂岩或由硅质胶结的砂岩，抗风化和侵蚀作用强，常形成相对高起的山岭；胶结不坚实的粗砂岩、长石砂岩则常形成丘陵或盆地。在砂岩地貌中，以石英砂岩和红色砂砾岩景观最具观赏价值。

石英砂岩景观以湖南省武陵源景区的张家界最为典型，其典型的砂岩峰林地貌又称为张家界地貌。张家界国家森林公园面积为390km^2，以世界罕见的石英砂岩大峰林、大峡谷地貌为主体，山体多是拔地而起、高低悬殊、奇峰林立、千姿百态，展示着一种磅礴美。

红色砂砾岩是在内外引力作用下发育而成的方山、石墙、石峰、石柱等特殊地貌景观，以广东仁化的丹霞山发育最为典型，中国地理学界将此种地貌称为“丹霞地貌”。丹霞地貌在我国风景区中占有重要的地位，广东的丹霞山和金鸡岭，福建的武夷山、冠豸山和桃源洞，安徽的齐云山，江西的龙虎山，河北磬锤峰等都属于这种地貌。这类砂砾岩岩层较厚，整体性好，岩石性能可雕可塑，为凿窟造龛提供了理想的天然场所，故大量石窟、石刻，如麦积山石窟、云冈石窟、大足石刻、乐山大佛等均布局于红砂岩层中。

③ 玄武岩景观　玄武岩是一种基性火成岩，是岩浆喷出地表冷凝而成的；一般为黑色或灰黑

色的细粒致密岩石，经风化后可呈红色或黑褐色以及暗绿色等，常具气孔状、杏仁状构造和斑状结构。玄武岩浆黏度小，流动性大，喷溢地表易形成大规模熔岩流和熔岩被，也有呈层状侵入体的，如岩床等。在高原地区常形成面积达数千至数十万平方千米的熔岩台地，称为高原玄武岩，如印度的德干高原玄武岩。在海洋则构成海岭和火山岛。

玄武岩最有特点的景观是它的岩体呈柱状节理。在我国东南沿海及四川、贵州、云南、内蒙古等地，分布有许多玄武岩；广西北海、广东湛江和佛山、台湾、南京六合等地均有气势磅礴的玄武岩柱状节理景观；四川峨眉山顶部也覆盖有大面积的玄武岩。

(2)山岳景观

山岳是对山地的通称，是地球表面分布最广泛的一种地貌类型，我国山地面积占全国总面积的84%。在地貌学上，对山岳的划分是以山岳主峰的高度为依据的。海拔500~1000m为低山；1000~3500m为中山；3500~5000m为高山；超过5000m为极高山。其中，低山和中山处于平原和高山之间，经过一定程度的开发，有人文景观的留存，同时还保留着许多大自然的刀斧神工所形成的奇观。高山和极高山主要是进行科学考察和登山探险活动的场所。

山岳景观是指具有旅游观赏价值的山岳。山岳是构成风景的基本要素，是造景、育景的舞台和骨架，也是其他风景不可缺少的背景和借景。有些山岳，如嵩山除了旅游观赏价值，还有科学研究价值，被中外地质学家公认为是研究地球发展历史和地壳构造运动的“天然地质博物馆”。还有些山岳，如太行山、王屋山、鸡公山等拥有丰富的文化遗产，具有重要的社会历史价值，被誉为“历史文化宝库”。

(3)峡谷景观

峡谷是指深度大于宽度，谷坡陡峻的谷地，横剖面常呈“V”字形，常构成峡谷景观。峡谷出现在构造高原、台地或方山之间，沿构造裂隙发育，由河流强烈下切而形成。

我国的峡谷有两种类型，一种是在中、小河流上形成的峡谷，相对高差在500m以内，岸边有众多的植物与动物景观相配合，富有诗情画意；另一种是大江大河上形成的峡谷，相对高差在500m以上，形成多层次立体变化的自然景观，有较大的跨度。长江三峡、澜沧江梅里大峡谷、金沙江虎跳峡、巫山小三峡、大渡河大峡谷，黄河干流的刘家峡、青铜峡等都是著名的峡谷地貌景观。雅鲁藏布江大峡谷长度为504.9km，平均深度达5000m，于1994年被证实为世界第一的大峡谷。

(4)火山景观

火山景观是由于不同地质时期火山作用而遗留下来的各种地质地貌景观，也叫作熔岩地貌风光。火山地貌以火山锥、火山湖、熔岩流、地热奇景这4类最有观赏价值。

火山锥是典型的火山地貌特征，其平地拔起，孤峰独岩，山圆而内空，形状壮观而奇特，在我国分布最多的是腾冲火山锥群。火山喷发后，喷火口内，因大量浮石被喷出来和挥发性物质的散失，引起颈部塌陷形成漏斗状洼地，即火山口。后来，降雨、积雪融化或者地下水使火山口逐渐储存大量的水，从而形成火山湖。我国的火山湖主要集中在东北地区，如黑龙江的五大连池、镜泊湖和吉林长白山天池。在火山形成过程中，火山喷发出的熔岩流冷却后，形成熔岩台地，在火山分布的地区一般都有熔岩台地，其上往往分布着许多溶穴。熔岩流在黑龙江的五大连池保存最为完整。在火山分布地区，一般还有地热现象相伴相生，地热奇景在西藏和云南腾冲地区较为集中。

就世界范围而言，火山主要集中在环太平洋一带和印度尼西亚向北经缅甸、喜马拉雅山脉、中亚、西亚到地中海一带。我国的火山景观主要分布在东北、西藏高原、云南腾冲、海南岛—雷州半岛、大同地区、台湾；东北地区分布最多，占全国总数的84%。许多火山景观具有重要的科学意义和观赏游览价值。长白山的“天池”“嶂谷”，五大连池的“黑山石海”“龙石墉”“冰洞奇观”，浙江桃清的“万柱山”，广东西樵山的“瀑带五湖”，黑龙江镜泊湖的“火口森林”等都是具有观赏价值和富有个性的风景区，能概括火山地质景观的美学特征。

(5)岩溶景观

岩溶景观是具有溶蚀力的水对可溶性岩石(大多为石灰岩)进行溶蚀等作用所形成的地表和地下形态的总称，又称喀斯特地貌景观。除溶蚀作用以外，还包括流水的冲蚀、潜蚀，以及坍陷等机械侵蚀过程。

喀斯特地表形态主要有溶沟、石林(石芽)、落水洞、漏斗、溶蚀洼地、岩溶盆地、干谷、盲谷、峰丛、峰林、孤峰等。其中，峰丛、峰林、孤峰、漏斗和石芽，最能吸引游客，具有较高观赏价值。喀斯特地下形态表现为溶洞，其形态多种多样，规模大小不一，有单层、双层、多层，旱洞、水洞之分。溶洞中的水常形成地下河、地下湖和地下瀑布。在溶洞内有许多化学堆积物或沉淀物，形成一些特殊的形态，如石钟乳、石笋、石柱、石幕等，极大地丰富了溶洞景观。

我国的溶洞景观资源十分丰富，分布广、面积大，集中在西部地区的碳酸盐岩出露地区，面积多达91万~130万km^2。其中，广西、贵州和云南东部的喀斯特地貌约占全国的2/3，为世界上最大的喀斯特区之一，西藏和北方一些地区也有分布。喀斯特地貌由于其独特的地貌特征，容易“形成”类型各异的风景区，如广东的肇庆七星岩，广西的桂林山水，云南的路南石林，贵州的龙宫、织金洞，四川的九寨沟、黄龙，湖南的武陵源，辽宁的本溪水洞等。“桂林山水甲天下，阳朔山水甲桂林”，岩溶作用是形成这天然屏风的主要原因。路南石林，以岩柱雄伟高大、排列密集整齐、分布地域广阔而居世界各国之首。黄龙风景区钙化池、钙化坡、钙化穴等组成世界上最大而且最美的岩溶景观。张家界武陵源的组成部分，是张家界地下喀斯特的地形代表，其中喀斯特地貌约占全市面积的40%。本溪水洞属于大型充水溶洞，水洞全长5800m，面积为3.6万m^2，是发现的世界第一长的地下充水溶洞，洞内钟乳石、石笋与石柱多从裂隙攒拥而出，不加雕饰而形成各种物象。

(6)海岸景观

世界海岸线长约44万km；中国的海岸线长达1.8万km，大陆海岸自鸭绿江口至北仑河口，再加上大小岛屿的海岸线，总长3.2万km。海岸带蕴藏着丰富的生物、矿产、能源、土地等自然资源，还有众多深邃的港湾，以及贯穿内陆的大小河流。我国海岸线长，濒临渤海、黄海、东海和南海，沿海从北到南地跨温带、亚热带和热带三大气候区，有丰富的海岸景观。

我国海岸景观主要有基岩海岸、泥沙质海岸和生物海岸3种类型。基岩海岸的特征受其组成岩石成分的影响，通常形成一些陡峭的岩石峭壁和山脉；岸外水深浪急，岸线曲折迂回，呈现出一种山海相连的海岸风景，还能形成水深、港阔、少淤的优良海港，如山东和辽东半岛海岸、杭州湾以南海岸以及台湾东海岸等。泥沙质海岸多由河流入海而形成，三角洲与三角湾海岸、淤泥质平原海岸都属这种类型，如辽河、黄河、长江、珠江等大河，以及许多规模较小的河流入海，形成了东部沿岸百川归海的海岸景观。我国的生物海岸主要分布在热带和亚热带沿岸地区，以珊瑚礁海岸和红树林海岸最有代表性。珊瑚礁海岸是由珊瑚礁虫的石灰质残骸堆积而成的，海滩由白细的珊瑚砂组成，平缓舒展，是一种优质的海滩，如南海中的西沙群岛、东沙群岛、中沙群岛和南沙群岛海岸等。红树林是分布在热带、亚热带地区海岸潮间带的常绿阔叶林或灌木林，有“海洋森林”之称，是海岸的绿色屏障，具有防风护堤的作用，且能改良滩地土壤，美化海岸环境，如台湾、广西、海南、香港等地的海岸。

此外，冰川及一些干旱地区的景观如土林、沙漠、雅丹地貌等都是有一定观赏价值的特殊地貌景观。

3.3.1.3 水文景观

水是风景的血脉，“山无云则不秀，无水则不媚”，水在风景构成中起着重要的作用，以海洋、湖泊、河流、涌泉、瀑布、冰川、积雪、云雾等形式呈现于大自然中。

(1)海洋

在现代旅游业中，“3S”(sun，sea，sand)旅游，即太阳、海洋和沙滩这三者都与海滨有关。海洋是地球上最广阔的水体的总称，总面积约为3.6亿km^2，约占地表总面积的71%。海水中含有钠、钾、碘、镁、氯、钙等多种对人体非常重要的元素。海滨空气中的氧和臭氧含量较多，且灰尘少，空气清新，环境比较舒适，有利于人体健康，更有利于创伤、骨折等疾病的康复。海滨的沙滩、岩石和海底的珊瑚及水中的鱼类等有很高的观赏、科研等价值。海滨还宜于开展观景、疗养、度假和海浴、驶船、帆板、冲浪、潜水、垂钓等多种体育运动以及品尝海鲜等活动，故海滨多成为旅游胜地，尤其是气候适宜、阳光充足的地中海沿岸、夏威夷、加勒比海、东南亚以及中国的大连、青岛、厦门、北海、海南等，都为著名的避暑、疗养、休假和水上活动胜地。

(2)湖泊

湖泊是陆地表面洼地积水形成的比较宽广的水域，也是陆地上最大的水体。中国湖泊众多，分布范围广而又相对集中，主要分布在东北平原和青藏高原，其次为云贵高原、蒙新地区和东北地区。青海湖面积约为4000km^2，是中国最大的湖泊。西藏的纳木错，湖面高程为4718m，在全球湖面积为1000km^2以上的湖泊中海拔最高。位于长白山上的天池(中国朝鲜界湖)，水深达373m，是中国最深的湖泊。柴达木盆地的察尔汗盐湖，以丰富的湖泊盐藏量著称于世。

湖泊按成因可以分为河迹湖、构造湖、堰塞湖、海迹湖、冰川湖、风蚀湖和岩溶湖等；按湖水的矿化度分为淡水湖、微(半)咸水湖、咸水湖、盐湖、干盐湖等。

河迹湖是由于河流摆动、改道而形成的湖泊，它又可细分为3类：如鄱阳湖、洞庭湖、江汉湖群(云梦泽一带)、太湖等，是由于河流摆动，其天然堤堵塞支流而潴水成湖；苏鲁边境的南四湖等，是由于河流本身被外来泥沙壅塞，水流宣泄不畅，潴水成湖；内蒙古的乌梁素海，是河流截弯取直后废弃的河段形成牛轭湖。构造湖是在地壳内力作用形成的构造盆地上经储水而形成的湖泊，其湖形狭长、水深而清澈，如云南高原上的滇池、洱海和抚仙湖，青海湖，新疆喀纳斯湖等。堰塞湖是由火山喷出的岩浆、地震引起的山崩和冰川与泥石流引起的滑坡体等壅塞河床，截断水流出口，其上部河段积水成湖，如五大连池、镜泊湖等。海成湖是由于泥沙沉积使得部分海湾与海洋分割而成，通常称作潟湖，如里海、杭州西湖、宁波的东钱湖等。冰川湖是由冰川挖蚀形成的坑洼和冰碛物堵塞冰川槽谷积水而成的湖泊，如北美五大湖，芬兰、瑞典的许多湖泊等，还有相传是王母娘娘沐浴地的新疆阜康天池(又称瑶池)等。风蚀湖是沙漠中低于潜水面的丘间洼地，经其四周沙丘渗流汇集而成的湖泊，如敦煌附近的月牙湖，四周被沙山环绕，水面酷似一弯新月，湖水清澈如翡翠。岩溶湖是由碳酸盐类地层经流水的长期溶蚀而形成岩溶洼地、岩溶漏斗或落水洞等被堵塞，经汇水而形成的湖泊，如贵州省威宁县的草海等。

(3)江河

江河是地球上水文循环的重要路径，是泥沙、盐类和化学元素等进入湖泊、海洋的通道。我国是多河川的国家，大小河流总长度在42万km以上，对于河流的称谓很多，较大的河流常称江、河、水，如长江、黄河、汉水等。浙、闽、台地区的一些河流较短小，水流较急，常称溪，如台湾的蜀水溪，福建的沙溪、建溪等。西南地区的河流也有称为川的，如四川的大金川、小金川，云南的螳螂川等。

地理学上按流向把河流分为内流河和外流河两大类，一条河流可分为河源(源头)、上游、中游、下游和河口5段，不同河段有不同的形态和景观。较大的河流上游和中游一般河谷狭窄，横断面多呈“V”或“U”字形，两岸山嘴突出，岸线犬牙交错很不规则；河道纵向坡度大，水流急，常形成许多深潭；河岸两侧形成数级阶地。平原河流在松散的冲积层上，横断面宽浅，纵向坡度小，河床上浅滩深槽交替，河道蜿蜒曲折，多曲流与汊河。

现代旅游开发根据河流的观赏价值和开发价值，把可供开发的河段分为风景河段和漂流河段。风景河段是指水质较好，两岸景色优美、奇特的河段，即“山清水秀”，如长江三峡(瞿塘峡、巫峡和西陵峡)和桂林漓江等。漂流河段除了“山清水秀”外，还应具备流水速度快、安全系数大、水温适中的特点。

(4)瀑布

瀑布是河床纵断面上陡坎悬崖处倾斜下来的水流，是河床不连续的结果。瀑布在地质学上叫跌水，也叫作河落，是陆地上最活跃、最生动、最壮观的水景。瀑布侵蚀作用的速度取决于特定瀑布的高度、流量、有关岩石的类型与构造，以及其他一些因素；其跌落的形态、磅礴的声势及阳光照映出的缤纷色彩，具有极高的观赏价值。流量、落差和宽度是评价瀑布景观的标准。

世界上最著名的三大瀑布分别是美国和加拿大之间的尼亚加拉瀑布(总宽1240m，高约56m)，非洲赞比西河上的维多利亚瀑布(宽约1700m，最高处108m)和阿根廷、巴西及巴拉圭之间的伊瓜苏瀑布(宽约4000m，高82m)。世界最高的瀑布是四川眉山市洪雅县瓦屋山境内的兰溪瀑布，总落差1040m。尚有争议的世界最大瀑布是泰国湄公河上的孔恩瀑布，虽然落差只有70m，但流量估计有11 600m^3/s。

我国有许多著名的瀑布，分布是南方多于北方，东部多于西部，其中以西藏、四川、云南、贵州、湖南、广西、广东等地为多，如云南最大最壮观的大叠水瀑布、贵州省镇宁布依族苗族自治县西南部的黄果树瀑布、广西西隆的冷水瀑布、安徽省黄山的九龙瀑布、浙江省雁荡山马鞍岭西的大龙湫瀑布、山东崂山的龙潭瀑布、黑龙江牡丹江上镜泊湖出口处的吊水楼瀑布等。

(5)泉

泉是地下水的天然露头，是地下含水层或含水通道呈点状出露地表的地下水涌出现象，为地下水集中排泄形式。它是在一定的地形、地质和水文条件作用下产生的。泉的分类方式有很多，根据泉的温度差异，分为沸泉、热泉、中温泉和冷泉，如镇江金山泉、杭州虎跑泉等为著名的冷泉。根据所含的矿物质和化学成分不同，泉可以分为单纯泉、碳酸泉、硫酸盐泉、硫黄泉、盐泉、铁泉等，如西安骊山温泉、台湾北投温泉等。泉出露地表时的形态多样，由此可分为涌泉、间歇泉、爆炸泉和冒气泉等，如济南的珍珠泉、云南大理蝴蝶泉等。

我国是一个多泉的国家，以西藏、云南、广东、福建、台湾的温泉最密集，占全国总数的60%以上。泉水出露的地方，植物繁茂，环境优美，有良好的小气候，大部分泉水还具有医疗功能，其分布地多成为旅游和休疗养胜地。

3.3.1.4 生物景观

生物是自然风景中非常活跃的因素。古人云：风景以山为骨骼，以水为血脉，以草木为毛发，以云岫为服饰。又云：山得水而活，得草木而华，得烟云而秀媚。

动植物不仅对人类的生存和发展起着重要作用，同时也造就了多姿多彩的大自然风景。它们是形成自然风景的水平地带性和垂直地带性的主要原因，不同纬度带和高度的地区，动植物种类和生长状况完全不同。植被种类的分布与生长周期随着海拔高度和地域的变化而变化，因而，生物种类在一定程度上可以决定不同地区的自然景观基调。还可以体现出季相、物候变化的生物景观。

(1)动物景观

动物能增加风景的自然气息。根据动物自身的美学特征，动物可以分为观形动物、观色动物、观态动物和听声动物。国家一级保护野生动物中的大熊猫、金丝猴、白鳍豚、白唇鹿被称为四大国宝动物。在自然环境中，迁徙动物的活动(如鸟类)也能构成独特的自然景观。

(2)植物景观

不同区域，植物种类、分布及生长周期均有差异，从而表现出不同区域的自然景观基调。植物的分类依据较多，根据主要观赏特征，植物可以分为观花、观果、观叶、观枝等。国家重点保护野生植物455种和40类，包括国家一级保护野生植物54种和4类，国家二级保护野生植物401种和36类。金花茶、银杉、桫椤(树蕨)、珙桐、水杉、人参、望天树和秃杉属一类保护植物。在传统审美观中，植物常被拟人化，赋予一定的性格特征，如松、竹、梅为“岁寒三友”，梅、兰、竹、菊为“四君子”等。

3.3.2 人文景观资源

人文景观资源指可以作为景观资源的人类社会的各种文化现象与历史成就，是以人为事物和因素为主的景观资源，可以分为园景、建筑、史迹和风物4类。以下以人文景观资源中的古典园林、古建筑及工程、历史遗迹和文化古迹、宗教文化和艺术、民俗风情、物产饮食等古今人类活动的文化成就为例加以说明。

3.3.2.1 古典园林

园林是在一定的地域内，运用工程技术和艺术手段，通过改造地形(或进一步筑山、叠石、理水)、种植树木花草、营造建筑和布置园路等途径，创作而成的优美的自然环境和游憩境域。世界上的各个地区、各个民族，历史上的各个时代，由于文化传统和社会条件的差异而形成各自的园林风格，有的则相应于成熟的文化体系而发展为独特的园林体系，如西方的古罗马园林体系、文艺复兴园林体系、古典主义园林体系、英国园林体系、伊斯兰园林体系，东方的中国园林体系、日本园林体系等。世界古典园林可以分为中国、欧洲和中西亚三大系统。

(1) 中国系统(东方园林)

中国系统以中国园林和日本园林为代表，是自然式风景园林的典型之作，构景要素多采用自然式布局，园内配置的植物以自然式种植为主，保持自然生长状态，水池和园路也采用自然流畅的曲线形。中国园林取材于自然，高于自然，园中的山、水、地貌，经过有意识、有目的地加以改造加工，再现一个高度概括、提炼、典型化的自然；追求与自然的完美结合，力求达到人与自然的高度和谐，即“天人合一”的理想境界；文化意境高雅，中式造园除了凭借山水、花草、建筑所构成的景致传达意境外，还将中国特有的书法艺术形式，如匾额、楹联、碑刻艺术等融入造园之中，深化园林的意境。

(2) 欧洲系统

欧洲系统是规则式的园林，起源于古希腊，成熟期以意大利文艺复兴后的台地园和法国17世纪的勒·诺特尔园林为代表，所有构景要素均采用规则对称的布局，水池为规整的几何形，道路为折线形和直线形，植物也多整形修剪为各种几何形体。

在欧洲古典园林中，建筑具有统帅作用。在园林中轴线位置总会矗立一座庞大的建筑物(如城堡或宫殿)，园林的整体布局必须服从建筑的构图原则，并以此建筑物为基准，确立园林的主轴线。经主轴再划分出相对应的副轴线，置以宽阔的林荫道、花坛、水池、喷泉雕塑等。园林整体布局呈现严格的几何图形。园路处理成笔直的通道，在道路交叉处处理成小广场形式，点状分布具有几何造型的水池、喷泉等。园林树木则精心修剪成锥形、球形、圆柱形等，草坪、花圃必须以严格的几何图案栽植、修剪；还有大面积草坪处理，具有室外地毯的美誉。建筑、水池、草坪、花坛等的布局无一不讲究整体性，并以几何的比例关系组合达到数的和谐。欧洲人的审美意识与中国人的审美意识截然不同，他们认为艺术的真谛和价值在于将自然真实地表现出来，事物的美“完全建立在各部之间神圣的比例关系上”。

(3) 中西亚系统(伊斯兰园林、回教园)

中西亚园林分布在中东、西班牙和印度等国家和地区，为规则式园林，用水渠或道路垂直相交把全园等分为4个部分(故又称为“四分园”或“田字园”)，在十字林荫路交叉处设中心喷水池，中心水池的水通过十字水渠和地沟来灌溉周围的植物，用五色石子铺地，形成具有伊斯兰风格的图案，植物进行整形修剪，用花丛、树丛、绿篱对称点缀在传统建筑的外侧。这样的布局是由于西亚的气候干燥，干旱与沙漠的环境使人们只能在自己的庭院里经营一小块绿洲。在古代西亚的园林中，该交叉处的中心喷水池就象征着天堂，后来水的作用又得到不断的发挥，由单一的中心水池演变为各种明渠、暗沟与喷泉，这种水法的运用后来深刻地影响了欧洲各国的园林。

3.3.2.2 古建筑及工程

(1) 古代建筑

中国古建筑的平面以长方形为最普遍，一座

长方形建筑，在平面上都有两种尺度，即宽与深。其中长边为宽，短边为深。如一栋三间北房，它的东西方向为宽，南北方向为深。单体建筑又是由最基本的单元“间”组成的。古建筑按屋顶样式，主要有硬山、悬山、歇山、庑殿、攒尖5种形式。在这最基本的建筑形式中，庑殿有单檐庑殿、重檐庑殿；歇山有单檐歇山、重檐歇山、三滴水楼阁歇山、大屋檐歇山、卷棚歇山等；硬山、悬山，常见者既有一层，也有两层楼房；攒尖建筑则有三角、四角、五角、六角、八角、圆形、单檐、重檐、多层檐等多种形式。按主要功能、建置规模等还有宫、殿、门、府、衙、埠、亭、台、楼、阁、寺、庙、庵、观、阙、邸、宅等形式。

① 宫廷建筑　中国历史上曾出现过许多规模宏伟的宫廷建筑，这些建筑大都金玉交辉、巍峨壮观。中国古代宫廷建筑采取严格的中轴对称的布局方式，建筑物自身被分为两部分，即“前朝后寝”。“前朝”是帝王上朝治政、举行大典之处，“后寝”是皇帝与后妃们居住生活的所在。现在保存完好的古代宫廷建筑有北京的故宫、沈阳的故宫。

② 礼制建筑　中国的礼制建筑不同于宗教建筑，但与宗教建筑又有着密切的联系。“礼”为古代“六艺”之一，并集中地反映了封建社会中的天人关系、阶级和等级关系、人伦关系、行为准则等，是上层建筑的重要组成部分，在维系封建统治中起着重要的作用。用于祭祀天地的天坛、地坛，反映人的宗族关系、崇拜祖先的家庙或宗祠如太庙、祠堂，奉祀圣贤的庙，如孔庙、文庙、岳庙，以及祭祀山川神灵的岱庙等，都属于礼制建筑。

③ 古代桥梁　中国自古就有“桥的国度”之称，是著名的桥的故乡。古代桥梁的建筑艺术，发展于隋，兴盛于宋，有不少是世界桥梁史上的创举，充分显示了中国古代劳动人民非凡的智慧，如拱桥、梁桥、廊屋式桥(风雨桥)、索桥、藤桥、溜索等多种类型的桥，不仅具有良好的交通联系功能，还有一定的景观价值。

广东的广济桥(湘子桥)、河北的赵州桥、北京的卢沟桥和福建的洛阳桥为中国四大古桥。广济桥经过多次修建，古老的石桥、浮桥不见了，改为钢筋混凝土大桥，已失去古迹古物特色。赵州桥桥长64.40m，跨径37.02m，是当今世界上跨径最大、建造最早的单孔敞肩型石拱桥。卢沟桥河面桥长213.15m，宽9.3m，加上两端的引桥总长约266.5m；全桥共有11个桥孔，各孔的跨径和高度均不相等，采用两边桥孔小、依次向中央逐渐增大的韵律设计建筑法，形成了优美的桥型；早在金代，此桥就被列为“京师八景”之一。洛阳桥，现桥长834m，宽7m，尚存船形桥墩46座，桥的中亭附近历代碑刻林立，有“万古安澜”等宋代摩崖石刻及石塔、武士石像等。

(2)古代工程

① 长城　被称为中国人文景观第一景，是人类社会军事斗争发展到一定阶段的产物，是为了加强战斗力而修筑的防御军事工程体系，同时也具有进攻的作用。中国的长城最早出现于公元前7世纪的西周，后来春秋、秦、汉、明等时期均进行过修筑。现存的长城遗迹主要是始建于14世纪的明长城，西起嘉峪关，东至辽东虎山，全长8851.8km，平均高6~7m、宽4~5m。长城是中华民族勤劳、智慧和坚强、勇敢的象征，是中国悠久历史的见证，具有重大的历史和旅游开发价值。

② 京杭大运河　全长1794km，是中国仅次于长江的第二条“黄金水道”，价值堪比长城。它是世界上开凿最早、工程最大、长度最长的一条人工河道，长为苏伊士运河(190km)的9倍，巴拿马运河(81.3km)的22倍，也是最古老的运河之一。大运河南起余杭(今杭州)，北到涿郡(今北京)，途经今浙江、江苏、山东、河北四省及天津、北京两市，贯通海河、黄河、淮河、长江、钱塘江五大水系。2002年，大运河被纳入“南水北调”东线工程。

③ 都江堰　坐落在成都平原西部的岷江上，是世界文化遗产(2000年被联合国教科文组织列入“世界文化遗产”名录)，世界自然遗产(四川大熊猫栖息地)，全国重点文物保护单位，国家级风景名胜区，国家5A级旅游景区。都江堰是公元前250年蜀郡郡守李冰父子在前人鳖灵开凿的基础上组织修建的大型水利工程，由分水鱼嘴、飞沙堰、

宝瓶口等部分组成，两千多年来一直发挥着防洪、灌溉的作用，使成都平原成为沃野千里的“天府之国”，至今灌区已达30余县市，面积近千万亩。都江堰是全世界迄今为止，年代最久、唯一留存，仍在一直使用、以无坝引水为特征的宏大水利工程，凝聚着中国古代劳动人民勤劳、勇敢、智慧的结晶。

④ 灵渠、坎儿井　灵渠又名湘桂运河，古称秦凿渠、零渠、陡河、兴安运河，是古代劳动人民创造的又一项伟大工程。位于广西壮族自治区兴安县境内，于公元前214年凿成通航，是秦始皇为发兵岭南运输兵员粮饷，命史禄主持修建的。灵渠流向由东向西，将兴安县东面的海洋河(湘江源头，流向由南向北)和兴安县西面的大溶江(漓江源头，流向由北向南)相连，是世界上最古老的运河之一，有着“世界古代水利建筑明珠”的美誉。

坎儿井是“井穴”的意思，早在《史记》中便有记载，时称“井渠”，而新疆维吾尔语则称之为“坎儿孜”。坎儿井是荒漠地区的一种特殊灌溉系统，普遍见于中国新疆吐鲁番市。坎儿井的结构，大体上是由竖井、地下渠道、地面渠道和“涝坝”(小型蓄水池)四部分组成，是开发利用地下水的一种很古老的水平集水建筑物，适用于山麓、冲积扇缘地带，主要是用于截取地下潜水来进行农田灌溉和居民用水。坎儿井不因炎热、狂风而使水分大量蒸发，因而流量稳定，保证了自流灌溉。坎儿井与万里长城、京杭大运河并称为中国古代三大工程。

此外，还有很多园林建筑及工程，有专门的论著，本书不再赘述。

3.3.2.3 历史遗迹和文物古迹

历史遗迹指人类活动的遗迹、遗物和发掘的地址。它是民族、国家历史的记录，反映了历代的政治、经济、文化、科技、建筑、艺术、风俗等特点和水平，具有重要的历史和观赏价值。

(1) 古人类及古生物遗址

古人类及古生物遗址，如北京周口店猿人遗址、西安半坡遗址、云南元谋猿人遗址、三峡大溪文化遗址、云南禄丰恐龙发掘遗址等。

(2) 古城遗址

古都及历史文化名城留下了大量古城、古建筑或古城墙遗址，如西安、南京、北京、洛阳、开封、安阳、杭州、郑州等为中国历史上著名的古都。

(3) 古战场遗址

古战场遗址如赤壁之战遗址。

(4) 名人遗迹

① 帝王陵墓　其形式往往与丧葬方式、丧葬习俗和当时的文化经济有关。国外著名的有埃及的金字塔、印度的马哈·泰姬陵等，中国的帝王陵墓中保存较完整的有西安秦始皇陵、南京明孝陵、陕西乾陵、明十三陵、清东陵、清西陵等。黄帝陵、乾陵、秦始皇陵、明十三陵、成吉思汗陵、汉阳陵、清东陵、西夏王陵、茂陵和桥陵是中国古代著名的十大帝王陵墓。

② 名人墓地、故居、题刻、诗词和典故等　名人墓地、故居，如南京中山陵、孔子墓、岳飞墓、聂耳墓、包拯墓、毛泽东故居、蒋介石故居、周恩来故居、鲁迅故居、邓小平故居等，这些地方往往也有相关的题刻、诗词及典故。

(5) 近现代重要史迹

近代重要史迹指近代人民反帝、反封建斗争遗址及新民主主义革命遗址，如广东虎门炮台、林则徐销烟遗址、武昌辛亥革命军政府旧址、云南陆军讲武堂等，井冈山、延安、遵义等革命纪念地也保存了大量的革命史迹。

3.3.2.4 宗教文化和艺术

宗教是一种信仰，也是人类社会发展到一定历史阶段出现的一种文化现象，属于社会意识形态。宗教活动、宗教建筑、宗教艺术都是重要的人文景观资源。根据宗教的历史及传播范围，可以把宗教分为原始性宗教、地区性宗教和世界性宗教三大类。原始性宗教主要表现为图腾崇拜，地区性宗教在某一个地区或民族中形成和传播，世界性宗教在全世界都有传播。基督教、伊斯兰教与佛教传播范围广，信徒众多，并称为世界三大宗教。对中国文化影响较大的主要是佛教、道教和伊斯兰教。

(1)佛教

佛教发源于古印度，于东汉年间传入中国。由于传入的时间、途径、地区和民族文化、历史背景的不同，佛教在中国形成三大系，即汉地佛教(汉传佛教、大乘佛教)、藏传佛教(喇嘛教)和南传上座部佛教(小乘佛教)。

汉地佛教和南传上座部佛教最根本的区别则在于修行的目的。前者主张利己与利人并重，修行是为了普度众生，而后者的修行是为了寻求自我解脱。寺庙是佛教的宗教建筑，由于受到教义和当地传统建筑风格的影响，形成了自己的特色，具有较高的观赏价值。

① 汉地佛教寺庙　分布在全国大部分地区，重要殿堂和佛像大都布置在中轴线上，主要有天王殿、大雄宝殿、观音殿、钟鼓楼、藏经阁等，大雄宝殿是主殿。

② 喇嘛庙　主要分布在藏族地区，在建筑群体上没有中轴线，主体建筑为佛殿和扎仓，单体建筑的经堂、佛殿、僧舍为木柱支撑，为密檐平顶的碉房式建筑。

③ 小乘佛教寺庙　分布在云南德宏州和西双版纳州，主要特点是没有明显的庭院和中轴线，以塔为主或以释迦佛像为主，与殿堂相配合，周围分散布置房屋。

此外，石雕、彩塑、壁画、石窟等佛教艺术也有较高的历史和观赏价值。中国著名的佛教石窟有敦煌莫高窟、洛阳龙门石窟、大同云冈石窟、天水麦积山石窟、重庆大足区宝顶山和北门石窟、新疆喀孜尔千佛洞等。凿于唐代的乐山大佛通高71m，为世界最大的佛教石雕像。

(2)道教

道教是中国本土宗教，发源于春秋战国的方仙道，是一个崇拜诸多神明的宗教，主要宗旨是追求长生不死、得道成仙、济世救人。道教以“道”为最高信仰，认为“道”是化生万物的本源，首创者是张道陵，距今已有1800年历史。道教主要是奉太上老君为教主，并以老子的《道德经》等为修仙境界的经典，有正一、全真两大派。在中华传统文化中，道教是与儒学、佛教一起占据着主导地位的一种理论学说，并寻求有关炼成神仙的方法。现在学术界所说的道教，是指在中国古代宗教信仰的基础上，承袭了方仙道、黄老道和民间天神信仰等大部分宗教观念和修持方法，逐步形成的以“道”作为最高信仰的宗教形式。

道教建筑与佛教建筑非常相似，都以墙壁、柱子、门窗等皆用红色为特点，外墙有阴阳八卦轮的标志，主要殿堂为三清殿，如昆明黑龙潭风景区的黑龙宫和龙泉观。江西龙虎山和贵溪市的天师府、湖北武当山是比较大的道教道场；山西太原龙山石窟是我国主要的道教石窟；福建泉州清源山老君岩(高5.1m)为道教最大的石雕像。

(3)伊斯兰教

伊斯兰教于公元7世纪由麦加人穆罕默德在阿拉伯半岛上首先兴起，指顺从和信仰创造宇宙的独一无二的主宰安拉及其意志，以求得两世的和平与安宁的宗教。伊斯兰教是世界三大宗教之一，信仰伊斯兰教的国家遍布亚洲、非洲两个大洲，约50个。此外，在各大洲很多国家都有信仰伊斯兰教的人民(穆斯林)，如英、美、俄、法、德等国家。伊斯兰教分逊尼派和什叶派两大教派，中国主要是逊尼派。

伊斯兰教经海陆传入中国，故我国早期的清真寺多集中分布在广州、泉州、杭州、扬州等沿海城市，后来伊斯兰教经陆路由西域传入，内地也建造了大量清真寺。清真寺是穆斯林聚众礼拜的场所，又称礼拜寺，是典型的阿拉伯风格建筑，结构严谨，由礼拜大殿、梆歌楼、望月楼、浴室、讲堂、阿訇办公居住用房组成，礼拜大殿是主体建筑。我国的清真寺要求坐西朝东，面向伊斯兰教圣地麦加，清真寺内不供奉神像。我国回族大多数聚居在宁夏、甘肃、青海、河南、云南、新疆等地，其他各省、自治区、直辖市也有分布。

另外，基督教、天主教在中国也有传播。

3.3.2.5 民俗风情

民俗即民间风俗文化，是指一个民族或一个社会群体在长期的生产实践和社会生活中逐渐形成并世代相传、较为稳定的生活文化，可以简单概括为民间流行的风尚、习俗。民俗是一种来自人民，传承于人民，规范人民，又深藏在人民的行为、语言和心理中的基本力量。

民俗可分为物质民俗、社会民俗、精神民俗和语言民俗4个部分。它既包括显而易见的服饰、饮食、礼仪、习俗、节庆活动、婚丧嫁娶、文化娱乐、乡土工艺等，又包括需要细心观察、深入体会的思维方式、心理特征、道德观念、审美趣味等。民族不同是形成民风民俗差异的关键，但由于历史和地理等因素的作用，同一民族若分布广泛，不同地区的成员之间在习俗上也可能产生某些差异；而不同民族如果长期共同生活于一个地区，这种差异会逐渐削弱。

(1)民居

由于受气候、地形等自然地理因素，以及文化、经济发展水平等社会因素的影响，民居较其他建筑更具有鲜明的地方性和民族性，建筑的材料、结构形式、装修和风格等都表现出这一特点。中国疆域辽阔，民族众多，各地的地理气候条件和生活方式都不相同，因此，各地人居住的房屋的样式和风格也不相同，如北京四合院、西北黄土高原的窑洞、安徽的古民居、福建和广东等地的客家土楼和内蒙古的蒙古包等都是有特色的中国民居。

① 四合院　以北京居民为代表，是华北、东北地区民用住宅中的一种组合建筑形式，是一种四四方方或者是长方形的院落。在布局上受宗教礼法支配和冬季寒冷气候的影响，房屋南向，在南北纵轴线两侧对称地布置房屋，一般为三进院落。大门一般开在东南角或西北角。入门建影壁，坐南朝北的正房称南房(倒座房)，自前院纵轴线上的二门进入面积较大、作为全宅核心的正院。坐北朝南的北房为正房，建在砖石砌成的台基上，是全宅中最高大、质量最好的房屋，供家长起居、会客和举行礼仪活动之用。院子的两边建有东西厢房，一般都比较对称，是晚辈们居住的地方。在正房和厢房之间建有走廊，可以供人行走和休息。在南北、东西房形成的角落中，也有耳房。这种耳房，有的用来储存粮食，成为粮库及其他库房，也有的用作厨房。还有一个角落，一般是西南角为厕所，而东南角则大都是院子的大门。从东耳房夹道进后院，有一排房称为罩房，供老年妇女居住和存放东西之用。大型住宅在二门内，以两个或两个以上的四合院向纵深方向排列。更大的住宅在左右或后院建有花园。四合院在抬梁式木构架外围砌砖墙，屋顶式样以硬山居多。墙壁和屋顶都比较厚重，并在室内设炕床取暖。在色调上，一般以灰青色墙面和屋顶为主，而大门、二门、走廊与主要住房处施彩色，在大门、影壁、墀头、屋脊等砖面上加若干雕饰。四合院的围墙和临街的房屋一般不对外开窗，院中的环境封闭而幽静。一家一户，住在一个封闭式的院子里，过着一种安逸、消闲、清静的日子，享受家庭的欢欣、天伦的乐趣，自然形成一种令人悠然自得的气氛。

② “四水归堂”式住宅　多分布在江南，平面布局方式与北方的四合院大致相同，只是一般布置紧凑，院落占地面积较小，以适应当地人口密度较高，要求少占农田的特点。住宅的大门多开在中轴线上，迎面正房为大厅，后面院内常建二层楼房。由四合房围成的小院子通称“天井”，仅作采光和排水用。因为屋顶内侧坡的雨水从四面流入天井，所以这种住宅布局俗称“四水归堂”。墙壁底部为石板墙，上部为砖墙或竹抹灰墙，墙面多刷白色，并有各种各样防火山墙，屋顶铺小青瓦。青瓦、粉墙使住宅显得素雅明净。江浙水乡的这类民居布置注重前街后河，坐北朝南，注重室内采光；以木梁承重，以砖、石、土砌护墙；以堂屋为中心，以雕梁画栋和装饰屋顶、檐口见长。

③ “一颗印”式住宅　又称“一口印”式住宅，流行于陕西、安徽、云南等地。原则上与“四合院”大致相同，由正房、耳房(厢房)和入口门墙围合成正方如印的外观。正房、耳房毗连，正房多为三开间，两边的耳房，有左右各一间的，称为“三间两耳”；有左右各两间的，称为“三间四耳”。正房、耳房均高两层，占地很小，很适合当地人口稠密、用地紧张的需要。大门居中，门内设倒座或门廊，倒座深八尺。“三间四耳倒八尺”是“一颗印”最典型的格局。天井狭小，正房、耳房面向天井均挑出腰檐，正房腰檐称“大厦”，耳房腰檐和门廊腰檐称“小厦”。正房较高，用双坡屋顶，耳房与倒座均为内长外短的双坡顶。建筑为穿斗式构架，外包土墙或土坯墙。整座“一颗印”，独

门独户，高墙小窗，空间紧凑，体量不大，小巧灵活，无固定朝向，可随山坡走向形成无规则的散点布置。这类住宅平面布局虽然单调，但多数楼居、正房与厢房大小、高低颇有变化，构成独具风采的建筑形体。

④ 黄土窑洞　在黄土高原地区，人们利用又深又厚、质地均一、立体性能极好的黄土层，建造了一种独特的住宅——窑洞。窑洞又分为土窑、石窑、砖窑等几种。土窑是靠着山坡挖成的黄土窑洞，冬暖夏凉，保温隔音效果最好。石窑和砖窑是先用石块或砖砌成拱形洞，然后在上面盖上厚厚的黄土，既坚固又美观。另有一种窑洞，向地下挖巨坑，再挖黄土窑洞，更为舒适。由于建造窑洞不需要钢材、水泥，所以造价比较低。

⑤ 干阑式住宅　在我国西南地区，干阑式住宅为傣、景颇、壮族常见住宅形式。干阑是用竹、木等构成的楼房，竹楼木架，上以住人，下栖牲畜，式样皆近似一大帐篷，与《淮南子》所记"南越巢居"的情形完全符合，也正是史书所记古代僚人"依树积木以居"的"干阑"住宅，这算是傣族固有的典型建筑。房子都是单幢，四周有空地，各人家自成院落。这种建筑有利于隔潮、通风、防盗、防虫、蛇、野兽的侵害。

⑥ 碉房　是藏族地区的一种很有地域特色的住宅形式，分布在藏、青、甘、川地区。因本区域雨量稀少，石材丰富，故外部用石墙，内部用密梁构成楼层和屋顶，形似碉堡。碉房一般2~3层，底层养牲畜，楼上住人。碉楼的下部形式都大致相同，只有大小、高低的区别。大的碉楼，每层相当于三开间，或更大；小碉楼，每层只相当于半开间。碉楼的造型变化主要在于塔楼顶部，其建造善于结合地形，房屋高低错落，朴实优美，富于变化。

此外，客家土楼、皖南徽派住宅、蒙古包、木楞房、阿以旺等都是有特色的民居建筑。

(2)服饰

民族服饰是民族文化中最易被人察觉、最具有魅力的方面之一。广义的民族服饰包括：衣着；各种附加的装饰物；对人体自身的装饰；具有装饰作用的生产工具、护身武器和日常用品。狭义的民族服饰通常指一个民族的传统服饰。服饰有质、形、饰、色、画5个方面的构成要素。不同民族基于生存环境、习俗文化等差异，其服饰的发展变化也不尽相同，服饰往往是一个民族的标志。我国有56个民族，形成了千姿百态的民族服饰，成为民俗风情中一道亮丽的风景线。

(3)节庆、礼仪、婚嫁、丧葬习俗

在长期的历史发展过程中，由于中国各民族所处的自然环境、社会条件、经济发展程度等方面的不同，因而形成了各自独特的风俗习惯，如各个民族不同的节庆、礼仪、婚嫁、丧葬习俗等。民族传统节日可分为时序(岁时)节日、宗教节日、人生历程节日和礼俗、革命节日等。节日期间，会举行一些相应的文体活动。

民俗风情是人文景观中最绚丽多彩、最有特色的部分，它能为旅游者寻求文化差异，扩大知识面，满足猎奇心理，并从中获得更多美的享受。

3.3.2.6　物产饮食

(1)物产

中国最有特色的传统物产首推丝绸、陶瓷及各种工艺品。

丝绸是中国古老文化的象征，以其卓越的品质、精美的花色和丰富的文化内涵闻名于世。从汉代起，中国的丝绸不断大批地运往国外，成为世界闻名的产品，运送丝绸的大路曾被欧洲人称为"丝绸之路"，中国也被称之为"丝国"。

陶瓷制品凝聚着创作者情感、带着泥土的芬芳、留存着创作者心手相应的意气艺术形象，展现了广阔而丰富的社会生活，描述了中华民族的心理、精神和性格的发展与变化。

中国的刺绣也是驰名世界的，作为民间传统手工艺之一，至少有三千年的历史，主要用于生活和艺术装饰，如服装、床上用品、台布、舞台、艺术品装饰等，其中，苏绣、湘绣、蜀绣和粤绣称为中国"四大名绣"。工艺品中有雕塑、金属、纺织、漆器、玻璃等不同材质的种类，其源于生活，但又创造了高于生活的价值，是中华人民智慧的结晶。

(2)饮食

饮食文化是一个国家民族文化的重要组成部

分，随着中华文明源远流长五千年。中国的饮食文化以茶文化、酒文化和中国菜最为有名。

中国是茶的故乡，也是茶文化的发源地，据资料显示，汉族人饮茶始于神农时代，茶的发展和利用至今已逾4700年的历史，且长盛不衰，传遍全球。茶文化糅合佛、儒、道诸派思想，独成一体；其精神内涵即是通过沏茶、赏茶、闻茶、饮茶、品茶等习惯和礼仪相结合，形成的一种具有鲜明中国文化特征的一种文化现象，也是一种礼节现象。我国的茶叶种类极为丰富，如绿茶、红茶、黑茶、乌龙茶、黄茶、白茶、花茶等，每类又可细分为不同的种。由于地区的差异，各地有许多不同的饮茶方式和习俗，如功夫茶、盖碗茶、三道茶、酥油茶等。安溪铁观音、西湖龙井、太湖碧螺春、黄山毛峰、六安瓜片、信阳毛尖、太平猴魁、庐山云雾、蒙顶甘露、顾渚紫笋茶被誉为“中国十大名茶”。

酒在中国已逾5000年的历史，是一种特殊的食品，但又融于人们生活之中，既是物质的，又是一种特殊的文化形式，在我国传统文化中占有独特的地位。酒，形态万千，色泽纷呈；品种之多，产量之丰，皆堪称世界之冠；传统酒类主要有白酒、黄酒、果酒、配制酒等。

中国菜为世界著名三大菜系(中国菜、法国菜、土耳其菜)之一，素来以品类丰富，烹饪技艺高超，色、香、味、形俱佳而享誉全球。中国菜风味多样、四季有别、讲究美感、注重情趣、中和为最，还有滋、养、补的特点。我国一直就有“南米北面”的说法，口味上有“南甜北咸东酸西辣”之分，主要是巴蜀、齐鲁、淮扬、粤闽四大风味，根据四季变化搭配食物，讲究食材的造型，会给食物取一些富有诗意的名字，如“蚂蚁上树”“狮子头”“叫花鸡”等，且注重咸(盐)酸(梅)二味的调和。我国菜肴因地区风味不同，有四大菜系、八大菜系之说。四大菜系指鲁菜、川菜、淮扬菜和粤菜，再加上闽菜、浙菜、湘菜和徽菜即八大菜系。此外，东北菜、冀菜、豫菜、鄂菜、本帮菜、客家菜、赣菜、京菜、清真菜等也是在国内较有影响的菜系。

另外，各地还有不同的风味菜和风味小吃。云南有“春天食花，夏天食菌，秋天食果，冬天食菜”之说，滇菜具有生态、绿色、健康的特点，且各个民族有各自的美食佳肴，其原料全部天然，属绿色食品，滇菜“进京入沪下南洋”，在全国已经有了一定影响。

3.3.2.7 文化艺术

文化艺术包括小说、诗歌、散文、绘画、雕塑、戏剧、音乐等多种形式。但不是所有的文化艺术都能成为人文景观资源，只有当这些艺术作品能激发起旅游动机，为旅游业和风景园林行业所用时，才能成为人文景观资源。另外，一些现代化的城市景观和现代工程也可成为新的人文景观资源。

3.3.3 景源层次

钱学森先生指出：“系统即由相互作用和相互依赖的若干组成部分结合成的具有特定功能的有机整体。”作为系统，都具备3个基本特征：系统是由各个要素(子系统)相互联系、相互作用构成的有机整体；系统是多级多层次的，任何系统对于构成它的要素来说，它是系统，而对更高一级的系统来说，它成为要素，所以对于不同的层次来说，系统要素是相对的，可以转化的；系统相对于构成它的各个要素来说具有新的特征。

景观资源系统主要由自然景观资源和人文景观资源两个子系统构成；这两个子系统分属不同的学科领域；自然景观资源主要表述的是自然界的空间景观特征，通常通过山川河流、湖泊大海及生物环境等自然界现象来体现，主要的学科要素由地质学、地理学、生物学、环境学等组成；人文景观资源主要反映了历史发展过程中，人类的聪明才智留给后人的各种历史遗存，通常由风景园林、建筑、工程、考古、历史、书画艺术等若干要素组成。在景观资源系统中，这两个子系统是要素，但它们本身又是由地质、地理或风景园林、考古等若干次一级要素构成的系统，且系统对于构成它们的各个要素来说都具有本质的特征。

在景观资源系统中，山地、岩石、河湖、海岸已不再是原来的地质学、地理学的地学名词，而成为具有美学特征和观赏价值的自然景观资源，如黄山奇峰、飞来石；同样，书院、古墓、遗址、古建筑等考古学、历史学研究的要素也成了供人们欣赏的人文景观资源。表3-8是风景名胜资源系统。

表3-8 风景名胜资源系统

<table>
<tr><td rowspan="9">景观资源</td><td rowspan="4">自然景观资源</td><td>地理地貌学</td><td>山岳
河溪
湖海
海岸、沙滩
瀑布、泉水
气象、气候
断层</td></tr>
<tr><td>地质学</td><td>岩石
火山
化石</td></tr>
<tr><td>环境科学</td><td>景区环境保护
景区环境污染治理</td></tr>
<tr><td>生物学</td><td>植物
动物</td></tr>
<tr><td rowspan="5">人文景观资源</td><td>考古学</td><td>文物
古迹</td></tr>
<tr><td>历史学</td><td>革命纪念地
历史遗迹</td></tr>
<tr><td>风景园林</td><td>园林绿化
园林建筑</td></tr>
<tr><td>书画艺术</td><td>书法、摩崖
壁画、雕塑
诗词</td></tr>
<tr><td>工　程</td><td>古代工程
现代工程</td></tr>
</table>

(资料来源:《风景资源学》, 2010)

3.4 风景资源评价方法

风景资源可以视为一种潜在风景，当它在一定赏景条件中，给人以景感享受才成为现实风景。景源评价就是寻觅、探察、领悟、赏析、判别、筛选、鉴定、研讨各类景源的潜力，并给予有效、可靠、简便、恰当的评估。因而，景源评价实质上从景源调查阶段即已开始，边调查、边筛选、边补充，景源评分与分级则是进入正式文字图表汇总处理阶段，综合价值评价结论则是最后概括提炼阶段。景源评价虽可以划分4个阶段，需按步骤逐渐深入，但又相互衔接，甚至相互穿插。目前，对风景资源的评价更趋向于一种定性概括与定量分析相结合的综合评价方法。因此，对风景名胜资源的评价，除了采用《风景名胜区总体规划标准》中的评价方法，目前还可以采用的方法有美学价值、科学价值、环境条件价值等多个方面的评价同时进行。

3.4.1 风景资源评价

3.4.1.1 评价单元

作为评价对象，风景名胜资源系统的构成是多层次的，每层次含有不同的景物成分和构景规律，不同层次、不同类别的景源之间，无法进行比较，为了达到等量比较的目的，将景源划分为结构、种类和形态3个层次，它们之间具有相应的内在联系(图3-1)。

风景资源评价单元应以景源现状分布图为基础，根据规划范围大小和景源规模、内容、结构及其游赏方式等特征，划分若干层次的评价单元，并做出等级评价。

从景源层次中可以看出，如果任选不同层次的景源放在一起评价，将会产生难以评说或令人啼笑皆非的效果。在省域、市域的风景区体系规划和总体规划阶段，通常在景源结构层选择评价对象。在省域、市域的风景区体系规划中，应对风景区域、风景区、景区做出等级评价，应对重要景点做出等级评价。在风景区总体规划中应对景点做出等级评价，可对景物做出等级评价，可根据景源内在联系对景群、景线做出等级评价，可根据需要进行名景评价。

名景一般是综合性景观，如各地的“八景”“十景”。名景也是一种概括性的提炼，它可依托于具体景点，如西湖的“苏堤春晓”；也可依托于整体景观环境，如峨眉山的“金顶祥光”。名景评价用于概括风景区突出的景源特色，可不进行等级评价。

在详细规划阶段，因规划范围大小不一，可在结构层、种类层和形态层中选择评价对象。需补充完善风景总体规划阶段的景源评价时，应对景点或景物作出等级评价。

在景点规划阶段，通常在种类层和形态层中选择评价对象。

例如：“桂林山水甲天下，桂林山水在漓江，漓江山水在兴坪”就包含着不同规划阶段，对桂林风景区域、漓江风景区、兴坪景区三层景源单元评价结果的一种概括性说法。再如：“泰山天下雄”“黄山天下奇”“华山天下险”“峨眉天下秀”“青城天下幽”等是对相同景源单元的景观特征的概括。又如：“天下第一山”“天下第一泉”等就是对某种景源种类的等级概括。这些都是程度不等地反映着对不同层次景源评价的概括性说法。

3.4.1.2 评价标准与指标

根据景源的层次划分，风景资源评价指标分为综合、项目和因子3个评价层次，不同层次的评价指标对应不同的评价客体(表3-9)，并应符合下列规定：

① 对风景区或部分较大景区进行评价时，宜选用综合评价层指标。

② 对景点或景群进行评价时，宜选用项目评价层指标。

③ 对景物进行评价时，宜在因子评价层指标中选择。

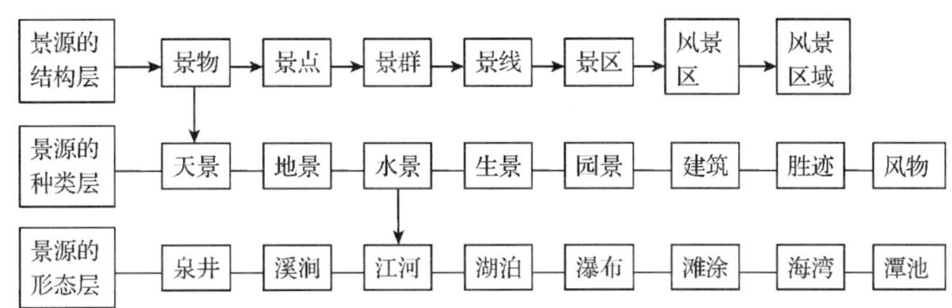

图3-1 景源层次(资料来源：《风景名胜区总体规划标准》，2018)

表3-9 风景资源评价指标层次

综合评价层	赋值	项目评价层	权重	因子评价层
1. 景源价值	60~70	(1)美学价值		①景感度②奇特度③完整度
		(2)科学价值		①科研值②科普值③科教值
		(3)文化价值		①年代值②知名度③人文值④特殊度
		(4)保健价值		①生理值②心理值③应用值
		(5)游憩价值		①功利性②舒适度③承受力
2. 环境水平	30~20	(1)生态特征		①种类值②结构值③功能值④贡献值
		(2)环境质量		①要素值②等级值③灾变率
		(3)保护状态		①整度②真实度③受威胁程度
		(4)监护管理		①监测机能②法规配套③机构设置
3. 利用条件	5	(1)交通通信		①便捷性②可靠性③效能
		(2)食宿接待		①能力②标准③规模
		(3)客源市场		①分布②结构③消费
		(4)运营管理		①职能体系②经济结构③居民社会
		(5)其他设施		①工程设施②环保设施③安全设施
4. 规模范围	5	(1)面积		
		(2)体量		
		(3)空间		
		(4)容量		

(资料来源：《风景名胜区总体规划标准》，2018)

作为评价标准，这是一个更为复杂的层次系统，内含庞杂的评价因素和评价指标，如果没有一定的层次和秩序以及相应的使用方法，是难以与景源系统层次相对类比的。在众多评价指标中，目前使用频率较高和引用较多的是综合评价层的4个指标与项目评价层的18个指标，因子评价层的40多个指标也常被部分选用。

在景源评价时，评价指标的具体选择及其权重取值，是依据评价对象的特征和评价目标的需求而决定的，故在规范中未给出具体权重。

在对风景区或景区评价时，经常使用综合评价层的4个指标，其中，景源价值当是首要指标。其重要度的量化值——权重系数必然会高。有时，仅有综合评价结果尚不足以表达出参评风景区或景区的特征及其差异，这就需要依据评价目标的需求，在景源价值、环境水平、利用条件、规模范围4个指标中选择其中某个项目评价层指标为补充评价指标。例如，为反映自然山水特征与差异时，可以选择欣赏价值；为强调文物胜迹特征与差异时，可以选择历史价值；为突出规模效益特征与差异时，可以补充容量指标等。

在对景点或景群评价时，经常在项目评价层的18个指标中选择使用。这时若仍用综合评价层的4个指标，就会显得过分概略或粗糙，虽有可能评出级差，但难以反映其特征，不利于评价结果的描述和表达。景点评价在风景区总体规划中应用最多，评价指标的选择及其权重分析的可行性方案也较多，重要的是针对评价目标来选择能反映其特征的相关要素指标。

在对景物评价时，经常在因子评价层的40多个指标中选择使用，由于评价目标和景物特征的差异较大，实际中选择和使用的指标相对于40多个而言仅占较少数量，因人、因物而异，灵活性也就较大。

3.4.1.3 景源分级

景源评价中所涉及的自然美虽然是客观存在的，而认识它的能力则是人类历史发展的结果，因而自然美的主观观念总是相对的，这就使得景源评价难以有一个绝对的衡量标准和尺度。所以景源评价标准只能是相对的并各有特点的。

综合考虑风景名胜资源的美学、科学及环境条件等因素，选择合适的评价指标并赋予权重，划分若干层次对景源进行分析评价，得出景源的分级。景源是相对固定的，但作为景源评价主体的人是千差万别的，景源评价难以有一个绝对的衡量标准和尺度，所以景源分级的标准只是相对的。景源等级划分的主要依据是景源价值和构景作用及其吸引力范围，据此，景源可以分为以下5个级别：

① 特级景源　应具有珍贵、独特、世界遗产价值和意义，有世界奇迹般的吸引力。

② 一级景源　应具有名贵、罕见、国家重点保护价值和国家代表性作用，在国内外著名和有国际吸引力。

③ 二级景源　应具有重要、特殊、省级重点保护价值和地方代表性作用，在省内外闻名和有省际吸引力。

④ 三级景源　应具有一定价值和游线辅助作用，有市县级保护价值和相关地区的吸引力。

⑤ 四级景源　应具有一般价值和构景作用，有本风景区或当地的吸引力。

3.4.1.4 风景资源评价结论

评价结论应由景源等级统计表、评价分析、特征概括三部分组成。景源等级统计表应表明景源单元名称、地点、规模、景观特征、评价指标分值，评价级别等。

评价分析应表明主要评价指标的特征或结果分析。

特征概括应表明风景资源的级别数量、类型特征及其综合特征。

景源评价分析是在景源评分与等级划分的基础上进行的结果性分析，既可以显示主要评价指标在评价中的作用与结果，显示景源的分项优势、劣势、潜力状态，也可以反向检验评价指标选择及其权重分析的准确度。在分析中如果发现有漏项或不符合实际的权重现象，应该随时调整、补充，甚至重新评分与分级。

景源特征概括是在景源的级别、数量、类型等排列的基础上，提取各类各级景源的个性特征，进而概括出整个风景区景源的若干项综合特征。这些特征是确定风景区定性、发展对策、规划布局的重要依据。

3.4.2 美学价值评价

风景名胜资源从美学角度讲，是以具有美观的典型自然景观为基础，渗透人文景观美的地域空间综合体。不仅是自然性与人文性的结合，同时在美学自然性中融入了大量的社会、思想、历史、生态的信息，从而造就了我国风景资源美学的特点，使这些美感能够世代相传，且具有长久不衰的生命力。风景资源的美学价值评价可以从形式美，以及由此派生的空间组合、动态变化所产生的时空效应和外形格式3个层次展开。

3.4.2.1 形式美的分析评价

形式美是风景名胜资源存在的必要条件，与其他资源类型相比，风景资源具有形式美是重要的区分条件，且形式美的特征是人们在资源评价中首先要掌握的资料。对形式美的分析评价主要凭借人的感官进行，包括景物的形象、结构、轮廓、线条、色彩、光效、音响、嗅味等基本要素。

(1) 形态美

人们感知的首要条件，是景观以某种形态存在。自然景观和人文景观的形态、数量、范围和某些特征，可以形成不同的美感，如方山、尖山、笔架山、象鼻山等都因形象独特而吸引人；以形态为基础，山有山体雄伟之美、山势秀丽之美，峡谷有幽深之美、平畴旷景之美等。

(2) 色彩美

色彩是物质的基本属性之一，不同的色彩给人不同的感受，最直观的是各种颜色通过人的视觉带给人在生理和心理上的感受。风景名胜资源的色彩是极其丰富的，主要反映在植物景观的四季变化、动物体色的绚丽斑斓、土壤岩石的斑驳陆离、湖光水色的七彩纯净等。色彩的变化、秩序和节律，正是赋予色彩美感以生命力洋溢的征兆。如九寨沟风景名胜区四季的色彩，在光效作用下绚丽多彩又具有秩序、节奏，更显迷人。

(3) 听觉美

音响效应在风景中也是十分重要的，人们通过听觉，可以获得自然界和社会环境中许多美妙的声音美，如潺潺的流水、婉转的鸟语、呼啸的山林、澎湃的松涛等。这些声音为人们创造了美的感受，激发人们向往自然、融入自然的热情，还促使人们将这些声音传递的规律巧妙地运用到景观规划设计中，如天坛的回音壁、普救寺的莺莺塔。

(4) 动态美

风景名胜资源随着景观环境季节的变化、观赏距离地点的变化、景观环境空间的变化等，而呈现出动态的美感，它是风景美的生气与活力所在。如黄山、庐山的“云海”，太湖、洞庭湖的烟波浩渺、渔帆竞渡，长江三峡的激流怒涛，黄果树瀑布的腾云烟雾，翱翔的燕雀、急驰的鹿群等，都给以人动态美的感受，同时还丰富了景观空间形象。朦胧美也是动态美的一种表现形式，但又有其自身的内涵。朦胧美景，景物若隐若现，模糊虚实，使人产生幽邃、神秘、玄妙之感，如苏轼“山色空蒙雨亦奇”的佳句描写的正是西湖的朦胧美。

(5) 嗅觉、味觉、触觉美

风景名胜资源能引起人们嗅觉、味觉和触觉方面美的感受，如山泉的甘甜、清洌，森林中渗透的清新的空气，秋季桂花的飘香等。

(6) 结构美

风景名胜资源还体现着一种构景要素自身内部构造的复杂性、多样性、和谐性和创造性，激发人们对结构美的欣赏与赞叹。这种结构美使事物各个部分联系紧密，相互衬托、对比，形成节奏与韵律美，并与自然美相融合。如植物的花、叶、干、根、枝以及动物的躯体与花纹在大自然中反映出的有序、均衡与和谐美。

(7) 功能美

风景名胜资源的各种构景要素是以实现某种功能为目的的，通过人工的组织与安排，在满足功能需要的基础上，为人们的审美提供了欣赏客体。如杭州西湖的三潭印月，在满足测定西湖水位标志的同时，为人们传达了美的信息；三岛和堤桥先满足了西湖清淤、泄洪与水上交通的功能，又与湖山形成宛若天成的美景。

风景名胜资源是由多种景观要素以一定的规律、顺序、层次相互复合拼接而形成的，其所表现出的形式美是多种景观美交叉作用的结果。在评价时，要注意多种景观美的形成条件、季节变化、色彩对比、个性特征和差异等，综合考虑、分析，再得出合理的结果。

3.4.2.2 时空效应的分析评价

风景名胜资源的构成要素在一定时间、空间组合条件下所反映出来的不同景观效应即时空效应。在不同的时间(有四季景色、昼景、夜景、晨景、暮景等)，不同的地点(有仰景、俯景、远景、近景及不同水平角度的位移景致)，不同气候(有晴、雨、阴、云、雪、雾)的情况下，同一景物能够产生出多种不同的景观效果。如大理的苍山，四季苍翠，由下而上形成了幼林草地带、松林栎林带、冷杉杂木带、高山草地带，具有层次分明的高山景观和变化有致的季相景观，呈现“一山有四季，十里不同天”的景象。人们可以花费较少的时间，欣赏到变化极多的山林绚丽的自然景色。景观的季相变化如春天的山樱花、夏天的杜鹃花、秋天的红叶、冬天的雪景都给人不同的美感。这些风景的动态与时间特征，反映了时空综合效应所具有的特殊魅力，所以具有较高的观赏价值。

3.4.2.3 外形的分析评价

风景名胜资源的形式美是在一定的空间位置和空间效应下所组成的形象结构，即资源的外形；是建立在对景物的形状、大小、距离、方位等一般知觉上的高一级的综合知觉和组合结构。不同的形式美，如形体、线条、色彩等在一定的空间位置和效应上塑造出不同的外形格式，从而形成了诸如山水风景的雄伟、奇特、险峻、开阔、秀丽、幽深等风格特征。如“泰山雄，峨眉秀”，就是指它们形式美所表现出的各自的外形格式。同样，安徽黄山、桂林山水、云南滇池等也都有其特有的外形格式和风格特征。即使同一类“秀”色，既有峨眉山的“雄秀”、黄山的“奇秀”、庐山的“清秀”、富春江的“锦秀”，又有雁荡山的“灵秀”、武夷山的“神秀”、西湖的“媚秀”、桂林山水的“明秀”，在分析评价中都需要仔细推敲和把握。

山水风景美学的评价非常注重空间环境的表现。不同大小、形式的空间环境有着不同的美感及意境效果，在评价时要做具体分析，如草原、大海是一种空旷的自然美，它会使人感到胸怀广阔；而峡谷溪涧又使人感到幽深、奇险，是一种小空间特有的自然美。

另外，还要对风景美蕴含的社会文化内涵进行分析评价，社会文化内涵是指具体物象所表现出来的人类文明程度。这种程度越丰富、越高，风景美的独特价值就越大。我国风景在历史发展过程中，深受古代哲学、宗教、文学、艺术的熏陶和影响，富有深厚的文化积淀，经过前人鉴赏、加工、艺术化的风景美，给观赏游览增加了丰富的内容、情趣和启迪。

3.4.2.4 美学价值评价

国内外的研究人员在与风景名胜资源美学价值密切相关的视觉、心理学等方面做了更为深入的研究，这些研究可以大致分为4个学派：专家学派(形式美学派和生态学派)、心理物理学派、认知学派和经验学派。

(1)专家学派

专家学派的指导思想认为，凡是符合形式美原则的风景都具有较高的风景质量。评价工作由少数训练有素的专业人员来完成。把风景名胜资源的景观要素分解为线条、形体、色彩和质地4个基本构成因子，以多样性、奇特性、统一性等形式美的标准来评价资源的美学质量。随着研究的深入，研究人员更强调生态学的原则也应作为评价美学质量的标准，所以，专家学派逐渐又划分为形式美学派和生态学派。专家学派抓住了风景资源美学价值的基础，显示出相当大的实用性，但主观判断的成分比较大。

(2)心理物理学派

心理物理学派的主要思想是把风景与风景审

美的关系理解为刺激—反应的关系，把心理物理学的信号检测方法应用到风景名胜资源评价中，通过测量公众对风景的审美态度，得到一个反映风景质量的量表，然后将该量表与各风景成分之间建立起数学关系。心理物理学派的风景评估模型基本上由4个部分构成：① 公众平均审美态度的主观测试；② 对景观要素的客观评定；③ 建立风景质量与风景的基本成分间的相关模型；④ 将建立的数学模型用于同类风景的质量评估。

(3)认知学派

认知学派把风景作为人的生存空间、认知空间来评价。强调风景在人的认识及情感反应上的意义，试图用人的进化过程及功能需要去解释人对风景的审美过程。该学派与上述两个学派的评价标准各有不同，其把风景名胜资源融入整个人类社会的发展，希望从整体上而不是从具体的各类构成风景的自然成分上分析风景的美学价值，去讨论特定的风景区域对人类的生存、进化的意义，并得出相应的评价结果。此评价方法对于一个具体风景区的资源来说，比较抽象和概括，对规划的指导作用相对要差一些。

(4)经验学派

经验学派强调人作为欣赏风景的主体，在判断风景名胜资源的美学价值中具有绝对的作用。它把风景审美完全看作是人的文学、美学、历史知识水平的体现，其研究方法一般是考证文学艺术家们关于风景审美的文学、艺术作品，考察名人的日记等来分析人与风景的相互作用及某种审美评判所产生的背景。同时，也通过心理测试、调查、访问等记述现代人对具体风景的感受和评价。但这种方法与心理物理学常用的方法不同，它不是简单地给风景评出优劣，而要详细地描述个人经历、体会以及关于风景的感受等，从而分析某些风景价值所产生的背景和环境。

以上学派的研究思想及其他评价方法的思路，各有优劣之处。与专家学派相比，心理物理学派和认知学派都在一定程度上肯定了人在风景审美评价中的主观作用，而经验学派则几乎把人的这种作用提到了绝对的高度，把人对风景审美评判看作是人的个性及其文化、历史背景、志向和情趣的表现。

3.4.3 科学价值评价

风景名胜资源是自然与人类文明相互作用、相互融合的产物，始终处在不断发展和进化的过程中。在风景资源美学价值的背后蕴藏着巨大的科学价值，风景资源所表现的美都是以丰富的科学价值为基础的。通过对风景资源科学价值的分析评价，人们可以探索大量的自然、历史之谜，研究地球与人类自身的进化过程和预知未来的发展方向。

3.4.3.1 科学价值评价的内容

对风景名胜资源所具有的科学价值的评价，主要从资源的3个方面进行分析，即定位、定性和定量分析，简称"三定"式分析，这些分析与判断使风景资源的科学价值从不同的角度与层次得到具体的反映与确定。

"定位"是指评价景观在风景名胜区中的位置以及与周围环境之间的关系，如杭州西湖中的三个岛，是什么年代、因什么事情形成的，苏堤、白堤上各式各样桥的位置、形态和功能是什么等，都需要评价者全面掌握特定景观所具有的知识来分析和判断。

"定性"是指对景观本质属性的鉴定，如对景观资源形成年代、其所反映出人类社会与自然生态系统之间发生的相关变化等进行分析与确定，如湖北十堰、四川峨眉山、云南昆明都有金殿，但其所用的建筑材料、结构、年代、地域等都是不同的。

"定量"是指对景观的体量、数量、面积、流量、含量等数据加以统计，是对一个风景名胜区内的珍稀动植物的种类、数量、级别，文物古迹的面积、年代、保存程度等进行归类整理统计。具体对应某一类景源进行详细的评价，如对山岳的评价，内容应包括坡度、绝对高度、相对高度、山体的轮廓、山体的脉络状况、山顶平底的大小、植被状况及与其他景观的组合等；对溶洞的评价，内容应包括长度、层次和结构、化学堆积物的类型和景观特征、是否有水、水景的类型、质地稳定性和通风条件等；对瀑布的评价，内容应包括流量、高度(落差)、宽度、跌落的级数、与其他景观的组合状况等。

3.4.3.2 科学价值评价的指标分析

（1）多样性

多样性包括物种、地质地貌、历史年代以及生境气候的多样性等，构成风景名胜资源外在美的多样性是由景观内在构成的多样性所决定。各种多样性的形成与发展不是独立的，其与其存在环境中的各种生态因子相互作用、相互影响，从而形成了相对稳定的生态网络系统。所以，多样性是评价风景名胜区内景观丰富程度的重要指标，是对风景资源内在科学价值分析评价的重要依据。

（2）稀有性

稀有性是指风景名胜资源在空间分布上受到自然与人文条件的制约，在景观质量与数量等方面表现较为罕见。稀有性是一个相对而言的概念，它的存在为各类科学研究提供了丰富和真实的素材和数据。

（3）代表性

代表性是度量风景名胜区的社会与自然生态状况，能在多大程度上反映风景区所处地理区域的社会与自然生态状况的一项指标。人类社会发展的历史是人与自然相互作用、融合的历史，风景区是人与自然、历史与现代相联系的契合点，每种景观都能折射出一定的社会与自然现象，在一定程度上反映出人类社会与自然生态系统所处不同阶段的演进与更迭。

（4）脆弱性

脆弱性反映了物种、群落、生境、生态系统及景观等对环境变化的内在敏感程度，是一种复杂的自然属性。风景名胜资源的脆弱性一方面来自自然界内部；另一方面来自人类的威胁。人类围绕风景资源所开展的旅游及其他利用资源的活动，与资源脆弱性指标有着密切联系；对资源脆弱性指标的分析是科学计算资源承载能力与环境容量的依据，对有效保护和合理利用资源都十分重要。

对风景名胜资源的科学价值分析主要集中在上述4个方面，需要各个学科的专业人员从各自专业角度出发，对资源的科学价值进行分析、比较和研究，甚至还涉及各种风景资源在科技史上所具有的研究价值。科学价值的体现必须建立在调查全面和数据准确的基础上。随着科学技术的进步，人类认识与评价风景资源所具有的科学价值的水平也在不断提高，科学价值的评价结果完全可以做到理性与科学性相结合。

3.4.4 环境条件评价

风景名胜资源的美学价值和科学价值评价主要是针对资源本身的形状大小、颜色、结构、数量、分布等自身特征的评价，环境条件评价主要是针对资源的存在条件，所处地理、历史文化和区域社会经济条件等外部环境条件的评价。

3.4.4.1 资源存在条件评价

风景名胜资源存在条件包括资源种类要素、规模度、组合条件和集聚度。

（1）资源种类

资源种类要素主要指组成区域资源要素种类的多少。一个地区风景名胜资源的吸引力除取决于自身价值特征外，还取决于资源拥有的种类数量及丰富程度。

（2）资源规模度

资源的规模度指景观景物本身所具有的规模、大小、体量或尺度。不论自然或人文景观资源，一般均可用长、宽、高这“三维”尺度及由此引申的度量指标进行衡量和评定。如中国万里长城以长度盖冠全球，秦皇陵兵马俑以恢宏庞大之地下军阵而夺魁世界，珠穆朗玛峰以海拔高度而雄称世界之巅。对资源规模度的评价，就是要寻找和揭示资源外在和内在的规模标量。

（3）资源组合条件

资源的组合条件指资源要素组合的质量，包括单个景点的多要素组合形态，以及更大范围风景名胜区资源种类的配合状况，由此形成了该景点、景区、风景区或旅游区的群体价值特征。如黄山的松、石、云、泉，漓江的山、水、洞、石这“四绝”，以及泰山的山、树、古建、历史文化，都融汇了各自特有的景象要素，形成了特色各异的资源组合形态和风貌。在评价时，应分别评比各景区、景点的资源组合状况，与整个风景区的要素组合状况进行全面比较，得出准确的结论。

(4)资源集聚度

资源集聚度是指风景名胜区内，可供观赏游览和旅游活动的景点、景物空间分布的集中、离散程度。景点集中则风景区的整体游览欣赏质量、水平、吸引力就高，景区和游览线路及游览时间的组织也就良好合理，交通、管网设施建设布置也就经济节约。一些资源分布区内，虽然有单个景观良好的景点或景物，但由于区域分散，景点分布不集中，致使开发价值骤减，即便开发，也难以形成网络和景区，也不会产生良好的社会经济效益。

3.4.4.2 地理环境条件评价

风景名胜资源的地理环境条件包括气候条件、植被条件和环境的安全性。

(1)气候条件

气候条件主要是对自然气候的评价，包括气温、日照、降水、湿度、风等要素。气候的舒适性是上述因素综合影响下人体的生理感应，是风景区开发和利用价值的重要标志，也是环境氛围数值评价的重要内容。对气候条件的评价，要综合考虑日照、降水、季节分配等多种因素，并进行地域间的对比，判定其优劣，突出对优势气候条件和因素的分析。

(2)植被条件

植被条件即景点周围不同植被种类对地面的覆盖情况。如景点周围植被覆盖的多，绿树成荫，则环境效果好，能给游人以舒适的感受。从生态角度来说，评价植被条件主要是植被立地条件和植被覆盖率两个方面。

(3)安全性

环境的安全性，首先是周围地质、地貌的稳定性，如风景区内有无活火山、地震、滑坡、岩崩、雪崩、泥石流、冰川活动等现象，及其出现的频率、危害程度和时空分布；其次是灾害性自然天气情况，主要是给旅游活动带来灾害和不安全因素的自然及天气情况，如暴风雨、台风、海啸、狂涛、云雾、沙暴以及酷暑、骤寒等，它们出现的季节、天数、频率和影响程度；再次是危害性动物、植物情况，主要是对旅游者造成生命威胁，并妨碍旅游活动正常开展的有害动植物，如食肉野兽、有毒动植物等，它们的存在和活动状况；最后是卫生健康标准，该标准应从疾病地理、环境医学的角度，对影响旅游者健康、旅游地开发的生态要素，水、土、气等环境介质进行全面的分析与评定。环境的安全性直接危及风景环境的质量，对其所在景区、景点的开发利用有直接的影响。

3.4.4.3 历史文化价值评价

历史文化价值是景观价值特征的一种重要方面，是非纯观赏性的一种价值表现，评价结果具有客观性和科学性。它主要反映景观景物的历史考古价值、文化艺术继承价值和科学研究价值3个方面。这些价值在许多人文景观和自然景观中都存在，并具有特殊的意义。

(1)历史考古价值

历史考古价值包括各种文化历史遗迹(包括革命历史文化)的历史年代、史迹内容、代表人物、意义地位、社会影响以及在当今考古、历史研究中的价值。历史遗迹、文物古迹越古老、越稀少，越有代表性，其历史和考古价值也就越高，如我国北京周口店猿人遗址和头盖骨、西安秦皇陵兵马俑、武昌辛亥革命军政府旧址等。

(2)文化艺术继承价值

文化艺术继承价值包括各种建筑、遗迹、纪念地和民族传统习俗，在文化艺术上的继承与发展，以及由此反映达到的成就与水平。此外，作为自然风景美、人文美的一种补充的优秀神话传说、民间故事、诗歌美术，若能使景物文化内涵更加丰厚充实，则其文化艺术价值也就越高。

(3)科学研究价值

科学研究价值主要包括自然和人文景物在形成建造、分类区别、结构构造、工艺生产等方面广泛蕴含的科学内容及科技史上所具有的各种研究价值。如自然景观中所存在的岩溶、火山、冰川等地貌形态，以及各种特殊的地质、气候、生景等，均包含广泛的自然科学知识和研究价值；人文景观中的各类文物古迹、工程建筑、园林艺术等，也蕴含着丰富的物理、化学、工程、环境等科学知识，它们至今在科学技术上仍具有重要的借鉴价值。

3.4.4.4 区域社会经济条件评价

区域社会经济条件包括区域总体发展水平、开放开发意识与社会承受能力、区域城镇依托及人口劳动力条件、基础设施条件、旅游物产和物资供应条件，以及资金条件。

(1)区域总体发展水平

区域总体发展水平是一个地区社会经济的发展程度和总体水平，包括地区总体和人均国民收入、国民经济及工农业总产值、第三产业发展水平。区域总体发展水平决定了居民的出游水平和区内资源开发影响力。地方性风景名胜资源的开发更加依赖本地区自身的实力。应当对资源开发的整体社会经济环境，开发需求与可能、开发投入和方式做出科学的判断。

(2)开放开发意识与社会承受能力

一个地区的改革开放程度和公民的开发意识是风景名胜区开发的必要前提。其极大地影响着资源开发利用的需求、速度和总体规模，并以社会的承受力大小表现出来。社会承受力因各种因素而变化，反映了一定时期内社会开放程度与地方传统排他性和容纳吸收性的交接。大量游客的引入会带来异质文化思想和观念，引起与地方传统思想文化的交流和碰撞，开发风景区时必须考虑这种传统与变革的转换，审时度势、适时合理地确定开发时机和强度。特别是在一些边远少数民族地区，或较为闭塞的经济落后地区，尤其要注意这一点，并进行这方面的深入调查与分析，选择适当的开发时机，开展合理的风景项目内容以及有关政策调适和社会配套工作。

(3)区域城镇依托及人口劳动力条件

区域内城镇居民点数量、规模和发展水平，与风景名胜资源开发利用的关系极大。强大的中心城镇是旅游业及风景区发展的重要依托。各级城镇居民点是旅游基地、服务中心设施布置的凭借。区域人口、劳动力数量、质量及其产业构成和转化，是发展旅游及风景区的第三产业基础条件。必须深入调查了解并做出科学评价，包括区域城镇发展水平、城镇分布与服务设施水平、人口和劳动力的分配与转化等。

(4)基础设施条件

基础设施条件包括交通、水、电、能源、通信等条件。

(5)旅游物产和物资供应条件

旅游物产和物资供应条件包括基本物资，特色旅游商品、土特产的生产、供应情况。基本物资主要是游览者所需要的农副产品，如粮食、禽蛋、水产、水果、蔬菜以及建材等基本生产、生活资料的种类、产量、自给程度、外销率、供应潜力等。一般来说，游览者对地区的特色产品很感兴趣。当地有吸引力的农副土特产品或旅游工艺产品，对资源开发尤为有利。

(6)资金条件

资金条件是风景名胜资源开发建设的直接要素，它既包含有区域社会经济实力等综合方面，又有它自身的特点和意义。在衡量开发利用可行性时，重要的是分析上述这些综合因素转化为现实财政因素的可能性与资金的到位情况。开发建设资金的来源与渠道十分广泛，除了国家投入、地方财政拨款以外，引进外资、调动和发挥各个部门、企业、集体和民众的积极性也很重要。

3.4.4.5 环境影响评价

环境影响是为了分析、预测和评估风景区总体规划对生态与景观环境的影响，对不良环境影响采取相应对策和措施。风景区总体规划环境影响评价应当包括下列内容：

(1)内容

规划实施对环境可能造成影响的分析、预测和评估。主要包括资源环境承载能力分析、不良环境影响的分析和预测以及与相关规划的环境协调性分析。

预防或者减轻不良环境影响的对策和措施。

主要包括预防或者减轻不良环境影响的政策、管理或者技术等措施。

(2)环境质量控制措施

风景区总体规划应分别提出各项环境污染的控制措施，应控制和降低各项污染程度，其环境质量标准应符合下列规定：

①大气环境质量应符合现行国家标准《环境空气质量标准》(GB 3095—2012)规定的一级标准。

②地表水环境质量应按现行国家标准《地表水环境质量标准》(GB 3838—2002)规定的I类标准执行，游泳用水应执行现行国家标准《游泳场所卫生标准》(GB 9667—1996)规定的标准，海水浴场水质不应低于现行国家标准《海水水质标准》(GB 3097—1997)规定的第二类海水水质标准，生活饮用水应符合现行国家标准《生活饮用水卫生标准》(GB 5749—2022)的规定。

③风景区室外允许噪声级应优于现行国家标准《声环境质量标准》(GB 3096—2008)规定的0类声环境功能区标准。

④辐射防护应符合现行国家标准《电离辐射防护与辐射源安全基本标准》(GB 18871—2002)的规定。

3.4.5 其他评价方法

3.4.5.1 打分法

在查清风景名胜资源的基础上，对景点进行筛选，按照风景资源价值、环境水平、旅游条件和规模设计等计算分值，其中每一项目都可再细分打分内容，以每一景点得分多少排序，得出评价结果。若采用此方法，应对风景资源进行分类，选择适宜的评价单元，建立科学的评价体系，对每个评价的项目赋予权重，进行单项及总分值的计算。

3.4.5.2 特尔菲法

特尔菲法又称专家调查法，是20世纪50年代初由美国兰德公司创立的。它通过书面形式广泛征询专家意见，经过几轮征询使专家意见趋于一致，以预测某项专题或某个项目未来的发展。这种方法第一步要提出评价体系和要求；第二步选出对本风景名胜区较了解，有一定专业水平的专家；第三步确定专家名额，一般以40~50人为宜，专家匿名发表意见，进行多次反馈和统计汇总。

3.4.5.3 数学分析法

数学分析法有层次分析法和模糊数学法。层次分析法比较适合于具有分层交错评价指标的目标系统，且目标值又难于定量描述的决策问题。模糊数学法主要用于研究现实世界中许多界限不分明甚至是很模糊的问题。

3.4.5.4 SWOT分析

SWOT分析是基于内外部竞争环境和竞争条件下的态势分析，将与研究对象密切相关的各种主要内部优势、劣势和外部的机会和威胁等，通过调查列举出来，并依照矩阵形式排列，然后用系统分析的思想，把各种因素相互匹配起来加以分析，从中得出一系列相应的结论，而结论通常带有一定的决策性。

在风景名胜资源评价中，SWOT分析是在资源调查和分析评价的基础上，对风景区开发建设的优势(strengths)、劣势(weaknesses)、机会(opportunities)、风险(threats)进行总体的综合分析评价。运用这种方法，可以对风景资源及其所处的环境进行全面、系统、准确的研究，从而根据研究结果制定相应的发展战略、规划以及管理对策等。

3.5 风景区性质的确定

风景名胜区性质的界定及规划包括对整个风景名胜区的定位、发展方向的把握、整体目标的制定等多方面的内容，所以确定风景区性质是规划纲要阶段最为重要且具有原则性的问题。

风景名胜区的性质，依据风景名胜区的典型景观特征、游览欣赏特点、资源类型、区位因素以及发展对策与功能选择来确定。依据《风景名胜区规划规范》的要求，风景名胜区的性质界定必须明确表达出风景特征、主要功能、风景区级别三方面内容，并要求定性用词突出重点、准确精练。

为了表达出风景的景观特征，不仅需要从景源评价结论中提取，还要考虑景观和景源同其他资源间的关系，要参照现状分析中关于风景区发展优势和区位因素的论证。景观的典型性特征常分成若干个层次表达，最精练的一层仅用一句或若干词组来表达。

为了表达风景区的功能和级别特征，还涉及风景区发展的社会经济技术条件，及其在相关范围、相关领域的战略地位，结合风景区的发展动力、发展对策和规划指导思想，拟定风景区的级别定位和功能选择。

风景区的主要功能则常从游憩娱乐、审美与欣赏、认识求知、休养保健、启迪寓教、保存保护培育、物质生产与旅游经济 7 个方面演绎出本风景区的具体功能形式。

关于风景区的级别，已正式列入级别名单者其级别已肯定，而当规划者认定其有新意义者，也常称谓具有“某级”意义的“原级”风景区。对于尚未定级的风景区，规划者常称谓具有国家意义，或省级意义的风景区。

当表述风景区性质的争议论点较多时，可辅以重要观点的分项论述，并列于后。

下面是几个风景区的性质：

① 泰山风景名胜区　为五岳之首，景观雄伟，历史悠久，文化丰富，形象崇高，是中华民族历史上精神文化的缩影，是国家级风景区，是具有重大科学、美学和历史文化价值的世界遗产。

② 青岛崂山风景名胜区　以“青岛崂山风景区域”为组成部分，山海奇观和历史名山为风景特征，可供欣赏游览、度假康复，以及开展部分科学文化活动的国家级风景区。

③ 承德避暑山庄外八庙风景名胜区　以我国现存最大的国家名园和大型寺庙古建筑群为主体，并兼有我国北方典型的丹霞地貌为其风景特征，以欣赏、游览观光为主要旅游内容，同时也是开展清代历史文化研究的地质地貌、科技等活动的国家级风景名胜区。

④ 镜泊湖风景名胜区　以湖光山色为主的火山堰塞湖旅游风景区，兼有火山口森林、地下熔岩隧道等奇观，又有文物古迹等人文景观，可供游览、避暑、科学研究等活动的国家级风景区。

⑤ 武汉东湖风景名胜区　以自然风光特别是水景为主题，以多种休息娱乐和旅游活动为内容，在民族风格上突出体现楚文化及地方特色，是具有现代精神的国家级风景区。

3.6 风景区发展目标

3.6.1 确定目标的原则

风景名胜区的发展目标，应依据风景名胜区的性质和社会需求，提出适合本风景名胜区的自我健全目标和社会作用目标两方面的内容，并应遵循以下原则：

① 贯彻科学规划严格保护、统一管理、永续利用的基本原则。

② 充分考虑历史、当代、未来 3 个阶段的关系，科学预测风景区发展的各种需求。

③ 因地制宜地处理人与自然的和谐关系。

④ 使资源保护和综合利用、功能安排和项目配置、人口规模和建设标准等各项目标与国家与地区的社会经济技术发展水平、趋势及步调相适应。

3.6.2 目标类型

风景名胜区规划的核心是如何调控资源保护与利用关系的问题，所以，风景名胜区发展目标的确定需要在对整个资源保护与利用体系进行深入调查与分析的基础上，从风景名胜区自身性基本目标和社会性基本目标两个方面提出相应的目标。

自身性基本目标是将风景名胜区作为单独的系统来考虑内部各子系统、各要素之间的协调关系。内部系统目标可以归纳为以下几个方面：

风景区发展的自身性基本目标可以归纳为三点：

① 是融汇审美与生态，文化与科技价值于一体的风景地域。

② 是具备与其功能相适应的旅游服务设施和时代活力的社会单元。

③ 是独具风景区特征并能支持其自我生存或发展的经济实体。

风景、社会、经济三者协调发展，并能满足

人们精神文化需要和适应社会持续进步的要求。

社会性基本目标是将整个风景名胜区融入更大范围的系统中，来寻求风景名胜区系统与外部各系统之间关系的协调发展，外部系统目标可归纳为以下几个方面：

风景区发展的社会性基本目标也可以归纳为三点：

① 是保护培育国土，树立国家和地区形象的典型作用。

② 是展示自然人文遗产，提供游憩风景胜地，促进人与自然共生共荣和协调发展的启迪作用。

③ 是促进旅游发展，振兴地方经济的先导作用。

两个目标之间有着相互依存、内外联通的关系，也就是说内部系统的发展是外部系统的基础，同时外部系统的发展又直接影响着内部系统的发展，所以在风景名胜区发展目标制定的过程中，二者不可偏废，需要用系统方法来整合资源、合理开发，以达到风景名胜区环境、社会、经济效益协调发展的整体目标；同时，利用发展目标来整合资源、推动规划、检验规划，使规划更具有针对性、科学性和可行性。

发展目标确定的形式，按照不同的标准可以分为不同的类型，比如按照发展目标内容的深度，可以分为总目标和分项目标，同时也可以按照发展目标时序上的安排，来确定近期、中期和远期的发展目标。

3.6.3　规划案例

3.6.3.1　武汉东湖风景名胜区总体规划(2011—2020 年)

(1) 规划与管理总目标

打造成具有国际影响力的生态风景名胜区和城中自然湖泊型旅游胜地，国家湿地生态系统保护、恢复、建设的重要示范基地和浓郁的楚文化特色游览胜地，强化水主题，突出东湖水域特色，创造生态东湖、文化东湖、欢乐东湖的新形象。

(2) 资源及环境保护目标

① 对东湖风景名胜区独特的森林及湿地系统进行全面保护。

② 对东湖风景名胜区的文化资源进行全面而有效地保护和展示。

③ 严格保护东湖风景名胜区现有的野生动植物资源。

④ 加快风景名胜区内违规违章建设治理整顿。

⑤ 根据景区结构、游览方式和游客量分布，调整风景名胜区的交通组织系统。

⑥ 严格控制风景名胜区人口规模，建立适合东湖风景名胜区特点的居民点体系。

⑦ 减少并逐步消除不适宜的商业活动对风景名胜区整体游赏环境的影响和破坏。

⑧ 协调风景名胜区与周边地区社会经济发展、生态环境保护的关系。

⑨ 创建国内一流的旅游环境，成为资源节约型、环境友好型风景名胜区的典范。

(3) 旅游发展目标

① 经济指标　游客接待总量持续增长，旅游收入大幅增加。

② 社会目标　充分发挥旅游业的经济社会统筹作用，扩大就业，实现风景区内旅游设施的内外共享，造福于民。

③ 文化目标　保护东湖地区的非物质文化遗产，进一步挖掘东湖文化旅游资源，形成和强化东湖的特色文化。

④ 产业目标　建立合理、高效、先进的旅游产业要素体系，形成比较完备的“食、住、行、游、购、娱”旅游产业链。

3.6.3.2　峨眉山风景名胜区总体规划的规划目标

(1) 总体发展目标

依法管理，保护和利用协调，环境、社会、经济持续发展的国际知名风景胜地。

(2) 近期发展目标

加强资源保护和基础设施建设，整治景区脏乱现象，恢复和增强景区特色，加强文物和自然景观的保护、发掘，培育风景旅游业作为风景区支柱产业。

(3) 远期发展目标

以世界遗产资源的保护为核心制定风景区管

理办法，作为协调风景区社会、经济和环境综合发展的依据。依法建立完善的风景保护体系；形成生态、观光、宗教、文化、探险和度假多类型深层次的风景展示体系；建立满足现代游人需求的服务体系；建立景区社会经济、人口与自然环境协调发展的动态平衡体系。

3.7 风景区分区规划

3.7.1 分区原则

风景区的规划分区，是为了使众多的规划对象有适当的区划关系，以便针对规划对象的属性和特征分区，进行合理的规划和设计，实施恰当的建设强度和管理制度，既有利于展现和突出规划对象的分区特点，也有利于加强风景区的整体特征。风景名胜区依据规划对象的属性、特征及其存在风景进行合理的区划。

规划分区应突出各分区的特点，控制各分区的规模，并提出相应的规划措施；还应解决各个分区间的分隔、过渡与联络关系；应维护原有的自然单元、人文单元、线状单元的相对完整性。

规划分区的大小、粗细、特点是随着规划深度而变化的。规划越深则分区越精细，分区规模越小，各分区的特点也越显简洁或单一，各分区之间的分隔、过渡、联络等关系的处理也趋向精细或丰富。

风景区应依据规划对象的属性、特征及其存在环境进行合理区划，并应遵循以下原则：

① 同一区内的规划对象的特性及其存在环境应基本一致。如张家界风景区的黄石寨景区，四周多是悬崖绝壁，景区内各景点也都是高耸直立、直插云天、形状各异的石峰，而和黄石寨景区相伴的腰子寨景区的四面开阔、花海奇树及金鞭溪景区的曲折蜿蜒、流水潺潺，两处景区形成鲜明的对照。由于景点景物特点不同，因而划分为不同的景区。

② 同一区内的规划原则、措施及其成效特点应基本一致。如陕西太白风景区九九峡景区是一条长9km的深沟峡谷，重峦叠嶂、奇峰对峙、飞瀑深潭，而与它相邻的开天关景区，地域开阔，松栎荫郁、藤蔓遍布的栎林风光，由于它们保护、利用开发的方向不同，所以分为两个不同的景区。

③ 规划分区应尽量保持原有的自然、人文、现状等单元界限的完整性。

3.7.2 分区体系

风景名胜区规划分区，是为了使众多的规划对象具有适当的区划关系，以便针对规划对象的属性和特征要求，采取不同的规划对策，控制适当的资源保护与利用水平，既有利于展现和突出规划对象的典型特征，又有利于风景名胜区的整体发展。风景名胜区的规划分区根据不同的主导因子及划分目的，主要可以分为景区划分、功能区划分及保护区划分3种形式。这3种形式都具有不同的侧重，在各具意义和目的的众多规划分区中，当需调节控制功能特征时，应进行功能区划分；当需组织景观和游赏特征时，应进行景区划分；当需确定保护培育特征时，应进行保护区划分；在大型或复杂的风景区中，可以几种方法协调并用。

3.7.2.1 景区划分

景区是根据景源类型、景观特征或游赏需求而划分的一定用地范围，它包括较多的景物和景点或若干景群，景区的划分是根据风景名胜资源特征的相对一致性、游赏活动的连续性、开发建设的秩序性等原则来划分的，带有明显的空间地域性。划分景区有利于游赏线路的合理组织、游览容量的科学调控、游览系统的分期建设、典型景观的整体塑造。

3.7.2.2 功能区划分

所谓功能，是指系统与外部环境相互联系和作用过程的秩序和功能。功能区是根据重要功能发展需求而划分的一定用地范围，并形成独立的功能分区特征。功能区划分主要从完善风景名胜区的各项功能出发，统筹整合区内各类用地类型，通过对用地功能的强化来调控资源、游赏、社会、经济各子系统之间的关系，使风景名胜区的环境效益、社会效益、经济效益达到协调统一。随着当前风景名胜区日益突出的“城市化、人工化、商业化”问题，功能区划分对于风景名胜资源的永续利用与合理开发工作显得更为重要与迫切。

3.7.2.3 保护区划分

随着风景名胜资源保护工作力度的不断加强，以强化资源保护与培育为目标的分区方式——保护区划分应运而生。保护区划分主要是根据保护各类景观资源的重要性、脆弱性、完整性、真实性等基本原则，划定相应的生态保护区、自然景观保护区、史迹保护区等区域，并对相应的保护区制定严格的保护与培育措施，使资源的保护在空间上有明确的限定性，为资源的保护提供可靠的地域划分界线。另外，在《关于做好国家重点风景名胜区核心景区划定与保护工作的通知》中强调指出，风景名胜区的核心景区是指风景名胜区范围内自然景物、人文景物最集中的、最具观赏价值、最需要严格保护的区域。而核心景区的划定是建立在保护区划分的基础之上的。

3.7.3 功能分区

功能分区规划应包括：明确具体对象与功能特性，划定功能区范围，确定管理原则和措施。功能分区应划分为特别保存区、风景游览区、风景恢复区、发展控制区、旅游服务区等。

3.7.3.1 风景游览区

这是风景区的主要组成部分。风景游览区是指风景区内的景物、景点、景群、景区等风景游览对象集中的地区，是主要开展游览欣赏活动的区域，也是开展必要的景观建设的区域。是游人的主要活动场所。为了便于游人休息，可布置一些小型的休息和服务型建筑，如亭、廊、台、榭等。游览区又可依据其风景特色不同而划分成几个景区。

① 以眺望为主的游览区　如安徽黄山的天都峰、玉屏楼、莲花峰、光明顶，在这些峰顶可远眺，也可鸟瞰；既可观日出，又可赏日落、晚霞。登上山东泰山的观日峰极顶，东眺可观东海日出，极为绝妙。太白公园的七女峰可远眺太白积雪，又可鸟瞰群峰。

② 以峰峦岩石景观为主的游览区　如黄山的飞来石、杭州西山的飞来峰、广西桂林的独秀峰、张家界森林公园的山峰等，奇峰异峦、怪石嶙峋、景观独特、千变万化，游人可大饱眼福。

③ 以水景为主体的游览区　如杭州的西湖，苏州、无锡的太湖，浙江的千岛湖，江西的鄱阳湖，黄河的壶口瀑布，贵州的黄果树瀑布，浙江钱塘江海潮，河北的北戴河，山东青岛的江泉海滨等，以及分布在风景区、森林公园和自然保护区内的潭、泉、湖、瀑，都是极为美妙的水景，既观其形，又闻其声，为风景区最佳游览区之一。

④ 以溶洞、岩洞为主的游览区　如广西桂林的溶洞群，安徽皖南的溶洞群，贵州黔西、黔西北的溶洞群，湖南湘西的溶洞群，浙江西北部的溶洞，辽宁本溪的水洞资源等都是分布在森林茂美、风景秀丽的山林旷野之中，具有最佳的游览价值。

⑤ 以森林、植被景观为主的游览区　如北京西山的红叶，长白山的原始森林，云南西双版纳的热带季风雨林，是游人探索森林的奥秘和观赏森林植物群体美的美好境地。以植物题材为主的景区，要形成自己的特色，这受自然地理条件和历史原因的影响。如北京香山和长沙岳麓山的红叶，由于黄栌和枫香的树姿叶色不同，而有不同的效果。杭州满觉陇的桂花、庐山的桃花，更有色香之异。

⑥ 以自然特别景观为主的游览区　如黄山的云海，峨眉山的宝光，钱塘江的潮水，新疆的天池，长白山的高山湖，漠河的北极光，山东的海市蜃楼等景观，有的多年一现，是以独特的自然景观为主的游览区。

⑦ 以文物古迹、寺庙园林为主的游览区　如四川乐山大佛，安徽琅琊山的醉翁亭，楼观台的老子说经台，成都的杜甫草堂，四川峨眉山的报国寺，庐山的东林寺，嵩山的少林寺，山西的五台山，安徽九华山寺院建筑群，浙江天台的国清寺，以及各地的摩崖石刻、碑记、壁画、古建筑群关隘、古驿道、古战场等。

3.7.3.2 风景恢复区

风景区内需要重点恢复、修复、培育、抚育的对象与地区，应划出一定的范围与空间作为风景恢复区。风景恢复区是具有当代特征和中国特色的规划分区，现状景观较少但生态环境较好的区域应划入风景恢复区，它具有较多的恢复、修复、培育功能与特点，体现了资源的数量有限性和潜力无限性的双重特点，是协调人与自然关系的有效方法。

3.7.3.3 特别保存区

风景区内景观和生态价值突出，需要重点保护、涵养、维护的对象与地区，应划出一定的范围与空间作为特别保存区。功能区中特别保存区是应避免人为干扰的区域，可纳入生态红线。

3.7.3.4 发展控制区

乡村和城镇建设集中分布的地区，宜划出一定的范围与空间作为发展控制区。发展控制区主要包括法定城乡规划划定的城镇开发范围边界和乡村集中建设区域。

3.7.3.5 旅游服务区

旅游服务设施集中的地区，宜划出一定的范围与空间作为旅游服务区。旅游服务区是指旅游服务设施集中的区域，可不含分散设置、设施较少的服务部；旅游服务区以满足规划期内风景区旅游发展需求为主，不得将“旅游地产”等作为旅游设施纳入旅游服务区；旅游服务区可结合城、镇、村设置，也可单独设置。

3.8 风景区总体规划结构与布局

风景名胜区的规划结构是为了把众多的规划对象组织在科学的结构规律或模型关系之中，以便针对规划对象的性能和作用结构，进行合理的规划和配置，实施结构内部各要素的本质性关联、调节和控制，使其有利于规划对象在一定的结构整体中发挥应有的作用，也有利于满足规划目标对其结构整体的功能要求。

3.8.1 规划结构

规划结构方案的形成可以概括为3个阶段：首先要界定规划内容组成及其相互关系，提出若干结构模式，然后利用相关信息资源对其进行分析比较，预测并选择规划结构，进而以发展趋势与结构变化对其反复检验和调整，并确定规划结构方案。

具体到风景名胜区空间布局结构，第一阶段是要全面深入地研究风景名胜区现状资源的类型、数量、质量和分布，在风景名胜区现状资源评价与分析的基础上，提炼出风景名胜区现存的系统结构；第二阶段是要对现存的风景名胜区结构进行纵向的、历史的动态研究，依据风景名胜区的性质以及对风景名胜区未来发展的预测，构思多个风景名胜区规划结构；第三阶段是在多个风景名胜区规划结构方案中进行分析比较，筛选决策，优化整合，并最终确定风景名胜区规划结构方案。可见，对现状规律的总结与未来发展的预测是规划结构确定的核心内容。所以，风景名胜区应依据规划目标和规划对象的性能、作用及其构成规律来组织整体规划结构或模型。

3.8.1.1 规划结构遵循的原则

① 规划内容和项目配置应符合当地的环境承载能力、经济发展状况和社会道德规范，并能促进风景区的自我生存和有序发展。

② 有效调节控制点、线、面等结构要素的配置关系。

③ 解决节点(枢纽或生长点)、轴线(走廊或通道)、片区(网眼)之间的本质联系和约束条件。

3.8.1.2 职能结构类型

风景名胜区的规划结构，因规划目的和规划对象的不同，产生不同意义的结构体系，诸如游人、空间、景观、用地、经济、职能等结构体系。其中，规划内容配置所形成的职能结构，因其涉及风景区的自我生存条件、发展动力、运营机制等大事，成为有关风景区规划综合集成的主要结构框架体系，所以应给予充分重视。

风景名胜区的职能结构有3种基本类型：

① 单一型结构　在内容简单、功能单一的风景名胜区，其构成主要是风景游览欣赏对象组成的风景游赏系统，其结构应为一个职能系统构成

的单一型结构。

② 复合型结构　在内容和功能均较丰富的风景名胜区，其构成不仅有风景游赏对象，还有相应的旅行游览接待服务设施组成的旅游设施系统，其结构应由风景游赏和旅游设施两个职能系统复合组成。

③ 综合型结构　在内容和功能均复杂的风景名胜区，其构成不仅有游赏对象、旅游设施，还有相当规模的居民生产、社会管理内容组成的居民社会系统，其结构应由风景游赏、旅游设施、居民社会3个职能系统综合组成。

风景区3个职能系统的节点、轴线、片区等网点有机结合，就可以构成风景区的整体结构网络。

风景区的职能结构网络如图3-2所示。

凡含有一个乡或镇以上的风景区，或其人口密度超过100人/km^{2}时，应进行风景区的职能结构分析与规划，并应遵循下列原则：

① 兼顾外来游人、服务职工和当地居民三者的需求与利益。

② 风景游览欣赏职能应有独特的吸引力和承受力。

③ 旅游接待服务职能应有相应的效能和发展动力。

④ 居民社会管理职能应有可靠的约束力和时代活力。

⑤ 各职能结构应自成系统并有机组成风景区的综合职能结构网络。

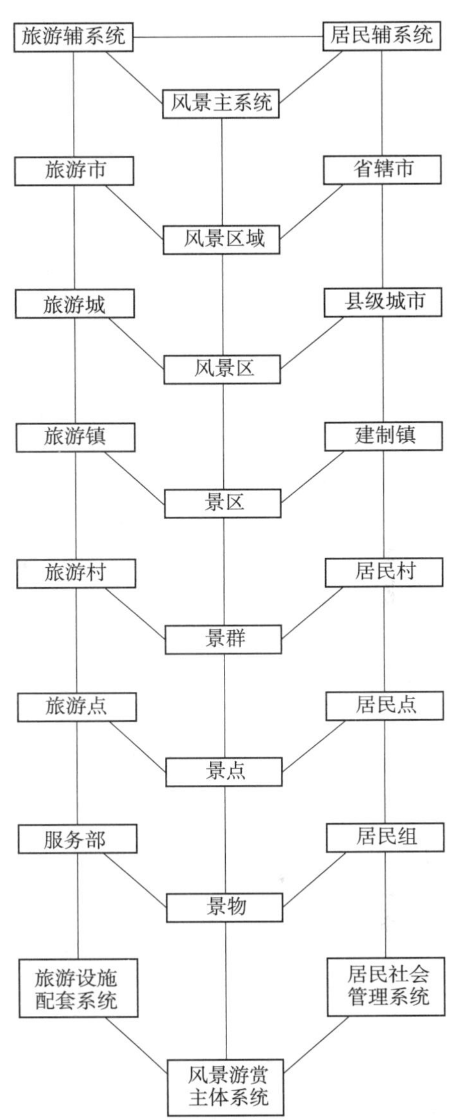

图3-2　风景名胜区职能结构网络示意图

（资料来源：《风景名胜区总体规划标准》，2018）

3.8.2　规划布局

风景区的规划布局，是为了在规划界线内，将规划构思和规划对象通过不同的规划手法和处理方式，全面系统地安排在适当位置，为规划对象的各组成要素、各组成部分均能共同发挥其应有作用创造满意条件或最佳条件，使风景区成为有机整体。从功能结构分析，功能决定结构，结构引导布局，所以结构与布局之间有着密切的关系。规划布局是在规划分区、规划结构之后，对风景名胜区地域空间进行进一步细化和控制的方法，所以规划布局阶段的主要任务是依据规划结构，利用某种时空联系方式，将风景名胜区内相对独立的诸多系统与要素之间进行有效的连接，使风景名胜区在更大范围环境中成为一个相对独立完整的个体，同时风景名胜区内部各系统之间组成相对依存、相互制约的有机整体。

风景名胜区依据规划对象的地域分布、空间关系和内在联系等条件，采取集中型（块状）、线型（带状）、组团型（集团状）、链珠状（串状）、放射状（枝状）、星座状（散点状）等单独或组合形式，来确定风景名胜区规划的整体布局。在确定规划布局形式的过程中，需要遵循以下原则：

① 正确处理局部、整体、外围3个层次的关系。

② 解决规划对象的特征、作用、空间关系的有机结合问题。

③ 调控布局形态对风景区有序发展的影响，为各组成要素、各组成部分的协调统一创造满意条件。

④ 促进环境、社会、经济效益的有效发挥。

⑤ 在保持风景名胜资源真实性与完整性的前提下，创新规划思路和规划内容，突出地域和自身特色。

3.8.3 规划案例

下面以河南嵩山风景名胜区总体布局结构与规划分区为例说明。

3.8.3.1 总体布局结构

规划总体布局结构为“一带、三环、四核心”，即一条人文景观游览带、三条登山游览环线、四个核心游览区。

（1）一带

一带指西起少林寺，经法王寺、嵩阳书院、中岳庙东至观星台的人文旅游观光带。该旅游带荟萃了风景名胜区最突出的人文景观，是风景名胜区开发历史最长、游客最集中、在嵩山旅游中占主导地位的游览区域，也是自然植被破坏最严重、受城市建设影响最大、环境质量最差、最需要重点保护和改善景观的区域。

（2）三环

三环指3条主要登山游览环路。中线自嵩阳书院、逍遥谷经崇唐观、中岳行宫登峻极峰，由峻极峰西侧下山至法王寺；西线自少室山东麓的玉皇峡登连天峰，由三皇寨下山至少林寺塔林；东线自八龙潭登山，由卢崖瀑布下山。

（3）四核心

四核心指4个核心游览区域，也是风景名胜区内风景游赏对象最集中、规模最大、游客最集中的区域。

其一是少林寺与塔林区域；其二是嵩阳书院区域；其三是中岳庙与中岳庙广场区域；其四是峻极峰顶峻极阁与峻极寺区域。

3.8.3.2 规划分区

整个风景名胜区划分为八大景区，分别是：

① 少林寺景区，面积35.6km^2；

② 法王寺景区，面积13.8km^2；

③ 嵩阳书院景区，面积7.2km^2；

④ 太室山景区，面积22.4km^2；

⑤ 中岳庙景区，面积7.9km^2；

⑥ 少室山景区，面积34.4km^2；

⑦ 卢崖瀑布景区，面积24.3km^2；

⑧ 观星台景区，面积3.8km^2。

小　结

本章的教学目的是使学生了解风景区规划的一般规定，以利于其开展规划设计。要求学生能掌握如何进行资源调查及风景资源评价。确定风景区的范围、性质、目标、分区、结构与布局，了解相关法律法规条文规定。教学重点为基础资料调查提纲和指标体系的拟定，并据此进行统计和典型调查，实事求是地将基础资料进行采集、筛选、存储、积累、整理并汇编；风景资源评价的方法，包括景源调查、景源评分与分级、评价结论等内容；风景区的性质、目标的确定；风景区分区的确定；风景区的结构与布局的确定。教学难点在于风景区的性质及分区的确定。

思考题

[1]确定风景区发展目标时主要参考哪些因素？

[2]确定风景区功能分区时主要参考哪些因素？

推荐阅读书目

[1]风景名胜区规划原理. 魏民，陈战是等. 中国建筑工业出版社，2008.

[2]风景规划——《风景名胜区规划规范》实施手册. 张国强，贾建中. 中国建筑工业出版社，2002.

[3]风景资源学. 严国泰. 中国建筑工业出版社，2010.

[4]风景名胜区总体规划标准. 国家质量技术监督局，中华人民共和国住房和城乡建设部. 中国建筑工业出版社，2018.

[5]风景名胜区分类标准. 中华人民共和国国家标准. 中国建筑工业出版社，2008.

第4章 风景区容量估算

4.1 游人容量及计算方法

进入风景区的游人数量和风景区的面积应有一个适度的比例，若比例失控，游人过多，拥挤不堪，既满足不了游客的要求，又破坏了环境，这就涉及容量问题。所谓风景区环境容量是指在一定的条件下，一定空间和时间范围内所能容纳游客的数量，亦简称容人量，具体可用人/hm^2 或 m^2/人表示。研究风景环境容量是寻求旅游者的数量与环境规模之间适度的量比关系。

限制游人容量是一个严格的资源保护措施。在有些风景区中因自然环境的限制，景区内有制约游人出入的卡口，如狭窄的山路、水涧、峡谷等，每天只能通过有限的游人，形成“自然限量”。如果需要扩大游人量就必须采取措施，改变原有自然资源的形态、结构或景观特色，因此扩大游人量就势必造成资源的破坏。但是大部分风景区中不存在固有的卡口，可以接待大量的游人，特别是那些资源价值较高的国家重点风景名胜区，以及离大城市较近和交通便捷的热点风景区，在旅游季节经常处于人满为患的状态，无法保持宽松的游览空间和良好的生态环境，管理不当时，还会污染环境、破坏景物观赏效果。为了实现风景区调节游人的身心健康、保持风景资源应有的功能和效益，就需要限制游人的容量，这种确定为科学合理的游人容量称作“规定限量”。游人容量的确定是告诉大家这是一条保护风景资源的临界警戒线。

风景区环境容量是确定游人规模和建设规模最重要的科学依据。许多风景区为了追求旺季的旅游利润，缺少限制游人、控制游人容量的意识，并且有些风景区周围地区由于风景旅游区的建设与发展，找到了有效的脱贫途径，于是包括国家及个人大规模投资建设就在风景区中轰轰烈烈地开展起来，这是造成许多风景区城市化的主要原因，也称为可怕的建设性破坏。这不仅破坏了风景区的生态环境，影响了景观的效果，还造成旅游淡季时设施、设备的闲置和浪费。因为建设规模往往是随着旅游旺季大量的游人需要而加大的，那么我们就不得不对游人规模进行一些较深入的研究或探讨，寻求一个合理的建设规模——即必须在游人容量限定内的规模标准。所以，风景区环境容量是确定旅客容量、建筑容量、交通容量、场地容量、水源和能源容量的基础，是风景区规划设计的重要数据之一。

在合理容量的范围内，既能保证游客活动的“快适性”，又能低于资源的“忍耐性”，同时又能在保证风景区景观资源永续利用的情况下，取得最好的经济收入。也就是要满足以下 3 个条件：①不降低旅游地的自然环境质量，即环境的自然恢复能力不应受到损害，自然演替规律不被打破；②不降低游客的游览质量(包括视觉效果和参与效果);③不能损害旅游社区居民的社会福利平均值,即不能超出当地居民对旅游开发影响的最大容忍程度。

容量幅度是一个十分活跃的范围限度,可随交通和设施的改善、新景点的开发而增大容量,但同时又受到环境条件的限制。有许多主景区,风景绝佳,而观赏位置面积很小,游人云集,影响观赏效果。许多风景区,奇峰突起,山顶无汇水面积,高山缺水,常常也成为影响游人容量的重要因素。由于以上原因,有必要对各风景区制定一个理想而又经济合理的环境容量,以便于把握风景资源的真正潜力,为经济合理地开发新风景区提供依据。

4.1.1 游人容量的调查方法

游人容量的测算作为服务于实践的关键,是一种重要的规划管理工具。现行的《风景名胜区总体规划标准》《旅游规划通则》等规范标准中,将容量中的游人容量做了阶段性、较明晰的界定与规定,使其成为规划设计中容量量测的主要技术参考。

游人容量的量测主要包括游览空间容量、设施容量、生态容量和社会容量4种基本容量。本教材主要介绍游览空间容量和生态容量的计算方法。

环境容量的调查要以景区或游道为单位,测量游道长度、景点间的距离,记录游客在景点间步行所需的时间、途中休息的时间和在各景点观景所需的时间。测量时应以游客中数量最多的中、青年人的游览速度和观景时间为标准进行记录统计,并将所得结果计入表4-1中。

表4-1 环境容量调查表

景点名称	景点间距离	徒步时间(h·min·s)	观景时间(含解说时间)	风景等级	备注
××入口处					
××景点					
××景点					

4.1.2 游览空间容量

游览空间容量是风景区规划中最重要的游人容量。就大多数以观光为主要内容的传统风景区而言,游览空间容量几乎等于游人容量。风景区的景源结构特征对于游览空间容量影响巨大,游览线路组织和游客的游览行为方式的差异,对游人容量会产生完全不同的效果。因此,应充分考虑风景区的景源结构特点,尤其是要考虑风景区游人容量是否存在瓶颈制约因素。如泰山的岱顶是每个游客必游之处,而且所有的登山线路都是直达岱顶。因此,岱顶的游人容量就构成了整个风景区的“瓶颈”,与此相关的还有通往岱顶的游览道路的容量。

有关游览空间容量的量测研究有很多,成果也多得到认同,这里就主要的预测方法和指标进行介绍。

游人容量应由瞬时容量、日游人容量、年游人容量3个层次表示。

① 瞬时容量　又称一次性容量,指瞬时承载游人的能力,单位以“人/次”表示。

② 日游人容量　平均每天能容纳的合理游人数,单位以“人次/日”表示。

③ 年游人容量　每年能容纳的合理游人数,单位以“人次/年”表示。

日游人容量是一个门槛,也是一条警戒线,一旦超出,则对保护不利。从保护的角度看,在观赏以自然景观为主的景区,游人越少越好,但从旅游的经济效益考虑,应有一定的日容量和年容量。

4.1.2.1 瞬时容量 S(一次性游人容量)

瞬时容量指瞬时承载游人的能力。计算公式为:

$$S = A/A_0$$

式中　S——瞬时容量(人/次);

A——可游览的基本空间(m或m^2);

A_0——人均合理占用空间(m/人或m^2/人)。

人均合理占用空间标准(m^2/人),即合理占用面积。

4.1.2.2 环境日容量

游人容量的计算方法宜分别采用线路法、面积法、卡口法、综合平衡法,并将计算结果填入表4-2。

表 4-2 游人容量计算一览表

(1) 游览用地 名称	(2) 计算面积 (m^2)	(3) 计算指标 (m^2/人)	(4) 一次性容量 (人/次)	(5) 日周转率 (次)	(6) 日游人容量 (人次/日)	(7) 备注

(1)面积法

面积法以每个游人所占平均游览面积计算。面积测算适用于景区面积小、游人可以进入景区每个角落进行游览情况下的环境容量计算。其公式为：

$$C_{面}=S/E\cdot P$$

式中 $C_{面}$——用面积计算法的环境日容量(人次)；

S——景区或游览设施面积(m^2)；

E——单位规模指标(m^2/人)；

P——周转率，即每日接待游客的批数。

计算方法为：

$$P=T/t$$

式中 T——每日游览开放时间(h)；

t——游人平均逗留时间(h)。

单位规模指标是指在风景设施的同一时间内，每个游人活动所必需的最小面积。

计算方法为：

$$E=S/Q$$

式中 E——单位规模指标(m^2/人)；

S——游览设施面积(m^2)；

Q——适合游客数(人)。

Q 的数值一般为：

主要景点：50~100m^2/人(景点面积)；

一般景点：100~400m^2/人(景点面积)；

浴场海域：10~20m^2/人(海拔 0~−2m 以内水面)；

浴场沙滩：5~10m^2/人(海拔 0~+2m 以内的沙滩)。

例：重庆天坑地缝景区游人容量面积法计算。

重庆天坑地缝景区其中的辅助景区(百花谷)面积为 102 300m^2，计算指标为 300m^2/人，日周转率为 2。那么该辅助景区的日游人容量为：

$$C=102\ 300/300\times2=682(人)$$

(2)线路法

线路法适用于地势险要、游人只能沿山路游览的情况下的环境容量计算。以每个游人所占平均游览道路面积计算。宜为 5~10m^2/人。有两种类型：

① 完全游道计算　完全游道是指进出口不在同一位置上，游人游览不走回头路。

$$C=A/B\cdot P$$

$$P=T/t$$

式中 C——环境日容量(人次)；

A——游道全长(m)；

B——游客占用合理的游道长度(m)；

P——周转率，即每日接待游客的批数；

T——每日游览开放时间(h)；

t——游人平均逗留时间(h)。

② 不完全游道计算　不完全游道是指进出口在同一位置的游道。

$$C=A/(B+B\cdot E/F)\cdot P$$

式中 C——不完全游道计算的环境日容量(人次)；

A——游道全长(m)；

B——游客占用合理的游道长度(m)；

E——沿游道返回所需的时间(min)；

F——完全游道所需时间(min)；

P——周转率，即每日接待游客的批数。

例 1：黄果树大瀑布景区规划步行游步道 7300m，为完全游道，日游览时间为 10h，游完全程需 4h 58min，但游人平均停留时间为 3h。游人间距为 4m，计算环境容量。

同时环境日容量=7300÷4=1825

周转率=10÷3=3. 33

环境日容量=1825×10/3≈6083(人)

例 2：某主游道全长 4210m，为不完全游道，游完全程需 2h 53min，原路返回需 1h 30min，往返共需4h 23min，景区平均每天开放时间为9h，游客距离为7m，计算容量。则：

$P=540/263\approx2.05$

$C=4210/(7+7\times90/173)\times2.05$

$=814$(人)

(3)卡口法(瓶颈容量法)

此法适用于坐竹筏或坐人抬轿等条件下计算环境容量，实测卡口处单位时间内通过的合理游人量，单位以“人次/单位时间”表示。

例如，武夷山风景名胜区的九曲溪景区已成为游人必然要游览的去处，在溪上泛筏也成为游人必然要尝试的项目。但乘筏受到河道、气候等限制，其容量是有限的。于是乘筏就成为一个卡口的因素，全山的容纳游人量要受其制约。

卡口法的公式如下：

$$C_{卡}=L/S\cdot P$$

式中 $C_{卡}$——瞬时可容人数(人)；

L——游览路线长度(m)；

S——安全距离(m)；

P——乘坐人数(人)。

例：武夷山风景区的九曲溪自九曲码头至一曲码头水路全长8000m，前、后两张竹排之间安全距离为50m(包括竹排长度8m)，每个竹排乘坐8人，则九曲溪环境容量即瞬时可容人数为：

$$C_{卡}=8000/50\times8=1280(人/d)$$

在具体工作中，可根据因地制宜的原则，分别选用面积测算法、线路法和卡口法。

(4)资源容量法

前述几种算法主要从空间容量角度考虑风景区的环境容量，对于有些风景区，则不能全面反映整体生态环境、资源环境和社会环境的游憩承载能力，如广东清远的飞来峡风景区，由于山重水隔无法依靠城市供水，本地水资源缺乏，无地下水源，只能引用山上的地表水，水资源容量成为风景区最终的环境容量限制因子，规划时将风景区可接纳的餐饮人次作为游人容量的极限值，采用资源容量计算法。计算如下：

$$Y=(W_{供}-W_{额定})/P$$

式中 Y——游人年容量；

$W_{供}$——不超过景观生态承载力的全年可供水量；

$W_{额定}$——景区内全年额定用水量，包括职工生活用水、消防用水、绿化用水等；

P——游人餐饮用水指标。

(5)综合平衡法

对于景观类型多样的风景区，不同景点和景区采用不同的计算方法，综合各个景点和景区，得出总容量。如崂山风景区就采用此种方法计算环境容量。

在风景区的规划中，有时需要进行全区环境容量和分区环境容量两个层面的规划，明确规定各分区或游憩点所允许的游人总量、游人密度以及以此为依据确定设施容量和设施密度等，均作为开发强度控制的基础依据。

环境容量的计算，关键问题在于人均合理占用空间标准的确定。而人均合理占用空间的标准取决于个人对空间要求的生理尺度和心理尺度。它是一个弹性很大的经验值，它与风景资源的性质、保护的级别、旅游活动的方式及不同国家地区人们的心理需求有关，甚至关系很大。如节庆活动、集会庙会、部分文艺表演等，应有热闹的气氛，人均合理空间标准相对较低，环境容量较高；而一些以自然风景为主的景区、景点，则需要保持环境幽静，保证游人有充裕的时间和空间去游赏，人均合理空间标准相对高，其环境容量更低一些。

在封闭、半封闭的空间(如石窟、洞穴、陵墓的地宫等)，在风景区内的险要地段，更应严格限制游人数量，以保护风景资源免遭损害，保护游人的健康和安全。此外，即使在同一旅游环境，每个旅游者的要求也因人而异，故只能通过对游人调查，取其平均值，以满足大多数游人的要求。各种旅游场所的基本空间标准需要根据经验数据来确定。但是，即使性质相同的旅游场所，各国和各地所采用的标准也不一致。风景区和重要景区的极限游人容量应满足生态安全、游览安全、设施承载能力、管理能力的极限要求，日极限游人容量不得大于日游人容量的2.5倍，瞬时极限游人容量应根据高峰日高峰时段的统计数据进行测算。

4.1.2.3 游客日容量

游客在风景区中游览时，一天可能游览完几个景区(或游道)，这种在环境容量统计中，是统计为几个游客，而在游客容量统计时，则是一个游客。这表明用环境容量作为规划的依据，会造成很大的误差，所以必须把公园的环境容量换算成游客日容量，来作为规划的重要依据。所谓游客日容量是指风景区容纳旅游人数的能力。一般等于或小于风景区的环境容量。

风景区游客日容量用下式计算：

$$G = H/T \cdot C$$

式中 G——某景区或游道游客日容量(人)；

H——游完某景区或游道所需的时间(h)；

T——游客观光游览最合理的时间(h)，一般 $T=7\text{h}$；

C——某景区或游道环境容量(人)。

例如，张家界国家森林公园游客日容量计算见表4-3所列。

表4-3 张家界国家森林公园游客日容量表

景 区	所在景区环境日容量(人)
黄石寨游道	$G=298/420\times2663\approx1889$
金鞭溪游道	$G=222/420\times3033\approx1603$
沙刀沟游道	$G=281/420\times1624\approx1087$
腰子寨游道	$G=263/420\times814\approx510$
龙凤庵游道	$G=83/420\times1170\approx231$
朝天观游道	$G=334/420\times718\approx571$
合 计	5891

4.1.2.4 环境年容量

由于季节、气候、节日和习惯等因素的影响，风景区淡、旺季十分明显。以张家界国家森林公园1987—1989年3年游客统计资料为例：每年5~10月为旅游旺季，共184d；4月和11月两个月为平季，共60d；12月至翌年3月这4个月为淡季，共121d。根据资料，用旺季理论日容量为100%，平季为旺季的65%，淡季为旺季的20%进行计算比较合理。其计算方法如下：

把景区当年平、淡和旺季的环境容量相加，则为景区的环境年容量。再把各景区的环境年容量相加，则为风景区的环境年容量。或直接求出的风景区平、淡、旺季的环境容量，再相加，则为风景区的环境年容量。计算公式为：

$$C_{年} = \sum Q\ (C_{\max} \cdot P)$$

式中 $C_{年}$——风景区环境年容量(人次)；

Q——平、淡、旺季各占的天数(d)；

$C_{\max}$——风景区最大环境容量(人)；

P——平、淡时容量比例，旺季为100%，平季为65%，淡季为20%。

例：某风景名胜区最大日环境容量为10 017人次，旅游旺季天数为184d；平季为60d，游人为旺季的65%；淡季为121d，游人为旺季的20%，计算环境年容量。

根据以上公式，先求出平、淡、旺季的环境容量再相加。

旺季 $C_{旺}=184\times10\ 017=1\ 843\ 128$(人次)

平季 $C_{平}=60\times(10\ 017\times65\%)=390\ 663$(人次)

淡季 $C_{淡}=121\times(10\ 017\times20\%)=242\ 411$(人次)

环境年容量 $=1\ 843\ 128+390\ 663+242\ 411=2\ 476\ 202$(人次)$\approx248$(万人次)

4.1.2.5 游客年容量

游客年容量等于风景区平、淡和旺季游客日容量之和。计算公式为：

$$C_{客} = \sum Q(C_{\max} \cdot P)$$

式中 $C_{客}$——风景区游客年容量(人次)；

Q——平、淡、旺季各占天数(d)；

$C_{\max}$——风景区日最大游客容量(人次)；

P——平、淡季时容量比例，旺季为100%，平季为65%，淡季为20%。

例：某风景名胜区最大日环境容量为5885人次，旅游旺季天数为184d，平季为60d，淡季为121d，游人所占比例与上例相同，计算游客年容量。

旺季 $C_{旺}=184\times5885=1\ 082\ 840$(人次)

平季 $C_{平}=60\times(5885\times0.65)=229\ 515$(人次)

淡季 $C_{淡}=121\times(5885\times0.2)=142\ 417$(人次)

游客年容量 $=1\ 082\ 840+229\ 515+142\ 417=1\ 454\ 772\approx145$(万人次)

游人容量计算结果应与当地的淡水供应、用地、相关设施及环境质量等条件进行校核与综合平衡，以确定合理的游人容量。

在用当地的淡水、用地、相关设施及环境质量等条件对游人容量进行校核时，应区分出可以供游人使用或供服务职工及当地居民使用的上述4项条件的数量差异。即3类人口对淡水、用地、相关设施及环境质量的需求方式和数量不同，应分别估算和分别校核。

4.1.2.6 海滨容量计算实例

在海滨浴场计算中，海拔2m以上的沙滩，常因缺乏潮水涨落冲刷而不宜使用，或因海滨花园带和海滨防护绿地建设而改变其使用性质，故不计入沙滩面积。海拔-2m以下的海域水面，常规游泳者不易到达或很少到达，故不计入浴场海域面积。在-2m以外的海域水面，可以划出水上活动范围。

北戴河风景区海岸线长15km，适宜作海浴活动的占7.5km长度。海域活动面积为37.5hm^2(按50m宽以内带式水域计算，水深以1～1.5m为宜)。据实际测算，每人需海域1m^2，才互不干扰，则最大容量为37 500人。但据1979年调查，专用浴场占用岸线长度的49.55%，“禁区”浴场为0.82m岸线/人，而群众公用浴场仅0.14m岸线/人(注：禁区浴场是指专用浴场)。

沙滩可供游人活动的面积为15hm^2，可容纳15 000人活动，人均面积为10m^2/人。

名胜古迹、公园、游园，可供游览活动面积105.8hm^2，同时可容纳21 000人活动，人均面积40～60 m^2。

文、体、商业设施活动容量面积为20hm^2，可容纳5000人活动，人均面积40m^2。

北戴河总游览区海域、沙滩、名胜古迹、公园、游园、文体活动场所及商店所容纳人数的总和共为78 500人。

4.1.2.7 溶洞容量计算实例

浙江桐庐瑶琳洞(新安江风景区的景点)，平均每2min进入10人，每人在洞内逗留3h。洞内总逗留人数以900人计；每天开放时间为8h，全年开放300d，可接待游人72万人。

3h进入洞内游人：(3×60)×10/2=900(人次)

日游客容量：900×8/3=2400(人/d)

年游客容量：2400×300=720 000(人/年)=72(万人/年)

4.1.3 风景区生态容量

4.1.3.1 生态容量概念及特征

生态容量是指在一定时间内旅游区的生态环境不致退化或短时自行恢复的前提下，可以安全承受的游客活动量，即能接受的游客人数。

一个风景区的游人容量的大小，受制于游览空间、生态环境、服务设施以及当地居民心理承受能力等条件。通常，生态容量被看作风景区的极限游人容量，由于其刚性特征，生态容量值很难改变。而设施容量、社会容量弹性较大，最终都可以提高其阈值。虽然社会容量短期也呈现刚性，但经过长期引导与铺垫，不会构成瓶颈。

4.1.3.2 生态容量的方法

生态容量的研究常采用以下3种方法：

(1)事实分析法

在旅游行动与环境影响已达平衡的系统，选择不同的游客量压力，调查其容量，所得数据用于测算相似地区游人容量。

(2)模拟试验法

使用人工控制的破坏程度，观察其影响程度。根据试验结果测算相似地区游人容量。

(3)长期检测法

从旅游活动开始阶段做长期调查，分析使用强度逐年增加所引起的改变。或在游客压力突增时，随时做短期调查。所得数据用于测算相似地区的游人容量。

4.1.3.3 生态指标公式

依靠自然环境的自我恢复能力，自然环境对于旅游活动(诸如践踏等)能承受一定的压力，以此可以定量地确定其生态容量。

根据风景名胜区的一般情况，《风景名胜区总体规划标准》中收集了游憩用地的一些生态容量经验指标(表4-4)。由于使用范围的宽泛，表中所列指标幅度变化很大，对风景区的战略总体规划具有一定的参考意义。具体使用时应结合其他生态单项容量进行校核，计算公式与面积法相同。

表4-4 游憩用地生态容量

用地类型	允许容人量（人/ hm²）	用地指标（m²/人）
(1)针叶林地	2~3	5000~3300
(2)阔叶林地	4~8	2500~1250
(3)森林公园	<15~20	>660~500
(4)疏林草地	20~25	500~400
(5)草地公园	<70	>140
(6)城镇公园	30~200	330~50
(7)专用浴场	<500	>20
(8)浴场水域	1000~2000	20~10
(9)浴场沙滩	1000~2000	10~5

注：表内指标适用于可游览区域。

（资料来源：《风景名胜区总体规划标准》，2018）

生态容量的计算公式为：

生态容量=风景区生态分区面积/生态指标

4.1.3.4 净化能力公式

当旅游污染物的产出量超出自然生态系统的自我净化和吸收能力时，必须依靠人工方法对污染物进行处理。因此，从环境对旅游产生的废物处理能力的角度也可以确定风景区的生态容量。

反映净化能力的生态容量指标目前主要有固体垃圾处理设施和废水处理设施所能接纳的最大游人容量。一般，旅游者在风景区产生的污染物应在风景区内或附近予以净化和吸收，不宜向外部区域扩散；故生态容量的测定应以风景区为基本空间单元。

生态容量=(自然环境能够吸纳的污染物之和+人工处理掉的污染物之和)/游客每人每天产生的污染物量

4.2 风景区人口容量预测

我国第一批公布的44个国家级重点风景区中，大部分分布在东部，而其中更有15个开发历史悠久的风景区分布在沿海的11个省、自治区和直辖市。在这44个风景区中，只有不到1/3的风景区可以依托城市，大部分是远离大、中城市的独立的风景区。

一些依托城市的风景区，其人口规模不单独计算，可在城市总体规划中一起考虑，这里所指的人口规模计算，只指远离城市的独立风景区。风景区一切设施，其规模完全取决于风景区发展后的人口规模的大小。因此，首先需要得出人口规模的基本数据。

4.2.1 人口构成

我国风景区多为远离大、中城市的独立风景区，风景区总体规划应正视人口问题，应对人口发展规模及其分布进行预测，并提出相应的限制性规定。风景区总人口应包括外来游人、服务人口、当地居民3类人口。

4.2.1.1 外来游人

外来游人包括住宿旅游人口和当日旅游不留宿的游人。

4.2.1.2 服务人口

服务人口包括直接服务人口和间接服务人口以及职工家属。直接服务人口一般是指固定职工。在旅游旺季，增加季节性服务员，也称临时直接服务人口。如四川峨眉山临时工为正式职工的3~6倍。间接服务人口是指从事风景区的基建、交通、食品加工、行政管理、文教卫生和市政公共等行业的职工。一般服务人口占旅游人口的10%~20%。家属及非劳动人口指未成年劳动后备人员、退休职工、家务劳动者及丧失劳动力人口等。可参照一般城市比例，采用40%~50%的比例，这一部分成员，在旅游旺季可参加部分服务工作。

4.2.1.3 当地居民

风景区内的居民是景区内长期生存的原住居民。

4.2.2 风景区总人口容量

4.2.2.1 测定风景区总人口容量原则

风景区总人口容量应符合下列规定:

① 当风景区的居住人口密度超过 50 人/km^2 时,宜测定用地的居民容量。

② 当风景区的居住人口密度超过 100 人/km^2 时,必须测定用地的居民容量。

③ 居民容量应根据淡水、用地、相关设施、生态环境等重要因素的容量来分析确定。

4.2.2.2 测定风景区总人口容量方法

在测定风景区居民容量的要素容量分析中,应首先分析生态环境的限制条件;再分别估算出可以供居民使用的淡水、用地、相关设施等要素的数量,并预测居民对三者的需求方式与数量;然后对两列数字进行对应分析估算,可以得知当地的淡水、用地、相关设施、生态环境所允许容纳的居民数量。一般在上述指标中取最小指标作为当地的居民容量。一定范围内的居民容量是一个可变值。在一定的社会经济科技发展条件下,淡水资源与调配、土壤肥力与用地条件、相关设施与生产力的变化、生态环境的变化,均可以影响当地的居民容量。

4.2.3 风景区人口规模的预测

风景区人口规模的预测应符合下列规定:

① 人口规模应包括外来游人、服务人口、当地居民 3 类人口。

② 一定用地范围内的人口规模不应大于其总人口容量。

③ 服务人口应包括直接服务人口和日常活动在风景区内的间接服务人口。

④ 居民人口应包括当地常住居民人口。其中当地常住居民人口中同时也是职工人口的,不能重复计算,并均不能大于其相应的人口容量。

⑤ 居民人口发展规模的预测和规划深度,不应低于风景区所在地域的人口规划深度。

4.2.4 风景区内部的人口分布

风景区内部的人口分布,应有疏密聚散的变化,既要防止因人口过多或不适当集聚而不利于生态与环境的保护,也要防止因人口过少或不适当分散而不利于管理与效益。影响游人容量的 4 项因素对游人和服务人口的分布关系密切。影响居民容量的 4 项因素也决定着居民的分布规律。然而风景园林师要运用规划构思和手法以及造置的处理方式主动地调控这种分布,使三类人口各得其所。风景区内部的人口分布应符合下列原则:

① 应根据游赏需求、生境条件、设施配置等因素对各类人口进行相应的分区分期控制。

② 应有合理的疏密聚散变化。

③ 应有利于生态环境保护,有利于管理与效益。

4.2.5 风景区的人口职业转化

随着风景区的开发和旅游事业的发展,原来住在风景区范围中的人口职业也要随之发生变化。一部分原来从事一般农业生产、副业生产的农民及一部分从事采石和其他工业的工人,要改变原来所从事的职业,而转入到为旅游服务的工农副业。

与此同时,风景区也不能搞单一的旅游经济结构。因为单一经济,如同单纯林一样是脆弱的,也要实行以一业为主,多种经营为辅助方针。原有职业的变化,主要是为了保护风景区或适应旅游服务的需要。

例如,普陀山风景区原来有一部分人从事开山采石,破坏了景观。后来投资建设盐场,农民生活有了出路,也就不去开山了。

桂林漓江风景区中的阳朔县城,原有的商业服务行业,现在基本上为旅游服务。

厦门鼓浪屿原有 100 多个单位,许多单位主动要求转型为旅游服务,现定政策明确了这些单位应为风景旅游服务,发展字画、工艺品和盆景等适应旅游需要的工商业。

武夷山风景区以产“武夷岩茶”闻名,有 3500 亩茶园,平均每人两亩,年产茶叶 2.75 万 kg,单产仅5~7.5kg/亩。农民生活用柴：1kg/(d·人)，养家禽畜用柴合计：750/(人·年)，制茶用柴300kg/d，全区内有1097人靠茶叶生产生活。另外，由于农民人口增长，要解决住房问题，盖房要用木料，做家具也要砍树，所以风景林破坏严重。为了解决此矛盾，就把山林包给农民管理[100元/(人·年)]，如竹排组负责九曲溪两边山林的保护，并吸收部分农民专管山林。

小　结

本章的教学目的是使学生了解风景区环境容量控制的重要性及计算方法。要求学生掌握日、年环境容量的计算。教学重点为游人容量计算的方法：面积法。教学难点为风景资源评价的方法。

思考题

[1]如何确定风景区的资源评价等级？

[2]风景区环境容量估算都有哪些方法？

推荐阅读书目

[1]风景科学导论. 丁文魁. 上海科技教育出版社，1993.

[2]风景名胜区规划. 唐晓岚. 东南大学出版社，2012.

[3]风景区规划(修订版). 付军. 气象出版社，2012.

[4]风景名胜区规划原理. 魏民. 中国建筑工业出版社，2008.

[5]风景名胜区总体规划标准(GB/T 50298—2018).

[6]九寨沟景区旅游环境容量研究. 章小平. 旅游学刊，2007，22(9)：50-55.

[7]重庆天坑地缝景区环境容量测算. 田至美. 国土与自然资源研究，2005(2)：72-73.

第5章 保护培育规划

风景名胜区的保护与开发，一直是困扰风景名胜区建设的问题。资源保护主义者认为，风景名胜区内的自然风景资源必须加以保护，禁止或尽量减少人与该资源的交往；片面建设论者则夸大了美学中的人工因素的重要性，认为自然景观必须有“丰富的人工点缀”。

事实上，保护与开发应该是一个统一体。《世界自然资源保护大纲》将保护与开发定义为：保护——对人类使用生物圈加以经营管理，使其能对先进人口产生最大且持续利用，同时保护其潜能，以满足以后人们的需要与期望；开发——改变生物圈并利用人力、财力、有生命及无生命之源，以满足人类需要，并改善生活品质。

因此，风景名胜区的保护与开发应以景观生态学为理论基础，实施“综合保护，有限开发”的原则，即遵循生态平衡的原则。保护不是封闭，保护的目的是使风景名胜区能够永续利用，可持续发展；开发不是破坏，开发的目的是使风景名胜区能够合理利用，让它更好地为人类服务。

5.1 保护培育规划内容

风景区的基本任务和作用之一是保护培育国土、树立国家和地区形象，因而，在绝大多数风景区规划中，特别是在总体规划阶段，均把保护培育的内容作为一项重要的专项规划来做。

风景区的保护培育规划，是对需要保育的对象与因素，实施系统控制和具体安排，使被保护的对象与因素能长期存在下去，或能在被利用中得到保护，或在保护条件下能被合理利用，或在保护培育中能使其价值得到增强。

风景区保护培育规划应包括以下三个方面的基本内容：

首先是要查清保育资源，明确保育的具体对象和因素。其中，各类景源是首要对象，其他一些重要而又需要保育的资源也可列入，还有相关的生态和环境因素、旅游开发和建设条件均有可能成为被保护的因素。

在此基础之上，要依据保育对象的特点和级别，来划定分级保育范围。例如，针对生物的再生性需要保护其对象本体及其生存条件；针对水体的流动性和循环性需要保护其汇水区与流域因素；针对溶洞的水溶性特征需要保护其水湿演替条件和规律；物候、季相和生命周期的变化需要实行动态保育等。

进而要依据保育原则来制定保育措施，并说明总体规划的环境影响。保育措施的制定要因时因地因境制宜，要有针对性、有效性和可操作性，应尽可能形成保护培育体系。

5.2 保护培育规划原则

保护培育规划应符合下列生态原则：

① 应制止对自然生态环境的人为破坏行为，控制和降低人为负荷，应分析游览时间、空间范围、游人容量、项目内容、利用强度等因素，并提出限制性规定或控制性指标。

② 应维护原生生物种群、结构及其功能特征，严控外来入侵物种，保护有典型性和代表性的自然生境；维护生态系统健康，维护生物与景观多样性。

③ 应提高自然环境的恢复能力，提高氧、水、生物量的再生能力与速度，提高其生态系统或自然环境对人为负荷的稳定性或承载力。

④ 保护培育规划应根据本风景区的特征和保护对象的级别，协调处理保护培育、发展利用、经营管理三者的有机关系，确定引导性的规划措施。

5.3 分级保护

在保护培育规划中，分级保护是常用的规划和管理方法。这是以保护对象的价值和级别特征为主要依据，兼顾风景区的游览欣赏功能所必须配备的旅游服务设施以及风景区内城乡的建设需要，结合土地利用方式而划分出相应级别的保护区。在具体界线划定时还应考虑地理空间的完整性、地表覆被特殊性、生物源多样性、景源的独特性、边界的可识别性等因素。在同一级别保护区内，其保护原则和措施应基本一致。

风景区实行分级保护，应科学划定一级保护区、二级保护区和三级保护区，保护风景区的景观、文化、生态和科学价值。保护区划定宜以景区范围、景点的视域范围、自然地形地物、完整生态空间等作为主要划分依据。根据生态文明的发展要求和《风景名胜区条例》精神，风景区的保护区划定应采取生态和景源优先的划定方式：优先划定一级保护区；应保持一级保护区和二级保护区的完整性；三级保护区则应针对规划期内的具体建设要求经研究后划定，不宜因预弹性建设空间而划定不符合生态与景观保护要求的三级保护区。各级保护区的保护规定主要与风景区的资源要素相关，主要包括风景资源、自然生态系统、旅游用地等，针对这些要素从正、反两面提出保护规定。

5.3.1 一级保护区划定与保护要求

5.3.1.1 一级保护区划定

一级保护区属于严格禁止建设范围，应按照真实性、完整性的要求将风景区内资源价值最高的区域划为一级保护区。主要是维护生态系统、保护风景资源，该区应包括特别保存区，可包括全部或部分风景游览区。

5.3.1.2 一级保护区保护要求

一级保护区内的特别保存区除必需的科研、监测和防护设施外，严禁建设任何建筑设施。风景游览区严禁建设与风景游赏和保护无关的设施，不得安排旅宿床位，有序疏解居民点、居民人口及与风景区定位不相符的建设，禁止安排对外交通，严格限制机动交通工具进入本区。

5.3.2 二级保护区划定与保护要求

5.3.2.1 二级保护区划定

二级保护区是一级保护区周边的协调保护与缓冲区域，应保护风景资源，恢复景观，修复自然生态环境，可通过改善游览条件和生态环境提高其价值。二级保护区属于严格限制建设范围，是有效维护一级保护区的缓冲地带。风景名胜资源较少、景观价值一般、自然生态价值较高的区域应划为二级保护区。该区应包括主要的风景恢复区，也可包括部分风景游览区。

5.3.2.2 二级保护区保护要求

二级保护区应恢复生态与景观环境，限制各类建设和人为活动，可直接安排为风景游赏服务的相关设施，严格限制居民点的加建和扩建，严格限制游览性交通以外的机动交通工具进入本区。

5.3.3 三级保护区划定与保护要求

5.3.3.1 三级保护区划定

三级保护区属于控制建设范围，风景名胜资源少、景观价值一般、生态价值一般的区域应划为三级保护区。主要是保护景观和控制引导好各项建设，是风景区内建设的主要分布区域。该区应包含发展控制区和旅游服务区，可包括部分风景恢复区。

5.3.3.2 三级保护区保护要求

三级保护区内可维持原有土地利用方式与形态。根据不同区域的主导功能合理安排旅游服务设施和相关建设，区内建设应控制建设功能、建设规模、建设强度、建筑高度和形式等，与风景环境相协调。

5.4 分类保护

在保护培育规划中，分类保护是常见的规划和管理方法。它是依据保护对象的种类及其属性特征，并按土地利用方式来划分相应类别的保护区。在同一个类型的保护区内，其保护原则和措施应基本一致，便于识别和管理，便于和其他规划分区相衔接。分类保护是体现风景区价值的重要载体，通过更为详细的保护措施，可以对分级保护形成很好的补充。分类保护应包括文物古建、遗址遗迹、宗教活动场所、古镇名村、野生动物、森林植被、自然水体、生态环境等，并提出保护规定。

5.5 外围保护地带划定与保护要求

① 与风景区自然要素空间密切关联、具有自然和人文连续性，同时对保护风景名胜资源和防护各类发展建设干扰风景区具有重要作用的地区，应划为外围保护地带。

② 外围保护地带严禁破坏山体、植被和动物栖息环境，禁止开展污染环境的各项建设，城乡建设景观应与风景环境协调，消除干扰或破坏风景区资源环境的因素。

5.6 环境影响说明

规划的环境影响说明应包括下列内容：

① 应分析和评估规划实施对环境可能造成的影响，主要包括资源环境承载能力分析、不良环境影响的分析和预测以及与相关规划的环境协调性分析等。

② 应提出预防或减轻因规划实施带来的不良环境影响的对策和措施。主要包括预防或者减轻不良环境影响的政策、管理或技术等措施。不要求做完整的环境影响评价。

③ 应明确风景区总体规划对环境影响的总体结论。

5.7 环境质量要求

保护培育规划应提出控制和降低环境污染程度的要求和措施，其环境质量要求应符合下列规定同3.4.4.5节“环境质量控制措施”有关规定。

5.8 综合保护

分类保护和分级保护各有其产生的背景和规划特点。分类保护强调保护对象的种类和属性特点，突出其分类和培育作用；分级保护强调保护对象的价值和级别的特点，突出其分级作用，因而两者各有其应用特点。

在保护培育规划中，应针对风景区的具体情况、保护对象的级别和风景区所在地域的条件择优选择分类或分级保护，或者以一种为主另一种为辅的两者并用方法，形成分类中有分级，分级中又有分类，分层级的点线保护与分类级的分区保护相互交织的综合分区，使保护培育、开发利用、经营管理三者各得其所，并有机结合起来。综合保护的基本措施是在点线面上分别控制人口规模与活动、配套设施、开发方式及其强度。

总之，保护培育规划应依据本风景区的具体情况和保护对象的级别而择优实行分类保护或分级保护，或两种方法并用；应协调处理保护培育、开发利用和经营管理的有机关系，加强引导性规划措施。

5.9 国外经验

美国国家公园管理模式中，将国家公园内部土地利用划分为不同的区域，以实施分区控制。分区制是国家公园进行规划、建设和管理等方面最重要的手段之一，用以保证国家公园的大部分土地及其生物资源得以保存野生状态，把人为的设施限制在最小限度以内。

最早创立国家公园的美国、加拿大，已经有一套系统的分区模式和技术方法，已经成功地保护了国家公园内的自然遗产。日本与我国相似，是一个人多地少的国家。作为发展中国家，津巴布韦的分区模式也值得我国借鉴。

生物圈保护区是联合国教育、科学及文化组织(UNESCO)在全球实施的人与生物圈(MAB)计划下倡导并发展的，它们是受到保护的陆地、海岸带或海洋生态系统的代表性区域。生物圈保护区将其保护区划分为以下两个部分。

① 核心区　每个生物圈保护区，都有一个或几个基本上保持着原始状态或很少受到人类影响的区域，作为核心区以保护主要物种、生态系统或自然景观。它作为自然本底，具有重要的保护与科学价值。因此，核心区必须受到严格保护，只能进行科研和监测活动。

② 过渡区　考虑到生物圈保护区内及周边社区群众生活与发展的需要，在缓冲带的外围设过渡区。当地群众可在这个区域，进行对上述两个区没有污染和负面影响的经济活动。这个区域可以用来进行资源合理利用的研究、试验和示范，并向周边地区推广和扩散，促进当地社区经济协调发展。

如距德国首都柏林东南80km有一个欧洲独一无二的自然保护区——施普雷森林自然保护区。1990年德国政府宣布这片森林公园为“自然保护区”。1991年3月，联合国教科文组织正式命名为“施普雷森林自然保护区”，并列为联合国“人与自然发展项目”。

施普雷森林自然保护区的总面积为472. 92km^2，划分为达莫、劳斯兹和施普雷·尼斯河套3个县。全保护区的耕地面积为118. 92km^2，绿地面积为133. 5km^2，森林总面积为132. 5km^2，河流总面积为13. 86km^2。

德国施普雷森林自然保护区是保护与旅游的成功之作。为了便于科学有效地保护利用和开发，施普雷森林被划分为四部分：纯原始状态的核心区、尚未开发的自然风景缓冲区、已开发利用的旅游度假风景区和从城镇到旅游景区之间的过渡区。然后，根据自然条件、动植物种类的特点，再划分出许多个不同的小区域范围，分别采取不同的管理措施。

5.10 规划案例

5.10.1 桂林漓江风景名胜区

桂林山水风貌以大面积的、星罗棋布的岩溶景观为主。同时，这些山水洞石等自然景物又与田园村舍及城市景观交错穿插、紧密相连。因而，风景资源的保护就成为桂林城市规划的重要内容和任务。

为尽快恢复并更好保持“桂林山水甲天下”的风貌，确保“金矿”似的风景资源不被破坏，并使桂林的各项建设与山水风景协调一致，特提出以下4种保护区规划措施。

① 自然风景保护区；

② 历史风土保护区；

③ 各种特别绿地保护区；

④ 建筑层高体量控制区。

为确保山水风貌和尺度，控制城市轮廓和空间效果，特分四级控制：

(1)非城市建筑区

规划中的公园风景区和各种绿地：

① 位于市区的漓江沿岸60m以内；

② 位于郊区的漓江沿岸500~1000m以内。

(2)低层建筑区(1~3层以内)

① 王城周围100m以内；

② 一、二级保护石山周围3~4倍高度范围以内；

③ 榕杉湖、濠塘、桃花江、小东江周围沿岸

100m 以内;

④ 解放桥东岸居住区。

(3) 一般建筑区(4~5层以内)

内容略。

(4) 允许高层建筑区

① 三里店旅馆区;

② 铁路桂林站区;

③ 平山、瓦窑区;

④ 铁路北站区;

⑤ 西城区。

5.10.2 黄山风景名胜区

黄山风景名胜区划分为6个游览区、5个自然保护区及外围保护带。游览区内不得进行开发建设，以保持其自然特色，保护区的划定也有效地保护了6个游览区。在黄山风景区内，根据景观质量和环境的评估特征，分为一级、二级、三级保护景点(景区)并制定相应的保护管理规定。

5.10.3 南北湖风景名胜区

(1) 分类保护规划

南北湖风景区的分类保护规划可分为史迹保护区、自然景观保护区、生态恢复区、风景游览区和发展控制区5类。

① 史迹保护区

——根据文物建筑的不同等级，按照《中华人民共和国文物保护法》的有关条款进行保护。同时，对未定级的文物建筑，根据其历史、艺术与科学价值，设定相应的暂保级别，建议按此级别进行申报和保护。

——根据文物建筑的级别、性质和地理环境，划定必要的保护范围和建设控制地带，建立标志。对保护范围内的一切建设进行管理和控制。在外围保护地带内严格控制建设，必要的基础设施建设不能破坏景观。

——建议由文物部门和规划建设部门对各文物建筑的保护、修缮和建设编制专项控制性详细规划。

——建立摩崖石刻档案，明确其位置、年代、内容、损坏程度及修复保护措施，价值较高的石刻应有拓片。游人集中的摩崖石刻，应设立防护栏杆和标识牌，禁止践踏、触摸。

② 自然景观保护区

水域保护区 湖区水域保护区，湖区水域面积约1.2km^2，是南北湖风景区的精华所在，目前环湖村庄、居民点和宾馆饭店已很密集。规划期内，为切实保护湖区和湖水的质量及其景观环境，划定水域保护区。

湿地保护区 南北湖风景区地处山、海、湖交界的边缘地带，拥有丰富的湿地资源和动植物景观，对区内约1km的海滨湿地应严格进行保护，维持其自然原貌。

严禁在滩涂上倾倒垃圾等污染物。

严禁在沿海山体开山取土，避免水土流失，保护山体的自然风貌并阻挡海潮的袭击，保持湿地生态系统的相对稳定。

对围垦等重大项目应组织有关专家进行论证，确定其可行性。

③ 生态恢复区 面积约5.6km^2，主要包括风景区内的山体以及山体之间的生态廊道。山林资源既是重要的风景资源，也是生态系统的有机组成部分。对山体以及山林地和其中的野生动植物，尤其是鸟类的保护是南北湖风景区保护的重要内容之一。

具体保护措施包括：

——立即停止开山采石等破坏景观和环境的行为，尤其是要严格禁止在长山、青山和葫芦山等沿海山体的采石和毁林现象，已经开采的要立即停止，并采取必要的植被恢复措施。

——对风景区内的古树名木和珍稀植物要进行记录和挂牌，并制定相应的保护措施。

——严禁在林中打鸟、捕鸟等伤害野生动植物的行为，有关部门应当制定严格的制度和行之有效的管理办法，严肃处理各种违法和破坏行为。

——在严格保护，综合采用人工造林、封山育林、森林防火、病虫害防治等各种恢复手段，切实巩固和管理好现有植被资源的同时，应根据适地适树原则大力营造混交林，有计划有步骤地调整树种结构，逐步扩大观赏乔木、常绿树、花灌木、竹林等植被的种植面积，发挥林地最大的生态效益。

④ 风景游览区　在风景资源保护区和恢复区之外，本规划对南北湖风景区内景源较为集中的区域，划出一定的范围与空间作为风景游览区，面积约 9km²。在风景游览区内，可以进行适度的资源利用，适当安排各种游赏项目。也可结合游赏活动，进行少量的景观建设，如亭、榭、廊、坊等以及应有的安全和指示设施，以方便游人活动。本区内可配置必要的机动交通及旅游设施。

⑤ 发展控制区　在风景区范围内，对上述4类保育区以外的用地，均应划为发展控制区，总面积约 12.6 km²。在发展控制区内，可以准许原有土地利用方式与形态，安排同风景区性质与容量相一致，包括直接为游人服务的各项旅游设施及基地，以及有序的生产、经营、管理等设施，但各项设施建设的规模与内容应以保护环境为前提，建筑形式以景观建筑为主，能隐则隐，以能满足游人的基本需要为准，严禁扩大建设用地范围。发展控制区可分为3类，即 6.5km² 的田园控制区、1.7km² 的古镇控制区和 4.4km² 的其他发展控制区。根据各区景观特色、功能用途与用地形态的区别，其保护、利用与控制的方法也有所不同。

(2) 分级保护规划

① 一级保护区　包括南北湖环湖山脊线以内向湖地区和二级以上景点较集中的谈仙岭、鹰窠顶地区，总面积为 4.2km²，其中湖面面积 1.2km²。一级保护区范围内必须编制详细规划，任何建设必须符合规划要求。要特别重视对主要景点和景观视线的保护，严格控制建筑的高度、色彩、体量和风格，建筑物周围要有充足的绿化空间。一般沿湖绿地宽度不得小于30m，极个别处也不应小于10m。区内可以设置必需的步行游赏道路和相关设施，严禁建设与风景无关的设施，不得安排旅宿床位，机动交通工具不得进入本区。严禁开山采石、挖沙取土、埋坟建墓，对已开山或建墓的地段应逐步治理和恢复，加强绿化屏挡。

② 二级保护区　包括风景区内的山林和滨海地区等生态敏感地带，总面积为 15.8km²。二级保护区范围内可以安排少量旅宿设施，但必须禁止与风景资源保护和风景游赏无关的建设。必需的旅游服务及经营管理设施，应安置在景观价值较低、不破坏绿化和地貌之处，建筑形式要求融于自然，不破坏自然景观。

③ 三级保护区　在风景区范围内、以上各级保护区之外的地区应划为三级保护区，总面积为 12.5 km²。在三级保护区内，应保护自然地形、地貌和山林景观的整体完美，有序控制各项建设与设施，使其与风景环境相协调。对澉浦镇等居民点应进行合理规划，统筹安排，逐步引导人口与产业的转移，切实保护好风景环境。

④ 外围保护区　为了更好地保护南北湖风景区的风景资源，本规划在风景区范围周边设立外围保护区，具体界线是：西部沿高阳山、南木山、北木山山脊线西侧控制 50~300m；北部至老沪杭公路北侧 400m；东部与南部基本控制至钱塘江潮间带，为自海岸线向外 800~1000m 的范围。外围保护区的面积约为 15.4km²。

外围保护地带范围内，在保护整体风景环境的前提下，可进行与风景旅游相关的开发建设，但其植被、建筑、设施等在布局、体量、造型、色彩上均应与环境相协调。区内不得建设严重污染环境和破坏景观的工矿企业，并应大力治理环境卫生，保持环境整洁。

5.10.4 泰山风景名胜区

资源保护的措施分为分区保护、分类保护和分级保护三大类。泰山风景区内的各种资源按照其区位、类型和级别，要同时满足分区保护、分类保护、分级保护的相应条款的规定。

分区保护包括资源严格保护区、资源有限利用区、设施建设区3类；分类保护包括文物建筑专项保护、石刻碑刻专项保护、名木古树专项保护、奇峰异石专项保护5类；分级保护分为特级景点保护、一级景点保护、二级景点保护、三级景点保护、四级景点保护5类。

5.10.5 九寨沟风景区

(1) 保护模式

风景区采用分级保护方式，划分为特级、一

级、二级、三级4个等级，另设风景区外围保护地带。

(2)保护要求

① 特级保护区　对特级保护区实行严格保护，禁止除科学研究外的一切人为活动。

② 一级保护区

——严格保持并完善风景景观环境，使景点更富魅力；

——可设置风景游赏所必需的游览步道、观景台等相关设施；

——景点的修缮、游步道的设置、小品的配置都需仔细设计，经有关部门批准后方可实施；

——对人文景点进行整改，使其达到景观要求。

③ 二级保护区

——保持并完善风景景观环境；

——禁止与风景游赏无关的建设行为。

④ 三级保护区

——游览设施设置及居民建设需经详细规划后，按规划严格实施；

——详细规划必须符合总体规划精神，建设风貌必须与风景环境相协调，基础工程设施必须符合规范及环保要求；

——保持并完善生态环境。

⑤ 外围保护地带

——保持并完善自然生态环境，禁止一切破坏生态环境的项目进入；

——除了已做规划的漳扎旅游镇外，不得再设置其他游览设施。

(3)植被培育规划

对风景区内植被状况未能达到风景环境或生态环境要求的地方进行重点植被培育。需重点培育的地段是：风景游赏区内树正、荷叶、则查洼3个居民寨进行风貌整改时所需绿化美化的地带；风景游赏区内逐步退耕还林的地带；漳扎旅游镇河谷的山地。这些地带应培育选用具有景观效果的乡土树种，并适当选用速生树种，能又快又好地达到培育效果。

小　结

本章的教学目的是使学生掌握如何查清保育资源，明确保育的具体对象，如何划定保育范围，确定保育原则和措施等基本内容。要求学生能熟练地进行保护培育规划。教学重点：依据保护对象的种类及其属性特征，并按土地利用方式来划分相应类别的保护区；以保护对象的价值和级别特征为主要依据，结合土地利用方式而划分出相应级别的保护区。

思考题

[1]保育规划的内容有哪些？

[2]分类保护的内容有哪些？

[3]分级保护的内容有哪些？

推荐阅读书目

[1]风景科学导论. 丁文魁. 上海科技教育出版社，1993.

[2]风景名胜区规划. 唐晓岚. 东南大学出版社，2012.

[3]风景区规划. 许耘红. 化学工业出版社，2012.

[4]风景区规划(修订版). 付军. 气象出版社，2012.

[5]风景名胜区规划原理. 魏民，陈战是等. 中国建筑工业出版社，2008.

[6]风景名胜区总体规划标准(GB/T 50298—2018).

[7]风景规划——《风景名胜区规划规范》实施手册. 张国强，贾建中. 中国建筑工业出版社，2002.

第6章 典型景观规划

典型景观能够给游览者提供较多的美感种类及较强的美感强度，其自身所具有的文化内涵，能深刻地体现出某种文化的特征和精髓，且在大自然变迁或人类科学发展中具有科学研究价值。这类景观大多是天成地就之事物或现象，也有人工之作，在每个风景名胜区中几乎都有，能代表本风景区主题特色，有些还是有独特风景价值的珍贵资源。在国家标准《风景名胜区总体规划标准》(GB/T 50298—2018)中已经做了明确规定，要求在风景区规划中“应依据其主体特征景观或有特殊价值的景观进行典型景观规划”。在风景区规划中要特别重视做好典型景观规划，突出风景区特色，永续利用风景资源。

6.1 典型景观规划

6.1.1 典型景观规划的目标

典型景观是风景名胜区内具有风景游赏价值的资源，是风景区吸引游客最主要的资源。典型景观规划要求通过对风景区典型景观特征与作用进行调查、分析与评价，合理利用典型景观的特征与价值，突出典型景观特点，保护好典型景观本体及其景观、生态环境，达到永续利用的目的；确定典型景观规划原则、目标、游赏项目及设施内容，组织专门的游赏活动；在规划中，还要处理好典型景观与风景区整体景观的关系，使典型景观得到突出并融于风景区整体之中。

典型景观规划的目的就是使这些景观发挥应有的作用，规划应在保护的基础上突出其景观特征，充分考虑其在风景名胜区中的所处地位，合理组织典型景观和其他景观，制定科学的游览规划，使其发挥最大的生态、社会及经济效益，并且使其能长久存在，永续利用。

6.1.2 典型景观规划的原则

(1) 保护典型景观的本体、景观空间及环境

保护典型景观的本体、景观空间及环境，即景观保护的可持续发展原则。风景名胜区的典型景观，无论是天成地就的自然景观，还是历经风霜的人工杰作，其形成和发展都非一朝一夕之功。因此，保护景观本体及环境，使其可持续发展，保护子孙后代的生存环境是规划的首要任务。典型景观的保护规划应从其成因和发展规律的角度出发，合理制定保护措施。以河北北戴河和福建海坛风景名胜区为例，北戴河沙丘和海坛沙山都有其形成的原理和条件，把这些海滨沙山开辟成直冲大海的滑沙场是利用其价值，但是，在滑沙活动中会带动一部分沙子冲入海中，这就同时要求十分重视和保护沙山的形成条件，使之能不断恢复和持续利用。

(2) 挖掘和利用典型景观的景观特征与价值

挖掘和利用风景名胜区典型景观的景观特征

和价值，突出特点，并结合风景区文化和地方特征，组织适宜的游赏项目与活动，使人们在充分领略这些景观之美的同时，寓情于景，寓教于乐，全面体现典型景观的综合价值，充分发挥其应有的作用。如崂山海上日出、黄山云海日出、蓬莱海市蜃楼等，都需要按其显现的规律和景观特征规划出相应的赏景点。岩洞风景资源，如桂林的芦笛岩、柳州的都乐岩、肇庆的七星岩、宜兴的善卷洞、北京的石花洞，景观特征风格各异，均需按其特色规划游览欣赏方式。岩溶风景区的山水洞石和灰华景观体系，黄果树和龙宫风景区的暗河、瀑布、跌水、泉溪河湖水景观体系，黄山群峰、桂林奇峰、武陵峰林等山峰景观体系，峨眉山的高、中、低山竖向植物地带景观体系，均需按其成因、存在条件和景观特征来规划其游览欣赏和保护管理内容。武当山的古建筑群、敦煌和龙门的石窟、古寺庙的雕塑、大足石刻等景观体系，也需按其创作规律和景观特征规划其游览欣赏内容、展示方式及维护措施。石林风景也是千姿百态的，如云南路南石林的岩溶风景地貌，广东仁化丹霞的石柱风景地貌，海蚀形成的烟台芝罘岛的石婆婆等，其游览欣赏内容都要围绕此特点来展开。

(3)妥善处理典型景观与其他景观的关系

风景名胜区内除典型景观外，还有许多其他景观资源，它们一起构成了风景区的整体景观风貌，典型景观的价值体现也离不开风景区整体环境的烘托。因此，在加强对风景区典型景观的保护与利用的同时，也应该妥善处理好典型景观与其他景观的关系。

6.1.3 典型景观规划的内容

风景名胜区内的典型景观往往是由多项景观要素共同构成的，如杭州西湖风景区，不仅具有独特的山水自然景观，其春华秋实、夏荷冬雪等自然之胜人竞咏之，留下了传颂千古的诗篇，与西子湖畔的大量名胜古迹互为印证。因此，典型景观规划必须按照风景资源评价的结果，将其最突出的特色归纳出来，对一部分重要的景观进行详细的规划。典型景观规划要求的深度比其他专项规划更为详细，图纸比例会更大，涉及景点的平面和竖向的规划，景点建筑风格、外观、色彩、体量等相关内容的规划，以及景观周边生态环境的保护、恢复与更新规划。为达到最佳的景观效果，应提出相应的规划实施方案。在图纸表现上应当有一定数量的规划意向效果示意图，以更加明确和直观地表达规划思想。在典型景观规划中需要强调的是无论建筑形式还是植物素材的选择，都应该与风景区整体环境相结合，也就是中国传统园林理论中所提到的“巧于因借”“因山构室”。尊重当地的历史人文环境。

典型景观规划是杜绝目前风景名胜区的“城市化、人工化、商业化”现象的重要框架，它对风景区今后的详细规划、景点的设计施工以及景区的管理都起着相当重要的指导作用。风景区性质的确定是在理论上确定风景区的发展方向，而典型景观规划是在外在表现形式上体现整个风景区的风貌特征。典型景观的规划包括地质地貌景观、建筑风貌、植物景观和历史文化保护规划等。

6.2 地质地貌景观规划

地质地貌景观如武夷山丹霞群峰、黄龙灰华、桂林喀斯特山体及溶洞、五大连池火山堆等不仅可以成为典型景观之一，它们本身还是其他典型景观的重要载体，没有黄山的群峰也就没有云海日出的景观，没有峨眉山的金顶也就没有了佛光的景观。所以，地质地貌景观规划包括了山体、水系、溶洞、竖向等多方面的内容。

在对典型景观进行地貌景观规划时，不能套用城市规划中的一些做法，如“三通一平”等在风景名胜区规划中是必须避免的，对山体环境的大量改造，会迷失建立风景区的初衷，应当根据景观的需要，适当地对地形进行整理，所以风景区中的道路规划不能盲目追求平坦、宽阔，应当尽量保持原有地形地貌，因地制宜地进行地貌景观规划。

6.2.1 规划原则

① 维护原有地貌特征与地景环境，保护地质

珍迹、岩石与基岩、土层与地被、水体与水系，严禁炸山采石取土、乱挖滥填、盲目整平、剥离及覆盖表土，防止水土流失、土壤退化、污染环境。

② 合理利用地形要素和地景素材，应随形就势、因高就低地组织地景特色，不得大范围地改变地形或平整土地，应把未利用地、废弃地、洪泛地纳入治山理水范围，加以规划利用。

③ 对重点建设地段，必须实行保护中开发、开发中保护的原则，不得套用“几通一平”的开发模式，应统筹安排地形利用、工程补救、水系修复、表土恢复、地被更新、景观创意等各项技术措施。

④ 有效保护与展示大地标志物、主峰最高点、地形与测绘控制点，对海拔高度高差、坡度坡向、海河湖岸、水网密度、地表排水与地下水系、洪水潮汐淹没与侵蚀、水土流失与崩塌、滑坡与泥石流灾变等地形因素，均应有明确的分区分级控制。

⑤ 地貌景观规划应为其他景观规划、基础工程、水体水系流域整治及其他专项规划创造有利条件，并相互协调。

⑥ 对于形成竖向条件特殊的地质景观与天文气象景观，如溶洞、冰川、地震遗迹、佛光蜃景等规划，必须维护其形成条件，保护珍稀、独特的景物及其存在环境，在规划中均应遵循自然与科学规律及成景原理，有度有序地开发与利用其潜力，组织适合其特征的景观特色。

⑦ 对于典型景观规划的某些重点地段，还必须做出具体竖向规划，尽可能地绘出图纸以指导后期的工程设计。竖向规划设计主要考虑地形条件、景观建筑布置、旅游活动与环境景观的关系，针对基地内土方的调配、道路或广场重要节点的标高、主要建筑物的室内外标高、排水方式等进行具体设计。

6.2.2 溶洞景观规划

溶洞作为地质地貌景观中重要且特殊的一类，其景观包括特有的洞体构成与洞腔空间，特有的水景、光象和气象，特有的生物景象和人文景源。只有具备一定的游览设施和欣赏条件的溶洞，人们能安全到达和欣赏的岩溶地下环境，才有风景价值。目前，我国已有200多个已开放游览的大中型岩洞。在大型溶洞中，常常需要附加人工光源和相关设施才能欣赏风景。因此溶洞景观规划有着独特的内容和规律。

溶洞景观规划应符合以下规定：

① 必须维护岩溶地貌、洞穴体系及其形成条件，保护溶洞的各种景物及其形成因素，保护珍稀、独特的景物及其存在环境。

② 在溶洞功能选择与游人容量控制、游赏对象确定与景象意趣展示、景点组织与景区划分、游赏方式与游线组织、导游与赏景点组织等方面，均应遵循自然与科学规律及其成景原理，兼顾洞景的欣赏、科学、历史、保健等价值，有度有序地开发与利用洞景潜力，组织适合本溶洞特征的景观特色。

③ 应统筹安排洞内与洞外景观，培育洞顶植被，禁止对溶洞自然景物过度人工干预和建设。

④ 溶洞的石景与土石方工程、水景与给排水工程、交通与道桥工程、电源与电缆工程、防洪与安全设备工程等，均应服从风景整体需求，并同步规划设计。

⑤ 对溶洞的灯光与灯具配置、导览与电器控制，以及光象、音响、卫生等因素，均应有明确的分区分级控制要求及配套措施。

6.2.3 水体岸线规划

水体岸线规划应符合以下规定：

① 严格保护水域的水体岸线，保护岸线的自然形态以及自然生态群落，提高水体岸线的自然化率；不宜建设硬化驳岸。

② 加强水体污染治理和水质监测，改善水质和岸线景观环境。

③ 利用和创造多种类型的水体岸线景观或景点，合理组织游赏活动。

6.2.4 规划案例

6.2.4.1 典型景观与其他景观的关系

在九寨沟风景名胜区钙华水景典型景观规划

中，钙华水景景观是九寨沟风景名胜区的景观展示主体，而风景区的其他景观如植物景观、雪峰景观、藏乡风情人文景观等都是风景区景观的有机组成部分，共同构成风景区的景观整体。钙华水景贯穿了风景游赏区，与其他景观相辅相成，主景、配景、风情，情景交融，构成了九寨沟的总体形象。因此，风景区的景观展示一定要把其总体形象完美地呈现给游览者。

6.2.4.2 地质遗迹保护措施

河南嵩山风景名胜区地质景观规划中，根据《地质遗迹保护管理规定》，嵩山风景名胜区地质遗迹区属国家级保护区，要求实施一级保护。

依据嵩山地质遗迹的分布特点，对构造遗迹点采用点状保护，对典型剖面采用线状保护，点、线结合。

“嵩阳运动”“中岳运动”“少林运动”3 次构造运动的不整合接触界面遗迹点，依据各遗迹点的出露范围划定保护边界。在每个遗迹点保护范围内，以出露最佳部位为基准点，通过基准点垂直不整合接触界面走向划轴线，轴线两侧各划定10m(共20m)的范围为核心保护区；核心保护区两侧各延伸20m为缓冲保护区；缓冲保护区以外20m至遗迹点保护边界的范围为实验区。

“五代同堂”典型地质剖面的保护，以剖面出露最佳部位为起点至终点划定剖面线，平行剖面两侧各10m(共20m)的范围为核心保护区；核心区两侧各延伸20m为缓冲保护区；缓冲区再各外延20m为实验区。

在每个地质遗迹点、线保护区的醒目位置，树立永久性“国家级地质遗迹保护区(点)”标志，并在正面标明批准单位及批准日期，背面标明保护条例。

在地质遗迹点、线的适当位置，树立永久性地质遗迹内容简介碑。正面为“简介”中、英文对照，背面刻撰地质遗迹科普图解。

构造运动地质遗迹保护区，按一定密度树立永久性边界标志。核心区边界根据地形条件树立石质护栏或隔墙，核心区与缓冲区之间用永久性标志(石桩)隔离，隔离桩上应有指示缓冲区及实验区的标记。

地层剖面遗迹保护区边界按50m间距树立永久性界桩。在剖面起点、重点及重要地质界限(详细至地层组)均树立永久性标志碑，碑上有简介说明。核心区与缓冲区的界桩间距为10m，缓冲区与实验区的界桩间距为25m，界桩上均标注指示性标记。

任何单位和个人不得在风景名胜区范围内及可能对地质遗迹造成影响的一定范围内进行开山、取土、采石、开矿、放牧、砍伐及其他有损保护对象的活动；未经管理机构批准，不得在风景区内采集各种标本及化石。违者送公安机关处理，情节严重者追究经济责任和刑事责任。

6.2.4.3 地质景观的开发利用

嵩山地质景观资源十分丰富，这些资源分布于嵩山的各大小山岭和险峰绝壁之处。将所有的景观资源全部开发是不现实的，也是不必要的。应筛选出一些适合开展旅游的地质景点和便于游客接近的地质遗迹景点，并划归到风景名胜区游赏活动的大系统中去，方便服务一般游客。对于那些有较高的历史价值和观赏价值，且是嵩山重要地质历史见证但远离主游线的景点，要开辟专门游线。专业性地质科研科教活动，需要参观较多的地质景观，可以组织专项游线，适当扩大游览范围。

地质景观的选择，应以包含广泛的地质地貌知识，富有科学性、知识性、趣味性、典型性、代表性、独特性为原则，尽可能互不重复。

地质景观突出展示了嵩山风景名胜区地质遗迹，如“五代同堂”“三大运动”等。

地质景点宜选择在游览交通干线附近，以便缩短游客步行的距离，尽可能考虑地质现象和地貌景点在小范围内的密集性，以便游客在有限的范围内看到足够精彩的地质现象和地貌景观，减少旅途疲劳。

在主要的游览线上，应适当穿插一些地质景观，供游客参观、摄影，以丰富游览内容，普及地质科学知识。

为了使游客在参观游览中，有一个舒适、理

想的临时休息点或最佳欣赏点，在游览线适当位置，布置亭台等建筑小品，以便让游客更好地休息或赏景。

按照有关保护管理规定对嵩山地质遗迹进行保护和管理，树立地质遗迹内容简介碑，以图、文形式对地质遗迹进行科普介绍。

在多功能的地质科研基地——地质博物馆，进一步完善科学研究、教学实验、标本陈列、简易实验等设施，形成既可以接待国内外各种专业会议、青少年地质夏令营，又能接待普通游人的活动中心，在寓教于乐之中，提高整个民族的科技文化素质。

为了较为系统地集中展示嵩山地质史，在地质博物馆至法王寺沿线规划一条地质科普文化展示带，丰富地质旅游内容。

6.3 建筑风貌规划

风景建筑是指风景名胜区内为游览、观景、休憩、文化娱乐、接待服务、信息购物、工程、管理等而建造的各类建筑的总称，风景区的建筑除具备使用功能外，又与环境结合构成景观，故风景区的建筑又称风景建筑。在分析风景要素中，有的把建筑物比作“眉眼”“点缀装饰”“画龙点睛”，有的把建筑物当作“组织”和“控制”风景的手段，有的把建筑物作为“主景”，把山水作为“背景”或“基座”。在保护自然的呼声中，也有的把建筑物看作“肆意干扰”大自然的败笔或劣迹。随着人与自然关系的变化，人们对建筑物在风景和风景区中的地位和作用还会有各种各样的认识和描述。然而，建筑物和建筑景观的确是风景区的活跃因素，将其纳入风景区有序发展之中，是合乎情理的共识。

6.3.1 名胜古迹建筑的保护与利用

风景建筑不仅影响视觉感官，而且其本身又满足一些功能需求，是一些服务型的设施，很多的名胜古迹本身就是风景建筑或与之密切相关，地方风情文化通常也与风景建筑息息相关。

过去名山寺观的修建，不像是平原地带那样横向展开的建筑，也难于保持建筑群的严整格局。历来的匠师们并没有采取简单化的做法，即大规模地平整土地、改造地形来勉强迁就格局，而是因地制宜，充分利用传统建筑的木框架结构的灵活性和个体组合为群体的随意性，以建筑的横向和纵向的布局来协调基址的自然环境和地貌特征。这种“因山就势”的做法，受到古代比较落后的技术条件的限制，但并非是主要的原因。中国古代的土、石方工程曾经有过极宏大的规模，达到了一定高度的技术水准，如水利工程、筑城工程、陵墓工程等。对于名山寺观建筑，可以大规模改造地形。“因山就势”是一种尊重大自然而非“人定胜天”的设计思想，主张积极地调整建筑的布局来突出地貌形和环境特征，使得建筑成为“风景建筑”，而与自然环境相映生辉、相得益彰。优秀的设计，甚至能够把基址的不利条件转化为造景的因素，更增益了其为“风景建筑”的魅力。

对于名胜古迹中建筑景观的处理要符合以下规定：

① 应在保护好原有文物遗迹的基础上，进行适当的修复和重建，除修复必要的游览步道和安全防护设施外，不得增设与其无关的人为设施，要控制游人数量，规范游人行为，保护周围森林植被及生态环境。

② 保护历史遗迹和自然景观的良好状态并遵循可持续发展原则。要整体保护，全盘协调，而不是局部的增补。保护不是完全地重现，而是有重点地保护、有选择地恢复、有步骤地实行。尊重景观的历史面貌和价值，突出纪念性、科学性、文化性，依照其历史内涵和现代文化要求，进行适当的调整改造和建设，将中华民族精神、物质文化的重要遗产完整地奉献给世人和子孙后代。

6.3.2 风景建筑规划设计原则

(1) 处理好建筑与环境的关系

环境是构成风景的主体，建筑则应服从于环境的需要，风景是主角，建筑是配角，环境是创作构思的焦点。风景建筑的规划设计应致力于表现建筑的美学特征，使之成为风景审美的对象。自然、人文风景中的建筑，其地位与作用是不同的。以自然风景为主的景点，建筑处于从属地位，仅起点缀、衬托的作用；以人文古迹或现代工程为主的景点，建筑往往是构景的主体，起着点明主题的作用。总体上说，自然环境与建筑的关系是主角与配角的关系，要本着借助优势、因地制宜的原则，把握体量尺度和建筑形式，做到“宜亭斯亭，宜阁斯阁”“因物造景，因景设亭”，使建筑与周围环境相协调，与景点意境相一致。

(2) 考虑影响和制约风景建筑的环境因素

影响和制约风景建筑的环境因素，主要有自然地理环境和社会人文环境两方面，另外风景区的性质和景观类型也会影响风景建筑的设计。

① 应维护一切有价值的原有建筑、建筑遗迹、古工程及其环境，严格保护文物类建筑，保护有特点的民居、村寨和乡土建筑及其风貌。

② 风景区的各类新建筑，应服从风景环境的整体要求，不得与大自然争高低，在人工与自然协调融合的基础上，创造建筑景观和景点。

③ 建筑布局与相地立基，均应因地制宜，充分顺应和利用原有地形，尽量减少对原有地物与环境的损伤与改造。

④ 对风景区内各类建筑的性质与功能、内容与规模、标准与档次、位置与高度、体量与体形、色彩与风格等，均应有明确的分区、分级控制措施。

⑤ 在景点规划或景区详细规划中，对主要建筑宜提出总平面布置、剖面标高、立面标高的总框架、同自然环境和原有建筑的关系 4 项控制措施。

6.3.3 规划设计要点

(1) 选址恰当，布局合理

风景建筑的规划设计，应结合周围环境的特点，如此才能做到人工美与自然美的高度统一。我国古代在景观建筑选址上曾提出“因山就势”“远取势、近取质”和“因境而成”的设计思想，并建造了大量有特色的风景建筑。

“因山就势”就是利用地形环境和地势、地貌特点，布置和设计相应的建筑物，对环境起到点缀、修饰作用。“远取势、近取质”就是布置具体建筑物时，大环境要考虑地貌特征即“势”，而小环境要考虑地面的岩性及风化后形成的景观形象即“质”。因此，在建筑中要考虑“势”与“质”，考虑远眺与近观，充分利用地形地物，使人工与自然融为一体。“因境而成”就是在建筑中不要破坏环境，不要大规模平整土地，利用小环境建成相应的建筑，使人工建筑与自然环境珠联璧合、相得益彰。

① 风景建筑应当尽量布置在空间界面的特征点上。要善于利用地势、地貌特点来布置风景建筑，可选择一些有代表性的特征点，如制高点地势突出，视野开阔，可多处借景，成为控制性景观，是风景建筑的最佳选择；游路交叉口和转折点，因游人的行进方向突变，成为多个方向的视线焦点，可布置风景建筑；一些景观和地貌的标志点或特异点，可设置风景建筑，来强调景观，并为游人提供观赏点。如峨眉山清音阁的牛心亭，建于溪流中的牛心石上，两旁水流湍湍，架双桥与两岸相连，形成“双桥清音”的独特景观。若游览的行程过长，会出现一些景观空白点，易让人产生疲劳，而布置风景建筑可使景观延续不断，使游人保持游兴。

② 不破坏原有的景观格局，旅游设施应远离主要景点，如美国大峡谷国家公园谷底是主景区，服务设施就设在峡谷的山顶平地上，而约瑟米蒂因主景在山顶，旅馆就设在谷底。厕所、污水处理厂、垃圾处理厂、停车场等应建在游览区、娱乐区、野营区全年主导风的下风侧，以减少污染。

③ 严格控制建筑密度，设置适宜的建筑间距，可降低人为因素对环境的影响，保持风景的自然性和原始性。以下是根据世界旅游组织顾问爱德华·英斯基普先生的研究提出的规定，供实际规划和设计参考：极低密度，为独立房或平房，每公顷 12~15 间；中低密度，为 2~3 层楼房，每公顷 25~75 间；中高密度，为 4 层楼房，每公顷75~150 间；高密度，为高层楼房，每公顷在 300 间以下。

④ 根据视觉变化的规律，考虑风景建筑、观赏者和景点之间的相对位置和合理距离，让游人有最佳的观赏角度和视距。

⑤ 风景建筑应有一定的缩进。建筑物缩进是指建筑必须与海(湖)岸线、道路、建筑物基地分界线保持一定距离。其中，与海岸线应保持 50(印度巴厘杜阿岛海滨)~60m(多米尼加波多普拉海滨)及以上的距离。这样既可以保护海岸线的自然风貌，保证海滨地带成为共享空间，保持游客活动不受干扰，也可防止建筑物受海浪冲击而崩塌。

(2)造型得体，体量适宜

在人工建筑选址中，由于自然环境的不同，采取不同的建筑形式。山体的建筑要与山势融合，不破坏山体的轮廓线，临水建筑应满足游客亲水、近水的需求。

风景建筑体量大小的选择应"因地制宜"，因环境而异，即"大环境，大体量；小环境，小体量"。建筑物高度一般不超过 4 层或 15m(树木的高度)。

总之，风景建筑"宜小不宜大，宜散不宜聚，宜低不宜高，宜隐不宜显"。

(3)选材得当，色彩协调

① 风景建筑最好就地取材，既能与环境融合，也可以用现代材料模仿当地材料。山地的风景建筑质地可粗糙些，使简洁朴实的外形易和周围的环境融合。而临水或跨水而建的风景建筑质地可细腻些，会显得轻巧、通透。如江南水乡民居多为粉墙黛瓦，山村建筑则多为板墙草舍或石砌木楼，步道也多为青石板。这些浓郁的乡土风格，在新的景点建筑规划设计中也要继承运用。

② 风景建筑的屋面和外墙的色彩与周围环境协调，材料、工艺和室内装修等也要注意与环境融合。

③ 风景建筑的细部处理也十分重要，且要广泛运用建筑小品，做到"小中见大"，发挥一般建筑大势不能起到的独特作用。建筑小品功能简明、体量小巧、造型别致、富于特色，并讲究适得其所，是形成完善的建筑空间和造园艺术不可忽略的组成要素之一。

(4)风格统一，个性鲜明

一个风景区应有一个统一规划的建筑风格，所有的风景建筑应与规划风格协调，切忌"大杂烩"式的设计。对面积较大的风景区，在大统一的前提下，局部景区可以有小的变化，相邻景区之间的建筑风格应有过渡，但不能反差太大。

各地的风景区应创造出不同的风景建筑风格，以体现出特有的地理、人文内涵，形成自己鲜明的个性。中国传统的园林建筑和各地的乡土建筑造型丰富，具有深厚的文化内涵，可以借鉴。

随着全球化的趋势，风景区的建筑也不可避免地受到这种趋势的影响，大江南北各个风景区内充满了一些平庸、面貌千篇一律的建筑，不同地区风景区内建筑失去了多样性的特色而趋同。吴良镛先生在《世纪之交的凝思：建筑学的未来》一文中明确提出："现代建筑地区化，乡土建筑现代化，殊途同归，共同推动世界和地区的进步和丰富多彩。"风景区中的建筑，由于其特殊的景观和文化意义，更要担负起这个重任。在风景建筑规划设计中，要维护一切有价值的原有建筑及其环境，各类新建筑要服从风景环境的整体要求，建筑相地立基要顺从原有地形，对各类建筑的性质功能、内容规模、位置高度、体量体形、色彩风格，甚至一些其他相关的要素，都要做出明确的分区分级控制措施。

四川黄龙风景名胜区建筑通过以下 3 个方面的规划设计突出了其地域文化的特色：① 采用川西北独具地域特色的藏羌建筑，很好地结合了当地的地形、气候、居民的生活方式和技术条件。② 相对分散的建筑群尺度上与狭窄的山谷地形配合得当，而每个建筑群中的建筑相对密集紧凑，又更多地保留了自然的地貌和旅游所需的停车场等空间，这种相对集中布置形成的建筑群落体量适中、化整为零、随地势布置，达成了与传统藏羌村寨相似的景观效果；封闭的阳台和开敞的活动平台不仅适应了当地的气候条件，还显示了藏羌建筑的特色。③ 关注巷道和台阶，很好地阐述了藏羌村寨的传统风韵；采用传统建筑形象的"陌生化"的处理手段，以现代材料技术和手法来表达传统的地域特色，使得建筑形象既新颖又熟悉，使其在现代和传统之间达到某种平衡。

6.3.4 规划案例

6.3.4.1 福州市鼓山风景名胜区

鼓山风景区是以摩崖石刻、古寺名刹、天风

海涛、瀑潭溪泉、山林峰石为景观特色，供开展科教健身、游憩、度假等活动的城郊山岳型国家级重点风景名胜区。依据其资源评价结果得出以下结论：鼓山风景区风景资源特征是以鼓山历代摩崖石刻为代表的人文风景，在国内居优秀水平；以奇石、峡谷、溪流、潭池、瀑布为代表的山水景观在国内处于优良水平；以众多珍稀濒危动植物为代表的自然生态环境在全国居优良水平。典型景观规划对一些建筑景观资源提出了保护措施，并规划了具体的建设项目和方法。

(1)特征与主要作用

鼓山风景名胜区除著名的涌泉寺及其他历史建筑外，还有服务接待建筑，包括一些有历史文化意义的需保护的建筑群，以及一些极具地方特色的民居、会所，共同构成了鼓山风景区又一特色，融功能性与实用性于一体，须加以保护利用及有序开发，在不破坏景区环境的前提下，促进景区的可持续发展。

规划原则与目标：

① 风景区建筑要与周围环境相协调，维持有价值的原有建筑及其环境，保留有特点的居民和乡土建筑。建筑控制在2层，局部允许3层。

② 建筑在选址和造型上，除考虑功能要求外，又要有利于点缀、烘托景观，体量宜小不宜大，色彩宜淡不宜浓。

③ 在对原有建筑进行调查分析的基础上，按规划总布局的要求，分别确定保留、改建、新建的建筑分布。

④ 建筑材料宜用地方材料，美观经济、坚固耐用，又与环境协调。

⑤ 将可依托城市的建筑服务设施尽量设在景区以外。

(2)规划建筑项目与方法

涌泉寺建于后梁开平二年(908年)，现为省级文物保护单位，其建筑应完整加以保护，不得更动，其旁回龙阁建于乾隆二十七年(1762年)。因此，在涌泉寺附近的建筑应考虑与古建筑相协调，以传统形式为主。古道十八景群和下院的建筑以我国古典建筑风格为主，体现民族特点；般若庵以南的建筑形式可由传统的形式与现代的建筑风格相结合。

长田—鳝溪以自然景观为主，入口处的白马庙及其周围建筑宜采用福州当地的建筑风格，青少年野营区的建筑造型要新颖轻巧活泼，并通过严格的管理措施，使整改后达到风景区整体景观要求的建筑风貌得以永久保持下去。

鼓岭山庄历史上是避暑胜地，曾有众多游客来此避暑。因此，可恢复鼓岭山庄遗址，可建设中外传统的别墅，寻求与当地文化背景的融合。尽量限制并改造在建的有碍景观的建筑，个别建筑细部处理要与周围新的住宅群相协调，使各种不同风格的建筑相得益彰。对于风景区原有建筑风貌有较大差异的建筑，要予以整改，并控制景区建筑密度。对于原有建筑风貌差异不大的建筑，通过对其外观的修饰，使其符合景区建筑整体风貌，并通过严格的管理措施，使整改后达到风景区整体景观要求的建筑风貌能永久保持下去。

南洋应形成以自然山野环境为主，建筑主要为山村村寨，风格简朴有野趣的整体效果，严格控制景区内的建筑密度及居民量，增加规划的可操作性。并通过严格的管理措施，使整改后达到风景区整体景观要求的建筑风貌能永久保持下去。

绝顶峰的峰顶有许多有价值的摩崖石刻，不宜多设建筑，破坏环境气氛。为满足观景功能需要，可设少量的平台、石凳等休息服务设施，风格要简朴。各个服务设施要服从风景环境的整体需求，能够融入风景游赏区的自然环境中，并在此基础上表现出景观建筑风貌。

凤池白云洞建筑要考虑到周围环境的因素，更要衬托出自然景观的效果，宜用当地民族建筑风格。对景区内的遗址和古迹建筑，要进行保护和维修并保持其建筑风貌特色。对完全背离环境要求的建筑，必须予以整改，对于要求有差距的建筑，应通过建筑外装修、环境设计等进行整改，使之达到景区建筑风格要求。

磨溪建筑体量不宜高大，数量应尽可能少，要求不破坏自然景观，完整地保持其自然风貌。对服务接待性建筑，在外观上要接近居民建筑的风格又有所变化，布置上宜小不宜大。在满足功能要求的前提下，建筑应依山顺势，灵活布局，化大为小。建筑高度不超过2层，色彩也应基本近似于传统建筑，与自然山水相契合。

(3) 建筑景观规划

鼓山风景名胜区的建筑应是共性与个性的有机融合体。闽南的传统建筑风格是风景区所有建筑的共性，个性则表现于3类建筑的区别：风景区内的古迹是闽南古典建筑风格；风景区内的服务建筑及设施在闽南建筑风格的基础上，有一些局部变化，兼具实用功能性；风景区内的居民则保持闽东南居民传统特色，朴实大方。风景区建筑景观的成熟将是风景区走向成熟的标志。

6.3.4.2 新疆喀纳斯地区贾登峪综合旅游基地建筑风格控制规划

新疆喀纳斯地区贾登峪是喀纳斯的门户，是通往喀纳斯湖景区的交通关口，现已建设成为喀纳斯旅游接待和管理的大本营，布尔津县封山育林的示范基地。

① 建筑结构可采用木结构(比例占到60%以上)，体量较大的服务性建筑可用钢筋混凝土结构，建筑室内室外均要达到防火要求，严格按照国家及地方有关规定实行，以1层建筑为主。

② 旅馆单体建筑层数不得超过2层，可充分利用坡顶空间。

③ 旅馆单体外观要表现出木屋特征，屋顶必须做坡顶，坡度与民居相仿，基本大于45°，建筑形式简单、朴实，门窗等外观细部以朴素简洁为原则，参照当地民居的形式。

④ 建筑色彩朴素大方，以保留原木本色为主，屋顶色彩做到统一协调，严禁大红大绿的色彩出现，要与山地林木的大背景相协调，强调其整体感，避免不协调个体建筑的突出。屋顶色彩以蓝、绿色为主。

⑤ 与规划风格不协调的现有建筑应当拆除或改建。

6.4 植物景观规划

植物是有生命的有机体，在不同的自然条件下所形成的植被形态、植物演替规律都有所不同，因而在植物景观规划中，特别是植被的保护和恢复中，不同的植被类型应有不同的具体措施。植被是覆盖地表的植物群落的总称，因光照、温度和降水量等环境因素不同而影响植物的生长和分布，进而形成不同的植被，如高山植被、草原植被、海岛植被等。植被区划是在一些地段上，依据植被类型及其地理分布的特征，划分出高中低各级，彼此相区别，但在内部具有相对一致的植被类型及其规律组合的植被地理区。区划不仅可以提供植被资源及对生态环境做出确切的评价，从而因地制宜地制定出利用和改造植被的合理措施，同时也是制定合理布局和利用植被，保护、美化环境，改造自然方案以及风景名胜区规划所必需的科学依据和基本资料之一。

6.4.1 中国植被区划

根据中国植被区划的原则、依据和单位，中国植被划分为8个植被区域(包括16个植被亚区域)、18个植被地带(包括8个植被亚地带)和85个植被区。

① 大兴安岭北部寒温带落叶针叶林区域　中国大兴安岭北部的落叶针叶林是欧亚大陆北方针叶林的一部分，属于东西伯利亚南部落叶针叶林沿山地向南的延续部分。

② 东北、华北温带落叶阔叶林区域　本区域包括东北东部山地，华北山地，山东、辽东丘陵山地，黄土高原东南部，华北平原和关中平原等地。

③ 华中、西南常绿阔叶林区域　本区域包括淮河、秦岭到南岭之间的广大亚热带地区，向西直到青藏高原边缘的山地。中国亚热带是世界上南北两半球同纬度地区唯一的面积最广大的湿润亚热带，是中国的宝贵财富。

④ 华南、西南热带雨林、季雨林区域　包括北回归线以南的云南、广东、广西、台湾的南部以及西藏东南缘山地和海南诸岛。

⑤ 内蒙古、东北温带草原区域　包括东北平原、内蒙古高原和黄土高原的一部分。本区域可以划分为草甸草原、典型草原、荒漠化草原、森

林等。

⑥ 西北温带荒漠区域　中国荒漠地区年降水量大部分在200mm以下，很多地方不到100mm，甚至不到10mm，属于温带干旱气候和极端干旱气候。这里的植物普遍具有旱生特征，其旱生形态有：叶片缩小，叶子退化成刺，叶片完全退化，茎、叶被有密集的茸毛，或出现肉质茎和肉质叶等，以便减少水分蒸发或贮集水分。同时，这些植物的根系特别发达，有的深达几十米，有的根系重量是地上部分的8~10倍，以便能从更深、更广的土层中吸收水分。这是在干旱生态环境下植物长期适应演化的结果。

⑦ 青藏高原高寒草甸、草原区域　包括青海和西藏东南半部的大部分地区，并且包括川西和云南西北部部分地区。

⑧ 高寒荒漠区域　分布在西藏西北部，海拔高度在4500~5000m及以上。年降水量在100mm以下，有的地方不到20mm，气候特点是寒冷而干燥。植被是以垫状驼绒藜、藏亚菊、蒿类为主。

6.4.2　植物景观特征

植物景观是风景名胜区中重要的典型景观之一，由于植物的生长为动物、微生物和人类提供了良好而多样的物质基础及生存环境，而遒劲苍翠的古树名木、绚丽多彩的植物季相以及顽强奋进的生命表征，使植物景观成为自然与人文特征完美结合的典型代表。无论是在早期自然审美及中国山水画论中，将植物比作“毛发”，还是近代审美中形成“主景、配景、基调、背景”的理论，都表达出植物景观既是构成风景环境的必要元素，也是保护与培育风景资源的重要载体。植物景观的形式必须与该地的地貌和周围环境的总体风景格调相协调。

在风景区中，根据植物景观所具有的不同的组成结构、外形、年龄、色彩而形成不同的景观特点，大致可以分为以下几个方面：

(1)林相

林相是森林群体的基本面貌，由构成森林树木的树种、组合状况与生长状况所决定。凡是具备并能发挥其风景效应的森林称为风景林。不同风景林有不同的林相。树木有常绿树与落叶树之分，森林也有常绿林与落叶林之分。常绿林与落叶林的林相，特别是在树木的落叶期间差异很大，给予人们的感受是前者茂密、郁闭、阴暗与幽深，而后者则虽也给予人同样的感受，但相对稀疏、通透与显露。落叶树与常绿树的混交林，则介于两者之间。树木还有针叶树、阔叶树与大叶树之分，松、杉、桧、柏林表现出挺拔、坚强与厚密的效果；桦木、壳斗、桉树林表现出圆顿与粗疏；榆树、柳树、合欢及银桦就显得十分柔和。一般针叶林的林冠线是屈曲起伏的，而阔叶林则往往是平缓的，至于由棕榈、椰子及槟榔等树木所组成的大叶林则会有潇洒的意味，特别是在林缘处，灌木林与乔木林也有不同的效应，前者往往是平视与俯视的效应，不形成雄伟、高大的感觉；后者在仰视的情况下会对比出人身的渺小，进入林中便感到渺茫。疏林、密林，林间空隙的大小，林下有无下木或草木，一层林冠还是多层林冠等，都表现出不同的林相，给予人不同的感受。

(2)季相

季相是林木或森林因季节不同而呈现出不同的外貌。同一风景林由于季节的不同，景观也有所不同；不同林相的风景林，其季相更为明显。能否表现出明显的季相，林木的种类是主要因素。在温带地区，四季分明，季相也是明显的。繁花似锦，百草含芳；浓荫密枝，万木向荣；白萍红树，山瘦林薄；长松点雪，枯木号风，这都是对季相的一种描述，对春夏秋冬四季四种景观的描述。不是所有树木都在春天开花，但人们总把春天看作开花的季节，而有花、繁花就成为春天的季相；也不是所有树木的树叶到秋天都会变红，但人们为了突出秋天的季相，总是在风景林中配置上秋色叶植物；阔叶树很能表述夏日的景观，而干枝屈曲突兀、色彩特殊的树木就能够同雪景相配合而强调出冬日效果。我国传统以桃、梧桐、枫与梅作为春夏秋冬的象征，正是由于这些树种所构成的森林更能充分表现出不同的季相。

(3)时态

植物晨昏的面貌不同，由此可表述出森林的

时态。有些植物的花是早晨开放的，有些花到晚上就闭合起来；大多豆科植物的叶片是早上展开，入夜闭叠的；风景林时态的景观效应虽不强烈，但也生动地表现出丰富变化的景观特点。

(4) 林位

风景林同赏景点的相对位置关系，使人们对森林的欣赏有视域、视距与视角的不同，对森林的感受有局部和全貌、外观和内貌、清晰和模糊等不同的感受，在景观上模糊也是有价值的。相对位置的不同，使人们对森林的欣赏视角不同，产生平视、仰视或俯视的效果。在仰视的景观中，景物显得雄伟高大，对比出自身的渺小；俯视就令人自豪，这是谁都能感受得到的效果。即使并不高大的风景林，仰视时也有雄伟的感受；任何宏伟的森林，一旦被俯视，同草原、灌丛或小草的区别也就不大了。

(5) 林龄

宏观地说，森林不过是地球表面植被兴替的过程，森林的年龄意味着植被演变中的各个时期；一般地说，森林的年龄有幼年林、壮年林与老年林等。林龄能决定林相从而表现出不同的景观，无论高大还是矮小，稀疏还是茂密，开朗还是郁闭，幽深还是浅露。风景林的季相也受林龄的支配，季相的出现有迟有早，有持续有久暂，表现有充分或含糊；高龄树木高大的形体，露根、虬干、曲枝等形状与兀立刚劲的姿态，都能予人以深刻的印象，铭记着一个风景林的雄伟、苍劲与永恒的景观效应。

(6) 感应

感应是林木接受自然因子而迅速做出能为人类感官感觉的反应，较为突出的是接受风力的作用所产生的效果。叶片撞击的萧瑟之声有无限凄楚的感觉；气流通过细小、均匀的树叶空隙的震动发声，使森林能发出如海涛汹涌一般的，又如雷鸣一般的声音就是“松涛”。松涛既能加强风景林的气氛，还不受视线的阻挡而起着引人入胜的作用。枝梢柔软能接受风力作用而不断变换树形的林木，就能表现出不同的姿态，使人感到景物生动的意味，“柳浪”就是这样。此外，林木叶面光滑，蜡质或角质层较厚，且叶面的朝向近乎一致，有强烈反射日光的效果，能使景色更为辉煌。

(7) 引致

引致是由于森林的存在而伴随产生的事物所增添的景观与感受，如含烟带雨、荫重凉生、雪枝露花等，都能增添景观的效果和游憩的舒适。还有鸟踪兽迹、蝉鸣蝶翩出没于林间，景观就更为生动自然了。蝉声是听觉上的效果，与松涛一样不受视线的限制而起着引人入胜的作用，蝉在夏季才有，还有加强季相的作用，“蝉噪林愈静，鸟鸣山更幽”是我国古人对动物的鸣叫能增添自然气氛的写照。

(8) 其他感应效果

上文已经提到了声与色的感受，不论是花色还是叶色，树声还是虫声，都可以作为风景林景观的特点。但芳香特点的效果，也是不容忽视的。芳香大部分发自植物的花部，作用于人们的嗅觉感官，扩大了对景观的欣赏面，加深了对景物的感受，芳香也不受视线的阻挡，有加强自然气氛与引人入胜的效果。一处风景林的名产，对游客是很有号召力的；很多名产是食品与饮料，这是从味觉上感受的景观特色。在较大的风景林中，不必禁止游客对树木果实的采摘，这样可以开辟更多欣赏方面，提高游赏的兴趣。

6.4.3 植物景观保护与优化原则

对于风景区植物景观的保护和优化利用，有以下原则：

① 地带性植被保护与恢复演替原则　风景区植物景观保护利用的目的是维护区域自然生态系统的自然属性，提高生态系统的稳定性，因此，必须遵从地带性植被保护与恢复演替的规律。

② 景观多样性与发展地方景观特色原则　在风景区森林植物景观优化利用中，应通过多种途径发展景观多样性，实现景观功能的多样性。同时，还要强调保持地方特色，包括对古树名木以及其他特色观赏植物的保护和利用，应以强化景观特色和旅游功能为核心，实现生态、社会效益等综合发展的多功能优越性。

③ 短期措施与长期目标结合原则　风景区植物景观的保护和优化是一个长期的过程。因此，需要在原有的基础上，根据各类植物景观的特色，以及风景区各区域的功能需要及发展要求，有计划、分阶段地进行优化调整。

6.4.4　植物景观规划方法

(1) 放任

对于人力之所不及或无关于风景区景观的自然植被，从植被演替的角度出发，采取绝对放任措施，排除一切对自然植被有害或有利的人为干扰，非但土崩、水蚀不加防范，也不允许人力的救援，即使是发生了严重的病虫害或火灾，也不允许防治或扑灭。这类放任的做法是对自然植被的一种尊重和保护，如美国的一些国家公园就采用这种方法，但中国的风景区一般是不采取放任的。

(2) 保护

凡符合风景区景观要求的，能增进景观效果的自然植被，都属于保护之列。绝大多数风景区的自然植被是采取保护措施的，使之不遭受任何损害与破坏，不论是人为的损害，还是自然界的病、虫、风、雷、雪、火、土崩、水蚀等的损害。从建立风景区起，对于古树名木、珍稀植物与濒危物种等，更应是保护的重点。补植、封山都是可取的手段；建立规章制度与立法的保护，也是重要的一环。

(3) 调整

为了强调风景区整体或局部的特色及与其他景观的协调，对林相的效应有不同的要求，有的把针叶林改变为针阔叶混交林，把常绿林改变为常绿落叶混交林，还有的把草原逐渐改变为乔木林、灌木林等。如果感到单纯的林相单调而枯燥，应加以点染，使色彩、明暗、轮廓等丰富起来，补种与配置观形、观叶、赏花、闻香等植物，尽管这些改变是分段落的、长时间的过程。为突出季相，使林缘线、林冠线清晰或曲折，就要使林相丰富起来。林相的调整应考虑植被的演替规律和原有植被的群落结构。

6.4.5　植物景观规划规定

对于植物景观规划应符合以下具体规定：

① 维护原生种群和区系，保护古树名木和现有大树，培育地带性树种和特有植物群落提高生物多样性的丰富程度。

② 因境制宜地恢复、提高植被覆盖率，以适地适树的原则扩大林地规模，发挥植物的多种功能优势，改善风景区的生态和环境。

③ 利用和创造多种类型的植物景观或景点，重视植物的科学意义，组织专题环境游览和活动。

④ 对各类植物景观的植被覆盖率、林木郁闭度、植物结构、季相变化、主要树种、地被与攀缘植物、特有植物群落、特殊意义植物等，应有明确的分区分级的控制性指标及要求。

⑤ 植物景观分布应同其他内容的规划分区相互协调；在旅游设施和居民社会用地范围内，应保持一定比例的高绿地率或高覆盖率控制区。

6.4.6　规划案例

6.4.6.1　石林长湖风景名胜区植物景观规划

(1) 分区规划简介

长湖景区的规划分为入口景区、滨水景观区、野营活动区、集会广场区、生态林区等景区。入口景区是长湖唯一的出入口，是整个景区的门脸，其中包括大门和园务管理处；滨水景观区包括长湖及湖滨地带，可开展水上活动和环湖观光，是长湖景区的主体；野营活动区设置在长湖北岸的林间空地，主要开展野营及烧烤活动；集会广场区设在长湖东岸的平地，可举行篝火晚会和歌舞表演，并设置餐厅、小卖部和自行车出租处，方便游人使用；生态林区包括主景区四周的山林地带。

(2) 植物景观资源现状

① 原生植被　根据野外调查，景区内原有植被类型多样，主要有以下几类：

滇青冈林　主要树种为滇青冈、野漆树、滇油杉、滇合欢、清香木、滇朴、云南柞栎、山玉兰、头状四照花等。

沅江栲林　主要树种为沅江栲、滇石栎、云南松、旱冬瓜、麻栎、香叶树、厚皮香等。

黄毛青冈林 主要树种为黄毛青冈、滇青冈、碎米花杜鹃、野山茶等。

栓皮栎林 主要树种为栓皮栎、麻栎、火棘、旱冬瓜、盐肤木等。

云南松林 主要树种为云南松、麻栎、高山栲、滇油杉、华山松等。

灌木林 主要树种有火棘、碎米花杜鹃、野山茶、清香木、厚皮香、马桑、青刺尖、棠梨、小铁仔、矮杨梅等。

草地 长湖的这一植被类型主要分布在沿湖地带和森林平缓地，植物种类十分丰富，有蕨类植物、滇紫草、沿阶草、兔儿风、狗牙根、画眉草、龙胆、芒、野牡丹等，湖岸分布有芦苇、三棱草、灯芯草等沼生植物，湖中有天然生长的水草。

② 人工植被 景区内人工补植漆树、栾树、核桃、黄槐、头状四照花、鸡爪槭、清香木等树种，长势良好。

(3) 植物景观规划

① 规划原则及特点 景区内原有植被以常绿树种为主，缺少色彩和季相变化，为增加植物景观的多样性，考虑植物的形、色、香，结合景点的规划，在风景建筑的周围、游路两旁及林间，可适当增加一些树形优美、冠大荫浓的风景树，种植观叶树、观果树、闻香和开花鲜艳的花灌木，丰富景区的季相变化和层次变化，做到四季有景可赏，同时能满足游人的各种休闲活动。植物配置尽量采用丛植、片植、林植等自然的种植方式，以维护和增强景区的自然气息。

② 景区、景点及游览道路的植物规划

入口景区 入口景区的景观给游人以第一印象，因现有大门造型较为规整，拟在大门两侧配置形态优美和花、果鲜艳的灌木，如火棘、杜鹃花、山茶、南天竹、金丝桃、月季等，进行自然式的基础种植，软化大门的生硬线条，营造自然轻松的环境氛围。入门后车行道两旁以滇朴、枫香和桂花间植，滇朴和枫香秋季叶色变化，随着车行道的延伸，在深秋时形成枫叶夹道的秋季景观。

滨水景观区 滨水景观是整个风景区的精华部分，长湖的西南有两个小岛，可作为水上活动的交通枢纽，也可与湖岸景观形成对景，丰富景观层次，由于小岛相对湖面的标高较低，岛上植物选择以湿生性树种为主，其中一个小岛配置大量鸡爪槭，起名为红枫岛，鲜艳的色彩给小岛带来了无限生机。长湖沿岸多为草地和一些沼生植物，在春季和盛夏时节，草地上的各种野花竞相开放，异彩纷呈，漫步在酥松的草地上，幽香扑鼻，远处的山峦倒影在清澈的湖水中，令人心旷神怡。但岸边缺少高大的乔木，景观略显单调，特别是夏季游人徒步或骑自行车时，没有遮阴树种，秋季的景观也不佳，可在沿湖岸及湖中小岛上种植水杉、池杉、杉木、垂柳、云南柳等湿生性的树种，保护湖岸，使其免受湖水的冲刷，可起到遮阴的作用，让游人觉得舒适，还可丰富长湖的岸线和天际线，丰富景观层次。

野营活动区 长湖风景区的旅游接待尽量采取区内游、区外住的方式，景区内及附近不建造旅馆。旅游接待有两种形式：一是临时性的林间野营；二是村民家庭接待，把离景区最近的尾则村和阿着底村作为接待基地，让游人了解和体验到撒尼人的民俗风情，增加旅游的乐趣，同时带动当地经济的发展。野营活动区主要是针对青少年设置的，为方便活动，多选择地势相对平缓的地段，植物配置的风格可活泼一些。在林间间植枫香、三角枫、鸡爪槭等色叶树种，丰富景区的色彩和层次；在缓坡地带以不同色彩(叶色、花色)和高度的植物搭配，形成一些局部以植物为主的景点，如梅、桃、蜡梅、杜鹃花、桂花等；中间留出一部分空地，为游人提供天然的共享空间，方便交流和游憩。

集会广场区 该区的游人密度相对较大，是公共设施集中的景区，人工气息较浓，植物配置以自然的种植方式为主，可适当引种一些适宜当地生长、景观优美、养护管理方便、不易得病虫害的树种进行配置。风景建筑如茶室、游船码头、小卖部、出租处等的外墙和屋顶可用一些观赏价值较高的攀缘植物进行装饰，墙角采用自然式的基础种植，以掩盖建筑的硬线条，保持风景的原始性和自然性。

生态林区 为保护整个风景区的生态环境，

根据景观质量和生态保护的要求，长湖应划定一级（核心）景观保护区、二级景观保护区和三级景观保护区。生态林区是必须进行严格保护的一级（核心）景观保护区，严禁引种外来植物，只能采用乡土树种进行配置和调整。长湖风景区的原有优势树种之一——云南松，由于受到小蠹虫的严重危害，植物景观受到影响。规划中对长湖景区的林相进行改造，对以云南松为主的群落，补植滇青冈、栓皮栎、华山松、云南油杉、麻栎、滇石栎、高山栲等适宜生长的乡土树种，逐渐淘汰云南松，形成以滇青冈和华山松为主的林相结构。

游览道路 车行道两旁以滇朴、枫香和桂花间植，营造浓郁的秋景，增加色彩的变化。自行车道和游览小道旁均采用自然的群落式种植，尽量保留原有的植物群落现状，不得进行人工修剪，让充满野趣的小道成为长湖风景区的特色之一，给游人留下深刻的印象。

（4）树种选择

乔木类 滇合欢、华山松、滇青冈、云南油杉、栓皮栎、石楠、麻栎、滇石栎、滇朴、山玉兰、白玉兰、紫玉兰、梅、柿、山楂、桃、香叶树、李、樱桃、木瓜、垂柳、云南柳、枫香、三角枫、香椿、水杉、池杉、落羽杉、杉木、圆柏、刺柏、侧柏、黄连木、清香木、头状四照花、女贞等。

灌木类 火棘、杨梅、棠梨、平枝栒子、十大功劳、碎米花杜鹃、马缨花、荚蒾、含笑、石榴、南天竹、垂丝海棠、山楂、小叶女贞、厚皮香、云南山茶、金丝桃、蜡梅、木芙蓉、叶子花、鸡爪槭、月季等。

藤本类 迎春、爬山虎、红素馨、蔓性蔷薇、常春藤、刺悬钩子、金银花等。

竹类及其他 金竹、箭竹、麻竹、慈竹、棕榈、芭蕉等。

6.4.6.2 太湖风景名胜区西山景区植物典型景观规划

（1）植物景观规划思想

维护原生种群和区系，保护古树名木和现有大树，培育地带性树种和特有植物群落。

因境制宜地恢复、提高植被覆盖率，以适地适树的原则扩大林地，发挥植物的多种功能优势，改善景区的生态和环境。

利用和创造多种类型的植物景观和景点，重视植物的科学意义。

植物景观分布应同其他内容的规划分区相互协调，在旅游设施和居民社会用地范围内，应保持一定比例的高绿地率或高绿化覆盖率的控制区。

（2）植物景观规划要点

位于太湖水岸的湖滨地段的植被，特别是张家湾—涵村—蛇头村—平龙山沿线和消夏湾—石公山—四龙山沿线地段，在保护原有地带性植被结构基础上，增加色叶及观果景观植物，以提高水源涵养林的观赏效果，丰富季相变化。规划绿地率大于70%，垂直郁闭度大于0.4，植被主要以色叶乔灌景观林、水生植被景观林、湿地植被景观丛的形式配置。

位于西山丘陵山地的中上部植被，主要以保护原有地带性植被结构为主，对于局部地区的单一林相进行改造，体现西山植被的地域性特色。规划绿地率大于80%，其中，由单层同龄林构成的风景林，水平郁闭度为0.4~0.7；由复层异龄林构成的风景林，垂直郁闭度大于0.4。植被主要以针阔混交景观林、常绿乔灌景观林的形式配置。

位于西山下部山坞、山麓的植被，主要保护和恢复原有各种经济果林，体现西山植被的地域性特色。规划绿地率大于70%，水平郁闭度为0.4~0.7，植被主要以观果乔灌景观林的形式配置。

6.5 人文景观规划

各风景区内的民俗风情及历史人文景观对于旅游者来说可能是非常新鲜、有趣的事，是有价值的旅游资源。优秀的人文景观是风景区之魂，对于已有的人文景观应极力保护，对历史遗迹可酌情恢复，还可根据新时代的发展需要创造新的优秀人文景观。

6.5.1 人文景观规划原则

① 应保护物质文化遗产，保护当地特有的民俗风物等非物质文化遗产，延续和传承地域文化

特色。力求突出民族与区域的特色，保持淳朴真实，力戒矫揉造作，不要为迎合旅游者的趣味而损害其纯真。

② 新建人文景观应综合考虑其自然条件、社会状况、历史传承、经济条件、文化背景等因素确定。如民风民俗的某些方面时间性较强，许多活动只在特定的日期进行。某些习俗不便对外公开，切不可违背本民族的意愿将其列入旅游项目。

③ 可恢复、利用和创造特有的人文景观或景点，组织文化活动和专题游览。

6.5.2 规划案例

下面以武夷山风景名胜区历史文化保护规划为例说明。

6.5.2.1 武夷山文化内涵

以架壑船棺为代表的古越文化，以朱熹为代表的朱子文化，儒道佛三教文化，武夷山岩茶文化等均是武夷山文化景观的代表。

6.5.2.2 延续文化内涵措施

古越族文化 保护好架壑船棺并选择良好的观景台，在城村建立古越音乐、歌舞演奏台。编排以古越文化为主导内容的九曲溪导游词，在城村建立古越文化博物馆，并设立一处模拟的古越文化博物区，开辟从九曲溪到城村的水上古越文化旅游专线。

南宋理学文化 修复武夷精神，划定其保护范围。建立朱熹纪念馆及研究机构，定期召开朱子学座谈会、研讨会等。将风景区的五夫里和朱熹墓的游线串在一起，开发朱子文化的旅游专线。

道释文化 恢复冲佑观原貌，朱熹纪念馆另搬他处。止止庵可复原，白云岩可加以保护、维修。武夷山佛教文化以永乐寺为中心，道教文化以开远堂为中心。在武夷山风景区内原则上不修复或发展其他寺庙、道观。

岩茶文化 修整御茶园，将茶科所迁出御茶园，在园内开辟高档次的茶道表演，开辟为岩茶村，形成武夷山岩茶的生产、经销集散地和普通茶道的表演场所。定期开展以岩茶为内容的征文会、研讨班及科普讲座等。

名人、民俗风情及民间艺术 在城村建立民俗村，安排武夷山乃至全省的民俗文化题材于民俗村内，形成具有典型福建地方特色的民俗文化集中地。在民俗村内可单独辟出柳永纪念馆及纪念性塑像。定期在民俗村举办民间艺术表演及在九曲溪两岸唱茶歌等活动。

6.6 雕塑景观规划

雕塑景观在风景名胜区中有着重要的点题作用和弘扬科学文化艺术价值的功能，有时也成为主景。不论是摩崖造像、石窟造像、殿堂塑像、露天雕塑、地下雕塑还是各种装饰美化、徽号标志性雕塑，均普遍存在于古今风景区之中，并以其生动的风景素材，吸引着广大游客，有的还成为“人类奇迹”或“世界之最”。20世纪80年代以来，雕塑再一次成为风景区发展中的热点话题和争议焦点。因而雕塑景观规划也应是风景区规划的重要专项内容之一。

造像始于北魏，盛于唐代，一般所造者为释迦牟尼、弥勒，以观音为多。其初不过刻石，其后又施以金涂彩绘。其形体之大小广狭，制作之精粗不等。造像有两种：一种在石窟里面，也称石窟造像；另一种是在露天崖壁上雕造的神佛石像，也称摩崖造像。后者不受洞窟的限制，高度可达十余米甚至数十米，如四川乐山大佛，利用江岸大崖壁雕成，佛的脚掌上可容数十人站立，气魄宏伟、蔚为大观。这类造像在各地风景名胜区里所见甚多，是山岳风景的重要景点。

摩崖，即铭刻在山崖或山壁上的文字，内容多为歌功颂德、叙事抒怀之作，目的在于传之久远、昭示后人。最早的实物是汉代保留下来的，如《石门颂》《西峡颂》是记录修建巴蜀栈道的情况，被后世奉为汉隶书法的精品。摩崖文字几乎遍布于各地的风景名胜区，东岳泰山更是历代摩崖文字之集大成者。著名的如经石峪的北齐石刻《金刚经》，篇幅巨大，气势磅礴，被誉为“大字鼻祖，榜书之宗”。北岳恒山大字湾的峭壁上镌刻着“恒宗”两个大字，气魄之宏伟冠绝古今。诸如此类，不胜枚举，都足以成为风景区人文景观的重要内容，具有很高的历史和艺术价值。

雕塑景观规划应符合以下景观要求：

① 维护有价值的原有雕塑及其环境，保护各级文物类雕塑和地方特有雕塑。

② 有效调控新雕塑的建设规划，其功能作用应与风景区协调融合，并成为其中的有机组成要素。

③ 雕塑题材应服从风景环境的整体需求，其中，重要主题雕塑应与风景意境或情趣相适应，标志、徽记、装饰、美化类雕塑应与风景环境相协调。

④ 雕塑的布局和选址，应因地制宜、顺应地形、适应环境，并满足游览功能和观赏条件的需求，雕塑创作与其环境设计应同步进行。

⑤ 对各类雕塑的形式、风格、材料、体量、色彩、艺术质量等，均应有明确的控制性要求。考虑风景名胜能千古留存的特性，露天雕塑应能适应大自然外力的作用。

这里所列的5项内容，是风景区雕塑景观规划的基本要求。当雕塑要成为整个风景的主题或主景雕塑时，应另作专门的题材和环境的可行性调研分析或论证，如一些烈士陵园的主题雕塑，均应做多次的专项论证和分析。

6.7 规划案例

6.7.1 九寨沟风景区

6.7.1.1 典型景观概述

九寨沟风景名胜区以高原钙华湖群、钙华瀑群和钙华滩流等水景为主体的奇特风貌，在中国乃至整个世界上都堪称一绝，钙华水景正是九寨沟风景区的典型景观。

钙华水景呈现以下3种形式：

① 钙华湖群　风景区内百余个湖泊，个个古树环绕，奇华簇拥，宛若镶上了美丽的花边。湖泊都由激流和瀑布连接，犹如用银链和白绢串联起来的一块块翡翠，各具特色，变幻无穷。湖面光华闪烁，水底色彩斑斓。微风吹拂，层层彩影晃动，动静形色交错，画面变化万千。

② 钙华瀑群　风景区所有的瀑布都像从密林里狂奔出来，就像一台台绿色织布机永不停息地织造着各种规格的白色丝绸。这里有宽度居全国之冠的诺日朗瀑布，它在高高的翠岩上悬泻倾挂，以巨幅晶帘凌空飞落，雄浑壮丽。有的瀑布从山岩上腾跃呼啸，几经跌碰，似一群银龙竞跃，声若滚雷，激溅起的无数小水珠，化作迷茫的水雾，在阳光下，常出现绮丽的彩虹。

③ 钙华滩流　以珍珠滩为代表。一摊流水，倾泻而下，冲击着滩中星罗棋布的生物喀斯特体，溅起了千万朵晶莹夺目的水花，琅琅有声，恰似珍珠滚落。盆景滩中，一丝丝、一簇簇的高山柳、台湾松，半淹于水中，青翠欲滴，宛若一组组盆景，浑然天成、仪态万千的水中树奇观，令人倾心。

6.7.1.2 典型景观保护

九寨沟风景区的钙华水景的特点是生态脆弱，如果没有严格的保护措施和合理的游人活动空间的限定，景观和自然生态系统极易遭到破坏。因而一方面在游览步道和观景摄影台的选线定点和建设方式上一定要注意不能破坏自然生态和景观环境；另一方面管理工作一定要到位。

6.7.1.3 建筑景观规划

九寨沟风景名胜区的建筑应是共性与个性的有机融合体。高原藏乡的传统建筑风格是风景区所有建筑的共性，藏族建筑文化是风景区建筑的主脉，个性则表现于3类建筑的区别；风景游赏区内的居民建筑是原汁原味的高原藏乡建筑风格；风景游赏区内的服务部建筑与高原藏乡的传统建筑风格比较接近，旅游镇的建筑则是在尊重高原藏乡建筑风格的基础上进行的创作设计。

6.7.2 南北湖风景名胜区

6.7.2.1 植物景观规划

(1)规划原则

① 结合风景区自然条件，选用地带性树种，适地适树。

② 结合风景区的景观需要，成片营造有季相变化、景观丰富的风景林，提高风景区的景观价值。

③ 科学抚育山地和海滨地区的生态保护林，形成林分结构稳定、生态功能强大的森林群落，提高风景区的生态效应。

④ 适当营造经济林，优化林副产品，发展旅游，促进地区经济发展。

⑤ 对度假村、旅游村等各级旅游服务设施和道路进行重点绿化，绿化屏挡与植物造景相结合，改善风景区的环境景观。

⑥ 植被改造依据景区的主要功能进行总体区划，点片设计，有序改造，分步实施。

(2) 植物景观区划

根据现状植被分布特征、立地条件以及规划布局和景区、景点的建设要求，规划时将南北湖风景区的植物景观划分为风景林景观区、生态保护林景观区、经济林景观区、竹林景观区、旅游基地绿化区、疏林草地景观区、田园水乡景观区、城镇园林景观区以及植被自然恢复区9个区域。

① 风景林景观区　风景林是指风景区内以游览观赏为主要目的的植物景观区域，主要分布在各规划景区内，重点在主要游览路线两侧、主要景点周围以及主要景观视线范围内。本规划在现状植被的基础上，参照自然群落模式，成片配置观赏价值较高的阔叶树、色叶树和花灌木，特别是在松林内利用林中空地或适当疏伐，增加枫香、乌桕、槭树、银杏、香樟、海桐等秋色叶树种，逐步更替马尾松与黑松。湖边可选用南川柳、木芙蓉等树种，并在湖边种植芦苇、荷花等各种水生植物。同时应结合游览道路两侧配置各种花木，在重点地段结合景点主题配置植物，形成特色的植物景观游览景点，使风景区远望层林尽染，近观山花烂漫，通过植物群落整体的季相、色彩变化，产生引人入胜的景观效果。

② 生态保护林景观区　生态保护林主要分布在山林和滨海地区，作为风景区的整体环境背景，保护并烘托重点景区与景点。本规划在现有植被基础上，依据当地原生森林群落的结构特点，结合林相改造，引进或培育必要的建群树种如香樟、苦槠、木荷、枫香、黄连木等，进行定向抚育，加快次生林的演替，使其尽快形成常绿阔叶林或针阔混交林。同时，保护下木层的白栎、算盘子、美丽胡枝子等野生灌木树种以及蕨、芒等各类林下草本植物，形成灌木层和草本层，使其由目前的单层松树林向多层次的松阔混交林发展，以增强保护林的防护性能，从而构成群落结构稳定、生态功能强大的森林生态群落。

③ 经济林景观区　在南木山、北木山分布有较多的亚热带茶园，在许多居民点附近的山腰及山脚处则种植有成片的橘林，尤以黄沙坞更为集中。规划时在南木山、北木山、黄沙坞与石帆4个旅游村，结合其林业结构的现状与发展旅游的需要，适当开辟若干经济林区，种植茶、橘等经济树种，在保持生产能力的同时形成茶园和橘林景观，既可有直接的经济收入，也可以开展相应的劳作、采摘等旅游活动。

④ 竹林景观区　风景区内的竹林主要成片分布在南木山和北木山附近。规划旨在保护现有竹林作为特色植物景观区，供游人游览观光，也可开辟笋用林，开展竹林采笋等旅游活动。

⑤ 旅游基地绿化区　旅游镇、游人中心、度假村等各级旅游基地应作为绿化的重点地段。用植物美化基地环境，形成较好的景观；用绿化屏挡建筑外观，保持风景区整体的自然环境风貌。各类旅游基地应结合各自特点进行绿化。临湖的度假村应在湖岸加强绿化屏挡，种植垂柳、水杉、池杉等耐水湿的植物，并应种植一定比例的常绿树。人口与游人中心应结合水系、山坡等自然环境进行绿化，适当屏挡周边的服务区，突出风景区氛围。停车场绿化应能为车辆遮阴，并在周边进行屏挡。

⑥ 疏林草地景观区　疏林草地景观区位于三湾地区，面积约100hm^2，规划时作为高尔夫球场和其他户外体育运动场地，植被以平缓起伏的草地为主，满足运动需要；草地上选用观赏价值高的树种，配置树丛、树群，组织场地空间，体现四季景观特色。

⑦ 田园水乡景观区　风景区东部地区水网密布，阡陌纵横，农作物种类以水稻、果园、菜园等为主，水乡田园特色突出。规划时在保持古朴自然的田园野趣的基础上，进一步丰富农作物品种，并应时应季地开展以农作物种植、采摘等体验性活动为主的田园风情旅游和生态农业观光旅游。

⑧ 城镇园林景观区　规划时将风景区依托的澉浦镇划为城镇园林景观区，建议结合古镇与历史街区的保护，在逐步恢复古城风貌的基础上，

适当开辟绿地广场和街头小游园，加强道路绿化，大力改善城镇景观形象。

⑨ 植被自然恢复区　规划时将风景区东部和南部沿海地区的生态湿地和一些无人居住又不适合进行旅游开发的小岛划为植被自然恢复区，以保护和自然演替为主，控制人类活动干扰，维护植物景观的自然与原生状态。

(3)古树名木保护规划

具体保护措施包括：

① 建立完善的古树名木档案，明确其位置、树龄、立地条件并且配有照片，定期检查，及时更新档案资料，实现动态管理。

② 所有古树名木均需挂牌保护(但不准钉钉子、拴铁丝)，游路两侧及游览景点内的古树名木应设防护栏，严禁游人攀爬、划刻、折采、砍伐。

③ 加强古树名木周边的小环境治理，提供良好的生长条件。

④ 加强古树名木的病虫害防治和养护管理，加强防雷、防火工作。对于衰老的古树名木，应在专家的指导下进行古树复壮。

6.7.2.2　建筑风貌规划

(1)规划原则

① 保护风景区自然山水环境，严格控制建筑物的体量、色彩、布局，建筑风格应与自然景观相融合。

② 突出风景区内各个功能区与景区的不同特征，建筑形象与各区整体氛围和游览主题和谐统一。

③ 合理保护传统民居，强化建筑环境的地方乡土风格。

(2)建筑风貌规划

① 风景核心区　该区集山、海、湖景观于一体，湖区湖水明净，岸线曲折，山区峰峦秀美；山谷迂回；滨海潮起潮落，海天一色；更有众多人文景观点缀其中。对其中村落的居民建筑要求严格按照地方传统风格建设，高度不超过2层，色彩淡雅，以黑、白二色作为基调，力求隐于自然山水环境之中。区内尽量少构筑人工设施，必要的新建景观建筑和各类观景设施应结合自然地形，体量适宜，采用传统建筑形式与风格，色彩以白、灰、黑色为主，起到点景作用。现存寺院强调其宗教特性，突出赭红与深黄色调。登山步行道沿途的休息亭台，建筑材料以自然石材、原木、竹、树皮为主，突出自然野趣。

② 休闲活动区　该区建筑风貌可适当在传统基础上创新，也可汲取外来建筑的营养。可选择新材料、新形式来反映高尔夫球等运动娱乐的主题，创造有别于其他功能区的新形象。建筑以2层为主，不得高于3层，并应限制3层建筑的数量。单体平面宜小不宜大，可采用三五成群的组团布局，并应顺应地形，隐于绿化环境中，形成良好的整体效果。

③ 古镇控制区　该区建筑风貌应突出乡土气息和地方特征，表现出浓郁的古镇风情和民俗氛围。吸收地方传统民居在布局、色彩、装修等各方面的特点，创造出具有强烈地方特征的建筑形象，逐步恢复具有悠久历史的江南古镇情调。区内建筑体量宜小，高度一般为1~2层，避免破坏传统的空间尺度；色彩宜素，多用黑、白二色；装修可采用地方民居常用的装饰图案；门面色彩也可采用乡间民居常用的黑色或赭红色。对历史上的主要街道应实行整体保护并逐步恢复原貌。

④ 田园风光区　该区建筑应力求融于自然的田园风光中，各组建筑应聚散有致，采用双坡顶，高度不大于3层，并以绿化掩映。建筑风格古朴，色彩淡雅，可用黑、白、青灰、棕等色。各类建筑的体量和尺度应适当，不得阻挡该区西部风景核心区的景观视线。

⑤ 风景恢复区　该区建筑风貌规划的重点是保护良好的自然生态环境，区内尽量减少构筑人工设施，必需的管理和服务用房也应尽可能进行低矮隐蔽，以最大限度地保持其自然状态。

⑥ 风貌保存区与外围保护区　该区内应对各类建筑的高度、色彩、体量、风格进行适当控制，建筑风貌应与风景区整体环境相协调。

6.7.2.3　湖区岸线景观规划

(1)现状情况

南北湖原是钱塘江的一处海湾，随着岁月流

逝，形成潟湖，后经历代浚治，湖区逐步固定，现在湖面面积 1.2km^2，常水位 6.3m。南北湖湖形曲折，中有长堤横贯，将湖分为南北，故而得名。

南北湖风景区内没有大的工矿企业，因而无工业污染。但南北湖的湖深较浅，蓄水能力较弱，环湖 840 户、2700 多居民的生产和生活对湖水水质造成了一定的污染，目前南北湖水质介于Ⅲ类和Ⅳ类之间。

湖滨岸线及沿岸景观缺乏规划控制。在环湖岸线中，生活岸线占52%，主要是环湖的村庄居民点，由于建筑密度过大，绿化很少，湖岸堆放垃圾，居民生活污水直接向湖中排放，对湖滨景观造成了很大的破坏。公路堤岸岸线占37%，以交通功能为主，且离湖岸很近，限制了湖滨景观和绿化建设。工矿岸线占 1%，为秦山核电站的取水口。自然岸线仅占 10%，湖岸有山林、灌木和湖滨滩地，景观自然，未受破坏，但也远未充分利用。

(2) 湖区岸线景观规划

① 湖区疏浚，扩大蓄水能力　由于湖区疏浚工程浩大，投资也大，且湖泥的堆放也会形成问题，故应分期疏浚，在扩大蓄水能力的同时，清除湖内的污染物，并结合水面改造的景观需要，堆岛筑堤，丰富景观，一举多得。

② 水面改造，丰富湖面景观　综合考虑湖面、岸线、环湖山体及海域等多个景观层次，同时结合旅游发展的需要，规划时建议利用南北湖北侧的现状鱼塘，进一步开挖、组织小型水面，将挖出的土方堆成一条曲折有致的长堤，将大、小水面分隔开来，在原有开阔水面的基础上，增添了幽深的韵味，既丰富了自然景观，也拓展了游览空间，扩充了游人容量，并与现状风景资源一起，共同形成双湖、双堤、双岛、双亭的景观系列和以成双成对、吉祥如意为中心的特色风景游赏文化，进一步增加了景点和旅游项目。

③ 岸线治理，改善景观环境

——环湖生活岸线应结合湖区疏浚，扩大湖岸，使其宽度大于10m。沿岸布置绿化带，屏障村落不佳景观。在环湖路下铺设排污管线，截流污水，防止污水入湖。待条件具备后，将环湖村庄分期分批搬迁出风景核心区。

——环湖道路应进行改线，新建或改建的道路应与湖岸保持一定距离，以便在湖滨留出充足的绿化和环境空间。同时对环湖道路进行交通管制，作为电瓶车专用游览路和步行游览路，限制其他社会车辆驶入。

——工矿岸线所占比重较小，对湖滨岸线景观影响不大，可在保持现状的基础上，利用芦苇、荷花等水生植物加以遮挡。

——自然岸线的比重应进一步加大，村庄搬迁和道路改线后的岸线都应作为自然岸线进行处理，在保护自然环境的同时，结合游览道路和景区、景点建设的要求进行绿化。另外，环湖山体是风景区绿化美化的重点，应在现状普遍绿化的基础上进行风景林营造，可参见植物景观规划。

小　结

本章的教学目的是使学生了解典型景观的价值与作用，并能遵循永续利用的原则，编制典型景观规划。要求学生掌握典型景观的特征与功能，在理解典型景观与风景区整体关系的基础上进行典型景观规划。教学重点是因境制宜地恢复、提高植被覆盖率，进行植物景观规划；在景点规划或景区详细规划中，对主要建筑的控制措施；合理利用地景素材，应随形就势、因高就低地组织竖向地形规划。教学难点为植物景观规划、溶洞景观规划。

思考题

各典型景观规划内容是什么？

推荐阅读书目

[1] 园林设计. 唐学山. 中国林业出版社，1997.

[2] 风景名胜区规划原理. 魏民，陈战是等. 中国建筑工业出版社，2008.

[3] 世纪之交的凝思：建筑学的未来. 吴良镛. 清华大学出版社，1999.

[4] 城市园林绿地规划(第5版). 杨赉丽. 中国林业出版社，2019.

[5] 风景规划——《风景名胜区规划规范》实施手册. 张国强，贾建中. 中国建筑工业出版社，2002.

[6] 风景名胜区总体规划标准(GB/T 50298—2018).

第7章 风景游赏规划

7.1 规划内容

风景游览欣赏对象是风景区存在的基础，它的属性、数量、质量、时间、空间等因素决定着游览欣赏系统规划，是各类各级风景区规划中的主体内容。风景游览欣赏规划应包括景观特征分析与景象展示构思，游赏项目组织，风景单元组织，游线组织与游程安排，游人容量调控，风景游赏系统结构分析等基本内容。

7.2 景观分析

景观特征分析和景象展示构思，是运用审美能力对景物、景象、景观实施具体的鉴赏和理性分析，并探讨与之相适应的人为展示措施和具体处理手法。包括对景物素材的属性分析，对景物组合的审美或艺术形成分析，对景观特征的意趣分析，对景象构思的多方案分析，对展示方法和观赏点或欣赏点的分析。

在这些过程中，常形成较多的景观分析图，或综合形成景观地域分区图，以此揭示某个风景区所具有的景感规律和赏景关系，并展示规划构思的若干相关内容。

总之，景观特征分析和景象展示构思应遵循景观多样化和突出自然美的原则：① 景物素材的种类、数量、审美属性及其组合特点的分析与区划；② 景观种类、结构、特征及其画境的分析与处理；③ 景感类型、欣赏方式、意趣显现的调度、调节与控制；④ 景象空间展现构思及其意境表达；⑤ 赏景点选择及其视点、视角、视距、视线、视域和景深层次的优化组合。

7.3 游赏项目组织

在风景区中，具有良好的风景环境或景观资源，由此引发多样的游览欣赏活动项目和相应的功能技术设施配备。因此，游赏项目组织是因景而产生，随意而变化；景源越丰富，游赏项目越多样。景源特点、用地条件、社会生活需求、功能技术条件和地域文化观念都是影响游赏项目组织的因素。组织规划要根据这些因素，遵循保持景观特色并符合相关法规的原则，选择与其协调适宜的游赏活动项目，使活动性质与意境特征相协调，使相关技术设施与景物景观相协调。例如，体验技能运动、宗教礼仪活动、野游休闲和考察探险活动所需的用地条件、环境气氛等差异较大，既应保证游赏活动能正常进行，又要保持景物景观不被损坏。

游赏项目组织应包括项目筛选、游赏方式、时间和空间安排、场地和游人活动等内容，并遵循以下原则：

① 在与景观特色协调，与规划目标一致的基

础上，组织新、奇、特、优的游赏项目；

② 权衡风景资源与环境的承载力，保护风景资源永续利用；

③ 符合当地用地条件、经济状况及设施水平；

④ 尊重当地文化习俗、生活方式和道德规范。

关于游赏项目内容，可在表7-1中择优选取并演绎。表中所列的8类59项活动，包括“古今中外”适宜在风景区内“因地因时因景制宜”安排的主要项目类别，以利于择优组织。

表7-1 游赏项目类别

游赏类别	游赏项目
1. 审美欣赏	①览胜②摄影③写生④寻幽⑤访古⑥寄情⑦鉴赏⑧品评⑨写作⑩创作
2. 野外游憩	①消闲散步②郊游③徒步野游④登山攀岩⑤野营露营⑥探胜探险⑦自驾游⑧空中游⑨骑驭
3. 科技教育	①考察②观测研究③科普④学习教育⑤采集⑥寻根回归⑦文博展览⑧纪念⑨宣传
4. 文化体验	①民俗生活②特色文化③节庆活动④宗教礼仪⑤劳作体验⑥社交聚会
5. 娱乐休闲	①游戏娱乐②拓展训练③演艺④水上水下活动⑤垂钓⑥冰雪活动⑦沙地活动⑧草地活动
6. 户外运动	①健身②体育运动③特色赛事④其他体智技能运动
7. 康体度假	①避暑②避寒③休养④疗养⑤温泉浴⑥海水浴⑦泥沙浴⑧日光浴⑨空气浴⑩森林浴
8. 其他	①情景演绎②歌舞互动③购物商贸

（资料来源：《风景名胜区总体规划标准》，2018）

7.4 风景组织

风景组织应把游览欣赏对象组织成景物、景点、景群、景线和景区等不同类型的结构单元，并应遵循以下原则：

① 依据景源内容与规模、景观特征分区、构景与游赏需求等因素进行组织。

② 使游赏对象在一定的结构单元和结构整体中发挥良好作用。

③ 应为各景物间和结构单元间相互因借创造有利条件。

对风景游览欣赏对象的组织，我国古今流行的方法是选择与提炼若干个景，作为某个风景区或某地的典型与代表，并命名为“某某八景”“某某十景”或“某某廿四景”等。

面对风景区发展的繁荣和复杂态势，当代风景区规划已针对游赏对象的内容与规模、性能与作用、构景与游赏需求，以及景观特征分区等因素，将各类风景素材归纳分类，分别组织在不同层次和不同类型的结构单元之中，使其在一定的结构单元中发挥应有作用，使各景物间和结构单元之间有良好的相互资借与相互联络条件，使整个规划对象处在一定的结构规律或模式关系之中，使其整体作用大于各局部作用之和。

景区组织应包括：景区类型、构成内容、景观特征、范围、容量，景区的结构布局、主景、景观多样化组织，游赏活动和游线组织，设施配置和交通组织要点四部分内容。

景线和景群组织包括：类型、构成内容、景观特征、范围、容量，游赏活动与游赏序列组织，设施配置三部分内容。

景点组织应包括：景点类型、构成内容、景观特征、范围、容量，游赏活动与游赏方式，设施配置，景点规划一览表四部分内容。

在风景组织过程中，为提升景观价值、增强景观丰富度、拓展景源内涵和游览空间，可以进行景观提升和发展规划，开展自然和人文景源的改善与建设规划。景观提升和发展规划包括景观与环境整治、游览空间扩展、景点利用等内容，应明确建设项目，提出建设控制要求。总体上要求这些方式都应有利于游览组织，有利于增强游人的游赏体验，有利于提升风景区的形象与价值。

7.5 游览方式选择

游览方式以最好地发挥景物特点为主要目的，并结合游乐要求而统筹考虑。游赏方式可以是静赏、动观、登山、涉水、探洞，可以是步行、乘车、坐船、骑马，也可空游、陆游、水游或地下游等。不同游赏方式将出现不同的时间、速度、进程，也需要不同的体力消耗，因而涉及游人的年龄、性别、职业等变化所带来的游兴规律差异。其中，游兴是游人景感的兴奋程度。人的某种景感能力与人的其他机能一样，是会疲劳的，景感类型的变换就可以避免某种景感能力因单一负担过度而疲劳。游览方式的规划应针对户外游憩环境，通过对游客需求的了解、经营管理者的判断和公众的参与，发展出适当的游憩机会环境，建立一系列的游憩机会，以使游客追求到所期望的体验。

游览方式选择的不同或者选择不当，会影响到游人的游憩体验。比如游览泰山，乘坐索道上山和步行上山带给游人的感受是不同的。现在将公路修到中天门，中天门到南天门又建了索道，宣传说8分钟可达山顶是现代化的体现。实际上是违背了现代旅游的原则。登泰山要参观几千年形成的中国历史露天博物馆的珍贵文物古迹，要体验泰山的雄伟，追求对中国圣山的崇拜，增强民族自豪感，要沿十八盘去体验登顶的豪情，锻炼体质并提升自己的生命力，是精神上的愉悦和释放，而8分钟登顶，登顶变成唯一的目的，恰恰是缩小了泰山的范围，贬低了泰山的价值。所以在作游览方式规划时，如果大量地用缆车交通替代步行交通，就大大弱化了游人用生命力征服、驾驭自然的能力，同时还缩短了游人在风景区的停留时间，降低了经济效益。正如李白诗词曰："一溪初入千花明，万壑度尽松风声"，若没有"度尽松风声"哪得"花明"的喜悦，这是不可缺少的过程。

7.5.1 游览方式的类型

综合起来，风景区的游览方式可归纳为以下4种。

7.5.1.1 空游

可乘直升机或缆车游览。主要用于一些大尺度风景区，在地面游览时难以达到各种视角奇观效果，登空俯视远观，气势磅礴，蔚为壮观。如加拿大尼亚加拉大瀑布，落差50m，宽800m，组织了地面和空中的立体游览，不但增强景观效果，也大幅增加了风景容量，使只有7万人的瀑布城，1979年竟接待游客上千万人次。我国的峨眉山、黄山、华山以及其他名山风景区，可结合缆车等空中游览方式，解决交通问题，但要注意选址，不可破坏原景观效果。

7.5.1.2 陆游

陆游是目前最常见的游览方式，可乘车或步行。游者置身于各种景象环境中，近乎人情，颇为亲切，既是很好的体育活动，又经济简便。在游览的同时，可进行文娱活动、狩猎、采访风土人情，访古怀旧，自由自在，适应性强，风景容量亦大，今后这仍然是景区内的主要游览方式。

7.5.1.3 水游

利用自然或人工水体，乘舟游览。游者虽不如陆上自由，但往往可获得较佳的游览效果。人在舟中，视点低而开旷，青山绿水，碧波倒影，景物成双，空间加倍，这是其他游览方式享受不到的。长江、漓江、西湖、太湖、青岛海滨等都是非常理想的水游环境。因此，凡有水面的风景区，应大力开发水上游览，以丰富游览内容。

7.5.1.4 地下游览

在一些岩溶地段，可利用天然溶洞进行地下游览。溶洞中石笋林立，千姿百态，奇光怪石，奥秘骇然。也可利用地下人防工事设立地下游乐场、地下公园等。有条件的海滨风景可在水下设立水晶宫，组织潜水活动等。

总之，风景区游览方式的选择，主要取决于如何最好地发挥各种风景景观的特点，结合一定的游乐形式，使游览内容更加丰富。因此对于游览路线的组织，不一定固定一种游览方式，可以有多种形式的变化。

7.5.2 规划案例

桂林漓江风景区

桂林漓江万转千回，处处都呈现出"几程漓水曲，万点桂山尖"的诗情画意。但是，游览方式的不同，也可以出现截然不同的感受和效果。历史上游览漓江，多是乘木帆船，从桂林到阳朔的83km水程需行船整两天，若是沿途登岸或观赏细致些，则需游程3d以上。这种游览方式虽能体验到漓江的壮丽奇观和诗画境界，但却需要有相当的决心，充裕的时间和一定的代价才达到目的。

近来游览漓江，都是用柴油机船，需 8~10h 的航程才能匆匆游完漓江。这种游览方式存在几个根本问题难以解决：

① 这种方式一日游完漓江，使人过分疲劳，当游兴高时，山水景观还处在“序曲”阶段；当进入风景精华地段时，大多数游人已相当疲劳，无兴细看。

② 这种走马观花式的游览太粗略，漓江景色的特点感受很少，甚至连拍照留影的时机都不多。

③ 机船噪声大，有空气和水体污染，同时船速又快，破坏了水中倒影，使得整个漓江的景色特点和游览气氛与情趣都被干扰损坏，禽鸟大大减少。另外，在每年 4 个月的枯水季节，机船无法通行，迫使游览活动停止。

④ 游船起航与结束的时间及地点比较集中，相互干扰，相当拥挤。

⑤ 集中一日游完漓江，景区内游人分布很不平衡，因而景区的游人容量大幅降低，风景资源的潜力不能充分发挥。

规划设想的游览方式为：

① 控制大型柴油机游船的使用，发展各种无污染、小中型、中低速的游船，保留与改善具有漓江特点的木帆船，积极试验电瓶船。船体吃水深度在 35cm 以内，游船载客 15~50 人。船上有合格的通信、厕所、更衣、小卖和救生等基本设施，正餐食宿都在陆上解决。

② 分段游览，分段发船。把漓江景区分为石家渡—草坪—杨堤—画山—兴坪 4 段，在每段景区内的游览时间是半天，从桂林到石家渡、草坪、杨堤三处都有公路和汽车直达，游人可事先选择游览区段和游程安排。

③ 以水上游览为主，同时结合陆地游览；以船上观景为主，同时结合游泳、登山与探胜等赏玩活动。尽量使每个游人在每个游日内都可以感受到不同的景观特色，体验到不同的游赏方式和活动内容，保持旺盛的游兴。

7.6 游线组织

在游线上，游人对景象的感受和体验主要表现在人的直观能力、感觉能力、想象能力等景感类型的变换过程中。因而，风景区游线组织，实质上是景象空间展示、时间速度进程、景感类型转换的艺术综合。游线安排既能创造高于景象实体的诗画境界，也可能损害景象实体所应有的风景效果，所以必须精心组织。

游线组织要求形成良好的游赏过程，因而就有了顺序发展、时间消失、连贯性等问题，就有起景—高潮—结景的基本段落结构。规划中常要调动各种手段来突出景象高潮和主题区段的感染力，诸如空间上的层层进深、穿插贯通；景象上的主次景设置、借景配景；时间速度上的景点疏密、展现节奏；景感上的明暗色彩、比拟联想；手法上的掩藏显露、呼应衬托等。

风景游览路线的组织主要功能如下：

① 各景区、景点、景物等相互串联成完整的风景游览体系。

② 引导游人至最佳观赏点和观景面。

③ 组织游览程序——序景、起景、转折、高潮、尾景。

④ 构成景象的时空艺术。规划中常要调动各种手段来突出景象高潮和主题区段的感染力。

游线组织应依据景观特征、游赏方式、游人结构、游人体力与游兴规律等因素，精心组织主要游线和多种专项游线，并应包括下列内容：

① 游线的级别、类型、长度、容量和序列结构。

② 不同游线的特点差异和多种游线间的关系。

③ 游线与游路及交通的关系。

7.7 游览日程安排

游览日程安排，是由游览时间、游览距离、游览欣赏内容所限定的。在游程中，一日游因当日往返不需住宿，因而所需配套设施自然十分简单；二日以上的游程就需要住宿，由此需要相应的功能技术设施和配套的供应工程及经营管理力量。在游程安排中不应轻视这个基本界限。

7.7.1 游程的确定

① 一日游　不需住宿，当日往返；

② 二日游　住宿一夜；

③ 多日游　住宿二夜以上。

景区划分和游览路线的组织中，好的规划应该是使各个景区能以自己独特的魅力而存在。同时游览路线又最大限度地发挥原有景观的“潜力”，使每个景点的作用和价值都得到显示。组织游览的原则应该是使游客在旅行的途中方便、迅速，在风景点丰富迷人的名胜区中从容观赏。凡到过庐山锦绣谷的人无不交口称赞这条从花径到仙人洞的游路开辟得好，好就好在它迂回跌宕，贯穿全谷，锦绣流云，美景尽收其间。可是有一些风景区的规划却将方便迅速的交通设施深入景区，破坏景观，引入噪声，无形中缩小了风景名胜的范围和作用，如九华山将公路直修到山中的九华街，不仅打断了原有进香的神路，而且九华街以下的各个景点都处于被冷落的地位；庐山顶上纵横的公路上汽车扬起的灰尘和噪声，严重干扰了游人的休息，降低了庐山的景观价值。

园林风景的感染力是要通过游人进入其中直接感受才能获得的。要使人们对风景区有一个完整而有节奏的游兴效果，精心组织导游路线和游览方式是非常必要的。

7.7.2 规划案例

7.7.2.1 南隅沙家浜芦苇荡风景区游线组织

在组织游览路线过程中，充分结合风景区的地域特色和革命传统特色，结合其丰富的自然与人文资源，通过“启”“承”“转”“合”的景观序列的组织，塑造特有的场所氛围。游线规划如下：

芦苇荡风景区原有入口空间局促、形象杂乱。规划中以入库口广场及一组入口接待建筑，形成风景区内外时空转换的界定点。建筑吸收江南水乡民居的要素和手法，以白墙灰瓦为基调，中间的白色石墙面借鉴中国古典书画艺术，一端以印章的形式将风景区的名称篆刻其上，另一端花坛种植旱芦掩蔽石墙面的大半，整个入口空间的底景是刻有叙述沙家浜历史意义的弧形照壁，点明了沙家浜芦苇荡风景旅游区的历史人文主题。照壁不仅使得并不十分深远的景区空间曲折有趣，还遮蔽了原有建筑的杂乱形象。广场、建筑、墙面、芦苇和照壁共同形成的场所氛围，使风景地域特色得以抽象化地展现，让人们在风景区景观流线的起始处初步感受到其所蕴含的特定的自然和人文历史内涵，构成了风景区景观序列的“起点”。由照壁向左，一座江南水乡常见的三孔石拱桥横跨于水道之上，桥下是清澈的流水，桥侧是郁郁葱葱的芦苇，对岸隐约可见景观序列中主空间之一的瞻仰广场，拱桥的曲线对视线半隐半现的遮挡，使人产生期待的心理，景观序列至此得以“承”续而进。

拱桥之后转而进入景观序列中主空间之一的瞻仰广场，悲壮的革命斗争赋予了沙家浜这片风景地域环境不可或缺的纪念性氛围。为营造这一氛围，广场以简洁厚重的碑亭构成空间轴线的起点，与下沉的山甬道和高起的广场主空间共同围合成一个完整的空间序列，整个广场中台地、雕塑、碑亭、流水所构成的空间形成了强烈的内敛感与中心感，达到促使人凝思的目的。几何化的形态和明确的轴线与其周围的自然环境取得了“平行、对话与抗争”的关系，再现了悲壮的历史文化印记和崇高的场所精神。景观序列由此“转”入沙家浜所特有的历史人文景观记忆的全面再现。

由瞻仰广场一侧水面青青苇叶的导引，景观序列进入一组江南水乡形态的村落建筑中，村落以京剧《沙家浜》中的红石村为蓝本，将分散和残缺的历史遗迹集中于一处，重构了一个包括春来茶馆、阿庆嫂故居、新四军后方医院和修械所等景点的红石民族文化村，村落南临广阔的湖荡水面，建筑临水而置，随地形而自由错落结合的水边长廊和小广场构成一个亲切活泼的与水紧密结合的平面形态。建筑风格以体现该风景地域特有的自然地理环境、气候条件、乡土资源和传统文化的江南水乡民居为原型。通过布局方式及构成要素的再现，使人们通过对建筑形式、尺度和细部的感知，融入特定心理意识的精神场所中，找回对该风景地域环境的历史和文化印记的熟悉记忆。同时，对村落南临水面的现有地形重新组织，充分利用湖荡水面种植多种芦苇，形成辽阔、幽深、狭长、曲折等多种形态的水面空间，塑造朴素的自然情趣，使人在其中能体验当年新四军转战芦苇荡的场所氛围和自然风貌，民居形态的建筑与水面茂密的芦苇相结合，形成了芦苇掩映中的水乡村落的景观形象。芦苇荡风景区中独特的人文景观和自然景观特色在此结合，而成为景观序列中体现风景地域特色的高潮之处。“起”“承”“转”“合”的景观序列充分利用了风景地域环境中原有的自然与历史文化印记，通过重构完整的叙事主题，再现与深化了自然和人文给予芦苇荡风景区的风景地域特质。

在游览线的组织中，应十分重视游人情绪活动的设计，可以采用艺术创作中篇章、布局、旋律和和声的手法，确定游览线上各空间风景信息展示的特征、强度及次序、速率及起点、发展段、转折、高潮、终点的位置，向游人提供一系列具有整体联系的空间感受。

7.7.2.2 泰山风景名胜区游线组织

泰山十八盘起始于孔子登临处，“第一山”“登高必自卑”点明主题；万仙楼景观平平，斗母宫、卧龙槐、听泉山房、寄云楼景色稍有突起，柏洞浓荫流水，是景观发展段；壶天阁峰回路转，至崖顶豁然开朗；后一段平坡转陡石级抵中天门，仰观南天门一线，俯瞰山水全景，情绪大振；快活三里，由激转平，云步桥、五大夫松、朝阳洞一线景观密集；越对松亭，历升仙坊，两山夹峙，盘道转陡，南天门在望，全力以赴，即上南天门，奔玉皇顶，“一览众山小”，趋于景观最高潮；而后盘桓于日观峰、瞻鲁台，是高潮之后绵绵不绝的余弦。

由此可见，风景区中的某些重要景区也要通过风景序列的组织来突出主题。

7.7.2.3 绍兴石佛景区规划

通过把风景旅游环境要素进行一定结构秩序的组织来表现环境主题——云骨和大石佛。云骨所代表的石文化具有很深的思想内涵，体现在“石魂”上——最坚韧的精神气质，并具备超凡的实物主题价值；大石佛反映了隋唐及以后几百年间佛教兴盛的事实，其历史、艺术及观赏价值极高，同样具有超凡的实物主题价值。景区规划结构秩序为：进入环境区—过渡环境区—游览环境区—结束环境区。

进入环境区由入口门厅及现存的石拱桥、小河(直落涧)所限定，桥是景区必经之处，从入口到主轴线的转折是该特定的环境下的“瓶颈”，这一“瓶颈”区域组织成过渡环境区，成为环境转折的关键空间区域。该环境中设置了“柯岩绝胜”石碑亭及“一炷烛天”青砖照壁，并在草坪中点缀青竹，尽显诗情画意。

过渡环境区是从入口到主游览区的空间区域，处理成封闭、围合的形态(入口区与门屋形成的八字墙，处理成虚透形式，形成空间的渗透状态)，不仅起到空间环境的提示、说明作用，而且对于人的心理也具有意识导向的意义。

进入主游览区空间，如何体现出云骨的至尊形象，是秩序组织首要解决的问题。利用中国文化中“南北尊次”的关系，把云骨置于南北轴的北面，形成坐北朝南之势，以体现其“石魂”的崇高形象；云骨的对景为“一炷烛天”的唐风青砖照壁，两者相互呼应。以莲花听音为转折，是大石佛正面轴线。

在整个序列的尽端，即莲花听音与石佛连线的延伸，巧妙构筑了位于柯岩大石佛北侧山麓的唐风建筑群——普照禅寺，借以烘托石佛。寺院主体顺山势坐西朝东，整个群体轴线曲折延伸。各殿堂渐次升起，并由罗汉廊连接，气势恢宏，使新的环境与柯岩山体紧密地结合一体，形成立体的空间层次。人们登上寺院向南远眺，新的环境尽收眼底，视线在空间上得以全面沟通。

风景区的入口区也常常通过游线组织，创造入口景区的空间序列，突出特殊的氛围。

7.7.2.4 浙江省仙华山风景区

现状 景区入口位于半山腰处，建有昭灵宫、商业街、仙华苑(宾馆)等建筑。景区入口区内空间混乱，交通混杂。现有的商业街与昭灵宫显得简陋且建筑色彩欠协调，整个入口区空间含混，无特色。

对策 规划针对其地形地貌，采用中轴线布局方式，沿中轴线利用地形高差变化较大的特点，利用3个台地组织整个空间序列变化；在昭灵宫前布置广场作为入口区整个空间序列的中心。将散乱空间统一、联系起来。

入口空间序列创造 规划充分利用台地和沿寺庙大殿中轴线布局方式组织入口区的空间序列结构。两座山门作为3个主要序列空间在尺度的转换点，这3个主要序列空间分别是：入口前广场，文昌院和昭灵宫广场。规划将这3个序列空间在尺度、围合和景观上做对比变化处理，使游人不断感受到空间的流转变化，达到步移景异的效果。

7.7.2.5 缙云仙都风景名胜区游览线组织

浙江省丽水市缙云仙都风景区的自然景观多分布于练溪两岸，九曲练溪贯穿了4个景区和1个入口区，自然形成了带状串联式结构。总体规划顺其自然，充分加强和发展练溪在总体布局中的主轴线作用，将山、水、田园风光融为一体，组成一条完整的“九曲练溪，十里画廊”风景游览线。4个景区由序景(前奏)—前景(展开)—主景(高潮)—结景(回味)构成，即起、承、转、合四节奏。第一层次以周村为入口主景区，是游览的前奏，规划以大范围的树林、水面与外界分隔，造成环境过渡，并以饔城山、姑妇岩、松洲为标志，初步呈现风景区的风貌特色，引人入胜。第二层次为前景区，规划将小赤壁、倪翁洞两个相邻接的景区，以精细而又多彩的自然与人文景观有节奏地连续展开，逐渐引发游兴。第三层次为鼎湖峰主景区，是游览的高潮处，景观以等级高、规模大、游览活动内容多的特点，得到游人的赞赏并迸发出高亢的游兴。第四层次为和缓的结尾，芙蓉峡景区如“后花园”，它有诸多形若鸟兽的奇岩巧石(如芙蓉嶂、孔雀岩、舞兽岩、三鸡石等)，形成繁花似锦、“百兽”齐舞的奇妙景象。穿梭的游道，荡漾的游船，令人迷恋和陶醉。整个风景区规划的立意与构思，是要形成一幅淡雅的山水田园风景画卷，一条山水结合的游览长廊，一个“世外桃源”的意境。

风景区的游览路线分为景内与景外两部分。

景内游览路线，主要指景点、景物集中的景区内导游线，游览以慢游和停止细观为主。除景区内主要线路外，考虑到风景建设、维修、服务等专用车进入，均应按步行游览道设计，但这部分道路应安全方便，避免游客因“走路不看景，看景不走路”的安全问题而担心。景内游览小径，受地形限制不大，以达到组织最佳视角为目的。张家界的望郎峰，是一个动态观景视角极好的佳例，在由黄狮寨回老磨湾的归途中，山顶有一巨石，初见为一挺胸站立的短发村姑，前行200m，村姑成了少妇；当继续前行200m，再回头见此石，则为一躬背的老妪了，此时，在她的正前方山峰中，已经出现一个石洞，这种情和景都使游人遐想。

景外游览道，主要是联系景区之间，或是旅游村、居住区和风景区之间的外环道路，以车行动观为主。为了丰富其景观效果，可组织对景、借景，亦可利用树丛组织视线，有景则开，无景则封，忌用行道树挡景。整个游览路线以大分散、小集中的集锦式闭合路线为宜，继承我国以景为单元的造园手法。

7.7.2.6 崂山风景区游览线组织

青岛崂山风景区就是通过不同的游赏方式和线路组织的规划，为游人创造了一个立体的游赏方式。线路组织采用景内和景外两种道路形式，使游人充分感受崂山丰富的景观资源。游赏方式规划为：车行游赏、步行游赏、空中游赏、海上游赏、海底游赏，还有其他感官的游赏，如海水浴、花香、鸟语、听涛等。

① 车行游赏路线(景外游览道) 环状公路、东部沿海游赏路等是车行游赏路，其功能主要是加强各景区之间的联系，游赏沿路景观；巨峰车行路游赏上十八盘、美女峰、秋千崮、五指峰等巨峰景区的各峰；沿海环路是以体验山海奇观、游赏瀚海高山、海礁石矶以及海渔风情为主要特色的海岸游赏路。

② 海上游赏路线 海上游赏有两种方式：一

种是游艇，可载数百人，由青岛市开往沙子口、流清河湾、太清宫、泉心河湾、仰口，由仰口开往长门岩岛；另一种是游览小船，载游客10人左右，一般路途较短，可靠海岸游赏。由流清河湾开往老公岛；由太清宫开往钓鱼台、八仙墩、晒钱石；由仰口开往小蓬莱，共3条小船游赏专线。

③ 空中游赏线　开辟从青岛到崂山上空的直升机游览线。

以下为景区内游览道：

① 登峰游赏路线　即宽度为1.5~2m的石板路。规划确定3条主要登山路：流清河到巨峰、北九水到巨峰、泉心河到巨峰，3条登峰游赏路在巨峰汇合，沿路有秀丽奇特的山溪林泉景观，属于幽邃清秀型和奇特神奇型的涧溪游赏路。

② 山间游赏路　指宽度为1.5m的山间游赏路，如海拔900m左右的崂顶游赏路：自八水河口经上清宫、蟠桃峰、仰口、太清官到钓鱼台的游赏路。山间游赏路比较平缓，游人集中，沿路景点内容丰富，是属于旷远型或内涵型的山间游赏路。

③ 游赏小路　除上述以外，各游览区内部或游览区之间宽度为1m及1m以下的石板路均为游赏小路。它的特点是线路长，游赏内容丰富，游赏路的类型多、分布广。游赏小路主要类型有：幽邃清秀的涧溪游赏小路，如石门涧；奇特神奇型的涧溪游赏小路，如华严寺至明道观；雄伟壮观型的峰岭游赏小路，如天门岭；海滨风光型的山涧游赏小路，如太清宫到八仙墩。

7.7.2.7　湖南岳阳君山岛景区规划

该景区共划分为古迹寻踪景区、君山假日景区、茗茶经典景区、水中览胜景区4个景区，其旅游路线组织如下：

(1)旅游路线的特点

① 主干景点　电瓶车环线串联全部四大景区及大部分景点。

② 高地势景点　通过园区次级道路及步行环线连接32个景点，做到游览路线简洁流畅，方便游人观光游览。

③ 水上景点　通过水上游船串联和组织，水上观岛，别有一番情趣。

(2)旅游路线

① 水上游线　开辟水上观光路线，在洞庭湖中赏月、观庙，听渔樵互答、惊涛拍岸，看浩渺烟波、郁郁山林，可以怡情，可以借景，这是一组颇具诗意的旅游线路。

② 滨水游线　分为环湖电瓶车道、步行道和可淹没观光道等。将湖滨云集的湿地、草坡、广场、石滩、悬崖等独具特色的观光区串联起来，环湖电瓶车道、步行道与湖岸时分时合，游人既可欣赏优美的滨湖风光，又可体会葱郁的密林浓荫。

③ 陆上游线　以电瓶车道为主，形成陆上游线，联系各景点的陆上旅游项目。

7.8　森林浴场规划

7.8.1　森林浴的定义和作用

这种把森林游憩与水浴结合起来的形式，人们形象地称为“森林浴”。森林浴的作用，可以简略地总结为：

① 森林中清新空气和森林分泌物能防病治病。

② 森林中空气负氧离子能促进健康、延年益寿。

③ 绿色环境有益于身心调适和恢复视力。

④ 森林环境与气候对人类有庇护功能。

7.8.2　森林浴场设计

森林浴场设计包括场址选择、面积规模、林分设计、步道设计、辅助设施(休息、购物、运动、游娱等)。

7.8.2.1　选址时考虑的因素

① 考虑服务对象的地域分布、经费支付能力、闲暇时间和交通状况。

② 一个理想的具有吸引力的森林浴场距离它的主要客源地(中、大型城市)20~50km之内。

③ 具有特别意义的森林浴场(如有温泉)则可

扩延到50~150km范围内。

④ 有明显的森林小气候特征。

⑤ 地形起伏不宜过大，坡度不宜过陡，是否易发生滑坡、泥石流等灾害也必须充分加以考虑，大的地形应有利于空气流畅。

⑥ 不但要有洁净的可供饮用和沐浴的水，还要有不断流动的溪、沟、瀑布，或可供人造瀑布的地形和水源条件。

7.8.2.2 林分设计

林分设计主要包括：树种选择、林分整理与改造、有害生物的清除等。

(1) 树种选择

① 首先要选择具有尖形树冠的树木，针形树叶和尖的树冠有利于空气中负氧离子的形成。

② 常绿的针叶树应是首选的树种，它不但有利于空气负氧离子产生，同时挥发物具有杀菌功能。

③ 落叶的阔叶树由于冠下杂草较多，林内阴暗潮湿，腐殖质较厚，应加以避免和改造。然后进行树木的配置，选择适当的森林浴林分后，应在林缘、林中空地、步道边补植一些具有杀菌功能的植物。

(2) 林分整理与改造

① 首先必须使枝下高在1.80~2.00m及以上。

② 松树等林分枝下高必须大于全树的1/3~1/2，以2~3倍于人体高为宜。

③ 林内必须通风透气，有适当的阳光散射，因此郁闭度保持在0.7~0.8较为理想。

(3) 有害生物的清除

森林浴场内，有毒、有刺等可能对人体造成伤害的动植物均应清除。可能引起儿童误食中毒的有花、有果植物也应避免种植或清除。

7.8.2.3 面积与规模

根据游人使用频率和游客数量发展规模来确定森林浴场的大小。

森林浴场总面积=直接使用森林面积+辅助服务用地面积

森林浴场直接使用面积=年游人量×人平均需要面积

根据有关研究，进行森林浴时，单位面积容人量指标为2~5人/hm^2，最大不超过10人/hm^2。

7.8.2.4 步游道设计

在设计步游道时应注意：

① 采用曲线，少用直线。

② 有一定的起伏变化。

③ 回避强风和强阳光。

④ 注意树林的明暗高低。

⑤ 着重发挥湖、溪、沟、河的魅力。

⑥ 坡向以阴坡、半阴坡、半阳坡为宜。

7.8.2.5 其他设施设计

森林浴场除林中小径外，其他辅助设施建设包括休息站、草坪、人工喷水设施、水浴场、游乐场、运动场等。

(1) 休息站

林中休息站是森林浴场中一个供人停留、补充营养、恢复体力的地方。休息站的主要设施有简单吊床、帐篷、饮料、方便食品、活动场所、书报、运动场以及其他手工艺制作等。不同线路、不同年龄的游客对休息站的要求会有所差异，见表7-2所列。

表7-2 游客对休息站的要求

年龄层	步行方法、树林种类	休息站活动
青年人(≤34岁)	步行距离1d：10~15km；平均坡度可超过10°；路线需富变化；休息站3~4处；树林种类没有限制	柔软体操，太极拳；观察野鸟；集体舞
中年人(35~60岁)	步行距离1d：5~8km；平均坡度5°~7°；休息站3处，充分休息为主；以针叶林、阔叶林、落叶林等为主	深呼吸、美容、体操、观察野鸟、绘画、摄影、手工艺趣味活动、舞蹈、音乐
高龄者(≥61岁)	步行距离2~5km；宜在平地步行，最高坡度2.5°；休息十分重要；以针叶林为主，其次为阔叶林	柔软体操，甩手；阅读、音乐

（2）草坪

一般设计在沿林中小路两侧，一块草地以满足5～15人活动为宜，每人占用草坪面积30～50m²，不宜过大。草坪宜设计离住所500m或者离休息站100m范围以内。

（3）枝条浴与人工喷水设施

利用自然山溪引水下特定场所，让水自然倾泻，经过堆积的树枝叶堆，让其产生大量的负氧离子和散发芳香类物质。配以深呼吸、太极拳等活动进行森林浴。

（4）水（药）浴场

一般未经污染的山区林区溪沟，水流不湍急，深度在1.50m左右时，可以进行人工山溪浴。可将山沟、小溪的水引至特定的人工池渠进行水浴。有条件者可开发温泉，配以民族药浴，其效果将更佳。

（5）游乐娱乐场

常设计在住所和中心休息站附近，开发影视、健身、桑拿、棋类、球类活动，林中野外歌舞也是人们喜爱的活动。

7.8.2.6 服务与管理设计

森林浴场的服务与管理，包括森林浴指导、住宿、饮食、购物、安全、邮政通信等。

（1）森林浴指导

科学的森林浴带来的效果是明显的，因此，在森林浴场应设立森林医院，由康复医学医生指导，根据不同的情况给予不同的森林浴建议。

（2）住宿服务

森林浴场住宿分为固定场所住宿、活动住宿（帐篷）、简易住宿（木屋）等形式。也可通过森林浴，开拓森林浴市场，以促进森林旅游业的发展。

（3）饮食服务设计

以林野绿色食品为主，配以药饮等，应在医生指导下进行。

（4）安全及其他服务设计

根据具体情况，因需而设并纳入森林公园、林场建设、风景区建设总体设计系统中。

小 结

本章的教学目的是使学生掌握风景游赏规划的内容。要求学生能熟练地遵循、保持景观特色并符合相关法规的原则，选择与其协调适宜的游赏活动项目，使活动性质与意境特征相协调，使相关技术设施与自然景观相协调。教学重点是游赏项目组织中项目筛选、游赏方式、时间和空间安排、场地和游人活动等内容的规划，并遵循因地因时因景制宜；游线的级别、类型、长度、容量和序列结构等内容。教学难点为游线组织。

思考题

[1]如何进行游线组织？

[2]如何进行游览日程安排？

推荐阅读书目

[1]风景科学导论. 丁文魁. 上海科技教育出版社，1993.

[2]风景名胜区规划. 唐晓岚. 东南大学出版社，2012.

[3]风景区规划. 许耘红. 化学工业出版社，2012.

[4]风景区规划（修订版）. 付军. 气象出版社，2012.

[5]风景名胜区规划原理. 魏民，陈战是等. 中国建筑工业出版社，2008.

[6]风景名胜区总体规划标准（GB/T 50298—2018）.

第8章 游览设施规划

8.1 规划内容

风景区的旅行游览接待服务设施，简称旅游设施或游览设施，是风景区的有机组成部分，历史上以民营、社团、宗教、官营等形式出现。20世纪六七十年代以后，随着外事和旅行游览活动的逐渐增多，在主要客源城市和重点风景游览城市，开始由旅行社承揽异地旅行团业务和入境探亲旅行活动，并由政府外事部门负责外事接待工作，这些游人在风景区的游览、导游、服务、接待则是由风景区给予平价或免费提供。

进入20世纪80年代，责、权、利关系发生变化，有关风景区设施问题出现了许多不同看法和做法。一是旅行游览简称“旅游”，并从对外接待型转为服务经营型，又与国际“接轨”而成为“产业”，源自60年代初的“吃、住、玩、看、带”发展为“旅游六要素”的“吃、住、行、游、购、娱”。二是国家重点风景区应与国外的“国家公园”接轨，“国家公园”的保护规划中不允许过度的人为开发行为。三是风景名胜区事业起步较晚，仅有十余年历史，事业年轻导致学术队伍年轻，学术观点有误区，许多标准很不成熟。

值得重视的是，90年代后期旅游设施对风景区的负效应更加突显，“天下名山宾馆多”的贬义正在警示着人们，社会舆论和现实要求规划者更加谨慎、更加妥善地安排人工设施。

尽管存在上述异议，然而，正如《风景名胜区总体规划标准》(GB/T 50298—2018) 1.0.1～1.0.4条所述，中国风景区的发展历程和现存实体及其自身特征是明确的，中国的基本国情是清晰的，人与自然协调发展的原则也是世人的共识。在风景区中，不仅有吸引游人的风景游览欣赏对象，还应有直接为游人服务的游览条件和相关设施。虽然旅游设施规划在风景区中属于配套系统规划，但如处理得当，其局部也可以成为游赏对象。当然，如果规划设计不当，也可能成为破坏性因素，因而有必要对其进行系统配备与安排，将其纳入风景区的有序发展和有效控制之中。

设施项目按其功能与行为习惯，统一归纳为9个类型，即旅行、游览、餐饮、住宿、购物、娱乐、文化、休养和其他。

旅行在典籍中多称行旅，“山行乘舆、泥行乘橇、陆行乘车、水行乘舟”，现指旅行所必需的交通、通信设施。

游览在典籍中的称谓与现在相同，常见词语有游玩、观览、眺望、登高、探穴、耳听、口味、悟怀等，现指游览所必需的导游、休憩、咨询、环卫、安全等设施。

饮食、住宿设施的等级标准国内比较明确。

购物指有风景区特点的商贸设施。

娱乐指有风景区特点的文体娱乐或游娱文体

设施。

文化类指展馆、民俗、节庆、宗教等设施。

休养类包括度假、康复、休疗养等设施。

最后，把一些难以归类、不便归类和演化中的项目合并成一类，称为其他类。

游览设施配备的基本依据是风景区的性质（特征、功能、级别）、游人规模及其结构。同时，用地、淡水、环境等条件也是重要因素，有时还可能上升为基本因素或决定性因素。应根据实际配备相应种类、级别、规模的设施项目。

游览设施配备的原则要与需求相对应，既满足游人的多层次需要，也适应设施自身管理的要求，并考虑必要的弹性或利用系数，合理协调地配备相应类型、相应级别、相应规模的旅游设施。

旅行游览接待服务设施规划应包括：

① 游人与游览设施现状分析。

② 客源分析预测与游人发展规模的预测。

③ 游览设施配备与直接服务人口估算。

④ 旅游基地组织与相关基础工程。

⑤ 游览设施系统及其环境分析。

各项游览设施配备的直接依据是游人数量。因而，游务设施系统规划的基本内容要从游人与设施现状分析入手，分析预测客源市场，并由此选择和确定游人发展规模，进而配备相应的旅游服务设施与服务人口。最后，对整个游览设施系统进行分析补充并加以完善处理。

8.2 现状分析

8.2.1 游人现状分析

游人现状分析应包括游人的规模、结构、递增率、时间和空间分布及其消费状况。

游人现状分析主要是掌握风景区内的游人情况及其变化态势，既为游人发展规模的确定提供内在依据，也是风景区发展对策和规划布局调控的重要因素。其中，年递增率积累的年代越久、数据越多，其综合参考价值也越高；时间分布主要反映淡旺季和游览高峰变化；空间分布主要反映风景区内部的吸引力调控；游人的消费状况对设施标准调控和经济效益评估有参考意义。

8.2.2 设施现状分析

游务设施现状分析主要是掌握风景区内设施规模、类别、等级等状况，找出供需矛盾关系，判断各项设施与风景及其环境的关系是否协调，既为设施增减配套和更新换代提供现状依据，也是分析设施与游人关系的重要因素。

8.3 游客发展规模预测

8.3.1 游客规模预测及作用

风景区游客规模又称游人规模或游人量，它是指在单位时间内，风景区内的游人数量。旅游规模预测在风景区总体规划中是一项极为关键的工作。由于调查和计算的工作量大，有许多资料往往不易获得，会导致对规划期游人量估计的失误，如果误差太大，关于用水、用电、旅游床位、商业服务设施等建设规划则变得没有意义，总体布局也失去了依据。所以这是一项既困难又要求高的工作。合理地预测风景区的游客规模，才能确定景区的开发强度、景点建设规模、服务设施规模、基础设施布置等，为合理地、有效地开发建设风景区提供依据。

8.3.2 影响游客规模的因素

游客规模的预测受风景区资源辐射范围、接待设施水平和基础设施的完善程度、景区所在的地理位置、对外交通条件、国际国内旅游业的兴衰、社会物质水平、生活方式以及旅游宣传和组织等内部和外部条件的影响和制约。

8.3.2.1 社会因素

社会因素主要有政治因素和国民经济发展水平。社会的稳定对旅游业的影响比较明显，稳定的政治环境虽不至于扩大旅游者的规模，但不稳定的局势对旅游的负面影响很大。因为战争，阿富汗的许多文化城市成为废墟，巴米扬——这个融波斯文化、希腊文化和印度文化于一身的古代重镇遭到破坏，阿富汗最著名的古迹——"巴米扬大佛"被摧毁，阿富汗的旅游资源受到严重威胁，旅游业在战争中遭受重创。

8.3.2.2 经济因素

只有社会经济地位和家庭收入达到一定水平时，才有旅游的基础。在美国，将每个家庭月收入达到5000美元作为国内旅游的起点，达到10 000美元以上，算作国际旅游的起点。为了从收入水平来预测游客数量，在旅游业中，采用"有效旅游购买力"指数，以判断旅游资源情况。所谓旅游购买力，等于从总收入中扣除生活必须支出的各项费用，能用于个人旅游的财力。用这个指数也可衡量人们对旅游的经济能力。

地区经济发展所处的阶段也会影响旅游规模。关于地区经济发展阶段的划分，比较流行的是美国学者罗斯托(W. W. Rostow)提出的"经济成长阶段理论"，他在总结世界各国经济发展过程后归纳为5种阶段类型：

① 传统经济社会[人均GNP(国民生产总值)<300美元]；

② 经济起飞前的准备阶段(300美元<人均GNP<1000美元)；

③ 经济起飞阶段(人均GNP>1000美元)；

④ 迈向经济成熟阶段；

⑤ 大量消费阶段。

地区经济发展阶段基本上可以决定该地区的社会经济状况、人文素质、价值构成等社会软环境，而这些又会对旅游业产生不同的影响。例如，在传统经济社会，旅游一般是不受欢迎的，也难成气候；在以工业为突破口的经济起飞阶段，旅游业同样被搁置一旁。从理论上讲，经济起飞前的准备阶段、成熟阶段和大量消费阶段，旅游业受到重视。20世纪80年代中后期中国沿海部分地区以乡镇企业的发达而率先进入小康阶段，其主要精力放在工业经济上，旅游业处于辅助位置。但进入90年代后，中国南方地区经济基本进入成熟阶段，工业经济效益出现低潮和回落，人们便把目光转向长效的旅游业中。广东近年来加大了对旅游业的投资，并把其作为第三产业的支柱来营造，不仅是因为靠近港台的地缘优势，也是经济发展阶段使然。近几年更有31个省、自治区、直辖市(不包括港澳台)将旅游业定为地区性支柱产业或先导产业。旅游业的不断发展，势必也会使旅游人数增加。

8.3.2.3 游览动机

游览动机决定了是否参与旅游的内部动力和对旅游需求的愿望。如有人想外出观光、有人是为了参与商业活动、有人是思念故乡，从而产生了对风景名胜游览的需求，对商务交易旅游的需求，对体育疗养的需求，对文化娱乐的需求，对宗教、民俗旅游的需求、对会议、博览、专业旅游的需求以及对团队、家庭、个别旅游的需求等，从而通过动机产生旅游行为。

8.3.2.4 旅游时间

1999年以前，中国除教师、学生有寒暑假的时间可以旅游外，还未实行带薪长假制度，这决定了中国人民旅游只能在半径较小的范围和较短的时间内旅游，主要以国内游为主。1999年实行了"五一""十一"及春节的7天长假及带薪休假政策以后，全国职工可以在更长时间内进行旅游，形成了中国特有的"假日经济"现象。

8.3.2.5 旅游地的吸引力

风景区的开发要看它是否具有对游人的吸引力，然后才能决定它是否具有开发的价值，所以吸引力是一项广招游客的重要因素。除了风景区要有优美的风景条件外，还包括当地的文化资源，如艺术、文学、音乐、戏剧、歌舞等，以及地方特色、传统节日、地方知名度、社会环境、当地人对游客的态度等。对于有特色的风景区其吸引力要比普通风景区大，并能吸引一部分有较高游赏能力的游人。

八达岭长城是珍贵的世界文化遗产，国外游人比例占总游人数的12%左右，北京市以外的游人占60%以上。而以香山红叶著称的西山，国外游人仅占5%，外地游人占50%左右，这是由其城市风景区的性质和知名度决定的。

风景区因地制宜开展具有本民族、本地区风格的特色旅游，是打开旅游开发新局面的重要手段。泰山近几年举办的重阳登山节活动，吸引了大批国内外游客；四川都江堰世界遗产一年一度的放水节，为遗产地增加了社会和文化活力。

8.3.2.6 交通因素

风景区的外部交通是风景区与外界的联系方式，是决定风景区可达性的主要因素。它不仅能缩短空间距离，还能缩短时间距离。我国一些位于主要铁路沿线风景区的游人量往往多于那些位置偏僻、交通不便的风景区，城郊型风景区游人量也多于乡野型风景区，这些都得益于其优越的交通优势。

风景区的内部交通往往与资源的空间分布有关。过于分散的景点加剧了游客对长时间行程的厌倦感，“旅”而不游的现象，影响了风景资源的综合价值。其次，风景区的路网密度、路面状况等也有一定的影响。

8.3.2.7 经济距离

从游人居住地到旅游地之间的距离谓之经济距离。它是以发达的城镇为圆心，以有效旅游购买力指数等因素为半径的范围所构成的旅游地，在此范围内旅游人数量就比较大。所以这些城镇就是该旅游地的客源地。中国靠近上海的杭州西湖、黄山、太湖等风景区和靠近北京的八达岭、十三陵、承德避暑山庄等，都在最佳经济距离范围之内，所以游人量大，即使这些地方景观质量差一点，同样能吸引大量游人。可以预见一旦上海、北京等主要客源地的收入进一步提高，带薪假期增加，其经济差距将会加大，游人就会涌向更远的旅游地，如北京往五台山、恒山、泰山、北戴河等地，上海往庐山、武夷山、青岛、雁荡山等地甚至更远的风景区。

另外，影响游人规模的因素还有设施的优劣、服务质量、旅游宣传力度等。比如旅游宣传，就属于旅游商品的推销活动，旨在树立形象，拓宽市场。除了常用的广告、声像等图文手段外，其他方式如邀请新闻工作者来访等对于增加旅游人口都是有益的。

8.3.3 游人规模预测的计算指标

8.3.3.1 游人抵达数

游人抵达数是指到达旅游地的游客数，不包括在机场、车站、码头逗留后即离开的过境游客。可分为以下几类：

(1) 年抵达人数(人/年)

通过年抵达人数可大致决定游览设施的种类、规模，同各旅游地间进行比较。从历年抵达的人数统计中还可以观察到某些地区的经济发展动向及游人增长方向，有利于旅游地开发规模的决策。

(2) 月抵达人数(人/月)

根据各月游人量变动数，可以判断该旅游地的季节特性，通过它可以确定旅游高峰季节、全年的旅游时间、游览设施的规模以及确定劳动力和旅馆的经营管理方法。

(3) 日抵达人数(人/日)

日抵达人数也用于确定游览设施规模。

8.3.3.2 游人日数(或游人夜数)

游人日数是用游人数乘以每个游人在旅游地度过的天数。游人日数是以抽样调查的方法确定的平均值，也可以通过旅馆的平均住宿率统计而得，所以也称游人平均逗留期(天)。

8.3.3.3 游人流动量

游人流动量是单位时间内各交通线的乘坐人数及往返的流向。游人流动量关系着交通路线、游览设施的标准和规模，并从中可以了解旅游地的主要客源是哪些，可以看出游人选择交通工具的倾向，所以也是交通规划的主要依据。

8.3.3.4 游人开支总额

游人开支总额为确定旅游需求提供信息，但计量困难。为此可通过税收测量或利用记账计量，也可以从设计的“旅游开支模型”中获得相关信息。

8.3.4 游客规模预测方法

游客规模预测(预测游人年抵达人数)有长期

预测、中期预测和短期预测。预测的方法很多，可以分为定性预测和定量预测两类，以下是两种常用的方法。

8.3.4.1 自然增长率预测法

此法是取多年的平均增长率来计算游人的增长量。如明年的旅游者人数等于今年的旅游者人数乘以过去10年的平均增长率。所取的年数要保证一定的数量，只要包括足够的年数，才足以抵消随波动变化的影响。其表达式为：

$$m = n \cdot (1 + P)$$

式中　m—— 预测当年游客数（人）；

n—— 预测前一年实际游客数（人）；

P ——多年平均增长率。

特尔菲法（Delphi）：专家意见法中的一种，是20世纪40年代美国兰德公司提出的预测方法。特尔菲是古希腊神话中的圣地，其中有座阿波罗神殿能预卜未来，因而借用其名。特尔菲主要是通过信函的形式，轮番征求专家们对预测对象的匿名预测意见，使不同专家意见充分表达。该方法能客观综合多数专家经验和主观判断的技巧，能对大量非技术性的无法定量分析的因素做出概率估算，并将概率估算结果告诉专家，充分发挥信息反馈和信息控制的作用，使分散的评估意见逐渐收敛，最后集中在协调一致的评估结果上，最终得到预测结果。其主要过程如下：

① 明确预测主题，准备背景材料　开展预测之前，预测组织者要根据预测所要达到的目的，确定预测主题，并收集整理有关调查主题的背景材料。

② 拟定意见征询表　依据预测主题和有关背景材料，拟定需要了解的问题，列成预测意见征询表。征询的问题力求清楚明确，重点突出，而且问题数量不宜过多。其实际与问卷设计相似。

③ 选择专家　特尔菲法中专家的选择是非常重要的。所选择的专家，应当是对预测主题和预测问题有比较深入的研究、知识渊博、经验丰富、思路开阔、富于创造力和判断力的人。通常要求专家有分布的广泛性、参与该项预测的积极性。专家的人数要适当，人数超过一定的范围，对结果准确度的提高并不一定有益，反而会增大数据收集和处理的工作量，延长评定周期，一般以20~50人为宜。

④ 轮番征询专家意见　首先将征询表和背景材料邮发给选聘的专家，在第一轮征询意见回收后，预测组织者以匿名方式将不同意见进行综合、分类和整理，然后再次邮发给专家征询意见，各位专家在第二轮征询中，可以坚持自己的意见，之后，再寄给预测组织者。如此几经反馈，一般在3~5轮后，各位专家意见基本渐趋一致。

⑤ 汇总专家意见，量化预测结果　经过几轮的征询，专家意见渐趋一致，但仍然存在不同预测，需要经过汇总、整理、分析、处理，最后得出数量大的预测结果。

8.3.4.2 分析预测法

从总数预测部分值，例如，从预期的旅游者到达总数（一个国家或一个地区），应用自己市场在历史上占总数的百分比，得到自己市场到达的旅游者数字。如黑龙江省的风景旅游规模预测，就是根据历史上风景区接待游客人数占全省接待总游客人数的百分比进行的。

8.3.5 旅游客源季节变动预测

由于气候的关系，许多风景区的季节性变化非常明显，尽管对游客规模做过科学的预测，但仍避免不了对风景区旅馆使用率带来极大的变化。在旅游旺季，旅游设施紧张；到了淡季，设施很少有人使用，经济收入甚微。所以季节的变化使风景旅游业往往要付出极大的代价。可以采用以下几种措施缩小季节的变化带来的影响。

① 正确预测游客规模，合理确定设施数量，把使用的季节波动控制在最小范围内。

② 扩大旅馆的接待对象，如有些旅馆饭店规定只接待外宾、高干，设施利用率低，经营得再好，利用率也只有20%~30%。若扩大接待对象，就可改变被动局面。

③ 门票浮动，淡季优惠，接待会议，提高设施利用率。

④ 在旅游淡季举办各种有吸引力的活动，如

节庆、博览、交易、赏雪等活动，吸引游人。如2015年年初，吉林长白山组织国际冰雪嘉年华，冰雪节期间门票免费，具有浓郁民族风情的“延吉长白山冰雪大世界”吸引了国内外各方游客前来参观。

⑤ 在旅游旺季开辟临时补充床位，如规划建设汽车营地、帐篷营地等，临时补充床位，可弥补旺季住宿设施不足之问题。

8.3.6 游客容量与规模预测的比较

通过游客容量计算和游人规模的预测，就能判断风景区在运转中可能出现的问题，如果预测游人的规模和风景区容量相当，则可按预测规模安排住宿。但如果预测游客数量大于或小于环境容量，就应考虑如下问题。首先从风景区本身来说，规划者如何挖掘潜力，增强风景区对游人的吸引力；其次要在当地想办法培育好旅游市场，为此，必须开展宣传，采用多种措施，扩大风景区的发展规模，然后根据游人的增多，逐渐扩大。当所测游人数量大于风景区的容量时，将会使公园超负荷运转，不仅对接待造成困难，游客旅游效果不好，而且还会使风景区的景观、环境受到破坏。因此在编制总体规划时，应注意以下几点：

① 强调风景区的综合功能　风景区除旅游功能外，还有科学、文化、历史、教育、健身等多项功能作用，这些功能比旅游功能更重要。规划还要重视生态旅游、文化旅游、观光旅游、休闲度假旅游、科考旅游等各种旅游方式，满足不同年龄、不同阶层和不同文化层次游客的需要。

② 加强客源市场的分析、预测等规划内容　特别是在热点风景区规划中要明确提出警戒容量，使风景区提早控制，可以在“长假期间”采取门票预订措施，防止过饱和游览。必要时实行休游制度。所谓“休游”，是指风景区在可旅游的季节，局部或整体不对外，使其暂时“闲置”，以保持和增强风景区生态系统自我恢复调节能力的一种封闭性管理制度。据研究，封山育林后林地昆虫与植物的种类数和种类多样性较未封山育林区增加幅度较大，个体数量也有明显增加，植物与昆虫数量的稳定性大幅增强，生态系统得到了很好的恢复。故休游制度对风景区生态系统恢复是大有裨益的。休游制度按时间可分为季节性与多年性。空间上适用于人口密集地带或对人的活动较为敏感且自然“本底”脆弱的风景区，如喀斯特地貌，尤其是以洞穴类景观为主的喀斯特地貌风景区，以及干旱、半干旱地带的风景区。休游制度比较适用于游客量有明显淡、旺季之分的风景区。这种做法在国外国家公园管理中已十分常见。

③ 有意识增加简易移动设施　如组装房屋、旅行帐篷、汽车旅馆、移动厕所等设施，以适应淡、旺季的不同需求。

④ 应重视国家、省域、市域风景体系规划研究　在一定地域内，规划确定更多的大、中、小型风景区，形成多级风景区体系，满足节假日游人的需要，不能盲目要求扩大某一个风景区的游览容量。因此，要进行游客容量与规模预测的比较。可编制表8-1进行对比，从而控制游人数量不超过游客容量。

表 8-1　游人统计与预测

项目	年度	海外游人		国内游人		本地游人		三项合计		年游人规模（万人/年）	年游人容量（万人/年）	备注
		数量	增率	数量	增率	数量	增率	数量	增率			
统计												
预测												

（资料来源：《风景名胜区总体规划标准》，2018）

8.4 旅馆等级及床位预测

在9类游务设施中，旅馆饮食及旅游床位是该地区旅游业规模大小的主要标志，也是取得经济收入的主要来源。对于游客来说，食宿是他们旅游的主要开支。据国外资料，食宿在旅游消费中要占70%以上。在这种情况下，旅游者对旅游中食宿的价格、实用性、舒适性、旅馆的建造风格及各种设施都有着强烈的要求。相应的，旅游地在食宿投资中也要占相当大的比例，而且要求精心规划、精心设计、精心建造，一般要求使用50年以上。住宿床位反映着风景区的性质和游程，影响着风景区的结构和基础工程及配套管理设施，因而，是一种标志性的重要调节控制指标。对其要做到定性质、定数量、定位置、定用地面积或范围，并据此推算床位直接服务人员的数量。

8.4.1　旅馆等级

旅馆饭店是以大厦或其他建筑物为凭借，为旅游者提供住宿或住宿餐饮等多种综合服务项目，使旅游者的旅居成为可能的一种场所。国内称为酒店、宾馆、旅店、旅馆等。旅游饭店的等级是按照设备、建筑材料、造价、服务人员、房间的比例以及所在地点管理服务水平等因素来划分的。国际上按照饭店的建筑规模、设备水平、舒适程度形成了比较统一的标准，通行的旅游旅馆、饭店分为5等。通常用“星”的数目来表示旅馆饭店的等级，即一星、二星、三星、四星、五星。二星、三星属于中等，四星、五星属于高级豪华旅馆。无星旅馆一般比较简陋。在星级旅馆门口都设有标志，明文规定旅馆的等级。

星级宾馆的标准是：

一星　设备简单，具备食、宿两个基本功能，能满足客人最基本的旅游要求。属于经济等级，所提供的服务，符合经济能力较低的游客需要。

二星　设备一般，除具有客房、餐厅基本设备外，还有卖品部、邮电、理发等综合服务设施，可满足中下等收入水平的游客需要。

三星　设备齐全，不仅提供食宿，还有会议室、游艺厅，满足中产阶级以上游客需要。

四星　设备豪华，综合服务设施齐全，服务项目多，客人不仅能得到高级的物质享受，也能得到很好的精神享受。

五星　设备十分豪华，服务设施齐全，服务质量很高，是游客进行社交、会议、娱乐、购物、消遣、保健等活动的中心，收费标准高。

目前除按国际上的“星”级标准划分宾馆外，还可按服务对象及功能分为商务型、度假型、长住型、会议型、观光型、经济型、公寓式酒店和家庭旅馆、汽车旅馆等。在风景区中，应从保护的角度提倡“区内游、区外住”的方式。

例如，九寨沟风景区宾馆类型，见表8-2所列。

表8-2　九寨沟风景区宾馆类型

级别	数量	床位	餐位	停车位	备注
五星级	2	3000	5000	600	豪华套房5套
四星级	3	2000	3000	300	
三星级	4	1500	2000	200	
二星级	2	500	800	100	
其他	近百家	1500	2000	500	

（资料来源：《风景区规划》，付军，2004）

8.4.2　旅游床位预测

在风景区客容量季节变动预测的基础上，应合理地确定旅游床位的数量。但是确定床位是一个很困难的问题，如果以旺季的需求来确定床位规模，在平季、淡季会造成设备闲置；若以旅游淡季来确定床位规模，在旺季则床位紧张。因此，要预测游客对床位的需求量。

(1) 以全年住宿总人数求所需床位

$$C=R\cdot N/T\cdot K$$

式中　C——住宿游人床位需要数(床)；

R——全年住宿游人总数(人)；

N——游客平均停留天数(d)；

T——全年可游览的天数(d)；

K——床位平均利用率(0.75)。

(2) 以每天平均客流量求所需床位

$$C=R(1-r)n/T\cdot K$$

式中　C——每天平均停留客数对床位的需求(床)；

R——客流量(人)；

r——不住宿游客占游客的比例；

n——游客平均停留天数(d)；

T——日历天数(d)；

K——床位平均出租率。

例：某风景区某年平季、淡季、旺季可能接待人次见表8-3，取不住宿游客占游客的比例为0.2，游客平均停留天数为2，床位平均出租率为

0.75，共计150d，求全年对床位平均需求量。

表8-3 某风景区某年平季、淡季、旺季可能接待人次 万人次

淡季(月)					平季(月)	
1	2	3	11	12	6	9
1.894	2.790	4.790	14.136	9.387	16.369	17.595

旺季(月)				
4	5	7	8	10
19.708	27.484	32.747	31.584	23.906

根据公式 $C=R(1-r)n/T\cdot K$，取 $r=0.2$，$n=2$，$K=0.75$，则：

按淡季5个月150d计算所需床位为：

$C=(1.894+2.790+4.790+14.136+9.387)\times(1-0.2)\times2\times10\,000\div150\div0.75$

$=4693$(张床位)

按平季两个月60d计算所需床位为：

$C=(16.369+17.595)\times(1-0.2)\times2\times10\,000/60/0.75$

$=12\,076$(张床位)

按旺季共5个月150d计算所需床位为：

$C=(19.708+27.484+32.747+31.584+23.906)\times(1-0.2)\times2\times10\,000\div150\div0.75$

$=19\,261$(张床位)

全年平均月接待人次为16.86万人次，以日历天数为30d来计算月平均床位：

$C=16.86\times(1-0.2)\times2\times10\,000\div30\div0.75$

$=11\,989$(张床位)

分析比较4种计算结果，以平季或全年每天平均床位需求量安排旅游床位较为合理。

(3)以现状高峰日留宿人数求所需床位

$$C=R_0+Y\cdot N$$

式中 C——所需床位数(床)；

R_0——现状高峰日留宿人数(人)；

Y——每年平均增长数，由历年增长率统计进行估计；

N——规划年数(年)。

式中在缺乏必要的数据情况下可以采用，以解决初步规划时匡算用。

(4)以各月游客量的平均值计算床位

$$C=(X+\&)N$$

式中 C——估计的床位数(同理需考虑床位利用率K)(床)；

N——游人平均住宿天数；

X——每月游客量的平均值(人)；

$X=(X_1+X_2+\cdots+X_n)/n$

式中 X_1，X_2，$\cdots X_n$——每月游客数；

n——游览的月数；

$\&$——各月游人量的均方差。

$$\&=\{\sum(X-X_i)^2/n\}^{1/2}$$

$$=\{(X-X_1)^2+(X-X_2)^2+\cdots+(X-X_n)^2/n\}^{1/2}$$

当$\&=0$时，$C=(X+\&)N$式变为：

$$C=X\cdot N$$

当对$C=(X+\&)N$考虑床位利用率时，则：

$$C=(X+\&)N/K$$

此式适用于全年各月游人量分布不均匀的情况。

在式$C=(X+\&)N/K$中，当$\&=0$时，则：

$$C=X\cdot N/K$$

此式适用于全年各月游人量分布较均匀的情况。

(5)用优选法原理，求床位数的合理区间

华山日客流量差别很大，高峰游人为8500人/日，淡季只有200人/日，相差40倍之多。现以日平均客流量为600人/日为下限，以8500人/日为上限，住宿率为K，计算床位结果：

$$B_1=600K \quad (1)$$

$$B_2=8500K \quad (2)$$

$$B_3=(8500-600)\times0.618K=4882K \quad (3)$$

$$B_4=(8500-600)\times0.328K=3018K \quad (4)$$

然后用规划原则比较上述4种结果，认为式(3)、式(4)用优选法原理计算的床位数是合理的区间，偏上限则接待弹性增大，偏下限则经济性更明显。

(6)以游人总数求旅游床位

$$C=T\cdot P\cdot L/S\cdot N\cdot O$$

式中 C——平均每夜客房需求数(床)；

T——游人总数(人);

P——住宿游人占游人总数的百分比;

L——平均逗留时间(h);

S——每年旅馆营业天数(d);

N——每个客房平均住宿数，即用任何一阶段时间内的游人数除以游人留宿夜数(d);

O——所用旅馆客房住宿率。

上面介绍了几种计算床位的公式，在应用中应根据具体情况选择。

8.4.3 旅游床位的季节波动

(1)季节波动的原因

由于气候的关系，许多风景区的季节性变化非常明显，尽管对旅游床位做过科学的预测，但仍避免不了季节给风景区旅馆使用率带来极大的影响。在旅游旺季，床位紧张；到了淡季，有些旅馆床位很少有人使用，经济收入甚微。所以季节的变化往往使风景旅游业要付出极大的代价。

(2)缩小波动的措施

① 正确预测游客规模，合理确定床位数量，把床位使用的季节波动控制在最小范围内。

② 扩大旅馆的接待对象，如有些旅馆、饭店规定只接待外宾、高干，床位利用率低，经营得再好，利用率也只有 20%~30%，若扩大接待对象，就可改变被动局面。

③ 房价浮动，淡季优惠，接待会议，提高床位利用率。

④ 在淡季举办各种有吸引力的活动，如节庆、博览、交易、赏雪等活动，吸引游人。

⑤ 在旅游旺季开辟临时补充床位。在国外，供旅游旺季使用的补充床位数量比正规床位还要多。

8.4.4 旅馆用地估算

8.4.4.1 旅馆区总面积

$$S=n\cdot P$$

式中 S——旅馆区总面积(m^2);

n——床位数(床);

P——旅馆区用地指数，$P=120\sim200m^2$/床。

8.4.4.2 旅馆建筑用地面积

旅馆建筑用地面积=床位数×旅馆建筑面积指标/建筑密度×平均层数

(1)旅馆建筑密度

一般标准：20%~30%，高级旅馆 10%。

(2)旅馆建筑面积指标(每床位平均占建筑面积)

标准较低的旅馆：8~15m^2/床；

一般标准旅馆：15~25m^2/床；

标准较高的旅馆：25~35m^2/床；

高级旅馆：35~70m^2/床。

每所旅馆规模，以 800~1000 床位较经济。

8.4.4.3 停车场面积

停车场面积=高峰游人数×乘车率×停车场利用率×1/每台车容纳人数×单位规模

乘车率和停车场利用率均可取 80%。

各类车的单位规模如下：

小汽车：17~23m^2/台(2 人);

小旅行车：24~32m^2/台(10 人);

大客车：27~36m^2/台(30 人);

特大客车：70~100m^2/台(45 人)。

修疗养院停车场比旅馆的要少，一般可按20~30 床位设 1 车位。

8.4.4.4 运动场地

运动场地按 30~50m^2/人计算。

8.4.4.5 沙滩浴场

按 15~30m^2/人计算，指河滩面积。

以上各项总的计算公式是：

公共设施规模=收容能力×利用率×单位规模

8.4.5 直接服务人员估算

直接服务人员估算应以旅宿床位或饮食服务两类旅游设施为主，其中，床位直接服务人员估算可按下式计算：

直接服务人员=床位数×直接服务人员与床位

数比例
式中　直接服务人口与床位数比例——1∶2~1∶10。

8.5　设施单元组织与布局

一般地说，风景区、景区、景点以及风景区内各景区，景点之间沿途的旅游线路由游客抵达、途经、游览、观光的4个组成部分，是为游客提供行、住、游、食、娱、购而建造旅游设施的4个必不可少的组成地段。但是风景区内旅游设施等级的划分不同于城镇或工矿企业居住区内公共建筑级别的划分，更不像居住区中心、小区中心和住宅组团3个层次那么有规律，而是要按照天然造化的风景区类型，景区的划分，景点的质量、数量与地域分布状态以及旅游线路与交通设施状况的不同，游客活动的内容、规律及客流聚会集中程度的不同，根据具体情况具体分析，因地就势灵活布置。

游务设施要发挥应有的效能，就要有相应的级配结构和合理的单元组织及其布局，并能与风景游赏和居民社会两个职能系统相互协调。

8.5.1　原则

游务设施布局应采用相对集中与适当分散相结合的原则，应方便游人，利于发挥设施效益，便于经营管理与减少干扰。

8.5.2　级别类型

应依据设施内容、规模、等级、用地条件和景观结构等，分别组成服务部、旅游点、旅游村、旅游镇、旅游城、旅游市6级旅游服务基地，并提出相应的基础工程原则和要求。据其设施内容、规模大小、等级标准的差异，通常可以组成6级旅游设施基地。其中：

① 服务部的规模最小，其标志性特点是没有住宿设施，其他设施也比较简单，可以根据需要而灵活配置。

② 旅游点的规模虽小，但已开始有住宿设施，其床位常控制在数十个以内，可以满足简易的住、食、游、购需求。

③ 旅游村或度假村已有比较齐全的行、游、食、住、购、娱、健等各项设施，其床位常以百计，可以达到规模经营，需要比较齐全的基础工程与之相配套。旅游村可以独立设置，可以三五集聚成旅游村群，又可以依托在其他城市或村镇。例如，黄山温泉区的旅游村群、鸡公山的旅游村群、武陵源的锣鼓塔旅游村和索溪峪的军地坪旅游村。

④ 旅游镇已相当于建制镇的规模，有着比较健全的行、游、食、住、购、娱、健等各类设施，其床位常在数千以内，并有比较健全的基础工程相配套，也含有相应的居民社会组织因素。旅游镇可以独立设置，也可以依托在其他城镇或为其中的一个镇区。例如，庐山的牯岭镇，九华山的九华街，衡山的南岳镇，漓江的兴坪、杨堤、草坪镇，骊山的临潼骊山镇，九寨沟的九寨沟旅游镇、太姥山与秦屿镇。

⑤ 旅游城已相当于县城的规模，有着比较完善的行、游、食、住、购、娱、健等类设施，其床位规模可以过万，并有比较完善的基础工程配套。所包含的居民社会因素常自成系统，所以旅游城已很少独立设置，常与县城并联或合为一体，也可能成为大城市的卫星城或相对独立的一个区。例如，漓江与阳朔，井冈山与茨坪，嵩山与登封，海坛与平潭，苍山洱海与大理古城，黄果树与镇宁县城，景洪县、勐海县与西双版纳，嵊泗县城与嵊泗列岛等。

⑥ 旅游市已相当于省辖市的规模，有完善的旅游设施和完善的基础工程，其床位可以万计，并有健全的居民社会组织系统及其自我发展的经济实力。它同风景游览欣赏对象的关系也比较复杂，既相互依托，也相互制约。例如，桂林市与桂林山水，杭州与西湖，苏州无锡与太湖，承德与避暑山庄外八庙，泰安与泰山，南京与钟山，兴城与兴城海滨，岳阳与洞庭湖岳阳楼—君山岛，昆明与路南石林，肇庆与星湖—鼎湖山，都江与青城山—都江堰，洛阳与龙门风景区，厦门与鼓浪屿—万石山，三亚市与三亚海滨等。

8.5.3 旅游服务系统

有的风景区根据游客的活动内容和规律以及客流聚会集中程度的不同，将旅游设施按级别规划为三级或四级旅游服务系统。

一级旅游服务中心 一般兼作风景区总管理中心，它是旅游旅馆、旅游商品、风景管理、旅游服务的大本营。一般包括交通运输设施、商业饮食设施、住宿接待设施、文化体育设施、金融设施、邮电通信设施、医院等。一般旅游市、旅游城、旅游镇等可作为一级服务中心。

二级旅游服务中心 能综合满足游客服务范围内的吃、住、行、游、购等多方面的旅游服务需求，亦兼景区级管理中心。一般应具备交通运输设施、住宿接待设施、商业饮食设施、文体娱乐设施、景区管理站等旅游设施。

三级旅游服务中心 主要解决景点上游客的饮食、游憩需求，对郊野型风景区，也有少量床位、级别不等的住宿。三级服务中心主要包括风景区内部交通、商业饮食设施、住宿接待处(小型)等旅游设施。

四级旅游服务中心 主要指旅游线路途中的服务点，以茶室、露天茶座、方便食品及饮料小卖部为主，兼有小规模的饭馆，供游客休息、咨询。步行游览道，尤其是登山道，在风景区到景区、景区到景区、景点到景点之间的旅游线路上，一般每隔1500m左右均要设一个途中主要服务点，形式为常设摊点，或推车、肩挑流动货站。其旅游设施主要为饮食服务设施、旅游纪念品、流动摄影点等。

在实际的风景区规划中，旅游设施并不一定要划定4个级别，而是要考虑到风景区的类型不同，景点素质、数量与地域分布状态的不同，旅游设施功能布局的级别划分可相应变化。可以有下列几种形式：

(1)一、二、三、四级的风景区

如泰山、西湖、峨眉山、华山、千山、衡山、黄山、肇庆鼎湖山、青城山都江堰、武陵源、避暑山庄外八庙等风景区就属于一、二、三、四级的功能布局。泰山的一级服务中心设在泰安城；二级服务中心设在岱顶，为游客登岱顶观日出而设住宿、饮食服务的天街；三级服务中心设在天门、扫帚山、峪口等处；四级服务点在斗母宫、回马岭、五大夫松和对松亭处。西湖由杭州市作为风景区的一级服务中心；二级服务中心分别设在北线的岳坟和南线的灵隐；三级服务中心分别在北线的黄龙洞、玉泉和南线的净寺、虎跑；四级主要服务点设在中山公园、曲院风荷、平湖秋月、小瀛洲、花港观鱼等处。承德避暑山庄外八庙风景区，其一级旅游服务中心依托于承德市双桥区；二级服务中心依托于围场县城和巴克营；三级服务中心设在避暑山庄内、坝上林场、牧场红山军马场；四级主要服务点设在烟雨楼、外八庙、磬锤峰、花楼沟、金山岭等。武陵源风景区有两个一级服务中心，分别设在张家界的锣鼓塔旅游村和索溪峪的军地坪旅游村；二级服务中心设在野鸡铺和泗南镇；三级服务中心设在石家檐、黄狮寨、水绕四门等；四级服务点设在紫草潭、黄龙洞等处，形成了风景区内旅游设施规划双一级，二、三、四级的功能布局。

(2)一、三、四级的风景区

如钟山—玄武湖风景区、昆明西山、九华山、五台山、太湖、洞庭湖、路南石林、洛阳龙门、太姥山、三亚海滨风景区。钟山—玄武湖风景区，依托南京市作为风景区的一级服务中心；三级服务中心设在钟山景区的梅花山、灵谷寺和玄武湖景区的白苑、九华山；四级服务点设置在明孝陵四方城、梁州、环州等处。洞庭湖岳阳楼风景区，以岳阳市为风景区的一级服务中心；君山岛设三级服务中心；岳阳楼、二妃墓等设四级服务点。路南石林风景区一级服务中心设在路南县城和昆明市；三级服务中心设在风景区入口处；四级服务点设在阿诗玛等处。洛阳龙门风景区一级服务中心由洛阳市承担；三级服务中心设在龙门镇入口区等地；四级服务点设在奉先寺、韦白楼等处。三亚海滨风景区的一级服务中心依托三亚市；三级服务中心设在鹿回头、大东海、亚龙湾；四级服务点设在天涯海角、鹿回头公园等。九华山风景区的一级服务中心设在九华街；三级服务中心设在百岁宫、拜经台等；四级服务点设在二圣殿、

甘露寺、回香阁等。太湖风景区一级服务中心依托于无锡市、宜兴市；三级服务中心设在鼋头渚公园山辉川媚牌楼、丁蜀镇等；四级服务点设在广福寺、兰山嘴、玉女山庄、西河寺、香雪海等。胶东海滨风景区旅游设施一级服务中心依托沿海城市威海、烟台、蓬莱及长岛县城；三级服务中心设在刘公岛和蓬莱阁；四级服务点设在环翠山庄、烟台山、西炮台、长岛乐园、庙岛、月亮湾等处。

(3)一、二、四级的风景区

如辽宁金石滩风景区、兴城海滨风景区等。兴城海滨风景区一级服务中心依托于兴城市区；二级服务中心在海滨浴场面海的一条街；四级服务点设在兴城公园、首山、菊花岛等处。

(4)一、四级的风景区

如黄果树、鼓浪屿、大连海滨、漓江等风景区。黄果树风景区的一级服务中心设在镇宁南镇；在风景区内布置四级主要服务点。鼓浪屿—万石山风景区以厦门市作为它的一级服务中心；在日光岩、菽庄花园、万石山植物园和南普陀等地段设四级服务点。大连海滨风景区依托于大连市作为旅游设施一级服务中心；老虎滩、星海公园、白玉山、老铁山等处设四级主要服务点。漓江风景区旅游设施一级服务中心依托于桂林市和阳朔县；在起始点码头设四级主要服务点，游览船本身也构成了随客一起流动的四级服务点。

8.6 旅游基地选择

旅游基地选择应符合以下原则：

① 应有一定的用地规模，既应接近游览对象又应有可靠的隔离，应符合风景保护的规定，严禁将住宿、饮食、购物、娱乐、保健、机动交通等设施布置在有碍景观和影响环境质量的地段；要特别考虑环境的适应性。广西著名的北海“银滩”，建筑物过于贴近海边，对银滩的负面影响之甚难以用经济价值衡量，地方政府下决心恢复原生面貌，建筑物整体后退，但直接经济损失巨大。欧洲海岸线开发时也走了一条弯路，最初交通线过于贴近海滨，导致游人积聚于高大的海滨建筑之前，阻碍了游人的进出线路并挡住了视线。后来规划人员吸取了教训，使海滨地区土地利用得到了优化。

② 应具备相应的水、电、能源、环保、抗灾等基础工程条件，靠近交通便捷的地段，依托现有游览设施及城镇设施。

③ 避开有自然灾害和不利于建设的地段。风景区中旅游服务基地的选址，应避免对自然环境、自然景观造成破坏，方便游客观光，为游人提供安全、舒适、便捷和低公害的服务条件。服务设施应满足不同文化层次、年龄结构和消费层次游人的需要，应与旅游规模相适应。建设高，中，低档次，季节性与永久性相结合的旅游服务系统。

旅游基地选择的 3 项原则中，用地规模应与基地的等级规模相适应，这在景观密集而用地紧缺的山地风景区，有时实难做到，因而被迫缩小或降低设施标准，甚至取消某些设施基地的配置，而用相邻基地的代偿方法补救。

设施基地与游览对象的可靠隔离，常以山水地形为主要手段，也可用人工物隔离，或两者兼而用之，并充分估计各自的发展余地同有效隔离的关系。

基础工程条件在陡峻的山地或海岛上难以满足常规需求时，不宜勉强配置旅游基地，宜因地因时制宜，应用其他代偿方法弥补，如建立邻近、临时、流动设施等。

8.7 分级配置原则

8.7.1 配置原则

游务设施的分级配置有三方面原则：

① 设施本身有合理的级配结构，便于自我有序发展。

② 这种级配结构，能适应社会组合的多种需求，同依托城镇的级别相协调。

③ 各类设施的级配控制，应与该设施的专业性质及其分级原则相协调。

在风景区规划中，对于所需要的旅游设施的数量和级配，均应提出合理的测算和定量安排。

而对其定位定点安排，却要依据风景区的性质、结构布局和具体条件来决定，既可以将其分别配置在规划中的各级旅游基地中，也可以将其分别配置在所依托的各级城镇居民点中。但其总量和级配关系，均应符合风景区规划的需求。

由于风景区用地差异悬殊，各规划阶段的细度要求差别较大，所以仅有分级配置规定，而具体的量化控制指标，在其他条目的单项指标中有所规定，或按相关专业量化指标执行。

8.7.2 应符合的规定

各项游务设施等应符合的规定见表8-4所列。

表8-4 旅游服务设施与旅游服务基地分级配置

设施类型	设施项目	服务部	旅游点	旅游村	旅游镇	旅游城	备 注
一、旅行	1. 非机动交通	▲	▲	▲	▲	▲	步道、马道、自行车道、存车、修理
	2. 邮电通信	△	△	▲	▲	▲	话亭、邮亭、邮电所、邮电局
	3. 机动车船	X	△	△	▲	▲	车站、车场、码头、油站、道班
	4. 火车站	X	X	X	△	△	对外交通，位于风景区外缘
	5. 机场	X	X	X	X	△	对外交通，位于风景区外缘
二、游览	1. 审美欣赏	▲	▲	▲	▲	▲	景观、寄情、鉴赏、小品类设施
	2. 解说设施	▲	▲	▲	▲	▲	标示、标志、公告牌、解说牌
	3. 游客中心	X	△	△	▲	▲	多媒体、模型、影视、互动设备、纪念品
	4. 休憩庇护	△	▲	▲	▲	▲	座椅桌、风雨亭、避难屋、集散点
	5. 环境卫生	△	▲	▲	▲	▲	废弃物箱、公厕、盥洗处、垃圾站
	6. 安全设施	△	△	△	△	▲	警示牌、围栏、安全网、救生亭
三、餐饮	1. 饮食点	▲	▲	▲	▲	▲	冷热饮料、乳品、面包、糕点、小食品
	2. 饮食店	△	▲	▲	▲	▲	快餐、小吃、茶馆
	3. 一般餐厅	X	△	△	▲	▲	饭馆、餐馆、酒吧、咖啡厅
	4. 中级餐厅	X	X	△	△	▲	有停车车位
	5. 高级餐厅	X	X	△	△	▲	有停车车位
四、住宿	1. 简易旅宿点	X	▲	▲	▲	▲	一级旅馆、家庭旅馆、帐篷营地、汽车营地
	2. 一般旅馆	X	△	▲	▲	▲	二级旅馆、团体旅舍
	3. 中级旅馆	X	X	▲	▲	▲	三级旅馆
	4. 高级旅馆	X	X	△	△	▲	四、五级旅馆
五、购物	1. 小卖部、商亭	▲	▲	▲	▲	▲	—
	2. 商摊集市墟场	X	△	△	▲	▲	集散有时、场地稳定
	3. 商店	X	X	△	▲	▲	包括商业买卖街、步行街
	4. 银行、金融	X	X	△	△	▲	取款机、自助银行、储蓄所、银行
	5. 大型综合商场	X	X	X	△	▲	—
六、娱乐	1. 艺术表演	X	△	△	▲	▲	影剧院、音乐厅、杂技场、表演场
	2. 游戏娱乐	X	X	△	△	▲	游乐场、歌舞厅、俱乐部、活动中心
	3. 体育运动	X	X	△	△	▲	室内外各类体育运动健身竞赛场地
	4. 其他游娱文体	X	X	X	△	△	其他游娱文体台站团体训练基地

（续）

设施类型	设施项目	服务部	旅游点	旅游村	旅游镇	旅游城	备　注
七、文化	1. 文博展览	X	△	△	▲	▲	文化馆、图书馆、博物馆、科技馆、展览馆等
	2. 社会民俗	X	X	△	△	▲	民俗、节庆、乡土设施
	3. 宗教礼仪	X	X	△	△	△	宗教设施、坛庙堂祠、社交礼制设施
八、休养	1. 度假	X	X	△	△	▲	有床位
	2. 康复	X	X	△	△	▲	有床位
	3. 休疗养	X	X	△	△	▲	有床位
九、其他	1. 出入口	X	△	△	△	△	收售票、门禁、咨询
	2. 公安设施	X	△	△	▲	▲	警务室、派出所、公安局、消防站、巡警
	3. 救护站	X	△	△	▲	▲	无床位，卫生站
	4. 门诊所	X	X	△	▲	▲	无床位

注：X 表示禁止设置；△表示可以设置；▲表示应该设置。

（资料来源：《风景名胜区总体规划标准》，2018）

8.8 国外接待设施

8.8.1 国外接待设施的分类

① 宾馆　为旅行者提供接待、餐饮和小吃服务。在实践中，风景区宾馆可以签约接待特殊团体(如为旅行商提供服务)；可以只住宿而不餐饮；或者只在旅游旺季对外开放。

② 小型私营旅馆与小型公寓旅馆　通常是一些小型的私人单元，为滞留时间较长、时间较为稳定的客户提供居住设施，不提供接待与餐饮服务。

③ 汽车旅馆和胜地旅舍　专门选址并规划为驾车者提供简便接待设施的旅馆。餐饮服务通常位于另外一个独立区域。汽车旅馆一般用来为过境游客服务；而许多位于风景区内的胜地旅舍和汽车宾馆则会提供更广泛的服务设施，包括为度假者提供自助厨房。

④ 自助宾馆　它和类似的接待设施只为旅游者提供床位和早餐，或者只提供住宿而不包括餐饮服务。床位—早餐式服务或自助厨房式接待设施也可由本地物业的业主提供。

⑤ 青年旅馆类接待设施　这类设施一般专门为特殊使用人群(青年、协会、朝圣者等)提供，服务设施的共享方式多种多样。接待设施可以是基本服务(经济型)，也可以有正规餐饮、社交和娱乐服务。

⑥ 托管公寓　这类接待设施由一组物业组成，它们的居住单元分别由不同的业主拥有，但所有业主共同拥有公共设施(电梯、建筑物、工程服务等)和公共区域(运动场、入口区、游憩设施等)。物业维护和保安的责任也由大家共同承担，而具体服务及其他一些业务(包括将物业出租给度假者)则委托给管理公司或代理去执行。

⑦ 度假村　是由多组各自呈团组布局的接待设施单元组成的区域，并围绕一个餐饮、娱乐设施集中的核心展开。接待设施单元除了提供内含餐饮的服务外，还可为客人提供自助厨房。它主要是为家庭和个人使用者设计的。度假村是一个自给自足的实体，在统一管理下，为客人提供一个成熟风景区所应有的所有服务。

有些度假村是为开展福利性的社会旅游而建设，而另外一些度假村则属于商业性开发。商业性度假村通常区别于主要的度假旅游区，但有时也包含一部分社会旅游的内容。商业性度假村通常提供 500～2000 张床位(为了开展集中性活动，最佳床位数通常为 800～1000 张)，可以分为几个时段来开发。而社会性度假村的规模通常要小得多。

⑧ 单幢度假单元　是指风景区内的公寓、乡间别墅、木屋山庄、梅式公寓和平常房舍。房主可将该单元作为主要居住或第二住宅使用，也可长期或短期租赁给旅游公司，或者作为一种托管公寓交给别人管理。

⑨ 帐篷营地、拖车营地　在营地里一般配备有卫生设施、排污系统和扎营设施，还可能包括餐厅或自助餐厅、汽车维修站、商店、室内和户外游憩设施等其他服务。虽然在严格的许可条件下也允许永久性拖车扎营，但大多数度假营地只在旅游旺季对外开放。

8.8.2　帐篷与拖车露营

8.8.2.1　帐篷营地和拖车营地

帐篷和拖车露营是旅游接待设施中最便宜的形式。在西欧，由帐篷和拖车提供的床位空间远多于宾馆提供的床位。用于露营的场地需要满足以下条件：便捷的入口、良好的排水、平缓的坡度、很好的朝向，而且在可能的条件下，营地之间要有树木和绿篱相隔（从挡风和私密性方面考虑）。

大多数国家依据营地中设施、空间和度假环境的组合情况，对帐篷营地和拖车营地采取了若干种不同标准。

依据结构的分类：

① 帐篷　帆布折叠结构。

② 露营帐篷　在营地支起供临时使用的帆布折叠结构。

③ 机动化之家或露营者面包车　作为自驱车辆的一个组成部分的可移动住所。

④ 旅行活动房或拖车　汽车拖动的置于底盘上的临时住室结构。

⑤ 可移动房车　置于底盘上的可移动或可拖动的全年候居住单元。

拖车停靠点应和帐篷营地相对隔离，尽管二者可以布局在同一营地。这两种顾客的兴趣是不同的，可能会有冲突，而且拖车对基础设施的要求更高（铺筑好的出入口道路和停车场，而且常常要求有水、电供给和排污设施）。

在美国，使用可移动房车（或露营者面包车及旅行活动房）去度假比我国更普遍。考虑到道路交通，车房的最大尺寸是3.60m×18.30m（12英尺×60英尺）。一般来讲，车房的使用寿命较短（大约10年），过期就会出现外表破旧难看的情况，应该通过适当的营地景观建设、植树绿化等措施来补救。

8.8.2.2　营地的种类

与少数人在“原始林区”的露营（这种活动因易引发视觉污染、森林火灾等，通常是禁止的）不同，一般露营地可划分为6种主要类型（表8-5）。

表8-5　露营地类型

种　类	特　点
临时营地	设施最少，滞留时间一般不超过48h
日间营地	在某些游憩公园，营地仅限白天使用，或仅可滞留一夜
周末营地	分布于乡村地区，允许进行户外游憩活动，提供运动设施。通常还为儿童提供游戏场地以及其他一些设施和环境。常常以年度为租赁基础（在法国，80%的旅行活动房拥有者将其房车作为周末平房来使用）
居住营地	比周末营地更为长久。主要作为旅行活动房、可移动车房或临时平房建筑。露营点（平房点最小面积200m^2）以年度为基础租赁，或以完全产权销售或产权租赁方式转让使用权
假日营地	靠近资源质量较高（海滨，湖滨、森林）、交通方便的地区；在滑雪风景区也可开发拖车营地（以整个冬季为基础）
旅游营地	高标准的假日营地，靠近或就在旅游风景区内

（资料来源：《旅游与游憩规划设计手册》，2004）

在发展中国家，帐篷通常由野营公司提供。在其他地方，个人拥有或自主租赁帐篷等设备较常见，场地运营者负责提供空间、服务和公共设施。

8.8.2.3　营地密度与规模

营地密度各国不一。在法国，营地内每个单元（帐篷或拖车及小汽车）占用的最小面积为90m^2。在德国，根据不同情况，在120～150m^{2}之间。荷兰森林管理局推荐的密度更低：每单元150m^2（而且周围需是大片未开发用地）。为保证一定程度上与大自然的接触，美国公园推荐的营地密度变化很大：

① 将所有设施集中在一起的中央营地（$300m^2$/单元）；

② 可容纳400~1000人的、有道路入口和服务设施的森林营地（$80\sim1000m^2$/单元，且周围为大片林地所包围）；

③ 容纳50~100人、不配备任何设施的边疆营地（$1500m^2$/单元，周围是原野地区）；

④ 对于一个每公顷可接待200~300人（每英亩80~120人）的高密度营地，其合适的营地规模为$3\sim5hm^2$（8~12英亩），其允许的容量限度为600~1500人。

8.8.2.4 应注意的问题

① 照明设施不足、材料运用不当，构成对环境潜在的威胁。

② 基本服务设施与营区距离过远或过近，造成服务性不佳或干扰，影响游憩质量。

③ 未考虑小气候因素，将露营区设置在强风、落石、洪水等容易发生危险的区域。

④ 露营设施使用后未立即或定期维护，致使露营场地品质降低。

⑤ 营地与邻近游憩景点无法相互配合，导致使用率低，造成投资浪费。

8.8.2.5 规划准则

(1) 区位选定

① 自然因子

——设于水岸、湖边的露营地必须远离岸边10~100m。

——选择排水良好的地点，以砂质土壤最佳，砾质土壤次之，黏土最差。

——设置于森林边缘，有部分森林提供防护，而且通风良好的地区。

——避免在顺向坡开辟营地。

② 露营地环境

——避免设置在地表岩石裸露或灌木过高的区域。

——必须保留足够缓行空间，使露营者有身处野外的感觉。

③ 游憩区位

——选择视野广阔或附近有水源处，可增进露营场的吸引力。

——区位选择必须能够与邻近的游憩景点相串联。

——露营地位置避免与其他游憩设施或活动相冲突。

(2) 与环境配合

① 配合地形变化，进行空间配置，坡度过大时，可采用阶梯式配置。

② 建筑物、设施的造型和材料应与环境相协调。

③ 综合考虑气温、湿度、雨量、风向、季风、雷雨等自然气候因素。

(3) 配套设施

① 露营地附近需提供充足的水源和活动空间。

② 配套设施包括卫生、餐饮、野外游戏等。

③ 设施的设计需考虑残障者使用。

④ 露营场空间足够大时，需分别设置家庭式露营场、团体露营场、拖车露营场等。

(4) 露营区划分

露营活动为团体性活动，根据使用成员、人数、活动等情况，对空间进行合理配置。根据使用者的成员组成特性，将露营区划分为：

① 大型团体露营区　供学校、公司和大型团体露营使用，人数为百人以上，通常以搭乘旅游车的方式到达。

② 小型团体露营区　供30人以下的露营空间，为目前国内主要的露营形式，交通工具包含大型车与小型车。

③ 家庭式露营区　成员以家庭单元为主，通常一个家庭单元只需一个露营位，以便自用车到达。

8.8.2.6 设计准则

(1) 区位选定

① 选择地点的土壤需排水性强，以砂土最佳。

② 地形坡度应低于15%，最小坡度为5%，坡度为10%~20%时应采用阶梯式设计；30%以上不

宜开发。

③ 避免设置于下风处、落石区、落雷区及其他有潜在危险的区域。

④ 风速过快、太阳直射过久的区域，可运用植物改善微气候环境。

(2)空间配置

① 露营区必须靠近主要旅游路线，并用植物或凭借地形等进行遮蔽或区隔，以防视觉景观冲击及噪声污染。

② 家庭式露营场每个帐位平均人数为 4 人，最高为 8 人。

③ 帐位数每公顷 15~25 个，帐位间距平均 15~20m 为佳，每个帐位面积至少 90m^2。

④ 活动空间至少 180m^2。

⑤ 可利用绿篱作为空间区隔和旅游路线引导。

⑥ 地面植被以柔软地被为主。

⑦ 篝火场和露营帐位应有适当的视觉及噪声阻隔。

⑧ 露营区配置。

(3)基本营位尺寸

① 可分为一般营位和汽车营位，根据使用人数不同，营位大小也有所差异，其标准营位单元为 7m×(7~10)m。

② 汽车营位标准尺寸为 10m×10m。

③ 营帐的标准尺寸见表 8-6。

表 8-6 营帐的标准尺寸

营帐	2人	3人	4人	5人
长(cm)	210	210	270	360
宽(cm)	150	210	210	210

(资料来源：《旅游与游憩规划设计手册》，2004)

8.8.2.7 公共设施

每百人 25 个单元的最低标准如下：

① 卫生设施(4 座厕所，4~5 个洗手盆、2 个淋浴喷头、两对水槽、3 个垃圾桶)，最好离任何单元都不超过 100m(最多 150m)。2~3 个帐位应设有一个垃圾桶。

② 露营区距离水源为 45~90m。

③ 水的储藏量为每日最大使用量的 2 倍。供水(每人每天 40~60L 淡水)；排水和污水处理设施，包括泵站和污水池内的废水排放设施。

④ 每 100 个帐位需有一处废弃物收集处理场，并有适当的遮蔽。

⑤ 附属设施包括有露营场管理中心、烹烤设施、野餐桌椅等，根据营地的规模和类型，可能需要配备食品店和休息室。

⑥ 一车道的路面(宽 3~3.5m)，入口处附近有停车场，应设置在步行易到达处，以防止夜间车辆驶入营地；应设有路灯的人行道。

⑦ 营区内主要旅游路线和重要活动空间(公共厕所、水域旁边、管理中心、住宿设施)应设置夜间照明设备。游憩空间(排球场、儿童活动场、网球场、迷你高尔夫等)。

⑧ 营区应配置一间医疗室，有必备的常用急救药品。

⑨ 最远的营区距公共厕所距离以 90m 为宜，最远不宜超过 150m。

⑩ 距淋浴间以 120m 以内为宜，最远不宜超过 180m。

⑪ 在旅游淡季应保留一处供应热水的淋浴间。

大型旅游营地除了这些最低标准的设施外，还要提供更多服务，如提供餐厅和修车服务，提供更多更全面的游憩、娱乐形式。日间营地配备的设施最少，仅有供水点和垃圾箱。

8.9 相关服务设施规划

8.9.1 餐饮设施

在一个综合风景区，旅游者不断变化的饮食习惯和偏好对餐饮服务设施的规划设计具有相当大的影响。普遍的情况是，人们越来越反感总是在同一宾馆的餐厅内按照没有变化的正规菜单来用餐。通过下列途径可以为客人提供更多选择和更深体验：

① 在设计宾馆的大型餐厅时，用多个较小的用餐区来组合，每一个用餐区都有自己独特风味和拿手好菜。

② 为宾馆客人在风景区内其他地方的餐馆中安排一顿或所有的餐饮。

③ 提供多种多样的餐厅、咖啡店、烤肉店、

快餐店等，同时吸引本地居民和外来游客，这些设施可以围绕中心食品加工区(或由其提供)成组布置，或布局在餐饮广场内。

④ 规划多家供应餐饮服务的特色酒家或酒吧(鱼席馆、乳酪城、烤肉店、供应本国特色菜肴的小酒馆等)，这些特色店可以独自开设，也可与宾馆联营。

现有大多数风景区都会为度假地内每5~20个旅游床位提供1个额外的餐位和1个额外的咖啡店或酒吧座，作为宾馆服务的附加设施。至于具体餐位，取决于传统宾馆床位数与自助宾馆、公寓和其他形式的接待设施拥有的床位数的比例。在咖啡厅、酒吧和类似的非正式饮食场所，也要提供类似数量的餐位。

餐厅都需要自己的厨房、储藏和服务设施，为了降低在一个风景区内经营多家不同餐馆的困难，现在的趋势是将大多数食品准备工作集中到少数几个大型食品加工处。经过中间处理的食品可以依据距离和经营规模为餐馆和宾馆提供新鲜、冷藏或低温冷冻的食品。

8.9.2 购物设施

一个度假胜地内的商业服务设施与类似规模的城镇或乡村的商业明显不同，不仅商店的类型很不一样，在数量上也有差别。

在大多数居住区性质的小乡村或郊区城镇，除了贵重物品外，居民们一般就近在其住所附近购置所有物品。然而在风景区内，特别是在没有私车使用，或者即使有，但就像在山地风景区那样没有方便的交通条件的情况下，旅游者都期望能在旅游区内设有数量多、种类丰富的购物店。因此小型风景区(床位数在3000张以下)可能需要更多的商业设施和相关服务设施。在风景区创始阶段，开发商就必须为顾客提供并经营这类设施。

在风景区购物本身就应该是一种快乐。它应该成为游憩活动的一种延伸；有一种熙熙攘攘的氛围；是在非正式活动场合会见和结交朋友的机会。世界上有许多体现这一观念的例子，如Zermatt(则曼特)或Rhodes(罗得岛)上繁忙的街道，传统的地中海小镇的热闹非凡的广场、Hydra的熙熙攘攘的港口，以及Mormote或StTropez的步行街等。在许多滑雪风景区，为了防止寒冷气候的困扰，开发商在不同商店之间构筑商业通廊或封闭式购物区以使游客去除风雪之忧。但这种城市化方式是否适用于风景区仍值得探讨，因为在露天雪景中漫步的体验也是游憩乐趣的一部分。

一个商业性单元如店铺的规模为50~200m^{2}不等，平均面积为90~100m^2。有些商店可以在统一管理模式下成群布局，但是保持小型专卖店的特色比非人性化的大商场更重要。不同类型的商店应该相互组合，以创造更多的趣味性和多样性；那些提供最基本生活日用品的杂货店要和销售昂贵奢侈品的商店左右为邻。

8.9.3 游客中心

风景区游客中心是指具有行政管理及游客服务两项主要功能，包括行政、服务、展示、解说等软、硬设备，为风景区各项游览活动提供服务的中心。

游客中心风景区行政人员的办公中心，是为游客提供风景区各项信息的解说教育、展示中心，必要时可具备餐饮、休息、急难求助、急救站等功能；通常设置在交通方便、可达性高的高度开发区或一般开发区。

设计时应注意的问题：

① 大小规模考虑不周，过高估计了需求量，构建大型建筑物，然而实际需求量很小，造成浪费。

② 与环境结合不佳，未能顺应地形地貌、气候条件限制(日照、风向等)，建造了不符合当地风情的建筑物。

③ 装饰造型过多，未能符合绿色建筑的精神。

④ 无障碍空间考虑不周，形同虚设，如潮湿多雨地区，残障坡道表面需增加防滑处理等。

⑤ 使用不易维护管理的材料。

8.9.3.1 区位选择

① 非潜在地质地形脆弱危险区(如易崩塌地形、土石流潜在路径等)。

② 交通方便、可及性高的地区。

③ 位置显著、易于辨认的地区。

④ 具有环境特色或眺望良好的地势。

⑤ 具有足够发展的腹地空间。

⑥ 不宜设置在地形制高点，以免破坏山体轮廓的完整性。

⑦ 不宜设置在拥有特殊地质、地形、景观或历史文化遗迹之处。

⑧ 不宜设置在坡度大于30%的地区。

⑨ 考虑盛行风向，尤其冬季季风及经常性地形风的风向，应能阻挡强风并导入夏季凉风。

⑩ 在日照强烈的地区，应采用降低日光直射的建筑做法(如遮阳板、深窗等)。

⑪ 在地形起伏的地区，应避免大规模整地开发，可根据地势做阶梯式配置，也可增加视野景观的协调性。

8.9.3.2 平面设计准则

① 内部空间配置包括行政空间、解说展示空间及相关必要设施空间。

② 建筑物规模及内部空间设计需根据最适承载力而确定设计容量，并考虑未来发展空间。

③ 根据基本需求空间(m^2/人)确定空间量。

④ 根据游客的旅游路线，配置相关停车、候车、步道系统等设施。

8.9.3.3 立面设计准则

① 设计造型应以对生态环境及视觉影响最小为原则。

② 造型应具有地方特色并简洁，避免繁杂的装饰。

③ 建筑物高度以及外观设计应配合地形、地貌，并根据建筑技术规范、国家森林风景资源评价委员会设定的标准进行设计。

④ 尽量运用气候条件因子，进行节能设计，如太阳能利用、自然采光、自然通风设计等。

8.9.3.4 使用材料准则

① 应使用适合当地的建材，原则上以选择当地的天然材料为宜。

② 可考虑使用再生建材。

③ 海岸地区必须使用防止盐蚀、风蚀的材质。

④ 高山地区需考虑霜降、雪等气候限制，应采用膨胀系数小及有保暖效用的材料，并应有通风及防潮的设计。

⑤ 火山地区材料选用应考虑抗硫黄腐蚀，或经防锈处理的材质。

8.9.3.5 使用色彩准则

① 以天然材质的原始色彩为首选。

② 游客中心常为区域内最大的建筑物，因此，虽然它具有装饰景物的特点，但在色彩选用上，应与环境色彩相适宜。

③ 在少数民族地区，应加入当地文化传统色彩或习惯用色，以突出该区特色。

8.9.3.6 配套设施

① 应配合当地条件考虑交通、停车、供水、排水、污水处理、电力、电信等公共设施容量。

② 能源使用应尽量自给自足。

③ 游客中心需在风景区内完全无障碍的空间设置。

④ 中心内部需备有紧急电话、无线电通信等装置及紧急发电系统，以确保紧急状况时联系畅通。

⑤ 内部应设有简易的急救设备，中心人员也应具有基本的急救常识，平时应定期进行演练。

⑥ 户外应保留平坦、无强大风力的开放空间，以供紧急事件时直升机运输使用。

设计上应考虑的主要事项检索见表8-7。

8.9.3.7 维护与管理

① 使用材料选用易于维护管理的材料，如使用不需经常粉刷或易清洁的材质。

② 使用适合当地气候条件限制的材料，如海岸地区的珊瑚礁岩石，山岳、湖泊地区的木材等。

③ 应定期检查维护，对易受破坏的设备或地区，应研究其原因，以寻求改善的措施办法。

④ 设置设施时应保留使用弹性，以便淡旺季使用时调整及满足未来发展的需求。

⑤ 中心人员应定期举办各种培训，如急救常识、设施维护、生态环境教育等，并应定期进行演练。

表 8-7 游客中心设计上应考虑的主要事项检索表

考虑事项	满足要求	需改进	未达到要求
能否满足使用者需求			
未来规划发展是否能配合现有地形			
是否考虑基地的地下水层状况			
是否考虑盛行风向			
是否考虑日照影响			
是否考虑基地的排水系统状况			
是否为有效、合理的设施设置			
是否具有可进入性			
针对原有乔木能否予以保存			
是否考虑基地的地形地势、岩层构造，是否为脆弱敏感地区			
材质选定是否考虑易维护性、耐久性及经济性			
残障设施是否符合规定设置			
建筑物是否具有景观美感			
是否符合绿色建筑规定			
能源使用，是否尽量自给自足			

（资料来源：《旅游与游憩规划设计手册》，2004）

⑥ 对紧急事件的处理，行政人员都应了解风景区园内应变措施的步骤及方法；对各项紧急联络、运输设施都应熟悉其操作方法，并应定期检修，以确保各种设施切实可用。

8.9.4 避难设施

避难屋主要设置于山岳游憩区，或自然度高、可及性较低的原始地区，主要为游客在紧急时刻、短暂停留、简单急救处理及紧急通信求救时使用。

8.9.4.1 功能分析

① 休憩功能　为登山者提供中途休息或住宿设备。

② 避难功能　在紧急状况或气候条件突然变坏的情况下，提供避难的空间。

③ 急难救助功能　运用避难屋中紧急医疗和通信设备，发挥急救及求救作用。

8.9.4.2 应注意的问题

① 紧急医疗设施遭盗或未定期补充，无法真正发挥其急救功能。

② 未设紧急通信设备，无法及时救援山难者。

③ 设置的位置不当或数量不足，无法真正发挥其避难功能。

8.9.4.3 区位选定

① 设置位置应与登山步道相配合，应按固定距离设置或根据环境需求设置。

② 在气候条件不良、地理环境险峻处或历年经常有登山者迷失的地方，设置简易的避难屋。

③ 地势平坦，以坡度小于30%为原则。

④ 接近步道、容易寻找和眺望的地点。

⑤ 具有大型乔木或针叶林覆盖，并以能够避风、避雨为原则，高山地区以南向坡为佳。

⑥ 避免在大型动物的行走路径处或重要动物的栖息地设置。

⑦ 附近最好有水源。

⑧ 邻近地区应有足够的腹地作为紧急直升机起降使用。

⑨ 基地位置应选择土壤排水性强的区域，以砂土为佳。

8.9.4.4 与环境配合

① 必须注意基地本身安全性，避免选址在迎风、积雪、无植物遮挡、地质不稳定、高水位阴湿处。

② 避免设置在已发生或潜在自然灾害、地质不稳定、易受侵蚀的区域。

③ 综合考虑气温、湿度、雨量、风向、季风、雷雨等自然气候因素。

④ 避难小屋附近最好有纯净天然水源。

8.9.4.5 平面配置

① 避难屋的设置应配合登山步道的路线，设置一系列简易避难小屋。

② 避难小屋以南向为佳，一日中至少有4h日光直晒，并保持良好通风。

③ 配合地形变化，沿着等高线进行空间配置，避免设置在坡度过陡的地区，坡度在10%最合适，大于30%不适宜设置。

④ 基本设施应包括通铺、废弃物处理设施、取暖设施、有机化粪处理设施。

⑤ 以容纳 20~40 人为宜。

⑥ 必要时，在避难屋周围设置露营地，以保持原始状态为原则。

⑦ 各项设施以规模小型、简易、经济，并且不妨碍自然生态环境为原则。

⑧ 风速过强、太阳直射太强的区域，可运用自然植物改善微气候环境。

8.9.4.6 材料

① 造型与材料应配合地形和气候等自然环境条件。

② 建造材料及结构应以耐久稳固为原则，以经过防潮、防腐处理的自然材料为首选。

8.9.4.7 配套设施

① 在避难小屋内的干燥处设置急救设施、紧急通信设施，储存必要粮食，并在屋外设置方向指示牌。

② 在自然条件许可的情况下，可利用太阳能、风力、水力等设置发电或加热设施。

③ 在避难小屋周围选择一处开阔地，设置直升机停降场，以小石块等自然材料标示出“H”形标志。

8.9.4.8 色彩

色彩选用应与环境协调为宜，且必须有明确的指标系统，方便使用者抵达。

8.9.4.9 设计上应考虑的主要事项检索

设计上应考虑的主要事项检索见表 8-8 所列。

8.9.4.10 维护与管理

注重危险区域的预防措施、水域管理、火灾预防、自然灾害预防措施等安全管理。

定期进行设施维护、周围环境整修、急难通报设施的维护，针对被破坏严重处，寻求预防及解决方法。

表 8-8 避难屋设计上应考虑的主要事项检索表

考虑事项	满足要求	需改进	未达到要求
基本事项			
环境条件是否适合			
未来规划发展是否能配合现有地形			
材料选用是否考虑易维护性、耐候性及经济性			
设置位置是否经过整体考虑			
是否能够提供水源、通信设备、紧急医疗设施			
高层事项			
是否会影响动植物栖息环境			
是否具有景观美感			
设施造型、色彩是否与环境相融合			
是否制订维护管理计划			

（资料来源：《旅游与游憩规划设计手册》，2004）

8.9.5 康体游乐设施

旅游是一种以休闲为主的观光、度假及娱乐活动，因而丰富的旅游娱乐是旅游活动中的重要组成部分，随着现代科技的发展，旅游娱乐业在旅游产业结构中的地位正日益上升，旅游娱乐对增强旅游产品的吸引力，促进旅游经济发展的作用也不断增强。丰富多彩、切合风景区自身特点的游乐活动，既可以使因天气变化等原因导致部分游人的某些遗憾得到弥补，促进旅游者之间的接触，增进了解，发展友谊；又可以增加旅游区收益，提高知名度，吸引更多的游客，多安排一些服务人员，解决部分人的就业问题，提高社会效益。因此，风景区应重视康体游乐设施规划。

8.9.5.1 康体游乐设施种类

在森林旅游兴起以前，人们通常把一切属于风景游览但在风景区进行的其他休闲活动，如观看戏曲、电影、杂技等文艺节目，组织歌会、舞会，参与卡拉 OK，以及下棋、打扑克、保龄球、室内游泳和各种体育健身、垂钓、采集、狩猎、登山等户外活动等均列为游乐活动，其相关设施即为游乐设施。随着森林旅游业的兴起，风景区作为陆地生态旅游的主要场所，以休闲度假为目的的健身活动项目大幅度增加，大部分项目的规模很大，已经不再是原来那些游乐设施所能满足的。而且，在不少风景区中已经将绝大多数的大型户外休闲、度假活动作为主要旅游产品的康体游乐设施。

康体游乐设施包括的项目有：运动设施、露营设施、温泉设施、健身设施、游戏场、戏水设施、野餐设施、游钓设施、飞行伞基地九大类，在风景区中为游憩者提供休闲活动的相关设施。

8.9.5.2 规划原则

① 根据风景区的特色，突出精神文明和陶冶高尚情操，并注重获知性、参与性与乡土性相结合，大力发展特色游乐项目。

② 根据客源调查和旅游者需要，适度设置，逐步发展。

③ 康体游乐设施必须符合旅游区的自然资源条件、地方人文特征、经济发展水平、社会意识形态，并确保不对旅游区景观资源和环境质量造成冲击和损害。

④ 少数民族地区可适当设置一些民族风情活动。

⑤ 不设置带有封建迷信、色情和博彩性的设施。所规划的一切游乐项目必须经有关主管部门审批立项，由专业设计单位设计，按相应建设标准建设。

风景区的康体游乐设施建设应配合旅游事业的发展逐步开展，不可急于求成。一般可放在服务设施、交通道路设施和基础设施建成之后，逐步进行。以免建设过早，导致参与者不多，效益不大，积压资金。

在预测参加各项游乐活动的人数规模时，要在客源调查的基础上，认真分析研究。例如，在客源总数中，各个年龄段的人各有多少，性别比例如何；哪些项目适宜哪些年龄段、哪个性别的人参加；各个项目适宜开展的季节和该季节客源的数量；在适宜参加的人数中，又有多少人因为收费多少、兴趣大小、性格差异、身体素质以及家属拖累等原因不能参加，其余实际能参加、愿意参加的人是多少；这些人又是分布在多长的时间段里，最后平均每天参加该项目活动的人数是多少。用此数字来规划各项游乐活动的建设规模时，一般比较接近实际。

8.9.6 运动设施

风景区内运动项目应选择适合该地环境特色的运动项目，减少由于运动设施的进入所造成地形地貌破坏，如直排轮溜冰场、滑板车溜冰场、自行车等运动设施。在环境许可的情形下，可选择开发性较低的运动设施种类，进行符合国际标准的运动设施场地规划，如风帆、快艇等。

8.9.6.1 功能分析

① 生理上　运动可以锻炼身体，强健体魄，增进身体协调性。

② 心理上　缓解心理压力，享受运动乐趣。

③ 经验上　学习运动技能和积累竞赛经验。

8.9.6.2 应注意的问题

① 规划上未能整体考虑，形成活动设施或内容相互冲突。

② 设计上未能考虑各种运动的特殊需求，常发生设计错误。

③ 维护管理不当，容易造成运动伤害或发生意外事件。

④ 造型、色彩、材料使用不当，对自然环境产生严重影响。

⑤ 缺乏适当的遮阴，降低了旅游者与旁观者的使用意愿。

⑥ 设置了需要高额维护经费及大量人力运输的设施种类，造成经营上的负担。

⑦ 缺乏生态环境上的考虑，对当地动物生活过度干扰的运动设施。

8.9.6.3 区位选定

① 相邻设施或相邻活动空间须预留缓冲区域，可选用植物或视觉屏障物加以隔离。

② 避免阳光直射活动者的视觉方向，设施尽量避免东西向配置。

③ 根据活动的特性，综合考虑地质、土壤、植被、风向、日照等因素，选择最适区位。

④ 注意排水处理，避免因降雨，或因积水造成设施损害导致活动无法进行。

⑤ 避免选择邻近自然资源脆弱、环境敏感性高、生态资源敏感等地区。

8.9.6.4 与环境配合

① 建立与自然相协调的运动环境，配合地形变化进行设施配置。

② 避免大规模土方工程，整地应尽量符合现有土地挖填方平衡的原则。

③ 减少过度人工设施，增加环境的自然性。

④ 配合自然环境条件，节省能源使用，避免天然灾害发生。

8.9.6.5 配套设施

① 考虑活动所需的体能消耗量、训练项目、设施容纳量等因素，安排设施顺序。

② 运动场周围应设有休息区，并提供遮阴设施，以供运动者及观看者休息观看。

③ 若为夜间开放使用的运动设施，应提供足够的照明设备。

④ 根据不同活动类型，设置符合安全、专业的地面铺装。

8.9.6.6 设施承载力

① 根据活动类型、空间需求及环境承载能力，限定相关设施数量。

② 根据预计游客量与运动设施容纳量进行空间配置，并考虑高峰游客量的疏散方式。

8.9.6.7 场地标准

① 配合环境特性，可设置非正式运动设施场地。

② 必要时，活动设施场地应尽量符合体育管理部门颁布的或国际公认的标准场地。

8.9.6.8 环境因子配合

① 根据开发前的自然排水方向，设计排水设施。

② 运动场的长轴以南北向为原则，以免受阳光影响。

③ 考虑风对运动场地的影响，长轴的方向尽可能与风景区常年风向垂直相交。

8.9.6.9 附属空间配合

① 应预留医疗和急救空间。

② 配置安全人员停留空间，以便活动顺利进行。

③ 避免观众席西晒，观众席尽量配置在西侧。

④ 休息室、观众席等附属设施的高度、造型应配合地形地貌，避免繁杂设计。

8.9.6.10 使用材料

① 场地使用材料应符合标准设施的相关规定。

② 附属设施、服务设施的设计应采用具有当地特色的材料。

③ 使用的材料需满足最大活动使用量的负荷。

④ 考虑经济上、施工上、维护管理上的方便性与活动特性，尽量选择全天候型表层铺材。

⑤ 种植草皮时，应选择恢复力与再生力强的品种。

8.9.6.11 使用色彩

① 应符合标准设施色彩的相关规定，未规定者以配合周围环境的色彩为首选。

② 附属设施以天然材料的原始色彩为首选。

③ 活动设施应配合当地文化特色的色彩进行选择。

8.9.6.12 配套设施

① 配合标准场地的条件，设置裁判高架椅、计分板、保护网、栏杆等相关设施。

② 应设置无障碍空间和相关配套设施。

③ 配套设施应考虑使用性、安全性、成本和维护管理的难易程度。

④ 应设有一处急救室、紧急电话等医疗设施。

⑤ 如果运动设施在夜间开放，应特别注重使用者的安全性，并提供足够光源。

8.9.6.13 管理与维护

① 尽量使用低维护管理成本的材料。

② 配合气候条件，应用抗恶劣环境的材料。

③ 应定期检查和维护设施，并针对易受破坏的材料或地区，探究原因，寻求改善措施。

④ 维护管理人员应定期视察使用者行为，必要时调整维护管理措施。

⑤ 应设置场地使用说明，以保证场地的正确使用。

8.9.7 温泉设施

温泉一直深受人们的喜爱，各温泉旅游区经常是游客络绎不绝。而一座设计、管理良好的温泉浴场会直接影响到游客的旅游意愿。本小节主要针对温泉设施的设计进行探讨。

8.9.7.1 功能分析

① 生理上　促进血液循环、消除疲劳、治疗疾病等功能。

② 心理上　增进亲子、朋友感情和夫妻情感。

③ 实质上　提供休息游憩和旅程中途休息的舒适场所。

8.9.7.2 应注意的问题

① 与邻近游憩景点串联性不足，无法创造高效益游憩品质。

② 空间配置不佳，未能创造出真正的休闲空间。

③ 材料使用上未考虑温泉水的侵蚀性与腐蚀性。

④ 设施色彩无法与周围环境相融合，形成严重视觉冲击。

⑤ 公共温泉设施缺乏定期维护管理。

⑥ 设施状况不佳，导致温泉设施品质低。

⑦ 温泉区供水管线任意设置，造成温泉区地貌遭受破坏。

⑧ 使用后污水缺乏系统处理，任意排放，造成水源污染。

8.9.7.3 区位选定

① 基地位置宜靠近温泉出水口，减少管线埋设。

② 基地位置尽量选择温泉源头下方处，利用重力以管道输送，降低成本。

③ 选择温度适中、水量充沛的泉井为佳。

④ 避免设置在空旷处，形成视觉焦点，破坏整体视觉景观。

8.9.7.4 与环境配合

① 温泉遮蔽设施应与周围环境相融合，避免破坏环境协调性。

② 浴池的设计应尽量配合地形，避免过度使用人工设施。

③ 利用原有的道路系统，避免开辟或大量拓宽道路，对环境造成破坏及成本上的增加。

④ 避免破坏环境敏感及资源脆弱地区。

8.9.7.5 配套设施

① 配套设施应具备防滑、防潮等安全效用。

② 设施材料应具有当地特色，并考虑防蚀、防潮等因素。

③ 考虑残障设施的设置。

8.9.7.6 空间设计

(1) 自然因子

① 应采用自然通风、采光的设计方式，节省能源使用。

② 建筑物与设施造型力求简单，并能表现出当地特色，尽量沿等高线配置，避免破坏地形地貌。

③ 环境条件许可时，可设计户外露天浴池或温泉游泳池，并考虑隐蔽性，可以用植物绿地作为缓冲。

(2) 空间设计

① 男女温泉池尽量分开设置。

② 设置短暂休息场所和活动空间。

③ 更衣空间应与淋浴、温泉池相隔离，尽量采用干湿分离设计。

④ 除主体建筑物外，应配置等待空间。

⑤ 出入口缺乏适当遮掩时，应配置适宜的转折空间。

⑥ 应配置厕所，为使用者提供方便。

⑦ 浴池周围不宜设置台阶，避免滑倒。

8.9.7.7 使用材料

① 温泉多为酸性，具腐蚀性，泉水管线、建筑物、附属设施等材料的使用必须考虑防蚀、防腐与防潮。

② 主要结构物的基座可运用刚性材料或经防蚀、防潮处理的软性材料。

③ 以木材为构造原料时，应采用经化学防腐、防潮处理的材料。

④ 附属设施在强度足够的前提下，优先考虑天然材料，并应表现原始色彩的特性。

⑤ 建筑物及隐蔽设施的材料以原始材料或能突出当地文化特色的材料为主，色彩上必须与周围环境协调。

⑥ 地板铺面必须具有防滑、防潮功能。

8.9.7.8 植物栽种

① 可运用植物降低建筑物和相关设施的视觉冲击性。

② 基地周围及道路沿途的乔木在不妨碍行进的情形下，应予以原地保留。

③ 栽种的树种应采用符合当地生态环境，适合当地生长条件的乡土树种。

8.9.7.9 配套设施

(1)附属设施

① 配套设施应考虑使用性、安全性、成本及维护管理的难易程度。

② 应设置计时设施，提醒使用者浸泡时间，以确保安全。

③ 应设置温度计和出水口标志，避免使用者烫伤。

④ 衣物置放柜应加设防盗设施。

⑤ 设置足够淋浴空间，并提供清净水源，以备浴后冲洗。

(2)照明设备

① 灯光设计应以祥和宁静为原则。

② 考虑夜间使用，沿途步道、设施应设有照明设备，但避免形成光害，影响动植物生长环境。

③ 应考虑设置无障碍空间和相关设施，配合残障者的使用。

8.9.7.10 色彩

① 室内色彩以暖色系为佳，创造温馨祥和的环境。

② 建筑物和隐蔽设施的材料以原始材料为主，除考虑地方习惯色彩、民族色彩外，色彩选用以与环境相协调为宜。

8.9.7.11 环境卫生

① 温泉设施应设置使用说明，以维持场地的正确使用与卫生。

② 定期更换池内的温泉水，保持水质干净；定期清洗池底及清理室内环境，防止矿物淤积。

③ 使用后排放的温泉应有适当的导引设施与简易的过滤处理，避免影响周围环境。

8.9.7.12 维护管理

① 定期检查设施及建筑物的基座和主要结构，有无腐坏情况，并针对易受破坏的材料与结构，探究原因，找寻改善措施。

② 使用的材料尽量选用低维护管理成本的材料。

③ 维护管理人员应定期观察使用者行为，必要时可调整维护管理措施。

8.9.8 游览解说系统规划

环境解说起源于美国国家公园，其初衷是向游客介绍园内的自然资源，这和国家公园将荒野保护、实施科普教育作为首要任务具有密切联系。环境解说的重要作用早已得到世界范围内的广泛关注，它在景区管理、游客旅游体验以及环境教育方面的作用不可替代。世界范围内对解说的研究已超过一百年，其研究层面也越来越深入，研究领域越来越细致全面，对于景区国家公园的解说规划与利用已有一套非常成熟的理论模式，并取得了非常卓越的管理效果。

近年来随着旅游业的迅速发展，风景名胜区以其良好的生态环境和独特的景观资源受到人们的青睐，成为人们休闲游憩的重要场所。但风景名胜区在发展中仍存在生态环境遭到破坏，景观资源内涵挖掘不深、环境解说系统的构建不完善等问题，阻碍了风景名胜区的持续发展。风景区环境解说是环境教育的组成部分，是一种特殊的环境教育方式和交流服务，是推进社会环境教育的重要方法。环境解说可以提升游客的环保意识，避免游客的不合理游憩行为对生态环境的冲击，对风景区生态环境起到保护作用，促进风景名胜区旅游的发展。因此，风景区环境解说系统的研究，对风景区生态环境的保护和风景区旅游的可持续发展具有重大意义。党的十八大报告中提出要加快推进生态文明建设，实现中华民族的永续发展，对于风景区环境解说、环境教育进行规划响应了我国生态文明建设的号召。而我国的国家级风景名胜区建设始于20世纪80年代，除台湾地区，我国在环境解说方面的研究较少，对景区的研究与管理都相对较晚。并且，解说在景区管理中的重要性没有得到足够重视，以致对解说理论的研究与应用都比较欠缺。

8.9.8.1 风景区环境解说系统构建原则

环境解说是风景区实施环境教育的主要形式和手段，实施环境教育也是环境解说的核心目标。环境解说系统的构建应符合风景区旅游和环境教育的双重需要，其主要原则包括以下几条：

(1) 环境教育原则

环境解说的首要目的是环境教育，环境教育是认识人与自然界、人与环境关系的教育过程，并培养游客保护环境的意识。随着风景区旅游的快速发展，风景区越来越成为公民接受非正式环境教育的场所。风景区中的花草树木及人造景观资源，能给游客带来愉悦及健康，深度体验旅游还能在旅游中体验环境教育功能。而环境解说系统可以让游客深入理解风景区环境的生态价值，激发游客呵护生态、保护环境的内在情感，才能真正达到环境教育的目的。

(2) 以人为本原则

不同的游客拥有不同的社会背景、知识和经验，因此对环境解说的需求、对解说内容的理解也不同。所以环境解说系统的构建要考虑游客的不同需求，对于小孩、青年、老年应采取不同的解说媒介和解说方式。针对不同游客的需求类型，进行解说系统优化，并为游客提供个性化的解说服务。同时，环境解说还要最大限度地突出人文关怀，从游客的角度出发，考虑游客的感受，在解说内容和解说媒介的选择上突出以人为本的宗旨。

(3) 寓教于乐原则

环境解说依托风景区这个载体，将环境教育普及到大众的娱乐生活中。风景区作为环境教育的大课堂，以内容真实，教学资料丰富，教学手段多样化而有别于传统的课堂式教学。环境解说具有一定的趣味性，是一种寓教于乐的体验式的环境教育方式。游客在与大自然的亲密接触中由衷地产生一种保护环境的情怀，进而转化为环保行为。

(4) 启发性原则

通过能引起游客兴趣的解说方式将风景区的自然环境、植物景观、历史文化等信息传递给游客，使其对风景区的资源环境价值有更深刻的了解。环境解说不是简单的教育，而是借助各种解说媒介，让游客主动参与环境知识的学习，启发其对环境问题进行深入思考，促使游客环境保护意识的提高。

(5) 艺术性原则

环境解说通过特别的解说内容的设计、解说媒介的选择，使解说具有更丰富的内涵和意蕴，力求体现艺术性。具有艺术性的解说词，可以营造一种语言氛围，创造一种触发情绪的环境，引发游客的感情共鸣，让游客去回味、思考环境问题，把游客的想象力激发起来，激发他们产生想象和联想，在脑海中产生形象感，引发游客对生态环境的理性思考。

(6)先进性原则

现代科学技术的发展对旅游业产生了重大的影响，科学技术在旅游业投入的增加是旅游业发展的必由之路。伴随着科学技术的发展，先进科学方式被采纳、运用到解说系统中，最大限度地满足了游客求知、求乐、求美的心理需求。如电子触摸屏、多媒体技术、现代信息技术等在环境解说系统中的应用，不仅可以提升游客对解说服务的满意度，也有助于对环境解说系统的管理。

(7)环境融合原则

环境解说系统的建设应在不破坏原有景观环境的前提下进行，如果解说媒介设置不合理、与周围景观不能相协调，会显得解说设施(如标志牌、展示物等)太突兀，会破坏原有景观效果。风景区不同区域的景观不同，选用环境解说媒介必须根据环境的需求，与周围的景观相融合。因此，要格外注意环境解说设施使用的材质、外观、字体、颜色等。

8.9.8.2 风景区解说系统规划具体内容

游览解说是一种信息交流的过程，通过一定的媒介和手段，使游客能够在游览中欣赏风景、获取知识、受到教育，并了解风景区中相关游览、服务、管理等内容的信息传播行为。游览解说系统规划是为了提升和完善风景区游览解说的能力，一般包括现状评估、解说内容、解说方式、解说设施、解说管理等内容。

(1)评估现状

游览解说的调查分析是对解说信息、讲解员配备、解说设施建设与使用、解说管理等现状情况进行调查与分析，明确评估结论。包括：解说信息是否完整、准确，易于理解和接受；讲解员是否配备充足、训练有素；解说设施是否完善，能否满足游人欣赏、学习、服务等需要；是否对游览解说进行专门的管理。指出游览解说存在的问题并分析其原因，得出评估结论。

(2)解说内容

解说内容应明确解说主题与解说信息。解说主题应突出风景资源特征与价值，解说信息应包括景源、观赏、教育、游线、特产、设施、管理和区域情况等。解说内容是向游人展示的所有内容，包括2个主要方面。一是突出风景资源特征，包括历史、人文、自然景观、动植物、生态、景点关联性等多方面的资源特征；二是各类服务信息，包括交通、游线、设施、旅游、管理等。

(3)解说方式

包括人员解说和非人员解说，人员解说主要针对大众游览区域及大众知识传播、教育场所，应对风景区解说员的人数、讲解内容及讲解员的基本语言及标准等级进行规定。非人员解说包括标牌、器材等，面向风景区全部开放区域，其中使用器材解说是针对自主游览兴趣和能力较强的游人设置的。应确定非人员解说的类别，明确人员解说和非人员解说分别适用的解说内容、场所和游线等，提出讲解员配备要求。

(4)解说设施

解说设施包括标牌、解说中心和电子设备，设施布设应合理、适量，并符合以下规定：

标牌应分类布设，明确标牌的必要信息，对标牌的设计风格、色彩、材质、内容、语言种类、设置位置等进行规划，标牌应系统设置，可分为解说牌、导向牌和安全标志牌，提出标牌建设形式与布局安排要求。

解说中心应确定其主要功能，如信息咨询、展陈、视听、讲解服务，对解说中心的风格、材质、体量、规模、配套设施进行规划，其规模与其设置的地点及游人量大小相匹配，解说中心一般结合其他设施进行建设，如游客中心、旅游服务基地、管理处等，作为环境教育基地的解说中心可根据需要单独设置。解说中心纳入游客中心建设，其规模应与游人量相匹配。

对电子设备设置的内容、位置、要求等进行规定。包括显示屏、触摸屏及便携式电子导游机等设备。

(5)解说管理

这是保证风景区游览解说能力的软件建设，应有专门的机构和人员，根据解说规划制定具体的解说方案，如特色路线、科普知识教育等。应对解说设施和解说场所充实、维护等管理，应对解说人员进行多类型专门培训，对解说的效果进行反馈评估。解说管理的内容，包括解说方案制定、设施与场所管理、解说人员管理培训、区外解说联系、监测反馈等方面。

小　结

本章的教学目的是使学生了解为游人服务的游览条件的现状分析方法及相关设施的规划内容。要求学生对游览设施进行系统配备与安排，将其纳入风景区的有序发展和有效控制之中。教学重点为住宿、饮食、购物、娱乐、保健、机动交通等游览设施配备规划，直接服务人口估算。教学难点为客源分析与游人发展规模选择、风景区接待设施。

思考题

[1]游览设施配备如何规划?

[2]直接服务人口估算方法是什么?

推荐阅读书目

[1]风景科学导论. 丁文魁. 上海科技教育出版社，1993.

[2]风景名胜区规划. 唐晓岚. 东南大学出版社，2012.

[3]风景区规划. 许耘红. 化学工业出版社，2012.

[4]风景区规划(修订版). 付军. 气象出版社，2012.

[5]风景名胜区规划原理. 魏民，陈战是等. 中国建筑工业出版社，2008.

[6]风景名胜区总体规划标准(GB/T 50298—2018).

[7]风景规划——《风景名胜区规划规范》实施手册 . 张国强，贾建中 . 中国建筑工业出版社，2002.

第9章 其他相关规划

9.1 基础工程规划

9.1.1 规划内容

由于风景区的地理位置和环境条件十分丰富，因而所涉及的基础工程项目也异常复杂，各种形式的交通运输、道路桥梁、邮电通信、给水排水、电力热力、燃气燃料、太阳能、风能、沼气、潮汐能、水利、防洪防火、环保环卫、防震减灾、人防军事和地下工程等数十种基础工程均可直接涉及。同时，其中大多数已有各自专业的国家或行业技术标准与规范。基于上述情况，风景区规划中的基础工程专项规划，应满足下列3项原则：

① 规划项目选择要适合风景区的实际需求；

② 各项规划的内容和深度及技术标准应与风景区规划的阶段要求相适应；

③ 各项规划之间应在风景区的具体环境和条件中相协调。

为此，规范选择应用最多、必要性最强且需先期普及的四项基础工程，作为风景区规划中应提供的配套规划，并对4项规划的基本内容做了规定。又对4项规划做了特定技术要求，以适应风景区环境的特定需要，当然，除此之外仍应以本专业的技术规范为准。

所以，风景区基础工程规划，应包括交通道路、给水排水、供电能源、邮电通信等内容，根据实际需要，还可进行防洪、防火、抗灾、环保、环卫等工程规划。

9.1.2 规划原则

风景区基础工程规划，应符合下列规定：

① 应符合风景区保护、利用、管理的要求。

② 应与风景区的特征、功能、级别和分区相适应，风景区内的道路、水、通信、燃气等线路布置，不得损坏景源、景观和风景环境；同时应符合安全、卫生、节约和便于维修的要求。

③ 应确定合理的配套工程、发展目标和布局，并进行综合协调。

④ 对需要安排的各项工程设施的选址和布局提出控制性建设要求。

⑤ 风景区基础设施工程，应尽量与附近城镇联网，如经论证确有困难，可部分联网或自成体系，并为今后联网创造条件。

⑥ 风景区不宜设置架空线路，必须设置时，应符合下列规定：

——避开中心景区、主要景点和游人密集活动区。

——不得影响原有植被的生长。植被配置设计时，应提出解决新植植被与架空线路矛盾的措施。

⑦ 对于大型工程或干扰性较大的工程项目及其规划，应进行专项景观论证、生态与环境敏感

性分析，并提交环境影响评价报告。

在风景区的基础工程规划中，一些大型工程或干扰性较大的工程项目常常引起各方关注和争议。例如，铁路、公路、桥梁、索道等交通运输工程，水库、水坝、水渠、水电、河闸等水利水电水运工程，这些工程有时直接威胁景源的存亡，有时引起景物和景观的破坏与损伤，有时引起游赏方式和内容的丧失，有时引起环境质量和生态的破坏，有时引起民族与文化精神创伤。因此，对这类工程和项目，必须进行专项景观论证和敏感性分析，提交环境影响评价报告。

⑧核心景区及景区景点范围内不应建设高速公路、铁路、水力发电站及区域性的供水、供电、通信、输气等工程。

9.1.3 道路交通规划

9.1.3.1 交通规划

风景区交通规划的内外要求相差甚远，因而才有“旅要快、游要慢”“旅要便捷、游要委婉”之类的概括说法。

所以，风景区交通规划，应分为对外交通和内部交通两方面内容。应进行各类交通流量和设施的调查、分析、预测，提出各类交通存在的问题及其解决措施等内容，并应符合下列规定：

① 对外交通要求快速便捷，布置于风景区以外或边缘地区。

② 内部交通应具有方便可靠和适合风景区的特点，并形成合理的网络系统。

③ 对内部交通的水、陆、空等机动交通的种类选择、交通流量、线路走向、场站码头及其配套设施，均应提出明确而有效的控制要求和措施。

④ 严格限制客运索道及其他特殊交通设施建设，难以避免时应优先布置在地形坡度过大、景观不敏感的区域。

分析交通的现状，是为了弄清风景区外部交通道路和内部交通道路的现状，了解风景区交通道路建设的有利因素和不利因素，扬长避短，以利于风景区交通道路建设的发展。

分析外部交通状况，主要是弄清风景区所在地及其附近的航空、铁路、公路、水路等交通运输状况，其与旅游区的连接点的距离，以及进入旅游区所需交通工具和转乘时间。国家和地方政府的近期、中期交通发展规划，也应作为旅游区交通道路规划的依据，风景区对外交通条件一般无法改变，只能是设法利用和适应。但是，很多风景区的建设对地方社会经济的发展有着重要的促进作用。地方政府和有关部门对风景区的建设发展相当重视。已经有某些地方政府出资修筑了直达风景区的公路，有些地方还与民航部门联系开辟了直升机专用航线。所以，在规划风景区的对外交通道路时，风景区及其主管单位应主动与地方有关部门联系，使地方道路与旅游区道路能互相协调发展。

中国绝大多数风景区都是在原国有林场(林业局)范围内兴建的，内部都有林区公路、林道、便道通往各经营区和林班或生产作业场点，一般道路网不够完善。在规划设计时，要对原来的道路分布和路况进行分析研究，既要合理利用有利条件，对原有各种道路加以改建、扩建，以节约投资和减少新修道路对山体和森林植被的破坏。同时，又要不受其限制，该新修的路一定要修，该封闭、拆毁的路一定要封闭、拆毁。

风景区对外交通，为了使客流和货流快捷流通，因而要求快速便捷，这个原则在到达风景区入口或边界即行终止。当然，有时从交通规划本身需要出发又可将其分为两段，即对外交通和中继交通，但就风景区简而言之，其对外交通的基本要求是一致的。风景区的对外交通主要包括铁路、公路、水路、航空及其他特殊旅游交通方式。其中，航空、铁路主要适用于中长途旅程；而公路主要适用于中短途旅程；水运则多用于具有游览功能的旅行。此外，还有一些特殊交通方式，如缆车、马车、轿子等，主要用于旅游区内的游览、娱乐等。

在旅游区外交通四通八达的情况下，风景区内部的交通道路设施更具有举足轻重的作用。但无论是旅游者在来风景区的旅途中，还是因交通不便延误时间，或因道路质量不高，旅途颠簸，或因旅游区内部交通道路艰难险阻，不便畅游等，都会挫伤旅游者的兴致，影响游人前来旅游。因此，风景区的外部交通是否通畅，旅游区内部道路系统是否完善，都会对未来的发展产生影响。

风景区中的内部交通，有解决客货流运输的任务，同时，有客流游览的任务，而且在多数情况下，客货流难以分开，客流的游览意义一般大于货流的运输意义，因而内部交通要求具有方便可靠和适合风景区的特点。在流量上要与游人容量相协调，在流向上要沟通主要集散地，交通方式或工具要适合景观要求，输送速度要考虑游赏需要，交通网络要适应风景区整体布局的需求并与风景区特点相适应。

9.1.3.2 道路规划

风景区道路规划，应在交通网络规划的基础上形成路网规划；并依据各种道路的使用任务和性质，选择和确定道路等级要求；进而合理利用现有地形，正确运用道路标准，进行道路线路规划设计。

在路网规划、道路等级和线路选择3个主要环节中，既要满足使用任务和性质的要求，又要合理利用地形，避免深挖高填，不得损伤地貌、景源、景物、景观，并要同当地风景环境融为一体，还应预留动物迁徙通道。

风景区道路规划，应符合以下规定：

①应合理利用地形，因地制宜地选线，与所处景观环境相结合。

②应合理组织风景游赏，有利于引导和疏散游人。

③应避让景观与生态敏感地段，难以避让的应采取有效防护、遮蔽等措施。

④道路等级应适应所处的地貌与景观环境；局部路段受到景观环境限制时可降低其等级，以减少对景观环境的破坏。

⑤应避免深挖高填，道路边坡的砌筑面高度和劈山创面高度均不得大于道路宽度，并应对边坡和山体创面提出修复和景观补救措施。

⑥应避开易于发生塌方、滑坡、泥石流灾害等危险地段。

⑦当道路穿越动物迁徙廊道时，应设置动物通道。

⑧风景区内过境车辆和社会车辆交通应服从游览交通组织的要求，过境道路应避让核心景区及重要游览区域，其道路设置应与游览道路系统分离。不能分离的路段应完善相应的交通管制设施与措施。

9.1.3.3 各种道路建设的标准及依据

随着国民经济的发展和人民生活水平的不断提高，外出旅游、度假的人越来越多。国家的公路、铁路、航空和水路运输建设都在迅猛发展，人们对时间的价值也越来越重视。风景区的道路建设也应适应这种趋势。为了使旅游者能够安全、舒适、快捷地到达目的地，风景区各种道路的建设标准应适当高于同等交通量的社区道路。

风景区的交通道路根据客流量的多少及道路的功能，一般可以分为衔接线、干线、支线和游览线。也可根据游览方式分为专用车行路、混行路及步行游览路3个级别。风景区在旅游交通方面必须达到安全、舒适、快捷、完善和高效。

安全性在旅游交通中处于重要地位，它是开展旅游活动必须确保的原则。

舒适性和快捷性，既是旅游者的需要，也是经营者的需要，旅游者可以从中得到满意的服务，经营者可以由此得到更高的效益。

完善的旅游交通“硬件”建设和“软件”服务，则是满足旅游者需求的根本保障。

高效既包括对旅游者提供的服务方便、快捷，也包括旅游交通经营活动的高效益。

游览线的布设主要应根据景物选择、配置的需要，巧妙构思，精心设计，将各种景物最需要展示的形态，编织成全景区和谐一致的诱人景色。使旅游者在不知不觉中渐渐深入，忽而“山重水复疑无路”，忽而“柳暗花明又一村”，达到曲径通幽的效果。

在游路的建设中，应根据地形、地质和建筑材料等情况，可铺设砂石路、水泥路、石磴道、混凝土台阶等。在个别较难攀登的景区、景物或观景点，也可在充分论证其必要性及可行性的前提下谨慎架设索道。为了增添地方特色，可根据当地人力、畜力等资源情况，规划一些花轿、滑竿、马、驴、骆驼、大象以及雪橇、冰爬犁等特色交通方式。

(1)风景区的交通道路等级

① 衔接线 风景区的道路布局首先要解决好旅游区内部与外部交通道路的衔接问题。这是接待游客并为旅游者服务的第一环节。一般应从旅游区入口处服务区直接通到风景区附近的火车站、飞机场、公路站点、水运码头，把旅游者接引到风景区。如果风景区有两个以上的入口，则应分别布设相应条数的衔接线，以最短的路线将旅游者接到旅游区的服务区。衔接线一般以公路为主。在有水运条件的情况下，也可设置水运码头和一些游艇、客船，让旅游者从水路到达旅游区。

衔接线道路标准的高低和质量的优劣是风景区的“窗口”和“广告牌”，是风景区给旅游者的第一印象。衔接线的交通量虽然会小于附近的社会交通线，但其建设标准不应低于相连接的社会交通线。风景区如果以公路为衔接线，应达到国家规定的三级公路标准。在知名度较高、旅游者较多的大型风景区，要按照二级公路标准进行规划。

衔接线的主要技术指标应按交通运输部门规定的三级公路设计。但在地形困难地段，为减少工程量和节约投资，在确保安全的前提下，最小曲线半径和最大纵坡标准应适当降低。路面则可按次高级路面标准，用沥青碎石铺设。在个别容易毁损的路段，还可采用混凝土路面。在旅游者较多而地形允许的大型风景区，也可按交通运输部门规定的二级公路标准设计。

② 旅游区内干线 是风景区内部连接服务区与主要景区、功能区的通道。应根据旅游区的具体地形和景区、功能区的分布等条件布设。干线既要适当多连接几个主要景区、功能区，又要尽量使旅游者不走或少走“回头路”，使干线形成一条或几条直线或环形线。

风景区内干线的建设标准应在调查确定交通量的基础上适当提高，加宽路面，以供旅游者随时停车观赏，也给一些行人和特殊交通工具留出较宽的通道，可按国家规定的三级或四级公路标准建设。

为保证旅游车辆和旅游者的安全、舒适，应减少尘沙飞扬，旅游区内公路干线可按交通运输部门规定的三级公路或四级公路标准设计，路面则可按次高级或中级路面标准，用沥青、碎石铺设或沥青表面处理。在傍山路和越岭线设计中，要注意保护珍稀树木、大块岩体和景物。山区公路的防滑和排水十分重要，在设计中要注意路面拱度和粗糙度。在较陡的山坡布线或为避开景物时，双车道可分别布设成横断面为台阶形的上下两条单车道，使相向行驶的车辆各行其道。

③ 支线 是景区与景区之间的连接线。这些线路一般是连接几个景区的直线，较难形成环形线。在支线距离较长和地形允许时，可以布设公路；距离较短或地形复杂的地方，则可布设人行道和适宜其他特殊交通工具通行的道路。

在交通量不大的情况下，考虑到可能有游人或一些特殊交通工具慢行占道，在地形条件允许的情况下，应在单车道的基础上适当加宽，一般应按四级公路标准规划设计。有些支线距离较短，或因地形等自然条件限制，不宜修筑公路时，应按人行道安排。

支线的主要技术指标按交通运输部门规定的四级公路设计，路肩取1.5m，并做加固处理。路面应按中级路面标准设计。但有些技术指标则可根据山区地形的实际情况适当降低。

④ 游览线 这种线路多是景区内部通往景物的步行线，即游步道，是在景区内供旅游者游览观赏自然美景和人文景观的通道。风景区地形复杂，景物分布面广，游览线也要形式多样。应在调查客流量的基础上，分别视不同情况确定不同标准。

风景区的旅游步行道、小道具有组织景物，构成景色，引导游览，集散游人的作用。设计时，要因山就势，路随山转，蜿蜒曲折，路景相宜，相得益彰。山坡小于25°时，可修成斜坡步道；山坡大于25°时，应设计石台步行道(磴道)；在山坡大于45°时，在条件允许的地方，应适当展线，降低坡度，迂回而上；展线困难时，则应设计成云梯(石台阶)。步行道宽度应根据游人数量和停留时间考虑，一般以0.8~1.5m为宜。如果因地形限制不能达到应有宽度，应在适当地方设置避让点。

一般步行道可用碎石、卵石、块石、砖煤渣或三合土铺垫道路；在一些平缓路段，还可用卵石、片石摆成各种图案花纹。在一些游人需要停留观景或小憩的地方，可利用地形设置一片平台地，并安放一些石桌、石凳，供游人休息、停留。在裸岩、石壁地段应依山凿成石阶。陡险路段要设置护栏、铁链等，以确保旅游者安全。在开展特殊交通工具服务的地方，步行道要适当加宽。步行道、小道都要按照坚实、平稳、防滑、耐磨、排水通畅、容易清扫和方便游览的要求进行设计。平缓地段和林间小道路面要粗犷，保持自然本色。在攀爬费力的较长距离陡险地段，若资金充裕，也可在保持建设造型与周围自然景色协调的前提下，设立电梯或其他机动传送装置，并注意不要发出噪声。路旁的荆棘、藤蔓植物和荨麻(蝎子草)、漆树等容易伤人或引起游人过敏的植物要铲除，道路上方及附近的枯枝、朽木以及可能崩坍或下滑的石头等危险物要及时清理。总之，在任何条件下都必须确保游人安全。

(2)风景区的道路按使用方式分类

风景区的道路按使用方式分类可以分为：专用车行路、混行路和步行游览路3种类型。

①专用车行路　风景区车行道路的功能主要是输送游人，应便于游人到达游览点，专用车行路设置应符合下列规定：

——应根据地形条件，结合选用车种确定其路幅宽度、转弯半径与纵向坡度。

——在地形较陡、植被恢复困难的地区宜调整设计标准，减少对山体及其生态环境的破坏。道路建设应避免产生景观破损面，必要时宜利用树木屏挡景观破损面。

——在坡度大于45°的山体设置道路宜利用单幅单向，宜采用悬架式道路，最大限度地保护原有植被、生态环境、景观空间和视线。

——专用车行路线与停靠站宜避开景点、景物等游览集中的地段。应加强道路绿化景观建设以改善游览环境，道路走线应避免干扰游人游览，不得产生交通噪声。

②混行路　应以通过性交通为主，应考虑不同交通方式之间的分隔与合理组织，应加强道路绿化景观建设以促进游人的风景游赏体验。在混行路段中的机动车道、自行车道、步行道之间宜有交通标线做安全分隔。

③步行游览路　其规划应确定主要步行游览路的选线与建设要求。应根据景源分布特点、游赏组织序列、游程与游览时间、地形地貌等影响因素统筹安排选定路线。

(3)交通工具和停车场

为了满足游人对旅游交通工具的需求，风景区应组建旅游车(船)队，配备各种车辆(船艇)，以及开展特殊旅游的花轿、滑竿、驴、马、牛、骆驼、大象及爬犁等。根据风景区的人力、财务和当地具体情况，这些交通工具和驾驶人员，可以由风景区直接经营，也可组织当地群众集体或个人经营。无论由谁经营，都必须制定和严格实施操作规范，以确保游人的安全。

风景区停车场是为满足游览需要而设置的，一般应设置在风景区、景区出入口和交通转换处，不应在主要景观区域和游览区域设置大型停车场；当风景区内的停车场规模不能满足需求时，应在风景区外结合出入口另行安排。风景区停车场可结合风景区内外的城镇、乡村进行建设，也可结合有建设条件的村庄进行建设。

车站、码头、停车场既是交通道路的连接点，也是道路设计的起终点，是道路设计的一个组成部分。临江、河、湖、海等有水运条件的风景区，应设置码头、船坞。其规模大小，应根据游人数量和船艇情况确定。以公路运输为主的风景区，则应设置停车场和车库。主要停车场和车库应设在服务区内。同时，在宾馆、饭店、度假村、游乐中心、干支线终点，以及公路沿线重要停车点附近，也应修建不同规模的停车场。停车位置的服务半径以步行几分钟为宜，一般距离最好不超过300m。停车场和车库的规模，停车场的占地面积不但要考虑风景区组织经营车辆的需要，还应考虑旅游者自带车辆的需要。按客源调查的游客数量估算可能的停车数。一般可按大客车每台50~60m^2，中型车30~40m^2，小型车15~25m^2计算。车库面积按大型车每台30m^2，中型车每台20m^2，

小型车每台 $12m^2$ 计算。

9.1.4 给水排水规划

风景区的给水排水规划，需要正确处理生活游憩用水（饮用水质）、工业（生产）用水、农林（灌溉）用水之间的关系，满足风景区生活和经济发展的需求，有效控制和净化污水，保障相关设施的社会、经济和生态效益。

为了保障景点景区的景观质量和用地效能，不应在其中布置大体量的给水和污水处理设施；在景点和景区范围内，不得布置暴露于地表的大体量给水和污水处理设施；在旅游村镇和居民村镇宜采用集中给水、排水系统，为方便这些设施的维护管理，主要给水设施和污水处理设施可安排在居民村镇及其附近。

9.1.4.1 给水排水规划内容

风景区给水排水规划，应包括：

① 现状分析：在水资源分析和给水排水条件分析的基础上，实施用地评价分区，划分出良好、较好和不良 3 级地段。

② 给水、排水量预测：在分析水源、地形、规划要求等因素基础上，按 3 种基本用水类型预测供水量和排水量。第一，生活用水，包括浇灌和消防用水在内；第二，工业和交通生产用水，依据生产工艺要求确定；第三，农林灌溉用水，包括畜牧草场的需求。

③ 水源地选择与配套设施：内容略。

④ 给水、排水系统组织，包括输配水管网布置、给水处理工艺的选择及其他配套设施，确定排水体制、划定排水分区、布置排水管网。

⑤ 污染源预测及污水处理措施。

⑥ 工程投资估算。

9.1.4.2 供水规划

风景区一般多分布在远离城市的山区、林区，而且面积较大，用水户比较分散，除少数紧邻城市的小型风景区可以利用城市供水系统以外，一般无法利用城市的统一供水系统。风景区自身也难以建立自己的集中统一供水设施。

风景区境内都有一些分散的溪流小河，有些风景区还有较丰富的地下水资源，以及一些可供开发利用的温泉和矿泉水。风景区的供水规划应遵循“大集中、小分散”和因地制宜的原则，即在用水量较大的服务区建立统一的供水系统，离服务区较远的景区和功能区则可分别建立自己的供水设施。有些用水量很少、附近又无水源的用水点，则需用运水车供水。

在制定供水规划前，首先应做好水源调查，查清地表水的枯、洪流量，最高、最低水位，结冰期长短和冰冻层厚度等。对地下水源，要调查埋藏深度，动、静储量，季节变化，可利用情况；对地热水、温泉和矿泉水，还要调查水温和涌水量。同时，要进行水质化验分析，查清所含有益、有害物质的种类、数量，以便开发利用及对水质有害物质的处理。

根据水源调查结果，应区分水源类型，按照用户需水要求，进行合理规划。

(1) 引用地表水

引用地表水时，首先应规划好引水渠道，将水引至供水区附近的高位水池，由高位水池管道分送用户。或将水引入一般蓄水池，再用水泵提升到供水水塔，然后用管道发送给用户。用高位水池供水，虽然可以减少水塔和水泵的投资，但引水渠道较长，也会增加投资，而且引水口靠近上游，水量较小。用一般蓄水池和水塔供水，投资可能较大，但引水渠道较短，易于管理，水量也较大。两种方式，应进行方案比较，择优选用。无论采用哪种方式，都应加强上游水源管理，设置防护设施，防止污染物和枯枝落叶及其他杂物流入水池。同时，在流入高位水池或蓄水池前，应经过过滤、沉淀和消毒，沉积泥沙，消除有害物质和细菌。为了利于引水，必要时还应在引水口修筑拦河水坝。

(2) 选用地下水

通常，地下水的水质、水量比较稳定，不易污染。但在干旱地区，浅层水的矿化度较高，如果抽取深层地下水，则投资较大。此外，地下水的水质、水量也不是一成不变的，不同季节的水量会有所变化。周围打井多了，水量也会减少，并导致水位下降。同时，地下水抽取过多，还会引起地面沉降，影响周围建筑物的安全。引用地下水要找好井位。如能集中供水，可以打井提水，用水塔分送。

对于矿化度过高或含有其他杂质的地下水，要进行处理再使用。

(3)利用温泉、矿泉和地热水

在有温泉、矿泉和地热水的地方，应充分开发利用这些宝贵资源。除用于一般取暖，沐浴外，在水质、水量适宜的地方，应建立温泉浴室和疗养院。有的地方，仅靠一处温泉就可以成为旅游热门景点。矿泉水资源更加宝贵，经过进一步加工处理，制成矿泉水供应游人，计价收费，成为吸引游人的因素。如果水量足够，还可开发供应外部市场。当然，后者不属本规划的范围。

在供水规划中，要根据实际情况，规划好提水泵房、引水渠道、拦河水坝、沉淀池、消毒池、输水管道、蓄水池、水塔等设施。还要坚持节约用水、科学用水、循环用水和一水多用，保护和合理利用各种水资源。在供水规划中，要根据客流量变化情况，考虑供水量的不均衡问题。一是要对旅游旺季客流量高峰的供水情况做好预测，并有所准备；二是随着季节变化和旅游者的生活习惯不同，用水量也会有所增减。如在炎热的夏季用水量必然增大，寒冷的冬天用水量就小。

9.1.4.3 排水规划

风景区一般多位于河流的上游，也有一部分位于城市附近。风景区排水的质量对保护自身环境和下游水源的质量影响很大。雨水一般没有污染，可以利用自然地形明沟排放。因此，风景区应该坚持采用雨水和污水分流排放的排水系统，污水不得任意排放，处理程度和工艺应根据受纳水体、再生利用要求确定。既便于雨水的直接利用，又可减少污水处理的工作量。

分流排放的流程如下：

(1)雨水

目前，雨水除少量被蓄用外，大部分被排放。其一般流程是：雨水—楼房排水管—庭院排水管(或明沟)—排放或利用。为了减少水土流失，合理利用水资源，应尽量收集利用。其具体方法是：雨(雪)水—明沟输送—蓄水池(进行沉淀和适当处理)—用户。或明沟输至水库、高位水池(适当处理)—用水点。

(2)污水

污水的处理排放，由于各地管理水平和经济技术水平不同，可分为以下几种工艺流程：

① 一级处理　污水—室内下水管—格栅—沉淀池—排放。

② 二级处理　污水—室内下水管—格栅—沉淀池—活性污泥曝气池—二次沉淀—利用或排放。

③ 三级处理　污水—机械处理—生物处理—化学处理(除磷、除氯)—过滤—活性炭吸附消毒—利用或排放。

当前，一般风景区没有有毒有害的工业污水，可大力提倡渗透排污法，将污水引入森林内，在林内开水平沟，在容易引起冲刷的地方铺块石或片石，让污水分散渗入林内土壤中，再转化为地下水。

污水处理已成为全世界关注的问题，中国也十分重视污水处理，各种处理排放方法日新月异。在规划工作中，应随时注意信息收集，吸取和运用最新科技成果，进一步改进和提高污水处理排放的流程和方法。

9.1.5 供电能源规划

风景区的供电和能源规划，在人口密度较高和经济社会因素发达的地区，应以供电规划为主，并纳入所在地域的电网规划。在人口密度较低和经济社会因素不发达并远离电力网的地区，可考虑其他能源渠道，如风能、地热、沼气、水能、太阳能、潮汐能等。

9.1.5.1 风景区供电规划基本内容

基本内容包括供电及能源现状分析，负荷预测，供电电源点、电网规划。

9.1.5.2 规划原则

① 供电规划首先要因地制宜，就近供电，根据风景区所在位置、能源条件等情况，采用国家电网或自行发电。在景点和景区内不得布置大型供电设施。

② 在景点和景区内不得安排高压电缆和架空电线穿过。

③ 主要供电设施宜布置于用电负荷中心的服务建筑、居民村镇及其附近。

④ 安全可靠，急用先上，满足用电的数量和质量。

安全可靠是供电的首要前提，在规划建设中，一定要防止供电可能带来的不安全因素。对旅游者迫切需求的餐饮住宿等服务项目的用电要及时解决。有些康体游乐设施则根据实际情况适当推迟供电。但是，在采用国家大电网供电，或由风景区自行建设统一供电设施时，则应统一考虑，一并规划，留有余地，逐步实施。

9.1.5.3 供电规划

电是现代生产、生活中的主要能源。在森林旅游业的食、住、行、游、娱、购 6 个要素中，都离不开对电的需求。因此，在风景区设施的规划建设中，必须做好供电规划。

风景区的具体用电规划，首先应根据服务区、度假村、医院、疗养院、游乐中心等各个主要用电点的需电量确定供电规模，再分别制定变电站、配电室及输电线路的具体规划。中国目前大电网电力比较充足，凡在距离国家电网较近、输电线路不长的地方，应尽量选用大电网供电。在旅游区水能、风能、太阳能、生物能等资源充足的地方，也可自建电站供电。在国家电网供电确实存在困难，旅游区内又缺乏各种能源的地方，则应购置柴油或汽油发电机组进行供电。为了防止国家电网临时停电和自建电站停机检修，旅游区也应自备必要的备用发电机组，以解决急需用电。

9.1.6 其他基础工程规划

随着社会物质文明的进步和经济文化交流的增加，人们越来越离不开邮政、电信和广播、电视。特别是风景区多远离城市，网络、广播、电视就成了人们获取外界信息的主要途径。同时，旅游者在旅游区观赏游览期间，可能因为业务活动、生活需要或其他原因，必须与风景区外进行信息流通。另外，旅游者经过一天的游览奔波之后，需要休息时用电视、广播来消遣和娱乐。因此，风景区应将邮政、电信、广播、电视，供冷、供暖、环境卫生等作为基础设施的重要组成部分进行规划建设。

9.1.6.1 邮政、电信规划

大型风景区应请邮政部门在旅游区设置分支机构，直接办理信函、包裹、汇兑、集邮等业务。电讯部门可单独设立分支机构，设置程控电话、通信网络，一般风景区主要依靠当地邮政、电信部门的支持，开设代办点和设置代办员，从而承办邮政、电信业务。

旅游区内部通信，在周围距离较近，架设电话线方便的服务区及游人集中的其他功能区内可采用有线直拨；对距离较远，架线困难的景区可采用无线电台、对讲机等方式联系，形成旅游区内有线、无线相结合的通信网络。

风景区内安装各公司通信基站，建立覆盖各风景区的全方位、立体化通信网络，全面实现移动电话通信，在区域范围内，要求无盲点；在风景区架设 WLAN 小型基站，达到无线宽带信号全覆盖，为风景区旅游管理及游客娱乐及商务高速上网提供便利；完善有线宽带网络布设，逐步实现光纤入户，为风景区旅游管理及游客娱乐及商务高速上网提供服务。

风景区邮政、电信规划，需要遵循 3 个基本原则：

① 风景区的性质和规模及其规划布局的多种需求　各级风景区均应配备同国内联系的邮政、电信设施，国家级风景名胜区要求配备同海外联系的现代化邮政、电信设施。

② 迅速、准确、安全、方便等邮政、电信服务要求　在景点范围内，不得安排架空电线穿过，宜采用隐蔽工程。

③ 人口规模和用地规模及其规划布局的差异，对邮政、电信规划的需求也不相同　应依据风景区规划布局和服务半径、服务人口、业务收入等基本因素，分别配置相应的一、二、三等邮电局、所，并形成邮政、电信互联网服务网点和信息传递系统。

9.1.6.2　广播、电视规划

随着新技术的应用，在风景区内也应推动广电网络转型升级。以服务游客为中心，加快广播电视网络传播体系整体性转型升级，加快大数据、云计算、互联网协议第六版(IPv6)、第五代移动通信(5G)等新一代信息技术在广播电视网络中的部署和应用，推动“云、网、端”资源要素相互融合和智能配置，构建高速、泛在、智慧、安全的新型综合广播电视传播覆盖体系和用户服务体系。推动风景区有线电视网络整合和互联互通平台建设。加快风景区有线电视网络数字化转型和光纤化、IP化改造，特别是加快农村有线电视网络的双向化升级改造步伐，同步推进云平台建设、千兆光纤宽带接入部署和智能终端配置，加强有线电视智慧化管理与服务能力建设，不断提升有线电视网络对宽带业务、数据业务、交互业务、超高清业务的技术承载能力和用户服务水平。

9.1.6.3　供冷、供暖规划

风景区有相当一部分位于长江以北和长江以南的中、高山地，这些地方冬季气候寒冷、低温期较长，需要供热取暖，以保持室内温暖舒适，防止旅游者冻伤、冻病。

在距离城市或工厂较近，有工业余热可用或有统一供热中心的地方，应利用工业余热或供热中心供热。大多数风景区缺乏利用工业余热和社会集中供热的条件，应自建供热系统。

在寒冷期较长，人员比较集中的服务区、度假村、疗养院等处，应利用温泉、地热水或锅炉集中供热。室外供热管道必须进行防寒保护，以减免热量散发和管道冻裂。在寒冷期较短或居住分散的地方，可以用火炉、土暖器、电热器、空调等供热。在东北、西北和华北等地区，还应根据地方特色，规划一些火墙、火炕等取暖方式，以吸引游人，满足他们的猎奇心理。

距离城市较近和海拔较低的风景区，在夏季虽然有森林植被调节环境气候，但火辣的太阳，炎热的气温，还是会使旅游者难以忍受，尤其是中午和夜间，会影响旅游者休息，所以在规划中要布置降低室内温度的空调设施。

9.1.6.4　供水供电及床位用地标准

风景区内供水、供电及床位用地标准，应在表9-1中选用，并以下限标准为主。其中用电标准按每间房2床计算，并应符合当地供电部门的规定和要求。表9-1中的标准定额幅度较大，这是我国风景区的区位差异较大的原因，在具体使用时，可根据当地气候、生活习惯、设施类型级别及其他足以影响定额的因素来确定。

表9-1　供水、供电及床位用地标准

类　别	供　水	供　电	用　地 (m^2/床)	备　注
简易旅馆	80～130L/(床·d)	1000～2400W/床	50以下	一级旅馆
一般旅馆	120～200L/(床·d)	1200～3000W/床	50～100	二级旅馆
中级旅馆	200～300L/(床·d)	1500～3400W/床	100～200	三级旅馆
高级旅馆	250～400L/(床·d)	1700～4800W/床	200～400	四五级旅馆
居　民	60～150L/(人·d)	150～900W/人	—	—
散　客	10～30L/(人·d)	—	—	—

9.1.6.5　环境卫生工程规划

环境卫生工程规划，应根据旅游服务设施、游览道路及游人量的规划确定垃圾的收集、运输、处理和处置方式。明确旅游厕所、垃圾转运设施的标准、位置及数量并应符合下列规定：

① 风景区内不宜设置垃圾处理设施。

② 垃圾转运设施宜靠近垃圾产量多且交通运输方便的地方，但不宜设在游客集中区域。

9.1.7 规划案例

9.1.7.1 赤水风景区基础设施规划

贵州赤水风景名胜区位于贵州省西北部，面积 1801km^2。景观以瀑布、竹海、桫椤、丹霞地貌、原始森林等自然景观为主要特色，兼有古代人文景观和红军长征遗迹，被誉为“千瀑之市”“丹霞之冠”“竹子之乡”“桫椤王国”“长征遗地”。

(1)给排水规划

① 给水　赤水风景区远期总用水量约为 2858m^3/d。除复兴镇、大同镇、官渡镇、葫市、市区服务网点有市政管网供水外，其余服务网点均为自备水源，形成自己独立的供水系统，水源就近利用溪流及河水。给水系统均采用生活和消防用水合用的同一供水系统，各景区分别设独立的取水泵房、输水管、净水站、高位水池给水系统；消防用水采用永久高压制，消防用水贮于高位水池。取水形式采用低坝及地面式取水泵房。净水站采用小型一体化净水器，净化后经消毒供用户使用。各景区高位水池调节容量按最高日用水量的50%计，消防贮水量按现行的《建筑设计防火规范》要求设施。

② 排水　采用不完全分流制，各景区分别设置独立的生活污水排水系统，污水经排水管集中至污水处理站进行处理，餐厅含油废水设隔油池，局部处理后排入污水管道系统。停车场冲洗汽车废水设沉淀池，处理后就近排放。雨水利用地面坡度就近排放。各景区污水量按用水量的80%计。污水二级处理，采用一体化小型污水处理设备处理达到《污水综合排放标准》(GB 8978—1996)一级排放标准后排放或农灌。

(2)电力电信规划

① 电力规划　每一景区设置10kV变配电站。为保护景观，今后在各景区不再架设35kV等级以上的架空线路。若需要设高压线路，应得到风景区管理处的同意，方可实施。

近期规划对西南部四洞沟景区采用专线供电，电源取于陈家湾水电站；十丈洞景区电源就近取于水电站；丙安景区电源取于三岔河电站。东部的九曲湖景区、七里坝景区、长嵌沟景区电源分别来自长期电站和大滩电站；北部的天台景区电源来自沙坪渡电站。

远期规划考虑，为保证景区的供电可靠性，四洞沟景区拟从市区新建变电站引入一路10kV专用线路，作为备用电源。十丈洞景区拟在香溪口水电站引入一路10kV备用电源。

② 电信规划　规划设置电话约200部，传输方式拟采用光缆线路，由各景点就近接入乡镇邮电局、所。远期进一步完善通信设施，提高通信能力。开通国内、国际长途直拨，实现电话自动化。

9.1.7.2 丹霞山风景区基础设施规划

(1)给水排水规划

① 给水规划

现状及规划原则　丹霞山风景名胜区内，由于特定的地质地貌特点，山上、山下都缺乏地下水，在植被茂密处偶有泉水，但不足以供给日常生活之用，锦江水源较为丰富，据测定，全部指标达到国家《生活饮用水标准》；风景区中心地带内尚有两个水库，即丹霞山下的碧湖和大石山的东坑水库，这两个水库可以作为饮用水水源，库容量分别为58万m^{3}和20万m^3；另外，丹霞地貌集中分布区内，分布着多条溪流，如黄沙坑、庙仔坑等，也可作为分布在景区腹地旅游服务点的饮用水水源。

旅游区内，目前只有丹霞山附近有供水设施，其中山上各饭店、宾馆及寺庙、山下的溢翠餐厅和溢翠宾馆及原丹霞林场职工住宿区，都从碧湖中取水，锦园别墅则直接提取锦江之水，其他规划的旅游镇及旅游村都缺乏供水设施。

规划将着重解决旅游镇、村的饮用水问题，由于地形复杂，水源较缺，一般旅游点将不设供水设施，这也有利于风景资源的保护；供水管道及水塔、水厂等的设置必须以保护规划的有关规定为依据，避开风景质量或敏感度较高的区域和部位。

给水规划 丹霞山风景名胜区内地形复杂，除旅游镇与瑶塘休养村、溢翠宾馆、锦园等接待区之间的统一供水较为方便外，其他各旅游村间的统一供水可能性很小。根据各旅游镇、村所处的地理环境、水源状况以及对环境的影响情况，规划提出下列用水标准(表9-2)。

表9-2 规划用水标准 L/(人·d)

旅游村、镇	旅客用量（平均）	服务员用量（平均）
丹霞旅游镇、瑶塘休养村、溢翠和锦园	500	300
丹霞山上	200	100
夏富度假村、矮寨旅游村	500	300
金龟岩旅游村、巴寨旅游村	200	100

（资料来源：《风景区规划》，2004）

根据上述标准，各接待点的给水规划如下：

丹霞旅游镇 远期规划2500张床位，5000人就餐，服务人员及风景区管理人员、家属等为5000人，日需用水量4000t，主要由水厂供给，水厂建在锦江上游，黄屋附近。水厂规模为0.5×10^4t/d，它同时为附近几个旅游村供水。

瑶塘休养村 远期规划100张床位，服务人员25名，日需水量70t，主要由旅游镇水厂供给。

丹霞山接待区(包括锦园、溢翠、山上的寺庙及饭店宾馆等) 现有1200余个餐位，450余张床位。规划不再扩大接待规模，并逐渐搬出部分招待所和宾馆，使住宿控制在150张床位，就餐控制在1500个餐位以内，服务人员150人以内。供水规划需考虑到最大需水量，故需按目前最大接待游客量及目前其他人员数计算，共需用水量800t/d，远期主要由旅游镇水厂供给。规划不再使用碧湖和锦园的供水站。

夏富度假村 规划接待300人住宿，500人就餐，服务人员及家属200人，需用水量为250t/d，水厂建在锦江边，取用锦江水，水厂规模300t/d。

金龟岩旅游村 规划50人住宿，100人就餐，服务人员20人，需用水量为22t/d，水厂规模25t，取金龟岩山下溪涧之水。

巴寨旅游村 规划250张床位，500人就餐，150名服务人员及家属，需用水量115t/d，水厂规模130t，取东坑水库之水。

矮寨旅游村 规划100张床位，200人就餐，服务人员50人，需用水量115t/d，水厂规模120t，取锦江之水。

其他露营村及服务点用水量小，就近取河、溪及水库之水，经过滤、消毒以供饮用。

② 排水规划

现状及规划原则 目前接待区缺乏排水设施，生活污水及雨水都沿自然溪谷流入锦江。丹霞山顶之生活污水造成的问题更为严重，致使许多名泉古井和瀑布都遭到严重污染，必须尽快予以治理。其他规划的旅游镇、村都临近锦江或锦江支流，在服务设施建设时，如不同时进行污水处理设施的建设，必将造成严重恶果。

污水处理将根据旅游服务点的规模、所处的地理位置及其对环境可能带来的冲击，分别采用污水处理厂、生物氧化塘以及土壤净化的方式进行。充分利用景观的高阈值区(如农田、森林区)进行污水的自然净化作用。而对低阈值区(如泉眼、瀑布等)应绝对保证不受污染。

各接待点的排水规划如下：

丹霞旅游镇 瑶塘休养村及丹霞山接待区的所有污水将通过污水管排到丹霞旅游镇附近的污水处理厂进行处理，并达到二级处理标准，污水处理厂日处理3800t。

夏富度假村 远期污水将达到225t/d，该旅游村四周有大面积的农田，故可通过管道将污水集中到合适的地点，建氧化池进行污水处理，后用于农田灌溉。

金龟岩旅游村 远期将有污水16.5t/d，此服务点地处风景区中心地带，污水处理应考虑3个因素：第一，这一带是许多溪流的上游，是阈值较低的分布区；第二，这一带风景质量较高，污水处理十分必要；第三，这一带分布着较为茂密的亚热带常绿阔叶林，群落结构复杂，景观生态阈值较高，所以可以选择合适地方利用生物和土壤的自净能力。为此，规划将污水通过管道，排到较为隐蔽、植被茂密、离水源较远且远离游览道的山坡，分散到几个氧化池进行处理，后排入林地。

巴寨旅游村 远期将有污水86t/d，该旅游村的下游为农田，污水将通过氧化池处理后，直接用于农田灌溉。

矮寨旅游村 远期将有污水86t/d，这一接待点地处锦江下游，且污水量不大，故全用氧化池进行污水处理，后用于农田灌溉，部分排入锦江。

其他 分散的厕所可由化粪池处理后，就近接入污水管道网，如附近没有污水管，可根据情况排入农田或林中，应绝对防止其对泉水、溪流等的污染。

(2)电力规划

① 供电现状及规划原则 目前只有丹霞山接待处有一定的电力设施，电源为凡口发电厂，通过110kV架空电缆输往仁化氮肥厂，经变压站降压后，由黄屋接往丹霞山山上、山下各用电处。目前山上有小型变压器，可供电100kW，尚没有自备的发电机。旅游服务设施与工厂、农田电动排灌需电之间的矛盾比较严重，经常出现晚上停电现象，不利于旅游服务质量的提高。随着风景名胜区内旅游服务系统的完善，目前的供电现状已不能适应旅游服务的需要，所以，需要对风景区内的供电系统进行全面规划，规划应从远期着想，主要输电线路(35kV和10kV)依次按规划投资，分支线配合各接待区的建设要求，分期实施，使供电方式经济、合理、现实，投资省、见效快，为防止重点旅游接待点夜间停电现象的发生，规划考虑这些重点区用两个电源供电；风景旅游区内，任何建设都必须以景观资源保护为前提，风景区的空架输电线路对风景视觉环境破坏很大，具体线路的设计和施工必须避开高敏感区和风景质量较高的地区，尽可能地铺设地下电缆。

② 供电规划

用电负荷规划 用电负荷规划为高档床位(有电视、电冰箱、空调、热水器)500W，中档床位(包括电视、空调、热水器)200W，普通床位50W，服务人员每人50W；近期综合最大用电负荷342.4kW，中期692.8kW，远期1482.4kW(表9-3)。

电源 风景区的供电分别从3个地方引入：一是从由凡口到仁化氮肥厂的110kV高压线接入；二是从由凡口经凡口畜牧场、黄子塘、大井到静村的110kV高压线接入；三是由风景区南端高压线接入。第一条线路主要给丹霞旅游镇、瑶塘休养村和丹霞山接待区供电；第二条线路主要给夏富、巴寨、金龟岩各接待区供电，并作为瑶塘和丹霞山接待区的第二电源；第三条线路主要为矮寨旅游村供电(表9-3)。

表9-3 丹霞风景旅游区用电负荷规划 kW

服务单位	近期	中期	远期
旅游镇	218	600	1500
瑶塘休养村	10	40	50
丹霞山接待区(包括山上、山下)	200	200	200
夏富度假村	0	15	60.5
金龟岩旅游村	0	0	2
巴寨旅游村	0	11	30
矮寨旅游村	0	0	10.5
合计	428	866	1853
同时率	0.8	0.8	0.8
综合最大用电负荷	342.4	692.8	1482.4
线损	1.1	1.1	1.1
综合最大供电负荷	376.6	762.1	1630.6

(资料来源：《风景区规划》，2004)

输电线路及变电器 外围供电线路以架空明线为主，在重点景区和高敏感区应尽量采用地埋电力电缆，以免破坏风景视觉环境。变电站分别设在风景质量较低、敏感度较小地区。规划要求低压配电线路供电半径最长不得超过500m，偏僻孤立服务点，单独设置配电变压器。

(3)电信规划

邮电通信中心 规划在丹霞旅游镇设邮电通信楼，开设电报、直拨长途电话、电传等业务。内设微波控制点，自动电话交换机，办理售邮票、售报，微波发射点设在邮电楼上。

邮电所 规划在丹霞山接待区设邮电所，扩大目前邮电所的营业范围，办理售邮票、售报，并设自动电话交换机。远期在夏富度假村也设一邮电所。

代办点 在风景旅游区内的其他各旅游村，都设代办点，包括售邮票和设置信箱。

内外通信 景区内各服务点间采用电缆通信，保证整个风景区管理的方便性和服务系统的完整性，对外通信采用微波和程控的方式。

9.2 居民社会调控规划

风景区居民社会调控规划是风景区规划的重要组成部分，属于专项规划。它以保护风景区风景资源和生态环境、促进风景区多功能、多因素协调发展为目的，主要对风景区内一定规模的常住人口(包括当地居民和直接服务、维护管理的职工人口)，如涉及的旅游城镇、社区、居民村(点)和管理服务基地等在人口规模、居民点、经济发展、生产布局、劳动力结构等方面提出发展、控制或搬迁的调控要求，对居民社会进行整体的控制、调整和布局。

通过风景区居民社会调控规划，对风景区内的常住人口进行科学、合理、有效的控制和管理，使其与风景区协调发展，成为风景区建设发展中兼有游赏吸引力的积极因素。但若忽视当地居民社会这一现实问题，在规划中回避、在管理中放任，则开山采石、毁林开荒、伐木建房、变卖风景资源材料等现象将不断发生。这时风景区的居民社会将成为极大的消极因素，对风景区的发展形成严重的制约，风景区人口管理还不如城镇有序，这类风水宝地必然成为人口失控或集聚区，风景区的其他各种规划将失去意义，最终将改变风景区的基本性质。因此，风景区居民社会调控规划是风景区规划的重要组成部分，它对于风景区的健康、和谐、持续发展具有重要意义。

9.2.1 规划特点

无论从理论或实践上看，风景区均需要一定的维护经营管理力量，具有一定规模的独立运营机制，其中必然要有一定比例的常住人口。这些常住人口达到一定规模，就成为风景区的居民社会因素。

可以说，外来的游人、服务人口及当地居民3类人口并存，达到一定级配关系时，就形成了良好的社会组织系统。当然，居民社会应该成为积极因素，其局部也兼有游赏吸引力的作用；然而，它也可以成为消极因素，这在人口密集地区显得尤为敏感。

风景区居民社会调控规划可以根据风景名胜区的类型、规模、资源特点、社会及区域条件和规划需求等实际情况，确定是否需要编制。凡含有居民点的风景区，应该编制风景区居民点调控规划；凡含有一个乡或镇以上的风景区，应编制风景区居民社会调控规划。需要编制居民社会调控的风景区，其范围内将含有一个乡或镇以上的人口规模和建制，它的规划基本内容和原则，应该与其规模或建制镇级别的要求相一致，还要适应风景区的特殊要求和需要。同时，风景区居民社会调控规划与当地城镇居民点规划直接相关。因此，风景区居民社会调控规划除遵循相应的原则外，其规划内容和原则还应按地域的统一要求进行。

9.2.2 规划原则

编制城市、镇规划的规划范围与风景区存在交叉或者重合的，应将风景区总体规划中的保护要求纳入城市、镇规划。编制乡规划和村庄规划，规划范围与风景区存在交叉或者重合的，应符合风景区总体规划。风景区外围保护地带内的城乡建设和发展，应与风景区总体规划的要求相协调。居民社会调控规划应符合下列基本原则：

① 应建立适合风景区特点的社会运转机制以保证居民生产生活及相应利益。

② 以风景名胜资源保护为前提，优化居民社会的空间格局，条件许可时应进行生态移民。

③ 科学引导居民社会的产业发展促进风景区永续利用。

根据以上原则，风景区居民社会调控规划在常住人口发展规模与分布中，需要贯彻控制人口的原则；在社会组织中，需要建立适合风景区特点的社会运转机制；在居民点性质和分布中，需要为建立具有风景区特点的风土村、文明村配备条件；在产业和劳力发展规划中，需要引导和有效控制淘汰型产业的合理转向。

9.2.3 规划内容

居民社会调控规划应科学预测各种常住人口规模，严格限定人口分布的控制性指标。居民社会调控规划应包括：①现状、特征与趋势分析；②经营管理与社会组织；③居民社会空间结构、布局与人口发展规模；④居民点性质、职能和调控类型；⑤产业引导等内容。

风景区内的历史文化名城名镇名村和特色风貌村点应提出规划引导与保护措施。

城镇居民点规划是引导生产力和人口合理分布、落实经济社会发展目标的基础工作，是调整、变更行政区划的重要参考，又是实行宏观调控的重要手段。因而，其规划内容和原则，应按所在地域的统一要求进行。

9.2.4 规划方法

(1)风景区常住人口发展规模与分布

居民社会规划的首要任务，是在风景区范围内，科学预测和严格限制各种常住人口的规模及其分布的控制性指标。风景区常住人口包括当地居民和职工人口，职工人口又包括直接服务人口和维护管理人口。以上指标均应在居民容量的控制范围之内。

在规划中控制风景区常住人口的具体操作方法是，在风景区中分别划定无居住区、居民缩减区和居民控制区。在无居住区，不准常住人口落户；在缩减区，要分阶段地逐步减少常住人口的数量；在控制区，要分别定出允许居民数量的控制性指标。这些分区及其具体指标，要同风景保育规划和居民容量控制指标相协调。

(2)风景区居民点的性质、职能、动因特征和分布

居民点系统规划应与城市规划和村镇规划相互协调，应从地域相关因素出发，应在风景区内外的居民点规划相互协调的基础上，对已有的城镇和村点从风景区保护、利用、管理的角度提出调控要求；对规划中拟建的旅游基地(如旅游村、镇等)和风景区管理机构基地，也提出相应的控制性规划纲要。

规划中，对农村居民点的具体调控方法是按其人口变动趋势，分别划出疏解型、控制型和发展型3种基本类型，分别控制其规模、布局和建设管理措施。

(3)风景区居民社会用地方向和规划布局、产业和劳力发展规划

在风景区居民社会用地规划中，应选择合理的土地利用方式，调整用地分布和生产基地，不得在风景区范围内(尤其是在景点和景区内)安排工业项目、城镇和其他企事业单位用地，不得在风景区范围安排有污染的工副业和有碍风景的农业生产用地，不得破坏林木而安排建设项目。在产业和劳力发展规划中，应确定行业结构和劳动力结构，推广生态农业和发展对土地依赖不大的非农业生产形式(如无污染的风景区乡镇企业和旅游服务业)。

9.2.5 规划案例

下文以崂山风景区居民点调控规划为例说明。

9.2.5.1 概述

崂山风景区土地总面积457.3km^2，其中心区占70.5%，丘陵占18.7%，平原占10.8%。总人口为222 299人，其中非农业人口占9.3%，人口密度为486人/km^2。耕地总面积98 189亩，人均仅0.44亩，是一个人多地少的山区农村。

崂山风景区位于黄海之滨的青岛市东郊，由于有山、临海和靠近城市的优越地理位置，居民的经济活动十分频繁。主要的经济活动有小化工、小五金、饮料和乳品加工、缝纫和轻纺等小型加工工业，交通运输业，建筑业，以采石业为主的副业，以海洋捕捞业为主的渔业，生产粮食、水果、蔬菜的种植业，以及饲养奶山羊、奶牛、猪和家兔等家畜的畜牧业。1985年全区经济总收入2.16亿元，居民人均收入约576元，在青岛市郊区中属于经济发展居中等水平的地区。

9.2.5.2 居民点的分布

崂山风景区范围内有行政村188个，自然村432个。王哥庄镇、沙子口镇、夏庄镇、惜福镇

(均指镇驻地)、姜哥庄和登瀛是6个规模最大的居民点，人口规模在5000~10 000人。其次是港东、青山、晓望、董家埠、段家埠、西九水、傅家埠、后金沟、前金沟、西宅子头、东宅子头、秦家小水和丹山13个居民点，人口规模在2000~5000人之间。以上两类居民点主要分布在道路交会处或沿海的平原上或山地与平原的过渡地带上，它们或是乡、镇政府所在地，或是多个村委会所在地，或是部队的驻守地。规模为1000~2000人的第三级居民点有43个，占居民点总数的10%。100~1000人的第四级居民点有214个，占居民点总数的50%。这两类居民点散布于公路和山谷两侧。100人以下的居民点有146个，占居民点总数的39%，其绝大部分位于远离交通道路的深山幽谷中。在地区分布上，崂山风景区内几乎所有的居民点都分布在500m等高线以下有公路经过的山谷和平原，平原的居民点相对大而集中，山谷的居民点相对小而分散，这是由地貌类型的不同导致农业生产条件不同所决定的。平原地势平坦，交通发达，居民聚集生活方便，大部分居民点因人口迁移聚集而成。山区地形复杂，交通不便，农业生产受到较多条件的限制，居民点多是旧时看山守林的一户或几户人家单凭人口自然增长扩大而成。

从居民点的规模结构和居民点的地区分布与形成原因可以看出：风景区内1000人以下的居民点占总数的84%，居民点的形成和分布在很大程度上依赖于农业生产条件的好坏和自然经济的发展。这说明了崂山风景区的居民点体系还是一个小居民点多、分散广、以自然农业经济为背景的初级体系。在这种初级体系中，居民点之间没有合理的分工，绝大部分居民点影响范围小，其频繁的经济活动基于一种低效益地利用自然界的经济形式，包含有不少对自然资源的破坏性经营的因素，这些因素对要求注重保护自然环境的风景旅游业的发展已产生较大的制约作用。

9.2.5.3 经济发展与风景资源的开发和保护之间的矛盾

① 景点集中的景区，居民分布过密，经济活动频繁，景区环境受到破坏。

② “剥皮式”作业的采石，使风景区内交通方便之处的山体伤痕累累，有的景物荡然无存，景色面目全非。

③ 粮食种植业与林业争地，山坡上耕地多，水土流失严重。

④ 天然放牧使羊粪遍布道路，污染了旅游环境和水源。

⑤ 海洋资源丰富，捕捞业发达，但滩涂利用率低，海产品加工业落后。

⑥ 个别景区的工厂太多，严重污染景区环境。

⑦ 工业结构中，旅游产品加工尚是空白，不利于旅游业发展。

⑧ 居民点建设缺乏统一规划，“脏”“乱”“差”现象使得旅游设施难以依托居民点而建。

9.2.5.4 居民点体系总体规划与设想

(1) 人口控制与调整

严格控制外来人口的流入，外来常住人口必须局限于高素质的行政骨干、技术骨干和服务技师及其家属。合理调整景区内部人口的分布，一方面在景区外围给居民创造更多的就业机会；另一方面鼓励山区居民外移，通过有计划的搬迁和招工等手段，减少景区内居民的数量。为实现人口向景区外缘移动与相对集中，规划将居民点的人口规模划分为4类加以调整。

① 发展型　这一类居民点有沙子口镇、夏庄镇、惜福镇和王哥庄镇，都位于风景区之外的平原上，目前都是镇人民政府所在地，经济基础较好，其发展与扩大既有利于加快风景游览区内人口的外移，又可以带动全区经济发展。

② 搬迁型　包括14个居民点，总户数984户，总人口4046人。少部分是因为占据重要的旅游线路或景点而搬迁，如流清河、迷魂涧和双石屋等；而大部分是由于兴建水库而搬迁，如双河村、松山后、松山后西坡、三岔等。

③ 控制型　位于风景区外围平原上的一些规模较大的居民点和一些沿海渔村。居民的生产活动较稳定，对风景资源的破坏不大，只要控制人口规模，其存在有利于风景旅游资源的开发和保

护。这一类共有19个村。

④ 缩小型 成群成片地分布在山区中，如南九水、北九水等地。居民频繁的经济活动对风景区的环境已造成了较大威胁，密集的居民点的分布很不利于风景资源的恢复。由于这一类居民点数量多，搬迁困难，只能通过风景区边缘人口规模发展型居民点的吸引，采取招工等手段将青年人吸引出来，从而使居民点规模逐渐缩小或衰落。

(2)居民点布局

崂山风景区散而广的居民活动不利于旅游资源的保护和开发，集中组织居民生产和生活是必要的。随着经济的不断发展，人们越来越向往和追求文明而高效益的城市生活，城镇化是一个必然的趋势，集中组织居民生活是可能的。为了充分利用丰富的旅游资源，开展度假、旅游、康复和娱乐等旅游活动，有必要在适当的地点兴建旅游镇和旅游村等旅游设施。风景区和一些规划水库上游的大居民点建筑杂乱，卫生条件差，应逐步缩小其规模，基于这些原则与要求，规划将居民点划分为3类。

① 建制镇 现有人口7000~10 000人，位于景区的外缘，是镇政府所在地，规划发展到2万~3万人，将作为风景区的行政中心或经济中心进行建设，经济发展方向是以食品工业和旅游产品加工业为主，用地规模控制在3km²以内。共有4个建制镇：沙子口镇、夏庄镇、王哥庄镇和惜福镇。

② 旅游基地 分为旅游镇和旅游村两种。建成为以度假、旅游、康复和娱乐为主的服务基地，经济发展方向是以旅馆、饮食为主的旅游业。旅游基地共5个，其中旅游镇1个(仰口镇)，流清、青山、泉心和北九水4个旅游村，床位在100~150张，以中低档设施为主，用地控制在25~30hm²；旅游镇为仰口镇，床位3000张，以中高档设施为主，居民3000人，用地规模为1.1~1.2km²。

③ 农村居民点 包括所有的农业自然村，经济发展主要以种植水果蔬菜、饲养奶山羊、渔业等农业生产和村办企业为主。现状人口在2000人以上的有：登瀛、姜哥庄、董家埠、段家埠、九水、晓望、港东、青山、傅家埠、后金沟、前金沟、西宅子头、东宅子头、秦家小水、丹山。登瀛现有人口6200人，规划减少到3000人；九水现有人口2600人，规划减少到500人；其他13个居民点控制现有规模。对以上15个居民点要求统一规划、统一建设。

(3)工业布局调整

崂山风景区的工业主要是小型的化工、钢铁、五金、饮料和日用品加工，集中分布在区内的平原地区，从整个风景区来看，其工业对风景区环境污染不大。但在个别地点上，工业布局与景区环境保护之间仍存在矛盾，尤以王哥庄的仰口最为突出。仰口分布有化工厂、料石厂、水貂厂、冷库等工业企业，其中污染最大的是年产碘3.5t和年产海藻酸钠200t的化工厂，每年向大海排出的废水(含氧化钙和盐酸等成分)达16×10^4t，对附近的天然海滨浴场——仰口湾的环境威胁日益严重，化工厂冒着滚滚黑烟的高耸烟囱对景区也是大煞风景；另外，化工厂由于淡水用量大，扩大生产已不可能。因此，从风景区环境的保护和工厂本身发展来看，仰口化工厂必须迁出景区。此外，位于北宅乡五龙村河北的北宅玛钢厂，年排出废渣800t，不利于风景资源的保护，近期必须控制其发展，远期迁出景区。

风景区的工业结构中，旅游产品的加工尚是空白。根据当地的资源特点，今后崂山风景区的工业布局，既要避免安排有污染(或大宗)的工业项目，又要加大为旅游服务的加工业比重，如饮料、水果、方便食品、海产品加工等食品工业。

(4)教育规划与布局

崂山风景区是一个人多地少的山区农村，教育发展规划主要有两个方面：一是搞好义务教育；二是加强职业教育。

在普通教育方面，1990年以后，重点发展高中教育。初中教育、学前教育和幼儿教育以乡镇自己投资发展为主，国家适当资助经济较落后的乡镇；高中教育则走国家和乡镇共同兴办的道路。在职业教育方面，2000年以后，农职中学生与普通中学生的比例应达到1:1。为了实现教育发展计划，在对风景区现有中学进行调整后，保证每个乡镇有一所建制完全中学，2000年以前在沙子口镇建一所旅游职业学校，在夏庄镇建一所职业中学和一所农业中学，在惜福镇建一所农业中学。到2000年，全区有完全中学5所，职业中学3所，农业中学3所。

(5)部队用地的调整

根据风景区的开发需要和部队平战结合的可能，规划拟对极少数军事用地做出适当的调整与安排。当前，正确处理崂顶和一些岬角等地区两者间的关系是本规划考虑的重点。

崂山是沿海的一座名山，名山的山顶常常是风景优美和旅游开发价值最大的地区，游名山必须登山顶是游人心理和社会的惯例。以崂顶为中心的800m等高线以上地区，风景点密布，集绿树秀色和山石奇景于一体，是崂山的精华所在。因此，建设崂顶是开发崂山风景资源的重要的组成部分。可是，目前崂顶上建有部队观通站，900m等高线以上地区划为禁区，对崂顶旅游资源的开发十分不利。规划建议崂顶对游人开放可采取以下两种形式：搬迁观通站于附近山头，崂顶全部对外开放；近期搬迁观通站若难以实现，崂顶除局部地区外，大部分地区对国内游人开放，军民合作管理崂顶旅游。

崂山头面海一侧在规划中其旅游设施和游览路线应主动避开军事设施，集中于南侧布局。此外，规划将南窑附近的军事基地划入风景恢复区内，并且在设施布点和游线规划时从视线上尽量避开。

(6)社会组织

行政管理范围的确定。为尽快改变崂山风景区管理混乱的局面，规划建议成立一个不低于县团级的权力机构来加强风景区的统一管理和建设，其行政管理范围包括沙子口镇、王哥庄镇、北宅乡、夏庄镇和惜福镇5个乡镇的区域，全区土地面积457.3km²，人口222 299人，行政村188个。

① 风景区内部的行政管理　根据景点分布相对集中和景区间性质相对差异以及基本保持行政村的完整的原则，规划建议将风景区划分为9个风景游览区和5个风景恢复区。9个风景游览区分别成立风景游览区管理处来管理，5个风景恢复区分别成立相当于乡镇级的风景恢复区由人民政府来管理。

② 体制运营、治安管理等条例的建议　为了保证规划工作的延续和有利于规划设想的实现，有必要制订一系列有助于规划实现的管理措施。为此对崂山风景区的体制运营和治安管理，提出以下建议：

——崂山风景区依法设立人民政府，全面负责风景区的保护、利用、规划和建设，风景区内的所有单位除业务上受各自上级主管部门的领导外，都必须服从人民政府对风景区的统一规划和管理。

——崂山风景区的土地任何单位和个人都不得侵占，除对规划中拟建旅游设施的土地必须实行有偿使用外，其他风景游览区内不得建宾馆、招待所和休、疗养机构；在珍贵景物周围和重要景点上，除必需的保护和附属设施外，不得增建其他工程设施。风景区内的各项建设都应与景观相协调，不得建设破坏景观、污染环境，妨碍游览的设施。

——崂山风景区必须做好封山育林、植树绿化、护林防火和防治病虫害的工作，切实保护好林木植被和动植物的生长栖息条件以及道、教、宫、观等建筑物的环境。风景区内的林木应设立专管机构按照规划进行抚育管理，不准擅自砍伐，确需更新、抚育性采伐的，须经专管部门批准。古树名木，严禁砍伐。

——崂山风景区在划定的要求范围内必须严禁采石业，政府对现已从事采石业的农民进行登记注册后，采取优先招工、优先贷款和优先给予经济资助等措施安排其生活出路。

——崂山奶山羊的牧养必须有计划、有控制地在景区划定范围外进行，不得在景区内和旅游线上放牧。

——严禁在风景旅游区内新建工厂，规划拟搬迁的工厂和居民点必须按规划有步骤地尽早搬迁。

——制定一系列切实可行的有助于山区居民向外迁移的措施，鼓励山区居民尤其是青年人进入城镇生产和生活。

——严格控制崂山风景区，尤其是风景游览区内的常住人口，外来常住人口必须局限于高素质服务人员和管理人员。

——崂山风景区的交通分外围交通和区内公共交通两个系统有组织地管理，在时间上、数量上和车辆类型上有控制地限制车辆进入景区。

——侵占风景区土地，进行违章建设的，由有关部门或管理机构责令退出所占土地，拆除违章建筑，并可根据情节处以罚款。

——乱开山、乱采石、乱放牧、损毁林木植被、捕杀野生动物或污染破坏环境的，以及违章经营的，由有关部门或管理机构责任令停止破坏活动，赔偿经济损失，并可根据情节处以罚款。

——破坏风景区游览秩序和安全制度不听劝阻的，由有关部门给予警告或罚款，属于违反有关治安管理规定的，由公安机关依法处罚，若情节严重，触犯刑律或违反国家有关森林、环境保护和文物保护法律的，依法惩处。

9.3 经济发展引导规划

9.3.1 规划特点

风景区的经济发展，是与风景区有关的经济活动引起的，通常包括：管理机构和管理职工对各种资源的维护、利用、管理等活动；当地居民的生活和生产活动；外来游人的旅游活动等。

风景区经济是一种与风景区有着内在联系并且不损害风景的特有经济。虽然具有明显的有限性、依赖性、服务性等特性，但也是国家和地区的国民经济与社会发展的组成部分，对地方经济振兴还起着重要的催化作用。因而国家经济社会政策和计划也是风景区经济社会发展的基本依据。

就基本国情和现实看，风景区既有一定的经济潜能，也需要有独具特征的经济实力，需要有自我生存和持续发展的经济条件。国民经济和社会发展计划确定的有关建设项目，其选址与布局应符合风景区规划的要求；风景区规划所确定的旅游设施和基础工程项目以及用地规划，也应分批纳入国民经济和社会发展计划。这就加强了风景区规划与国民经济和社会发展之间的关系。为此，风景区规划应有相应的经济发展引导规划与之有机配合。

经济发展引导规划，应以国民经济和社会发展规划、风景与旅游发展战略为基本依据，形成独具风景区特征的经济运行条件。

9.3.2 风景区经济的性质

风景区经济是指与风景区有内在联系而不损害风景的特有经济系统。其性质包括以下几方面含义：

(1)与风景区有内在联系

主要指经济活动直接或间接为风景区功能服务而言。风景区的功能归纳起来有：① 审美功能；② 科研功能；③ 教育功能；④ 旅游功能；⑤ 启智功能。服务则指积极地体现而非消极地影响。比如农业，它是风景区山水田园风光的直接组成部分。另外，也为旅游业提供大量的农副产品，是旅游功能的正确体现者，因此它属于风景区经济的范畴。相反，不能正确体现风景区功能的任何经济活动(如某钢铁企业)，即使在风景区界线以内，也不是风景区经济而只是一般的社会经济。这种一般经济与风景区经济是不相容的，长远考虑必须迁出。

(2)不损害风景

在风景区内，即使体现风景区功能的经济活动，只要损害风景(包括生态环境)，也不能列入风景区经济范围。如第三产业中为旅游业服务但破坏景观的旅馆、饭店等基础服务设施。

(3)特有的经济系统

风景区是一种特殊环境。它主要满足人们的精神文化需要，这种特性决定了风景区经济与一般区域经济的差别。作为一般区域经济主体的第二产业在风景区域受到较为严格的限制。这种“特有”的经济系统，是由经济学与风景学共同作用形成的。

任何经济都是一种复杂的系统，对于风景区这个特有的系统，它既包括旅游经济，也包括当地居民的某些生活生产经济，涉及的行业众多，包括旅游业及其商饮餐宿服务业、交通、建筑、农业等。

正确认识风景区经济的概念非常重要。如果

我们将其等同于一般的区域经济，将风景区内的一切经济活动均列入“风景区经济”这一特定的概念范围，那么在某种程度上等于承认了这些活动在风景区存在的合理性，即陷入“存在即是合理”这一哲学误区，这对风景区的保护及其建设都是不利的。

9.3.3 风景区经济特殊性

风景区经济属于经济学的范畴，兼有风景学的内涵，因而它不同于一般的城市、农村经济，也不等同于单纯的旅游经济。具体说，风景区经济的特殊性表现在以下几个主要方面：

(1)限制性

风景区的性质决定了风景区的建设必须把风景效益置于首位，风景区在产业部门选择，尤其产业空间布局方面都受到风景科学本身的严格限制。如对风景区产生三废污染的工业禁止发展，规划的风景建设用地不能随意使用，为游人兴建的服务设施不能破坏景观等。

(2)服务性

由风景区提供的服务包括翻译导游服务、住宿服务、饮食服务、交通运输服务、旅游物资供应服务以及各种其他与旅游直接或间接相关的服务。这种服务不仅是一种经济行为，要求服务的数量和质量必须符合确定的价格，而且它也是一种社会行为，要求服务必须遵循社会公德，热情周到。风景区的这种服务性，影响着风景区第三产业的发展及其他产业各部门间的结构与布局。

(3)催化性

旅游业是风景区的重要产业部门，不仅直接经济效益显著，而且其相关效益也十分可观。据世界旅游组织测算，旅游业每直接收入1元，就给国民经济相关行业带来4.3元的增值效益；旅游业每直接就业1人，就给社会提供间接就业机会7人。我们把这种旅游业的间接效益称为风景区经济的“催化”作用。

(4)文化性

风景区的经济建设具有强烈的科学文化内容，它包括作为供给一方的从业人员的文化素质、旅游产品的艺术水平、风景建设的文化内涵等，以及作为消费一方的文化层次和文化道德水准。因此，风景区经济的文化性具有双向要求。

(5)磁场性

风景区吸引力的大小取决于风景资源的质量和吸引强度，诸如资源特色、组合状况、空间分布等。这种吸引力符合距离衰减原则，因此，利用具有特色的风景资源强化中心磁场的磁力和磁场辐射范围，是风景区经济建设的重要任务。

(6)依赖性

主要指风景区的依赖性，风景资源被破坏，从长远的观点看风景区的经济也将随之衰败。如果风景资源破坏了，风景区经济失去了依赖的基础，“皮之不存，毛将焉附”，经济又如何能持续发展?

充分认识风景区经济的特殊性，对正确制定风景区经济的发展方向及政策具有十分重要的作用。

9.3.4 规划内容

风景区是人与自然协调发展的典型地区，其经济发展不同于常规的乡村和城市空间，因而，风景区规划中的经济发展规划，也不同于常规的城乡经济发展规划，这个规划中，把常规经济政策和计划同风景区的具体经济条件和性质结合起来，形成独具风景区特征的经济发展方向和条件。

所以，经济发展引导规划有3项基本内容：① 经济现状调查与分析；② 经济发展的引导方向，经济结构及其调整，空间布局及其控制；③ 促进经济合理发展的步骤和措施等内容。

风景区经济发展目前存在三方面主要矛盾：① 地域差异大；② 保护与开发的矛盾多；③ 政策引导与法规措施的缺口大。

风景区经济发展的引导方向，一方面要通过经济资源的宏观配置，形成良好的产业结构，实现最大的整体效益；另一方面要把生产要素按地域优化布局，以促进生产力发展。为使产业经济结构和生产要素按地域优化布局两者合理结合起来，就需要正确分析和把握影响经济发展的各种因素，如资源、交通、市场、劳力、集散、季节、经济技术、社会政策等，提出适合本风景区经济发展的权重排序和对策，确保经济稳步发展。

风景区经济引导方向，应以经济结构和空间布局的合理化结合为原则，提出适合风景区经济发展的模式及保障经济持续发展的步骤和措施。

9.3.4.1 经济结构合理化

风景区的经济结构合理化，要以景源保护为前提，合理利用经济资源，确定主导产业与产业组合，追求规模与效益的统一，充分发挥旅游经济的催化作用，形成独具特征的风景区经济结构。

经济结构的合理化应包括以下内容：

(1) 明确各主要产业的发展内容、资源配置、优化组合及其轻重缓急变化

在探讨经济结构合理化时，要重视风景区职能结构对其经济结构的重要作用。主导产业的确定，对风景区经济有较大的影响。同时，产业的“相关协调”要求产业部门结构的“链条式联系和网络式构造”保持比例均衡，比如旅游业的单项突进，就有可能加剧交通运输业的“瓶颈”效应。因此，围绕主导产业，其余一些基础产业部门必须协调发展。任何经济的发展，仅仅靠规模的扩大是不行的，还必须依靠效益的增长，而且，单个产业部门经济效益的最大化也并不等于最佳的综合经济效益。比如旅游业，无限制地追求游人数量确实给旅游部门增加收入，但给环境生态、基础设施带来更大的压力和破坏，从而导致综合、经济效益并不一定提高。因此，旅游业的发展速度和规模应该有一个最佳限额，达到这个限额后就“封顶”，不再追求游客数量的增长，而是争取提高游客在本地区的平均消费水平。

(2) 明确旅游经济、生态农业和工副业的合理发展途径，充分发挥旅游业对经济的“催化”作用

地方工农业经济也应为旅游业提供丰富的产品，尤其是具有地方特色的旅游购品。改革开放以来，我国第三产业在国民生产总值中的比重逐年上升，对促进社会分工、发育市场、繁荣经济发挥了重要作用。作为具有“服务性”的风景区经济及为风景区服务的“门外经济”，第三产业的发展更应走在前列。经济结构合理化，要重视风景区职能结构对其经济结构产生的重要作用。例如，“单一型”结构的风景区中，一般仅允许第一产业的适度发展，禁止第二产业发展，第三产业也只能是有限制地发展；在“复合型”结构的风景区中，其产业结构的权重排序，很可能是旅—贸—农—工—副等；在“综合型”结构的风景区中，其产业结构的变化较多，虽然总体上可能仍然是鼓励第三产业、控制第一产业、限制第二产业的产业导向，但在各级旅游基地或各类生产基地中的产业结构模式应结合其定位科学引导。明确经济发展应有利于风景区的保护、建设和管理。

9.3.4.2 风景区经济的空间结构布局合理化

风景区经济的空间布局合理化，要以景源永续利用和风景品位提高为前提，把生产要素分区优化组合，合理促进和有效控制各区经济的有序发展，追求经济与环境的统一，充分争取生产用地景观化，形成经济可持续发展、“生产图画”与自然风景协调融合的经济布局。

空间布局合理化应包括以下内容：

① 应明确风景区内部经济、风景区周边经济、风景区所在地经济三者的空间关系差异及内在联系；应有节律地调控区内经济、发展边缘经济、带动地域经济。

以区域协调和共享发展为指导，优化风景区与周边的整体产业格局，促进风景区所在地经济的绿色发展。一般来说，在风景区内控制优化一产和第三产业、严格限制第二产业，在风景区周边鼓励第三产业、控制第一产业、限制第二产业。鼓励并引导风景区所在地城市发展旅游服务和现代服务业，推进风景区与所在地城市协调发展。

风景区产业布局应统筹考虑风景资源保护区划、风景游赏区划和旅游基地布局的关系，并以此为基础引导各区的产业发展定位、重点发展产业，以及限制与禁止发展的产业。

可以将地区经济划分为门内经济、门外经济、域外经济 3 种，以更好地探讨风景区经济发展与地区经济发展的关系。

② 门内经济　指风景区界限范围以内的经济，

尤其是由旅游活动直接引进的经济活动，也包括少量为旅游业间接服务的农业生产等活动。它与门外经济有清楚的地域，狭义的风景区经济即指门内经济。

③ 门外经济　指风景区界限外缘的城(镇)或个别风景区界域以内的原有城(镇)。作为风景区高级服务中心或基地而提供的第三产业为主的部门经济。它们均与旅游业相关，如商业、娱乐、餐饮、旅馆等服务行业，另外也可能有少量第一产业、第二产业的存在。门外经济没有明确的外围界限，它可能本身就是风景区的外围保护范围，也可能在保护范围之外。门外经济与门内经济共同构成风景区域经济，即广义的风景区经济。

④ 域外经济　指行政地区除去风景区域外的经济部分，它与门外经济并无明确的地域，但至少在风景区外围保护带以外。其功能主要为整个地区国民经济服务，因而是多种产业部门尤其第一、第二产业发展的主要场所。同时也为风景区提供部门建设资金、生活生产用品及旅游购物商品，因而是风景区的“生产基地”。域外经济与风景区域经济共同构成地区经济。在研讨经济布局合理化时，要重视以上三者间的差异及关系。例如，门内经济中，常是挖潜主营第一产业、限营第三产业、禁营第二产业；在门外经济中，常在旅游基地或依托城镇中主营第三产业、配营第二产业、限营第一产业；在域外经济中，常在供养地或生产基地中主营第一产业、第二产业，在主要客源地开拓第三产业市场。

9.3.5　地域影响因素分析

在风景区这个特定的地域内，影响其经济发展的因素较多，只有对这些因素做出全面系统的分析，才能准确找出风景区经济发展的优势与不足，从而结合自身实际情况，依轻重缓急划分正确的分期建设项目，确定合适的产业经济发展政策。

9.3.5.1　自然因素

自然因素包括自然条件和自然资源。自然条件系指风景区的地质、地貌、气候、水文、植被等，它是风景区生产方式尤其是农业生产方式的主要决定因素，也是风景地貌构景的基础以及风景资源类型的决定因素；自然资源则包括作为风景资源的自然景观(也包括人文景观)以及物质生产的自然资源，其中风景资源决定着风景区的特色，是产生风景经济的“动力”资源。下列几个因素必须重点探讨。

(1) 资源品质

资源品质包括资源质量与特色。因地制宜开展具有本民族、本地区风格的特色旅游，是打开旅游开发新局面的重要手段。泰山近几年举办的重阳节登山活动，吸引了大批国内外游客，是一种很好的尝试。

(2) 资源时空分布和类型组合

如果资源类型过于单一，或受季节变化限制过大，空间分布上景点离散，资源密度小，从我国目前的交通条件及游人消费水平看，将影响风景区的整体开发价值。

(3) 环境质量和环境容量

风景区要求有安全、便利、幽静、空气清新、水质洁净的环境，否则风景美就无从谈起，环境容量则是指在不破坏游人兴致的保护风景区环境质量要求时风景区所能容纳的游人量，它是风景区规模和效率的总标志。近几年来，我国风景区开发建设中出现了一些令人担忧的对环境破坏现象：一是工业生活污染，毁林开山等直接破坏环境的现象；二是在不适当的位置建设一些与风景区意境不协调的项目所造成的“破坏性建设”；三是某些景点超容量的游览对环境、生态的破坏，如泰山岱顶过于拥挤的人流早已把“天府静地”变成了“人间闹市”。

9.3.5.2　交通因素

风景区的外部交通是风景区与外界的联系方式，是决定风景区可达性的主要因素。尤其在我国目前的生产力水平下，风景区的外部交通是决定旅游市场、影响风景区经济整体发展的重要因素。

风景区的内部交通往往与资源的空间分布有关。过于分散的景点加剧了游客对长时间行程的厌倦感，造成“旅”而不“游”的现象，影响了风景资源的综合价值。其次，风景区的路网密度、路面状况等因素对资源也有一定影响。

9.3.5.3 人力因素

地域的文教事业、商品意识、管理水平、卫生状况等因素对旅游经济的发展具有不可忽视的影响。文化教育水平低，往往对市场变动信息和游客带来的各种商品信息采集、分析能力低，而从旅游业的发展中获取更多更有价值的商品信息，其效益往往比旅游经济本身效益还大。四川峨眉山、青城山也曾是交通闭塞、贫穷落后的地方，但当地政府及时调整了农村产业结构，加工、服务、交通运输业迅速发展起来，取得了很好的经济和生态效益。

此外，旅游人才这个“软资源”的作用日趋重要，它不仅影响旅游服务的质量，而且直接影响着游客的游娱情趣并通过他们产生扩散作用。对于管理决策阶层，则必须树立正确的指导思想，在保护资源的前提下开发利用，正确兼顾眼前利益与长远利益、局部利益与整体利益，在协调各部门各行业进行充分市场调研的基础上，制定风景区经济及旅游业的发展规划。

9.3.5.4 市场因素

旅游市场是实现旅游商品(包括各种旅游资源、旅游服务及旅游购品)的需求者与供给者之间经济联系的场所，集中表现为风景区游客的来源、构成及规模。影响市场的因素较多，主要有以下几点。

① 风景区本身的性质和特色及地理位置　与八达岭长城同为世界遗产的泰山，国外游人只占总游人数的1%左右，国内游人中也以省内游人为主。

② 旅游宣传　通过网络、媒体对风景区进行宣传，吸引更多的游客到景区内游玩。

9.3.5.5 集聚因素

集中和分散是产业空间布置的两个方面。集中可以减少交通运输费用，分散则反之。风景区必须建立一定的行业集中的旅游服务中心或基地用地，它一般以已有的城镇为依托进行改造建设。而有些行业则不宜过度集中，如利用率较低的高档宾馆、饭店等服务业，风景区之间必须各具特色，减少地域上形成的替代性。同时根据集中可以利用已有市场区位、扩大市场服务范围的原则，适当加强各风景区的横向联合，形成网络状旅游路线，避免出现路线单调或走回头路的现象。

9.3.5.6 经济现状因素

地域的现状经济发展水平对旅游经济的发展以及整个风景区今后的发展有着举足轻重的影响，尤其对于经济还比较落后的多数风景区来说。

(1) 影响产业发展结构

我国的生产力水平，决定了工农业依旧是地区国民经济的命脉。一个地区的经济腾飞还必须依靠工业。而我国大多风景区所在地域的工业依旧是以劳动力和资源密集型产业为主的原材料、农副产业初级加工工业，这种工业对风景资源破坏大，环境污染严重，如制糖、造纸、建材等工业；在农业结构上，以种植业为主的农村经济不但限制了剩余劳动力的生产和转化，而且削弱了旅游纪念品、购物品的提供能力。因此，在大多经济水平低下的地区，旅游经济对城镇发展性质影响甚微。

(2) 影响投资能力

风景区的一切建设需要大量投资，在国家投资有限的情况下，应该采取地方财政、集团投资(企业集团等)、民间游资相结合的投资方法，谁投资，谁受益。

(3) 影响发展素质

这包括文化素质、商品意识、社会风尚等，也包括对旅游产品的影响。凡经济落后的风景区，大多具有淳朴的民风和令人陶醉的自然风光和田园风光。当地人们却似乎并不以此为“风景”，更不思考从中能获取什么效益。

9.3.5.7 社会因素

社会因素包括政治、文化、国防等因素，它们是超经济的，也是独立于地理环境的。

总之，风景区经济系统是一项复杂的社会系统。不同的地区、不同类型的风景区，这7个影响因素具有不同的重要性。采用目前已广泛使用的层次分析法，可以定量测算出这些因素的权重排序，然后采取相应的对策发挥特长优势，解决存在的不足，确保风景区经济稳步协调发展。

9.3.6 促进经济合理发展措施

9.3.6.1 保护和提高风景品质

保护和提高风景品质，永续利用风景资源，是风景区经济合理发展的出发点，风景区的开发利用必须以保护为前提。黄山风景区1979年刚对外开放时，为了适应“打开大门”的需要，提高接待服务能力，大量商、餐、饮服务设施涌入景区，乱建乱搭局面混乱，作为重点景区之一的温泉景区，建筑繁杂，大有“城市化”之势。结果风景资源受到破坏，服务质量严重下降，游人减少。认识到这一点后，从1984年起，管理部门着手进行整治，先后外迁了长途汽车站、办公大楼、小学等单位，拆除临时建筑19处共计1050m^2，同时进行大量绿化、美化，杂乱喧闹的局面大有改观，原有的优美环境可望再现。另外，封闭始信峰、莲花峰等老景区2~4年让其休养生息，对游览热线、热点定时开放，定量游览。新开丹霞、天都峰等景点，既保护了风景资源，为游人创造了一个舒适的环境，增加了门票等门内经济收入，又带动了交通、通信、轻工生产等地方乡村经济的发展。这是一条良性循环的风景区经济发展之路。

9.3.6.2 风景区土地的合理利用

风景区的土地利用比较复杂，因为其风景用地往往和生产、生活用地交融在一起。两者关系处理好了，则生产、生活可以创造新的景观，如田园风光等；处理不好，生产、生活侵占风景用地，就会造成景观的人为破坏。因此，广义的风景区的土地合理利用必须做到以下几点：

(1)土地的合理利用

为了保证风景区生态、景观的完整性，风景用地在风景区必须得到充分的保障，它主要由一些山地、林地、水域和部分农业生产用地组成。因此，凡是现状的及规划的风景用地范围内的一切开发建设必须慎之又慎；不宜开垦的山地退耕还林，不宜围垦的水域退田还湖，不断提高风景用地的比例。严格限制工矿用地、生活用地。

(2)土地的美学利用

美学利用包括平面与立体两方面。平面上的美学利用，主要指为了使生产、生活用地与风景用地更好地相融合，应尽力做到生产、生活用地“景观化”，从风景审美的角度去艺术地使用这些土地创造出新的景观。如农业用地成为田园风光，适度绿化及与建设两侧景观带的结合使景观贫乏的交通线成为“风景画廊”等；立体空间的美学利用，主要指景观空间的视觉效果和景观层次，合理利用地形地貌变化并安排土地用途。

(3)土地的合理规划

对于风景区内的生产用地以及门外、域外的土地，还必须进行充分的、科学的、有效的利用，即科学调整土地质量、潜力、生态系统等，提高土地利用集约化水平，充分开发土地后备资源潜力，以提高土地的产出率，做到地尽其利，物尽其用。

9.3.6.3 统筹规划地区经济

(1)风景区的“城市化”

它是由于风景区(门内)部门经济，尤其是第三产业的商业、饮食餐宿服务业以及交通业过于发展，而且在布局上过分集中于一些游人较多、区位较好的景区景点，从而破坏了这些地区自然景观的原有风貌及氛围造成的。基于这一点，风景区内旅游村、旅游镇的兴起与发展是一件十分慎重的事情，它们必须与优美的自然及人文景观保持适当的距离。

(2)风景区的“孤岛化”

这是指风景区周围土地的过度开发或不合理使用(包括产业部门的不合理布局)，工业化、都市化的发展以及环境污染等原因而使风景资源受到严重威胁的现象。我国的风景区尤其是一些城郊型风景区，“孤岛化”现象早已经存在，而且相当严重和普遍，如承德避暑山庄(如外八庙)。

风景区内的景区景点同样存在“孤岛化”问题。比如景点周围不合理地布局了大量商业服务设施、道路交通，农业上的毁林开荒，污染环境的工厂(采石场)等。必须采取有效措施解决这种“孤岛化”倾向。首先，应将风景区经济与整个地区经济纳入统一规划，科学确定风景区域内城、市(县城)发展性质和规模。其次，在风景区(景区、景点)外围划定适当的保护范围，保护范围内禁止污染性工业部门的存在，对于农业、服务业、交通运输业等则采用指导性原则以实现土地的合理利用。

9.3.6.4 制定发展政策作保障

如行政措施与经济杠杆相结合。行政措施主要包括国家的法律法规、各风景区的总体规划及管理条例等。同时，风景区管理还必须辅之以行之有效的经济措施。如对风景区内不同地段、地点征收不同的营业所得税，即“位置差价”。另外，针对景区内的经营单位和个人实行风景资源有偿使用政策，它主要体现在向受益单位征收资源保护管理费。例如，风景区范围内及附近受益的商业、饮食业、旅馆业、交通运输业等经营单位，与该风景区有关的旅行社等旅游经营单位都应向风景区交纳收入所得税以作为风景资源保护管理费。在风景区范围内，新建或扩建单位，均应按其选址、性质、规模缴纳资源管理费和基础设施配套建设费，这些行政、经济两手抓的措施，在浙江省和其他少数风景区已试行，效果显著。

9.3.7 规划案例

下文以三亚区域经济发展分析与布局案例进行介绍。

9.3.7.1 经济发展方向

综合第一部分对现状资源的评述，三亚区域内气候温暖，环境优美，十大风景资源荟萃，土地资源丰富。虽然基础较差，起点低，但有特区的优惠政策，丰富的资源条件，因而具备了作为一个地理上相对独立的经济实体——南部经济区的开发条件。

开发条件的差异决定了本区域经济发展的3个层次：① 大力发展热带生态大农业，这是未来经济发展的基础及近期内脱贫致富的主要途径，远期作为建立出口型农业生产基地，发展外向型经济。② 为了积累资金和地区经济繁荣，近期积极发展地方工业，充实区域经济基础，优先发展无污染及少污染的企业，各类工业布局以不污染旅游环境为前提。③ 发展风景旅游业、高技术产业和第三产业，使之逐步成为未来区域的主要经济支柱，旅游业包括与之有关的各种产业，高技术产业应以实用性强的热带生物工程、超导材料、高技术电子产品等为主。

根据三亚区域在海南的地位、地区间经济增长的不平衡趋势以及经济建设特点，规划拟定三亚区域经济发展的目标是：坚持以改革促开发的方针，最终建成以旅游业和高技术产业为主导，三次产业协调发展的现代化风景旅游区域，力争在全区域按规划实现全省经济发展战略提出的总目标：以20年左右的时间达到人均国民生产总值2000美元以上，即社会总产值达到4000美元以上，相当于台湾20世纪80年代初期水平。

9.3.7.2 经济发展步骤

自20世纪80年代以来，三亚区域社会总产值和国民收入均翻了一番，以建筑业、商业和农业的增长速度最快，分别为26%、23%和21%。社会总产值结构中，农业占45%，占比重大且上升速度快；其次是建筑业和商业。经济的增长表现为半自然经济结构特征。

区域内各市、县之间由于地理位置、交通条件、经济基础等差异，经济发展不平衡。三亚市最快，6年内全市社会总产值翻了两番，平均年递增率为26.2%，国民收入翻了一番半，平均递增率为23.7%；其次是五指山市和陵水县，两项指标均翻了一番；保亭县和乐东县经济增长较慢，年平均递增速度低于10%。旅游业的开发将加速区域内经济增长，区域内旅游资源的分布恰与目前经济增长的地区差异基本吻合，旅游资源的开发将加剧经济增长的不平衡性，并将持续一段较长的时间。

基于目前地区经济基础的差异，区域经济发展步骤应该是突出重点而有层次地推进。时间上分为3期：初期、中期、远期。增长幅度上分为3个梯度发展区：快速增长区(三亚市)、次快速增长区(五指山市、陵水县及农垦系统)、一般增长区(保亭县、乐东县)。其发展步骤为：

① 近期　1986—1992年，3个梯度发展区的社会总产值的增长分别为翻一番到翻一番半，全区域年均递增率为18.3%~28.6%，社会总产值由13.6亿元增加到37.2亿元，人均2300~2800元，大致赶上全国平均水平，解决温饱问题。

② 中期　在近期的基础上，再用5~7年的时间(至1995年或1997年)，3个梯度发展区的社会总产值的增长再分别翻一番到一番半，全区域年均递增12.3%~17.7%，社会总产值达到84亿元，人均5800元，大致赶上全国比较发达地区水平，提前达到原定20世纪末的“小康”水平。

③ 远期　在中期基础上，再花10年或稍长时间，达到台湾20世纪80年代初的水平。社会总产值的增长为翻一番半到翻两番，全区域社会总产值达到约280亿元，人均16 900元，其增长速度为10.6%~12.8%。三亚区域内在未来20年中，社会总产值结构变化趋势是：第一产业由51%降至20%以下；第二产业由17%增至35%左右；第三产业由32%增至45%及以上。

9.3.7.3　工业成分与布局

三亚区域现状工业基础薄弱，工业成分少。主要生产部门有以制糖业为主的食品工业、水泥建材、木材家具加工、原盐加工、钛砂矿开采及以水电为主的电力工业，主要表现为项目少、规模小、效益低。30%的全民所有制企业亏损严重。工业的发展需要充分利用本地资源，同时发展“三来一补”“两头在外”的外向型工业。利用沿海砂矿，适当发展为本地服务的建材业；开采钛金属、石英砂等矿业，发展成开发研究型的尖端产业和诱导一些都市型产业与临机场型企业。三亚区域工业应向技术密集型产业及新兴产业的方向发展。其充分利用天然气资源，发展轻石化产品的后加工；利用莺歌海的盐，就地建立盐化工工业，一般不允许开展大规模的、重污染的项目。根据城镇和地方经济发展的需要，发展为城镇和地方服务的能源工业、通用机械工业，发展以热作产品为主的农产品加工业，为旅游业和出口服务。

三亚区域是最大特区省的一部分，是国家的热带宝地、国际性旅游区。其工业成分划为4个层次、三大类型。4个层次是国际性成分、全国性、全省性及区域性成分。三大类型是老产业、发展产业和新兴产业。三亚区域工业成分共选择23项重点产业，其中新兴产业9项，发展产业9项。

三亚区域规划要求工业主要布局在2个市、3个县城和12个交通方便的镇驻地。形成沿海一条带、内陆4个点的集中布局形态。沿海地带宜布置国际性、全国性和全省性工业成分，有污染的工业成分应布局在海岸东、西两端，主要在西部；沿岸中部地带海湾浴场较多，风景资源集中，可布置无污染及少污染的工业项目。内陆4个点集中发展地方工业，逐步形成由内陆向海外辐射的外向型经济发展的布局格局。

9.4　土地利用协调规划

9.4.1　基本含义与基础理论

目前我国风景区已形成国家重点风景名胜区，省级风景名胜区和市、县级风景名胜区三级风景区体系，可以说每一处风景区都是国家或地方的自然与文化遗产，而土地正是这一遗产的载体。因此，风景区土地的属性具有以下几个特点：

① 自然属性　风景区的土地自然生成、不可移动，具有良好的生态环境和优美的景观环境，是一处留给人类的自然遗产。

② 社会属性　风景区土地上的文物古迹是祖先为我们留下的宝贵文化遗产，理应属于国家所有；风景区供广大的国内外游客观赏，同时风景区土地又有着明确的隶属，并由权力机构管理、调控。

③ 经济属性　风景区的土地具有相应的经济

潜力，在特定的环境与地点，可以产生地点价值。但风景区的经济属性受到自然属性和社会属性的制约。

④ 法律属性　风景区土地也是一项不动资产，其地权的社会隶属受法律保护。国家相关的法律、法规在风景区同样具有法律效力。

风景区土地利用协调规划是风景区规划的重要组成部分，属于风景区专项规划，它表示一个风景区的土地在未来发展中的利用模式，是风景区保护、建设和管理的重要依据，也是风景区可持续发展的重要措施之一。可以说风景区中的一切保护、开发建设活动都最终落实到土地上，土地利用协调规划同样也是风景区一切活动的依据。对于土地的不合理利用，将直接破坏风景区的自然生态环境和景源的游赏环境，造成风景区生态环境恶化、景源失去观赏价值，终将使风景区的性质发生改变。造成土地不合理利用的原因有很多，如规划中对于未来土地利用模式不明确、不合理或不可操作，管理中观念淡薄、缺乏执行规划的强有力手段和措施，资金上缺乏实施规划的经济支持等。其中，规划是最根本的原因，许多原因都与规划直接或间接相关。从我国在前一阶段风景区建设中出现的毁林建房、乱采滥伐、破坏风景古迹、滥建宾馆和饭店、滥建索道等破坏性建设的现象和由此而出现的风景区人工化、城市化、商业化等的倾向中可以看出，土地利用不合理的问题已经成为我国风景区建设中出现的严重问题。因此可以看出，风景区土地利用协调规划是风景区规划的重要组成部分，它对于指导风景区保护、开发和管理具有关键性作用，也是风景区可持续发展的重要措施。

那么，如何做好风景区土地利用协调规划、合理确定风景区未来土地的利用模式呢？应从以下几个方面入手：① 应依据我国现行有关法律、法规和国家及地方政策；② 借鉴相关区域土地利用规划的理论和方法；③ 以可持续发展为原则，结合风景区的实际情况，运用先进的科学技术对风景区的土地进行多方面、多角度的分析、评价，通过多方案选择，才能制定出科学、合理、可持续的风景区土地利用协调规划。

9.4.1.1　土地利用规划的含义

土地利用规划是在一定区域内、在土地资源调查基础上，依据区域经济发展和自然特性，在时空上进行土地资源分配和合理组织，制定土地资源利用的宏观控制性战略措施，是对未来土地超前性的计划和安排。

土地利用规划是通过对土地利用行为施加社会控制来保证土地利用符合各种需求，只有土地利用规划才能使土地利用目标得以实现。科学合理的土地利用规划能处理好近期工程和远期工程、眼前利益和长远利益的矛盾，可以协调人与地、资源保护与开发建设的关系，是实现可持续发展的重要措施之一。

土地利用规划根据规划的目标与任务，对各种用地进行需求预测和反复协调平衡的基础上，拟定各种用地指标，标明土地利用规划分区及其用地范围，编制规划方案和编绘规划图纸。规划图纸的主要内容为土地利用分区。

土地利用分区也称用地区划，既是规划的基本方法，也是规划的主要成果。它是控制和调整各类用地，协调各种用地矛盾，管制开发强度和开发利用的行为，实施宏观控制管理的基本依据和手段。

风景区的土地利用规划重在协调，其粗细、简繁和侧重点不尽相同。要依据规划阶段、规划任务、基础条件的不同，做出具有实际指导意义的规划成果。

9.4.1.2　土地利用规划的主要任务

根据系统理论中结构决定功能的观点，土地利用结构同样也决定着土地利用的功能，以及土地利用的效益。可见，土地利用规划的核心是只有合理的土地利用结构，才能保证一定地域内土地利用系统的良性循环、结构优化、配置合理、功能和效益持续。而土地利用结构是由各类土地的位置、规模、时空布局、形状等形成的。因此，土地利用规划的主要任务是：根据区域发展战略和发展规划要求，结合区域的自然生态和社会经济具体条件，主要解决在未来的土地利用中的定量、定性、定位、定序的问题，明确用什么地、做什么用、用多少地、什么时候用，以平衡土地供需矛盾、优化土地利用结构，寻求符合区域特点的土地利用规划。

由于风景区独特的风景资源优势和主要开展欣赏、休憩娱乐等活动的特点，风景区土地利用具有与其他区域土地利用完全不同的特点，它是以生态环境保护和风景资源保护优先为原则，力求在保护的前提下合理利用风景资源，将保护与观赏、休憩娱乐、各种服务及工程设施等各种用地统筹合理安排，形成良好的土地利用结构，以实现风景区的可持续协调发展。

9.4.1.3 土地利用规划的一般理论和方法

影响土地利用的有自然、历史、社会、人文等多方面因素，这些都是客观存在的。合理利用土地也是有客观规律可循的。下面以与风景区土地利用规划相近的城市土地利用规划为例，说明土地利用的一般规律及其规划的理论和方法。

① 土地利用规划理论　我国城市土地利用规划的理论从20世纪50年代以来基本采取第二次世界大战前后国外流行的规划理论，西方国家在城市土地利用规划方面的研究早于我国，而且从影响土地利用的不同方面揭示出不同的土地利用规律，形成了多种土地利用规划的理论和方法。如用描述性的历史形态方法来归纳土地利用空间分异规律的生态区位学派(以轴向增长理论、同心圆理论、扇形理论和多核理论等为代表)、用空间经济学理论和系统的数理分析方法来演绎和构建城市土地利用理论模型的经济区位学派(以古典单中心模型、外在性模型、动态模型为代表)、强调对人的行为分析的社会区位学派和认为人为空间是权力运作的基础的运用政治经济学的理论和方法揭示城市土地利用内在动力的政治区位学派(以结构主义、区位冲突流派和城市管理学派为代表)。其中，生态区位学派中的同心圆理论、扇形理论和多核理论已被学术界誉为三大经典生态区位理论，被公认为“城市土地利用的理论基础”。

西方城市土地利用理论分别从不同的角度揭示了城市土地利用规律，历史形态方法揭示了城市土地利用的空间分异规律及其演变模式；空间经济学方法深入剖析了城市土地的价格构成，从经济学的角度定量化地解释了城市土地的空间结构；行为分析方法从人的理智决策、人的日常需求方面解释了人们对土地的选择和空间结构的影响；政治经济学方法极大地拓展和加深了人们对城市土地开发和空间结构的内在动力机制的认识。风景区土地利用虽然不同于城市土地利用，有其自身的规律，但这些理论对我们从多角度深刻理解土地利用规律，做好风景区土地利用规划有深刻的启发作用。

② 土地利用规划实践　传统的土地利用规划方法可以说是一种物质环境规划，是一幅要在规划期限内实现的城市物质环境状态的蓝图，用以指导城市建设。但社会的发展是动态的、多变的，这种静态的、蓝图式的规划方法有着自身的局限性。因此后来又出现了许多新的规划方法。下面以美国20世纪城市土地利用规划为例进行说明。

美国20世纪的城市土地利用规划经历了从初期以城市空间设计和土地区划为主导的技术性专业开始，逐步融入其他学科的新的分支，而成为当代复合型土地利用规划。美国的当代复合型土地利用规划包括4种类型，即土地利用规划(the land use design)、土地分类规划(the land classification plan)、文字型政策规划(the verbal policy plan)和开发管理规划(the development plan)。其中，土地利用规划沿用传统的绘图方法，绘制出未来的城市形态，规划形式虽然传统，但增加了新的规划内容和规划技术，这种形式也是我国土地利用规划常见的规划形式。土地分类规划是开发地区的规划总图，它也采用了绘图方式，但专注于开发战略，明确鼓励开发的地区和限制开发的地区，对确定的每个开发地段，制定出有关开发类型、期限、允许开发的密度、鼓励开发或限制使用等方面的政策。文字型政策规划有时也称为政策框架规划，主要是关于目标和政策的书面文本，通常包括目标、现状、规划项目以及与目标相关的政策。一般情况下，土地利用规划、土地分类规划和开发管理规划都含有文字型政策规划的内容。开发管理规划由地方政府的专门机构承担，是一项协调的行动计划，强调特定的行动过程，它与实施措施相结合而成为固有规章的一部分。以上各种类型的规划并非各自独立，而是融合成美国当代混合型规划。以上是美国当代复合型土地利用规划说明，土地利用规划涵盖的内容是多方面的，如发展战略、开发战略、实施政策、开发管理等，为我国风景区土地利用规划提供了新的思路和方法。

9.4.1.4 我国与土地相关的法律、法规

由于土地是由自然要素组成的自然综合体和一切人为活动的载体，人们对土地的不同利用方式直接或间接地产生了各种各样的环境问题，土地利用的不合理是环境恶化的最主要、最根本的原因，再加上我国土地资源的特点是绝对数量多而人均占有量少，如人均耕地仅为世界平均值的1/3、人均林地占世界平均数的1/5，农、林、牧总用地仅占世界平均值的1/4～1/3等，对土地的不合理利用必然加剧我国环境的恶化。因此，我国政府为保护生态环境、合理利用土地资源、保持生物多样性、维护生态平衡、围绕土地及其环境制定了相关的法律、法规。有关的法律、法规有《中华人民共和国土地管理法》《中华人民共和国森林法》《中华人民共和国野生植物保护条例》《中华人民共和国野生动物保护法》《中华人民共和国水土保持法》《中华人民共和国文物保护法》《中华人民共和国自然保护区条例》等，这些法律、法规在进行风景区规划和建设时都必须严格执行。

以上法律、法规对人们在土地上的行为做了明确的、强制性的规定，这些规定包括以下内容：

① 在《中华人民共和国土地法》中规定　合理利用土地、珍惜土地资源是我国的基本国策；我国实行土地的社会主义公有制，即全民所有制和劳动群众集体所有制；国家实行土地用途管制制度等。

② 在《中华人民共和国森林法》中规定　森林资源属于国家所有(由法律规定属于集体所有的除外)；森林按照用途可以分为防护林(包括水源涵养林、水土保持林、防风固沙林等)、用材林、经济林、能源林和特种用途林(包括国防林、试验林、母树林、环境保护林、风景林、自然保护区的森林)5类；以固防、环境保护、科学试验等为主要目的防护林和特种用途林中的国防林、母树林、环境保护林、风景林只准进行抚育和更新性质的采伐；特种用途林中的名胜古迹和革命纪念地的林木、自然保护区的森林，严禁采伐等。

③ 在《中华人民共和国水土保持法》中规定　一切单位和个人都有保护水土资源、防治水土流失的义务；禁止毁林开荒、烧山开荒和在陡坡地、干旱地区铲草皮、挖树兜；禁止在25°以上陡坡地开垦种植农作物；对水源涵养林、水土保持林、防风固沙林等防护林只准进行抚育和更新性质的采伐；在水力侵蚀地区，应当以天然沟壑及其两侧山坡地形成的小流域为单元，实行全面规划，综合治理，建立水土流失综合防治体系。在风力侵蚀地区，应当采取开发水源、引水拉沙、植树种草、设置人工沙障和网格林带等措施，建立防风固沙防护体系，控制风沙危害。

④ 在《中华人民共和国野生植物保护条例》中规定　保护的野生植物是指原生地天然生长的珍贵植物和原生地天然生长并具有重要经济、科学研究、文化价值的濒危、稀有植物；国家保护野生植物及生长环境；野生植物分为国家重点保护野生植物和地方重点保护野生植物；国家重点保护野生植物分为国家一级保护野生植物和国家二级保护野生植物；地方重点保护野生植物是指国家重点保护野生植物以外，由省、自治区、直辖市保护的野生植物等。

⑤ 在《中华人民共和国野生动物保护法》中规定　保护的野生动物是指珍贵、濒危的陆生、水生野生动物和有益的或者有重要经济、科学研究价值的陆生野生动物；野生动物资源属于国家所有；国家保护野生动物及其生存环境，国家对珍贵、濒危的野生动物实行重点保护；国家重点保护的野生动物分为一级保护野生动物和二级保护野生动物；地方重点保护的野生动物是指国家重点保护的野生动物以外，由省、自治区、直辖市重点保护的野生动物等。

⑥ 在《中华人民共和国文物保护法》中规定　在我国境内具有历史、艺术、科学价值的古文化

遗址、古墓葬、古建筑、石窟寺和石刻，与重大历史事件、革命运动和著名人物有关的，具有重要纪念意义、教育意义和史料价值的建筑物、遗址、纪念物，历史上各时代珍贵的艺术品、工艺美术品等均受国家保护；地方各级人民政府保护本行政区域内的文物等。

⑦ 在《中华人民共和国自然保护区条例》中规定　自然保护区指对有代表性的自然生态系统、珍稀濒危野生动植物物种的天然集中分布区、有特殊意义的自然遗迹等保护对象所在的陆地、陆地水体或者海域，依法划出一定面积予以特殊保护和管理的区域。自然保护区可分为核心区、缓冲区和试验区等。

此外，在《风景名胜区管理暂行条例》中对土地及其利用也做了规定：风景名胜区的土地，任何单位和个人都不得侵占。风景名胜区内的一切景物和自然环境，必须严格保护，不得破坏或随意改变。在游人集中的游览区内，不得建设宾馆、招待所以及休养、疗养机构。在珍贵景物周围和重要景点上，除必需的保护和附属设施外，不得增建其他工程设施等。

9.4.2　规划内容

人均土地少和人均风景区面积少，这是我国的基本国情，必须充分合理利用土地和风景区用地。同时，风景区的用地已非一般的土地，其地表上下时常负载有自然与文化遗产，连带着宝贵的景源，因此，必须综合协调、有效控制各种土地利用方式。为此，风景区土地利用规划更加重视其协调作用，应突出体现风景区土地的特有价值。

土地利用协调规划应包括：① 土地资源分析评估；② 土地利用现状分析及其平衡表；③ 土地利用规划及其平衡表等内容。

9.4.3　用地评估

9.4.3.1　用地评估的目的

专项规划是以某一种专项的用途或利益为出发点，综合评估是以所有可能的用途或利益为出发点。通过土地资源的分析研究评估，掌握用地的特点、数量、质量及利用中的问题，为评估土地利用潜力、平衡用地矛盾及土地开发提供依据。

通过资源的分析研究评估，掌握用地的特点、数量、质量及利用中的问题，为估计土地利用潜力、确定规划目标、平衡用地矛盾及土地开发提供依据。

在风景区中，很少做全区整体的土地资源评估，仅在有必要调整的地区、地段或地块做局部评估。同时，风景区规划是以景源评价为基础，以景源级别为主导因素，为保护景源的需要，矿藏不准开、项目不能上的事实在各国已非少见。

9.4.3.2　用地评估的内容

土地资源分析评估，应包括对土地资源的特点、数量、质量与潜力进行综合评估或专项评估。在土地资源评估中，专项评估是以某一种专项的用途或利益为出发点，如分等评估、价值评估、因素评估等。综合评估可在专项评估的基础上进行，它是以所有可能的用途或利益为出发点，在一系列自然和人文因素方面，对用地进行可比的规划评估。一般按其可利用程度分为有利、不利、比较有利 3 种地区、地段或地块，并在地形图上标明。

9.4.4　土地现状分析

土地利用现状分析，是在风景区的自然、社会、经济条件下，对全区各类土地的不同利用方式及其结构所作的分析，包括风景、社会、经济三方面效益的分析。通过分析，总结其土地利用的变化规律及有待解决的问题。

土地利用现状分析，可以用表格、图纸或文字表示。

应表明土地利用现状特征，风景用地与生产生活用地之间关系，土地资源演变、保护、利用和管理存在的问题。

9.4.5　土地利用协调规划

土地利用规划是在土地资源评估、土地利用现状分析、土地利用策略研究的基础上，根据规划的目标与任务，对各种用地进行需求预测和反复协调平衡，拟定各类用地指标，编制规划方案和编制规划图纸。

9.4.5.1 内容

规划图纸的主要内容是土地利用规划分区图，图中应标明土地利用规划分区及其用地范围。

土地利用分区也称为用地区划，既是规划的基本方法，也是规划的主要成果。它是控制和调整各类用地，协调各种用地矛盾，限制不适当开发利用行为，实现宏观控制管理的基本依据和手段。

风景区土地利用规划重在协调，不同的规划阶段，不同的规划任务，不同的基础条件，规划的繁简、粗细和侧重点也不尽相同。规划时应依据规划阶段、规划任务、基础条件等方面的不同，做出具有实际指导意义的规划成果。

从上述风景区土地的属性中可以看出，风景区的土地涉及自然和人类社会、经济、法律等各个方面，因此风景区土地利用协调规划不仅与规划学相关，而且与生态学、美学、心理学、经济学、管理学等也密切相关，同时它还需要一定的预测、分析，它与数学、计算机技术相关联，它是融合了多个领域、多门学科的一项技术，它是在对风景区土地的组成、结构等综合分析和评价的基础上，考虑各类用地的相互影响，选择最佳土地利用形式，确定风景区用地的合理组织方式及布局形式，确定各类活动所在的地点、时间、方式、规模和依据。

9.4.5.2 规划的原则

由于我国的基本国情是人均土地和人均风景区面积少，因此必须充分合理利用土地和风景区土地，必须综合协调、有效控制各种土地利用方式，突出体现风景区土地的特有价值和特有功能。

风景区土地利用协调规划应遵循下列基本原则：

① 突出风景区土地利用的重点与特点，扩大风景用地。

② 保护风景游赏地、林地、水源地和优良耕地。

③ 因地制宜地合理调整土地利用，发展符合风景区特征的土地利用方式与结构。

9.4.5.3 用地平衡表

风景区土地利用平衡表应标明在规划前后土地利用方式和结构的变化，它是土地利用规划成果的表达方式之一。风景区土地利用平衡表应符合表9-4的规定。

表9-4 风景区用地平衡表

序号	用地代号	用地名称	面积(km^2)	占总用地(%)		人均(m^2/人)		备注
				现状	规划	现状	规划	
00	合计	风景区规划用地		100	100			
01	甲	风景游赏用地						
02	乙	游览服务设施用地						
03	丙	居民社会用地						
04	丁	交通与工程用地						
05	戊	林地						
06	己	园地						
07	庚	耕地						
08	辛	草地						
09	壬	水域						
10	癸	滞留用地						
备注	____年，现状总人口____万人。其中：(1)游人____(2)职工____(3)居民____							
	____年，规划总人口____万人。其中：(1)游人____(2)职工____(3)居民____							
	____年，现状林地面积____ km^2；____年，规划林地面积____ km^2，其中风景游赏用地中的林地____ km^2							

（资料来源：《风景名胜区总体规划标准》，2018）

表9-4中的用地名称是用地分类中的10个大类的名称。表中现状与规划的数字并列，可反映规划前后土地利用方式的变化情况，具有多种分析意义和价值。表中现状总人口和规划总人口，可用来分析各类用地的人均指标。

9.4.6 土地分类

风景区用地分类，首先以风景区用地特征和作用及规划管理需求为基本原则，同时还要考虑全国土地利用现状分类和相关专业用地分类等常用方法，使其分类原则和分类方法协调，以便调查成果和相关资料可以互用与共享。

风景区用地分类，应依照土地的主导用途进行划分和归类。

风景区用地分类的代号，大类采用中文表示，中类和小类各用一位阿拉伯数字表示。本代号可用于风景区规划图纸和文件。

风景区各类用地的增减变化，应依据风景区的性质和当地条件，因地制宜与实事求是地处理。土地利用规划应扩展甲类用地，严格保护戊类、庚类、辛类、壬类用地，控制乙类、丁类、己类用地，缩减癸类用地；应严格控制丙类用地，科学确定其规模。用地布局宜通过风景区详细规划确定，可并用城乡规划用地分类代码。这样可以更加充分地利用风景区的土地潜力，表达风景区用地特征，增强风景区的主导效益。

风景区的用地分类应按土地使用的主导性质进行划分，应符合表9-5的规定。

用地分类中的建设用地包括风景点建设用地、旅游服务设施用地、居民社会用地、交通与工程用地。其中风景点建设用地包括人文景点景物的建(构)筑物用地、附属游览道路与游览场地，可包含为游人服务的小卖部、信息、咨询、管理等附属功能建(构)筑物；历史人文景点景物中依法扩建、加建的建筑物，若为营利性餐馆、住宿功能，不属于风景点建设用地；新建人文景点景物中，营利性餐馆、住宿功能的建筑物不属于风景点建设用地。

乙类旅游服务设施用地相对集中的，应明确控制指标或要求，是为了指导风景区详细规划编制，避免出现详规随意解释总规、不符合总规建设要求的现象。

丙类居民社会用地中的科研设施用地不能用于餐饮、住宿、娱乐等功能，对于丙类用地要严格控制并区别对待城市建设用地和乡镇居民点建设用地。城市建设用地(丙1类)多属历史遗留用地，对待这类用地的态度是承认现状，在此基础上进行控制和缩减，不予扩建。对于乡镇居民点建设用地多数是与风景资源和环境紧密结合不易分离，对这类用地应采取谨慎发展的思路，从为风景区旅游服务出发考虑乡村发展，是与风景区互相促进的发展模式，不搞工业、污染企业、大规模外来建设等。乡镇居民点建设用地可以在风景区详细规划中具体考虑，可以并用城乡规划。用地分类代码，在规划上符合风景区要求，在审批程序上同时符合城乡规划要求。对于城市建设用地中的独立用地片区可参照乡镇居民点建设用地的方式在风景区详细规划具体考虑。

风景区用地分类与城乡用地分类、土地规划用途分类的对应关系可参照表9-6。

表9-5 风景区用地分类

类别代号			用地名称	范围	规划限定
大类	中类	小类			
甲	风景游赏用地			游览欣赏对象集中区的用地，向游人开放	▲
	甲1		风景点用地	景物、景点、景群、景区等的用地，包括风景点建设用地及其景观环境用地	▲
	甲2		风景保护用地	独立于景点以外的自然景观、史迹、生态等保护区用地	▲
	甲3		风景恢复用地	独立于景点以外的需要重点恢复、培育、涵养和保持的对象用地	▲
	甲4		野外游憩用地	独立于景点之外，人工设施较少的大型自然露天游憩场所	▲
	甲5		其他观光用地	独立于上述四类用地之外的风景游赏用地，如宗教、田园等	△

（续）

类别代号			用地名称	范围	规划限定
大类	中类	小类			
乙	旅游服务设施用地			直接为游人服务而又独立于景点之外的旅游接待、游览服务等服务设施建设用地	▲
	乙1		旅游点建设用地	独立设置的各级旅游服务基地（如部、点、村、镇、城等）的用地，如零售商业、餐饮、旅馆等用地	▲
	乙2		游娱文体用地	独立于旅游点外的游戏娱乐、文化体育、艺术表演用地	△
	乙3		休养保健用地	独立设置的避暑避寒、度假、休养、疗养、保健、康复等用地	△
	乙4		解说设施用地	独立设置的宣传、展览、科普、文化、教育设施用地，含游客中心	▲
	乙5		其他旅游服务设施用地	上述四类用地之外，独立设置的旅游服务设施用地，如公共浴场等用地	△
丙	居民社会用地			间接为游人服务而又独立设置的居民社会、管理等用地	△
	丙1		城市建设用地	城市和县人民政府所在地镇内的建设用地	△
	丙2		镇建设用地	非县人民政府所在地镇的建设用地	O
	丙3		村庄建设用地	农村居民点的建设用地	O
	丙4		管理设施用地	独立设置的风景区管理机构、行政机构用地	▲
	丙5		科研设施用地	独立设置的用于观察、监测、研究风景区的设施用地	▲
	丙6		特殊用地	特殊性质的用地，包括军事、安保、外事等用地	△
	丙7		其他居民社会用地	上述六类用地之外，其他城乡建设与居民社会用地	O
丁	交通与工程用地			风景区自身需求的对外、内部交通通信与独立的基础工程用地	▲
	丁1		对外道路与交通设施用地	风景区入口同外部沟通的交通用地，位于风景区外缘	▲
	丁2		游览道路与交通设施用地	独立于风景点、旅游点、居民点之外的风景区内部联系交通，如游览道路、游览交通设施、停车场等用地	▲
	丁3		供应工程设施用地	独立设置的水、电、气、热等工程及其附属设施用地	△
	丁4		环境工程设施用地	独立设置的环保、环卫、水保、垃圾、污水污物处理设施用地	△
	丁5		其他工程用地	如防洪水利、消防防灾、工程施工、养护管理设施等工程用地	△
戊	林地			生长乔木、竹类、灌木的土地，及沿海生长红树林的土地。包括迹地，不包括居民点内部的绿化林木用地，铁路、公路征地范围内的林木，以及河流、沟渠的护堤林。不包括风景林	△
	戊1		有林地	树木郁闭度≥0.2的乔木林地，包括红树林地和竹林地	△
	戊2		灌木林地	灌木覆盖度≥40%的林地	△
	戊3		其他林地	包括疏林地（指树木郁闭度≥0.1、<0.2的林地）、未成林地、迹地、苗圃等林地	O

(续)

类别代号			用地名称	范围	规划限定
大类	中类	小类			
己			园地	种植以采集果、叶、根、茎、汁为主的集约经营的多年生木本和草本作物，覆盖度大于50%或每亩株树大于合理株树70%的土地，包括用于育苗的土地	△
	己1		果园	种植果树的园地	△
	己2		茶园	种植茶园的园地	O
	己3		其他园地	种植桑树、橡胶、可可、咖啡、油棕、胡椒、药材等其他多年生作物的园地	O
庚			耕地	种植农作物的土地包括熟地，新开发、复垦、整理地，休闲地(含轮歇地、轮作地)；以种植农作物(含蔬菜)为主，间有零星果树、桑树或其他树木的土地；平均每年能保证收获一季的已垦滩地和海涂。耕地中包括南方宽度<1.0m、北方宽度<2.0m 固定的沟、渠、路和地坎(境)；临时种植药材、草皮、花卉、苗木等的耕地，以及其他临时改变用途的耕地	O
	庚1		水田	用于种植水稻、莲藕等水生作物的耕地，包括实行水生、旱生农作物轮种的耕地	O
	庚2		水浇地	有水源保证和灌溉设施。在一般年景能正常灌溉，种植旱生农作物的耕地，包括种植蔬菜等的非工厂化的大棚用地	O
	庚3		旱地	无灌溉设施，主要靠天然降水种植旱生农作物的耕地，包括没有灌溉设施，仅靠引洪淤灌的耕地	O
辛			草地	生长草本植物为主的土地	△
	辛1		天然牧草地	以天然草本植物为主，用于放牧或割草的草地	O
	辛2		人工牧草地	人工种植牧草的草地	O
	辛3		其他草地	树木郁闭度<0.1，表层为土质，生长草本植物为主，不用于畜牧业的草地	△
壬			水域	未列入各景点或单位的水域	△
	壬1		江、河	—	△
	壬2		湖泊、水库	包括坑塘	△
	壬3		海域	海湾	△
	壬4		滩涂、湿地	包括沼泽、水中苇地	△
	壬5		其他水域用地	冰川及永久积雪地、沟渠等	△
癸			滞留用地	非风景区需求，但滞留在风景区内的用地	X
	癸1		滞留工厂仓储用地	—	X
	癸2		滞留事业单位用地	—	X
	癸3		滞留交通工程用地	—	X
	癸4		未利用地	因各种原因尚未使用的土地	O
	癸5		其他滞留用地	—	X

注：▲表示应该设置；△表示可以设置；O表示可保留不宜新置；X表示禁止设置。

(资料来源：《风景名胜区总体规划标准》，2018)

可见，在风景区规划中，规划工作是由粗到细逐渐深化的，可能有的规划阶段也相应地由粗到细分为规划纲要—总体规划—分区规划—详细规划4个阶段。其中，总体规划和详细规划可以说是一般的风景区规划应有的两个规划阶段，而规划纲要则是国家重点风景区总体规划前应编制的，分区规划则根据情况而定。在规划的不同阶段，土地利用规划工作的粗细程度、主要工作内容、解决的主要问题等方面都是不同的，可依据工作性质、内容、深度的需求，采用以上用地分类中的全部或部分分类，但不能增设新的类别，其中，在详细规划中多使用小类。

参照我国《城市规划编制办法》中的有关规定，规划的不同工作阶段与土地分类及规划内容的关系如下：

① 城市总体规划中的土地利用规划，主要确定规划建设用地范围内的用地类型、结构和用地的规划范围等内容(用地以大类为主，中类为辅)。

② 分区规划中的土地利用规划，规划各类用地界线等内容(用地以中类为主，小类为辅)。

③ 控制性详细规划中的土地利用规划，规划建设用地的各类不同使用性质用地的界线、各地块的使用性质、规划控制原则、各地块控制指标(控制指标分为规定性和指导性两类)等，作为城市规划管理的依据，并指导修建性详细规划的编制(用地分类至小类)。

9.4.7 土地利用规划方法

以上规划方法是土地利用规划中的传统方法，是用绘图的方法绘制出规划期内风景区土地的发展蓝图。同时，它还可以有其他的规划方法，如生态规划方法。

生态规划方法是由美国宾夕法尼亚大学麦克哈格(L. McHarg)教授在其著作《设计结合自然》中提出并加以运用的。自20世纪60年代开创以来，得到了很大发展。生态规划的基本思想是获得最大的社会价值而损失最小。可以说这种方法属于上述美国当代复合型土地利用规划中的土地分类规划方法，它通过对规划范围内各种要素的分析，采用绘图叠加方式，确定出鼓励开发的地区和限制开发的地区，引导人们按土地内在的适宜方向进行开发，对恰当地利用土地，提高土地的社会、生态价值具有重要的意义。

9.4.7.1 生态规划的几种方法

生态规划采用系统分析技术，其中最为重要的是土地适宜度分析方法，它是生态规划的核心。土地适宜度(landuse suitability)分析是指由土地的水文、地理、地形、地质、生物、人文等特征决定的土地对特定、持续的用途所固有的适宜程度。下面介绍几种土地适宜度分析方法。

(1) 地图叠加法

麦克哈格教授所运用的生态规划方法是在规划区域内、在社会和环境因素等各个方面通过地图叠加法进行土地适宜度的分析，以寻找土地利用最佳方案，这种方法的基本步骤可归纳如下：

① 确定规划目标及规划中所涉及的因子。

② 调查每个因子在区域中的状况及分布(即建立生态目标)，并根据对其目标(即某种特定的用地)的适宜性进行分级，然后用不同的深浅颜色将各个因子的适宜性分级，分别绘制在不同的单要素地图上。

③ 将两张及两张以上的单要素进行叠加得到复合图。

④ 分析复合图，并由此制定出土地利用的规划方案。

麦克哈格及其同事在纽约里士满林园大路选线方案研究和斯塔腾岛(Staten Island)的土地利用研究中都运用了这种方法。在里士满林园大路选线方案研究中，首先明确了“最好的路线应是社会效益最大而社会损失最小的路线”。难题是如何选定度量因素，以及度量因素效益的大小或损失的大小的度量。许多度量因素是无法确定其价值大小的，他们采用了等级体系通过比较度量法划分等级进行比较，然后将划分的等级通过色调深浅表现在地图上。色调深，表示社会价值大或自然地理障碍集中；色调浅，表示社会价值小或自然地理障碍少。最后通过地图叠加及判断色调深浅确定出社会损失小而社会效益大的方案，即地图中色调最浅的地方就是工程造价最少而社会损失最小的方案。在斯塔腾岛的土地利用研究中，他们采用了同样的思路，运用地图叠加法对斯塔腾岛在自然保护、消极游憩、积极游憩、住宅开发、商业及工业开发5种土地利用进行了适宜度分析。首先是鉴别和选择对将来土地利用重要的因素，将涉及的30多种因素划分为气候、地质、地形、水文、土壤、植被、野生生物生境和土地利用八大类，每一大类中鉴别和选择出将来对土地利用最重要的因素，如在气候大类中，空气污染和飓风引起的潮汐泛滥度被认为是最重要的因素；然后将这些因素按5种价值等级来进行分级评价；接下来将这些因素与具体的土地利用(如保护、消极休憩娱乐活动、积极休憩娱乐活动、居住建设、工业和商业建设)相联系，通过色调的深浅评价因素的重要程度，如价值越高，颜色越深。最后将每种因素分别绘成不同的地图并叠加起来，制成适合于该岛土地利用的图纸。如保护地区图、游憩地区图及由居住、商业—工业组成的城市化地区图，以及保护—游憩—城市化适宜度综合图。这种方法能从土地的自身特点和利用潜力出发，寻找出土地的最适宜利用方式。

地图叠加法的优点是形象、直观，但缺点是这种方法实质是一种等权相加方法，而实际上各个因素的作用是不相同的，同一因素可能被反复考虑，而当分析因子增加后，用不同的深浅颜色表示适宜等级并进行重叠的方法显得相当烦琐，并且很难辨别综合图上不同深浅颜色之间的细微差别。但地图叠加法在土地利用的生态适宜度分析的发展中具有重要的历史意义，在此以后发展的新方法中，许多是以此方法为基本蓝图的。如因子等权求和法、因子加权评分法、生态因子组合法等都是在地图叠加法的基础上加以完善的。

(2)因子等权求和法

因子等权求和法实质上是把地图叠加法中的因子分级定量化后，直接相加求和而得综合评价值，以数量的大小来表示适宜度，使人一目了然，克服了烦琐的地图叠加和颜色深浅的辨别困难。计算公式如下：

$$V_{ij} = \sum_{k=1}^{n} B_{k_{ij}}$$

式中 i——地块编号(或网格编号)；

j——土地利用方式编号；

k——影响第j种土地利用方式的生态因子编号；

n——影响第j种土地利用方式的生态因子总数；

$B_{k_{ij}}$——土地利用方式为j的第i个地块的第k个生态因子适宜度评价值(单因子评价值)；

V_{ij}——土地利用方式为j的第i个地块的综合评价值(j种利用方式的生态适宜度)。

因子等权求和法和地图叠加法统称直接叠加法，其应用的条件是各生态因子对土地的特定利用方式的影响程度基本相近且彼此独立。

(3)因子加权评分法

各种生态因子对土地的特定利用方式的影响程度相差很明显时，就不能用直接叠加求综合适宜度，必须采用加权评分法。因子加权评分法的基本原理与因子等权求和法的原理相似，不同的是要确定各个因子的相对重要性(权重)，对影响特定的土地利用方式大的因子赋予较大的权值。然后在各单因子分级评分的基础上，对各个单因子的评价结果进行加权求和，一般分数越高表示越适宜。

其计算公式为：

$$V_{ij} = \sum_{k=1}^{n} B_{k_{ij}} W_k / \sum_{k=1}^{n} W_k$$

式中 W_k——k因子对第j种土地利用方式的权值；

其他符号与前面的因子等权求和法相同。

加权求和的方法克服了直接叠加法中等权相加的缺点，以及地图叠加法中烦琐的照相制图过程，同时避免了对阴影辨别的技术困难。加权求和法的另一重要优点是将图形格网化、等级化和数量化，适宜计算机的应用，但从数学角度它要求各个因子必须是独立的，而实际上许多因子间是相互联系、相互影响的。为了克服这一缺陷，土地利用的生态规划专家又发展了一个新的方法，称为生态因子组合法。

(4) 生态因子组合法

生态因子组合法认为对于某特定的土地利用来说，相互联系的各个因子的不同组合决定了对这种特定土地利用的适宜性。生态因子组合法可以分为层次组合法和非层次组合法。生态因子组合法在实际运用中比较难以把握。

9.4.7.2 生态规划的基本程序

在以上方法中因子加权评分法是常用的方法。其基本程序为：

① 区域的生态调查和登记，根据规划需要选择最有代表性和影响力的要素(因子)，包括自然要素、社会经济、景观等方面。至于具体选择哪些因子，要结合城乡的具体情况来定。为便于调查、登记和输入计算机，可在规划区(或扩大)的地形图上按经纬度方向划分网格，按网格编号统计。

② 在生态调查的基础上，选取对特定用地(如工业用地、居住用地等)最敏感的因子。

③ 对每个单因子进行分级，确定权重值，并对各因子进行逐一评价，分别编制单项生态因子图。

④ 单项因子图加权叠加，并对叠加结果进行分级，绘成图。

⑤ 根据综合适宜度评价结果，可编制各类用地生态适宜度图，为城乡建设用地、开发顺序选择、合理布局提供依据。

在土地利用规划中，如果选取和确定适宜度因素和等级，采用影响生态敏感性的生态因素和敏感等级来表明规划区生态敏感的程度，这时称为生态敏感性分析。生态敏感性指在不损失或不降低环境质量的前提下，生态因子对外界压力或变化的适应能力。生态敏感度越高的区域，表明其生态价值越高，对开发建设极为敏感，属于自然生态重点保护地段；生态敏感性越低的区域，表明可承受一定强度的开发建设，土地可用作多种用途开发。

如我国学者况平等在四川槽渔滩风景区规划中利用适宜度分析和敏感性分析编制风景区土地利用协调规划。生态敏感性分析的目的是找出风景区内生态敏感的区域以便加以保护。在分析中重点考虑25°以上坡地、汇水集中区、珍稀物种生境区、植物群落、水域及影响区域、现状灾害区和潜在严重侵蚀区等；适宜度分析是对于一些较大建设项目，如风景区或景区级游览服务设施用地、索道选址等进行适宜度评价，以作为土地利用规划的依据。

9.4.7.3 生态规划的发展

生态规划的方法从20世纪60年代麦克哈格教授提出并运用以来，有了很大发展，一些相关的及新兴的理论如景观生态学(landcape ecology)也加入进来，成为生态规划理论的重要组成部分。景观生态学是研究景观单元的类型组成、空间配置及其与生态学过程相互作用的综合性科学。它研究的核心是空间格局、生态学过程与尺度之间的相互作用，在景观生态规划与设计中的一般原则为：整体优化原则、异质性原则、多样性原则、景观个性原则、遗留地保护原则、生态关系协调原则、综合性原则。这些为揭示土地利用规律、制定科学合理的土地利用协调规划提供了强有力的依据。

此外，在风景区土地利用协调规划中，遥感(remote sensing，RS)和地理信息系统(geographical information system，GIS)也扮演着越来越重要的角色，成为土地利用规划强有力的工具和技术手段。遥感是借助对电磁波敏感的仪器，远距离探测目标物，获取辐射、反射、散射信息的技术，具有客观、综合、动态和快速的特点。遥感可以获取相当丰富的地理信息，如陆地和资源卫星就可提供陆地表面的地质构造、岩性、地表水、地下水、植被、土地覆盖与利用、环境生态效益等的直接或间接信息。可以说，在土地利用生态整体规划中，遥感提供了最重要的信息数据。地理信息系统是由电子计算机网络系统支撑，对地理环境信息进行采集、存储、检索、分析和显示的综合性技术系统。它一般包括数据源选择和规范化、资料编辑预处理、数据输入、数据管理、数据分析应用和数据输出、制图6个部分。其中核心功能是分析功能，它包括叠加处理、邻区比较、网格分析和测量统计。地理信息可通过野外调查、地图、遥感、环境监测和社会经济等多种途径获取。地理信息系统是计算机技术开发和发展的产物，其根本思想是将各种形式的空间数据与各种数据处理技术结合，在计算机软硬件的支持下，进行空间数据的分析处理，它突破人为能力的限制，将相关的生态环境、经济、社会等各个方面的因素考虑在内，使得土地利用的生态评价更加完整、综合，它把专家知识和计算机系统的巨大功能相结合，因而应用GIS进行土地利用规划是强有力的工具和技术手段，是一种新的发展趋势。可见，遥感是最主要的数据收集手段，而GIS就是数据贮存、分析、整理的最有力的手段。应用遥感和地理信息系统进行适宜度分析是一种新的发展趋势。它们具有信息量大、处理速度快的特点，并可使规划成为一个动态过程。

9.5 综合防灾避险规划

对于地质灾害、地震灾害、洪水灾害、森林火灾、生物灾害、气象灾害、海洋灾害和游览安全防护等，宜根据风景区的灾害特点编制综合防灾避险规划。

综合防灾避险规划应统筹防灾发展和防御目标，协调防灾标准和防灾体系，整合防灾资源。预定设防标准应不低于国家或地方制定的相关自然灾害的防御条例或标准中的相关规定。

综合防灾避险规划应以风景游览区和旅游服务区或基地为重点，梳理防灾避险空间布局，明确地质灾害防治、防洪、森林防火等规划措施，安排防灾工程设施和应急避难设施。坚持平时功能和应急功能的协调共用，统筹规划，综合实施保障。

综合防灾规划应根据风景区各类灾害的危险性，可能发生灾害的影响情况，确定应对灾种，开展应对灾种的评估分析和防灾规划，结合重点防御灾种统筹考虑其他突发事件的综合防御要求，进行综合防灾规划。

9.5.1 预定设防标准的确定

9.5.1.1 地质灾害

地质灾害防治规划应调查研究地质灾害类型，分析地质灾害的危害情况，提出地质灾害防治的技术措施。位于抗震设防区的风景区，地震的预定设防水准所对应的灾害影响不应低于本地区抗震设防烈度对应的罕遇地震影响，且不低于7级地震影响；禁止在地质断裂带、洪灾区安排居民点、游览服务设施、重要工程设施等建设，已有的应进行相应调整。

9.5.1.2 防洪规划

防洪规划应收集洪水信息，确立防洪标准；提出风景区水系清理、整治的措施，提出洪水防范的技术措施。风景区防洪标准应符合现行《防洪标准》(GB 50201—2014)规定。承担风景区防洪应急救灾和疏散避难功能的应急保障基础设施和避难场所的预定设防水准应高于风景区防洪标准所确定的水位，且不应低于50年一遇防洪标准。

9.5.1.3 森林防火规划

森林防火规划应针对风景区具体情况提出建立森林防火救灾体系要求；提出森林防火的管理与生物措施。

9.5.1.4 防风灾规划

风灾防御应考虑临灾时期和灾时的应急救灾和疏散避难，相应安全保护时间对龙卷风不得低于3h，对台风不得低于24h；风灾的预定设防水准应按不低于100年一遇的基本风压对应的灾害影响确定。

9.5.1.5 排涝规划

风景区排涝标准应合理确定降雨重现期、降雨周期、排除周期：

① 降雨重现期不宜低于20年一遇。

② 降雨周期宜按24h计。

③ 降雨排除周期不宜长于降雨周期，涝灾损失不大的区域可适当延长降雨排除周期。

9.5.2 防灾设施

风景区综合防灾规划可根据风景区灾害环境，对应急保障基础设施、防灾工程设施、应急服务设施等方面进行规划布局。地质灾害防治、防洪、森林防火是风景区的重点灾害防治内容，其他灾害防治根据需要编制。且居民点、游览服务设施、重要工程设施等建设应避开这些灾害区域，已经建设的应结合规划采取防护措施或直接搬迁。

9.5.2.1 应急保障基础设施

这是指应急救援和抢险避难所必须确保的交通、供水、能源、电力、通信等基础设施。风景区综合防灾规划应根据风景区实际情况，确定风景区基础设施需要进行防灾性能评价的对象和范围，结合风景区基础设施各系统的专业规划，针对其在防灾、减灾和应急中的重要性及薄弱环节，提出应急保障基础设施规划布局、建设和改造的防灾减灾要求和措施，并符合下述要求：

① 应明确基础设施中需要加强安全建设的重要建筑和构筑物。

② 确定应急保障基础设施布局，明确其应急保障级别、设防标准和防灾措施，提出建设和改造要求。

③ 对重大旅游设施和可能发生严重次生灾害的旅游设施，进行灾害及次生灾害风险、抗灾性能、功能失效影响和灾时保障能力评估，并制定相应的对策。

④ 应对适宜性差的基础设施用地，提出改造和建设对策与要求。

9.5.2.2 防灾工程设施

防灾工程设施指为控制、防御灾害以减免损失而修建，具有确定防护标准和防护范围的工程设施，如防洪工程、消防站。风景区综合防灾规划应提出防灾工程设施方案，确定防灾工程设施的灾害防御目标和设防水准，提出防灾减灾措施。

9.5.2.3 应急服务设施

应急服务设施指满足应急救援、抢险避难和灾后生活所必需的医疗卫生、储水、物资储存和分发、固定避难等场所和设施。风景区综合防灾规划应提出应急避难、医疗、物资保障等应急服务设施的服务规模、布局和重点建设方案，确定其灾害防御目标和设防水准，明确建设指标和控制对策，提出防灾减灾措施。

9.6 分期发展规划与实施配套措施

9.6.1 分期规划

风景区是人与自然协调发展的典型地域单元，是有别于城市和乡村的人类第三生活游憩空间。风景区总体规划是从资源条件出发，适应社会发展需要，对风景实施有效保护与永续利用，对景源潜力进行合理开发并充分发挥其效益，使风景区得到科学的经营管理并能持续发展的综合部署。这种未来的"锦绣前程"规划，需要有配套的分期规划来保证其逐步实施和有序过渡。

风景区分期规划一般分为两期，即近期、远期。

须注意：当代风景区发展的重要现实之一是游人发展规模超前膨胀，而投资规模和步伐难以均衡或严重滞后，这就需要在分期发展目标和实施的具体年限之间留有相应的弹性。

风景区总体规划分期应符合以下规定：

① 第一期或近期规划 1~5年；

② 第二期或远期规划　6~20年。

每个分期的年限，一般应与国民经济和社会发展计划相适应，便于相互协调和兼容。分期发展规划应详列风景区建设项目一览表。在安排每一期的发展目标与重点项目时，应兼顾风景游赏、旅游设施、居民社会3个系统的协调发展，体现风景区自身发展规律与特点。

9.6.1.1　近期规划

近期发展规划应提出发展目标、重点、主要内容，并应提出具体建设项目、规模、布局、投资估算和实施措施等。

由于各地和各阶段的风景区规划程序不同，所以近期规划的时间，应从规划确定后并开始实施的年度标起。其主要内容和具体建设项目应比较明确；运转机制调控的重点和任务也应比较明确；风景游赏发展、旅游设施配套、居民社会调控三者的轻重缓急与协调关系也应比较明确；关于投资匡算和效益评估及实施措施也应比较明确和可行。

9.6.1.2　远期规划

远期发展规划的目标应使风景区内各项规划内容初具规模，并应提出发展期内的发展重点、主要内容、发展水平、投资匡算、健全发展的步骤与措施。

远期规划的时间一般是20年以内，这同国土规划、城市规划的期限大致相同。远期规划目标应使各项规划内容初具规模，即规划的整体构架应基本形成。如果对规划原理、数据经验、判断能力三者的把握基本无误，在20年中又未发生不可预计的社会因素，一个合格的规划成果的整体构架是可以基本形成的。

9.6.2　投资估算

关于投资估算的范围，近期规划要求详细和具体一些，并反映当代风景区发展中所普遍存在的居民社会调控问题。因为在大多数风景区，如果缺少居民社会调控的经费及渠道，一些风景或旅游规划项目就难以启动。因此，近期规划项目和投资估算，应包括风景游赏、旅游设施、居民社会3个职能系统的内容，并反映三者的相关关系。同时，还应包括保育规划实施措施所需的投资。

远期规划的投资匡算，一方面可以相对概要一些；另一方面居民社会因素的可变性较大，可以不做常规考虑。因而远期投资匡算可以由风景游赏和旅游设施两个系统的内容组成，同时还应反映其间的相互关系。

规划中投资总额的计算范围，仅要求由规划项目的投资匡算组成，这虽然显得比较粗略，但考虑当前数据经验的实际状况，也考虑到规划差异需要相当时间才能逐渐缩小，所以取此计算范围的可行性较大，也符合基本数据。当然，这并不排斥在局部地区或详细规划中，可以依据需要与可能，做进一步的深入计算。

9.6.3　效益分析

效益分析应包括经济效益、社会效益和生态效益。

经济效益应包括风景区的直接经济收入和生产经济效益两部分。其中，直接经济收入主要是为游人提供行、游、食、住、购、娱、健和其他8类服务的收入；而生产经济效益主要是风景区自身的生产经济得到发展的效益。

有关效益分析的范围比较容易估算，也是相对比较准确的主要效益分析。而对于更广领域的社会效益、更深层次的生态效益等，暂不作为常规要求。当然，这也不排斥在可能与需要的条件下，规划者可以做更加深入的探讨。

9.6.4　规划实施配套措施

规划实施配套措施，应体现风景区规划具有多层次的系列规划的特征，体现出规划是风景保护、建设、管理、发展的"龙头"与关键，符合国家相关法规与政策方针，符合社会经济发展趋势和当地的具体情况。

其基本内容应包括：

① 规划实施的现状条件分析；

② 规划实施的具体步骤或方法建议；

③ 需要具备的后续规划或配套规划；

④ 对管理体制、法规、权限保障的需求；

⑤ 对管理机构内部建设的要求；

⑥ 对经营、生产、投资调整的需求；

⑦ 对人才、招工就业、人口与劳动力调整的需求。

规划实施配套措施，应充分重视对常住人口、各项用地、建设项目的有效控制，应重视生产、经营或经济发展的有序引导。

9.7 规划成果与深度规定

9.7.1 成果规定

当代旅游业的发展，促使风景区的规划和设计迅速发展。首先，政府或投资者对规划的规模、数量、层次、内容和时间的需求更加多样；其次，责权利变化和新的相关法规不断增加，对风景区规划的要求、制约因素也更加复杂；最后，航片、卫星、信息、复印、计算机等技术手段的发展和应用，使原来要求的规划文件迅速膨胀。相关理论原理、中外经验数据、相关法规旁证、各行专家的判断分析和规划成果等，都相当明确地纳入了“规划说明书”或汇入了“基础资料汇编”。这些大量的旁征博引、分析论证和规划语言都是必要而宝贵的，但作为实施和执行的文件或规定，却显得难得要领。因而，进入20世纪90年代，规划规范对规划成果已明确提出应包括规划文本、规划说明、基础资料、规划图纸4个部分。

9.7.2 规划文本规定

风景区规划文本是风景区规划成果的条文化表述，应简明扼要，以法规条文方式直接叙述规划主要内容的规定性要求，以便相应的人民政府审查批准后，作为法规，严肃实施和执行。当然，规划文本是规划成果的精练提要，其基本内容和深度与其他三部分规划文件应该一致。

9.7.3 说明书规定

规划说明书应包括分析现状、论证规划意图和目标、解释和说明规划内容。

在组合上，也可以把规划说明和基础资料合并一册称为附件，对篇幅小的规划成果，也可以把四部分合订成一册。

9.7.4 图纸规定

规划图纸应清晰准确、图文相符、图例一致，并应在图纸的明显处标明图名、图例、风玫瑰、规划期限、规划日期、规划单位、资质、图签、编号等内容。总体规划的主要图纸应符合表9-6的规定。表中对规划图纸做了比较具体的规定，这些规定的产生，一方面是工作的实际需要；另一方面是对社会实践中有些不合格图纸的明确否定。

综合型结构的风景区是由风景游赏、旅游设施、居民社会3个职能系统组成，其图纸数量较多；复合型结构的风景区是由风景游赏、旅游设施两个职能系统组成，其图纸数量较少；单一型结构的风景区仅由风景游赏一个职能系统组成，其图纸数量最少。

当然，这里规定的仅是最基本的必需图纸，并不排斥依据实际需要而增绘其他图纸。

9.7.5 其他规定

风景区规划成果形成后，通常要经过相应级别的专家评审会或鉴定会审查通过，并以书面形式提出审查意见或局部修改补充意见。规划单位和规划小组可以据此对规划成果进行必要的修订、补充和完善，并将规划文本、规划说明、基础资料、规划图纸四部分内容和专家审查意见及专家签名材料一并印制成正式文件。至此，本次风景区规划终结。

风景区规划同其他规划一样，需要定期检查其实施情况，需要在适当时机提出修编或补充，这些都需要在主管部门的编制办法中做出相应的规定。

表 9-6　风景区总体规划图纸规定

图纸资料名称	比例尺 风景区面积(km²)				制图选择			图纸特征
	20 以下	20~100	100~500	500 以上	综合型	复合型	单一型	
1. 区位关系图	—	—	—		▲	▲	▲	示意图
2. 现状图(包括综合现状图)	1∶5 000	1∶10 000	1∶25 000	1∶50 000	▲	▲	▲	标准地形图上制图
3. 景源评价与现状分析图	1∶5 000	1∶10 000	1∶25 000	1∶50 000	▲	△	△	标准地形图上制图
4. 规划总图	1∶5 000	1∶10 000	1∶25 000	1∶50 000	▲	▲	▲	标准地形图上制图
5. 风景区和核心景区界线坐标图	1∶25 000	1∶50 000	1∶100 000	1∶200 000	▲	▲	▲	可以简化制图
6. 分级保护规划图	1∶10 000	1∶25 000	1∶50 000	1∶100 000	▲	▲	▲	可以简化制图
7. 游赏规划图	1∶5 000	1∶10 000	1∶25 000	1∶50 000	▲	▲	▲	标准地形图上制图
8. 道路交通规划图	1∶10 000	1∶25 000	1∶50 000	1∶100 000	▲	▲	▲	可以简化制图
9. 旅游服务设施规划图	1∶5 000	1∶10 000	1∶25 000	1∶50 000	▲	▲	▲	标准地形图上制图
10. 居民点协调发展规划图	1∶5 000	1∶10 000	1∶25 000	1∶50 000	▲	▲	▲	标准地形图上制图
11. 城市发展协调规划图	1∶10 000	1∶25 000	1∶50 000	1∶100 000	△	△	△	可以简化制图
12. 土地利用规划图	1∶10 000	1∶25 000	1∶50 000	1∶100 000	▲	▲	▲	标准地形图上制图
13. 基础工程规划图	1∶10 000	1∶25 000	1∶50 000	1∶100 000	▲	△	△	可以简化制图
14. 近期发展规划图	1∶10 000	1∶25 000	1∶50 000	1∶100 000	▲	△	△	标准地形图上制图

注：①▲表示应单独出图。△表示可作图纸。—表示不适用。

②图纸13可与图纸4或图纸9合并，图纸14可与图纸4合并。

小　结

本章的教学目的是使学生掌握同风景区的特征、功能、级别和分区相适应的基础工程规划方法；掌握在进行发展目标与重点项目规划时，兼顾居民社会调控规划、经济发展引导规划、土地利用协调规划、分期发展规划。要求学生能进行基础工程的总体规划；可依据工作性质、内容、深度的不同要求，进行各项规划。教学重点有交通道路，环保、环卫工程规划，在居民社会调控规划中应了解现状、特征与趋势分析，人口发展规模与分布，经营管理与社会组织，居民点性质、职能、动因特征和分布，用地方向与规划布局，产业和劳力发展规划等内容，以及土地利用现状分析及其平衡表，土地利用规划及其平衡表等内容，分期发展规划的原则与规定。教学难点为风景区交通道路规划、土地利用协调规划。

思考题

[1]交通道路的内容是什么？

[2]环保、环卫工程规划的内容是什么？

[3]如何进行土地利用协调规划？

[4]如何进行分期发展规划？

推荐阅读书目

[1]风景科学导论. 丁文魁. 上海科技教育出版社，1993.

[2]风景名胜区规划. 唐晓岚. 东南大学出版社，2012.

[3]风景区规划. 许耘红. 化学工业出版社，2012.

[4]风景区规划(修订版). 付军. 气象出版社，2012.

[5]风景名胜区规划原理. 魏民，陈战是等. 中国建筑工业出版社，2008.

[6]风景名胜区总体规划标准(GB/T 50298—2018).

第10章 风景名胜区详细规划

随着旅游经济快速发展，风景区面临的问题也越来越多，有的建设项目还与风景区资源属性相悖，需对这些开发建设进行指导和协调。很多风景区内居民有较强的经济社会发展需求，部分风景区还与城市关系紧密，城市开发建设有侵占、破坏风景资源的倾向，需要通过风景区详细规划进行具体安排，协调景城关系和景乡关系。因此，需要在建设层面编制风景区详细规划，提高风景区保护、利用、建设和管理的水平，协调多方需求，促进风景区健康持续发展。

为了保证风景名胜区审批管理制度切实有效实施，应编制风景名胜区详细规划作为审批管理的法定依据，才能科学、合理、有效地管控风景名胜区建设和指导规划管理。在2006年12月1日颁布实施的《风景名胜区管理条例》中，规定风景名胜区规划纲要、风景名胜区总体规划、风景名胜区详细规划3类规划为法定规划。条例指出风景区详细规划应当根据核心景区和其他景区的不同要求编制。风景名胜区详细规划应确定基础设施、旅游设施、文化设施等建设项目的选址、布局与规模，并明确建设用地范围和规划设计条件。从管理的角度看，为风景名胜区特别是一些重点建设地段编制详细规划，已成为风景名胜区管理部门的一项重要工作。

为了明确风景区资源保护利用的方式方法，加强风景区详细规划编制的规范化和科学化，在2018年12月1日实施的《风景名胜区详细规划标准》(GB/T 51294—2018)中，制定了一系列详细规划的基本规定及具体标准。

10.1 风景区详细规划概述

风景名胜区详细规划的概念是“为落实风景区总体规划要求，满足风景区保护、利用、建设等需要，在风景区一定用地范围内，对各空间要素进行多种功能的具体安排和详细布置的活动”。风景区详细规划是风景区总体规划的下位规划，为风景区的建设管理、设施布局和游赏利用提供依据和指导，简称详细规划。

对独立或有一定规模的区域编制以建设引导与控制为主要内容的详细规划，对景区、游线等可编制以景观保护与游赏利用为主要内容的详细规划。在风景名胜区总体规划的同一规划期内，不得在同一地块重叠编制详细规划。

10.1.1 风景区详细规划目的

风景区总体规划是战略层面的发展构想与部署，应以生态文明理念为指导，综合考虑风景资源、自然条件、生态环境、文化背景、居民人口、风景区管理等各项要素，统筹协调风景、旅游、居民三大系统，安排好资源保护、风景游赏、居民调控、经济引导、旅游发展、设施建设等各项规划内容，明确功能布局、保护规定、建设要求。风景名胜区详细规划是总体规划的深化和延伸，其目的主要有：

①落实、完善、深化风景区总体规划的保护利用要求；②指导风景区内的景点、设施与城乡建设；③丰富景源特色，提升景源价值；④完善服务功能，提升风景区服务水平；⑤指导后续的工程设计；⑥促进风景区的可持续利用。

10.1.2 风景区详细规划原则

风景名胜区详细规划编制应遵循下列基本原则：

① 应树立生态文明理念，按照严格保护、统筹规划、因地制宜、突出特色、低碳节能的总体要求，严格保护风景资源及构成空间环境，挖掘自然和文化风景资源，突出景源特色，提升风景价值，规范景源利用方式和风景区内的建设行为。

② 应按风景区总体规划，综合考虑风景资源、生态环境、地形地貌、居民人口、景区发展等各项要素，恰当安排各项设施建设，完善服务功能，提升服务水平。

③ 各项设施建设选址应避开地质灾害易发地段，生态和景观敏感区域，建筑宜藏不宜露、宜散不宜聚、宜低不宜高、宜淡不宜浓、宜中不宜洋，建筑景观应与自然景观环境及地方传统建筑风貌相协调。

④ 详细规划应符合风景区相关法律、法规及标准规范；风景区常涉及规划、建设、旅游、文物、林业、农业、土地、环保、交通、水利、海洋等众多相关行业或部门，与国民经济和社会发展规划、国土规划、城乡规划、土地利用规划等密切相关，因此也应符合相应国家法律、法规及其相关技术标准的规定。

10.1.3 编制详细规划区域

详细规划范围宜以总体规划确定的景区为基本编制单元，一般重点针对涉及建设活动的区域编制详细规划，主要包括以下 5 类区域：入口区、旅游服务设施集中区(一般为旅游服务基地)、旅游服务村镇、景区(游线)、重要人文景点。

入口区的主要功能包括景区管理、游客服务、收售门票、交通转换、人流集散等，大型综合性入口的扩展功能包括商业、餐饮、住宿等。其主要规划内容包括：总体规划要求分析、现状综合分析、功能布局、土地利用规划、景观保护与利用规划、旅游服务设施规划、游览交通规划、建筑布局规划、竖向规划、基础工程设施规划等，其他内容根据入口区具体情况增减。规划深度一般为修建性深度。

服务设施集中区的主要功能包括景区管理、游客服务、商业、餐饮、住宿等，扩展功能包括收售门票、交通转换、人流集散等。其主要规划内容包括：总体规划要求分析、现状综合分析、功能布局、土地利用与用地控制规划、景观保护与利用规划、旅游服务设施规划、交通规划、建筑布局规划、基础工程设施规划等，其他内容根据具体情况增加。规划深度一般为控制性与修建性深度相结合。

旅游服务村镇的主要功能包括居住、商业、产业、公共服务等，需要综合性设施，扩展功能包括资源保护、交通停靠、人流集散等。其主要规划内容包括：总体规划要求分析、现状综合分析、功能布局、人口规划、产业发展规划、土地利用与用地控制规划、景观保护与利用规划、交通规划、建筑布局规划、基础工程设施规划等，其他内容根据具体情况增加。规划深度一般为控制性与修建性深度相结合。

景区、游线的主要功能包括资源保护、风景展示、游览、交通、饮食、卫生等。其主要规划内容包括：总体规划要求分析、现状综合分析、功能布局、景源评价、保护培育规划、风景游赏规划、景观保护与利用规划、旅游服务设施建设规划、土地利用与用地控制规划、游览交通规划、建筑布局规划、基础工程设施规划等，包含居民点的应编制居民点建设规划。规划深度一般为控制性与修建性深度相结合。

重要人文景点的主要功能包括风景展示、游览、交通等，扩展功能包括饮食、卫生等。其主要规划内容包括：总体规划要求分析、现状综合分析、功能布局、建筑布局规划、景观保护与利用规划、游览交通规划、竖向规划、基础工程设施规划等。规划深度一般为修建性深度。

由于风景区详细规划针对不同区域时其规划编制内容差别比较大，这需要规划编制单位在对现状进行充分调查的基础上，与风景区管理机构及地方政府进行充分的沟通、协调，吸取地方管理经验，完善规划内容，增强规划的可操作性和实施性。

10.1.4 风景区详细规划主要内容

风景区详细规划是实施层面的具体安排和建设指导，针对风景、旅游、居民三大系统的一项或多项内容，按照总体规划确定的功能布局、保护规定、建设要求，因地制宜地落实保护措施、细化游赏展示、实施建设布局、明确建设指标、控制建设景观；其中设施建设应严格符合总体规划要求，居民点建设宜结合城乡规划要求进行安排，景点建设及其他非建设规划内容则可适当弹性安排。

风景区详细规划与城市详细规划存在很大差异，既包含自然环境内容又包括人工建设内容，既针对景观类用地又针对建设类用地，规划范围有大有小，有的内容达到控制性规划深度即可用于管理，有的内容需达到修建性规划深度方可操作，具体规划内容编制深度根据实际需要确定。因此，风景区详细规划无控制性详细规划和修建性详细规划之分。

但风景区详细规划重点是明确和落实风景区的保护、利用和建设行为。因此，风景区详细规划总体上应要求达到修建性深度，包括游线建设、景点建设、游览活动以及旅游服务设施建设、保护设施建设、项目建设等各方面。当建设用地较多或规划区域较大，对其某部分的保护、利用和建设行为进行引导和控制即可满足管理要求时，需按要求编制控制性内容，主要明确用地性质，划定控制范围，提出控制指标。

详细规划的任务是以总体规划或分区规划为依据，规定风景各区用地的各项控制指标和规划管理要求，或直接对建设项目做出具体的安排和规划设计。在风景名胜区内，应根据景区开发的需要，编制详细规划，作为景区建设和管理的依据。风景区详细规划要满足和反映总体规划或分区规划中所确定的风景名胜区职能、布局和发展战略的要求。

风景名胜区详细规划的必备内容有：总体规划要求分析、现状综合分析、功能布局、土地利用规划、景观保护与利用规划、旅游服务设施规划、游览交通规划、基础工程设施规划、建筑布局规划等。根据详细规划区特点，可增加景源评价、保护培育、居民点建设、建设分期与投资估算等规划内容。

对于总体规划确定的重大工程项目安排应进行专题研究论证或单独编制专项规划，如游览与景观影响评价、生态敏感性评价、环境影响评价；提出选址选线方案、景观与生态恢复方案、经济影响补偿方案以及施工建设期间的保护方案等。

10.2 风景区详细规划基本要求

10.2.1 总体规划要求分析

编制详细规划首先要对总体规划进行分析，分析规划区在风景区的地位，明确总体规划对详细规划区在资源保护、土地利用、功能配置、居民调控、容量控制等方面的要求。风景区多样的功能与地域空间决定了不同详细规划区其属性差异较大，因而对详细规划区进行定位具有方向性的指导作用。

应进行详细规划和总体规划内容的符合性分析，对不一致的内容应予说明或论证。

10.2.2 基础资料收集

基础资料收集可参照现行国家标准《风景名胜区总体规划标准》(GB/T 50298—2018)的要求进行调查统计，首先应收集上位总体规划的资料，其他还应包括相关上位规划与专题报告、测绘与遥感等信息资料、自然与资源条件、自然与文化景观资源、生态与环境水平、设施与基础工程、社会经济、土地及其他方面的历史与现状基础资料，这是科学、合理地制定详细规划的基本保证。基础资料收集包括文字、图纸、声像资料等。

10.2.3 现状调查分析

通过现状调查，对收集到的基础资料进行必要的更新和补充，对规划区现状条件进行深入的分析研究。对规划区内的风景资源、历史文化、游览状况，以及用地条件、地形地貌、风景资源、气候气象、自然灾害、动植物、生态环境、风景建筑、道路交通、基础工程设施、居民社会等现状应进行综合分析。

风景区详细规划地段不同于一般地区，有更高的功能布局、建设控制、景观组织、环境保护等方面的要求，需要因地制宜、随形就势，突出风景特性，要分析详细规划区的用地适宜性，综合论证，总结出详细规划区的特点、指出发展的有利条件与制约因素、确定发展方向与重点、落实到具体用地，只有做好基础性调查研究和分析论证，才能综合把握好风景区详细规划的特点，做出好的规划成果。

现状综合分析结果应准确归纳上位规划要求、规划定位、规模容量，发展的有利条件与制约因素，明确禁止建设、限制建设与适宜建设区域，确定发展方向与重点。

10.2.4 规划区定位

规划区定位应依据总体规划，结合规划区的风景资源价值、游赏特点、主要功能、保护要求和相关发展条件等因素综合确定。规划区定性应明确表述风景特征、主要功能、规划区类型三方面内容，且不得违反总体规划的要求，定性用词应准确精练。其中风景特征应与总体规划对详细规划区的评价一致，主要功能需针对详细规划区在风景区中的区位、资源价值、地位及自身优劣势条件来确定，详细规划区类型可以是景源特征类型或功能类型。

10.2.5 规划布局

详细规划对功能、空间、用地的布局安排更加细致，功能与空间、用地更加具有对应性，因此，规划布局应功能组织清晰，空间关系合理，各部分有机关联，能够突出资源特色与主体功能，设施建设布置应符合风景名胜区保护规定。

10.2.6 容量测算

详细规划应控制游人容量、总人口规模和建筑总量，并应预测游人规模。游人容量和规模测算应根据总体规划要求和现状条件，应按照国家标准《风景名胜区总体规划标准》规定，采用线路法、卡口法、面积法、综合平衡法等方法进行详细计算和校核。对游人集中分布的重要游览区段，可针对游览高峰日及其高峰时段，制订疏导管理措施，提出极限游人容量。高峰时段游人容量应按“人次/h”计算。同时结合当地的给水、用地、相关设施及环境质量等条件进行校核与综合平衡。

详细规划区内有一个或一个以上村庄的应测算规划区总人口规模。根据人口规模以及资源保护、游览观赏、景观美学等需要测算规划区内的建设容量等。建筑控制总量应根据人口规模以及资源保护、游赏利用、景观美学等需要合理确定。

10.3 专项详细规划

详细规划与总体规划包含内容基本相同，也有诸多专项规划，如景观保护与利用规划、基础设施详细规划等。

10.3.1 景观保护与利用规划

景观保护与利用规划是为保护景观与生态资源、丰富游赏内容、强化风景价值、增强游赏体验而开展的规划，以景观保护为前提，以景观利用为手段，目的是充分展示风景区的资源特色。景观保护与利用规划应包括景观与自然生态保育、景观评价、景观特征分析与景象展示构思、景观环境整治与提升、观赏点建设、景点利用、景群利用、景线利用等内容。

10.3.1.1 景观与自然生态保育

规划区的环境保护标准与要求应执行国家标准《风景名胜区总体规划标准》和国家环境保护的有关规范规定。凡含有风景资源、珍稀动植物资源、特色生物群落及其他特别保护区域的详细规划区，应编制景观与生态保护培育规划。在延续并细化风景名胜区总体规划的保护培育要求基础上，应评估保护现状，确定保护对象，划定保护培育小区，在此基础上深化、细化总体规划的保护规定和要求，提出有针对性的景源保护、生态恢复、环境整治、游览引导、建设控制等具体保护措施内容。可从以下几方面进行相关规划：

(1)自然文化景观保护

应根据景源的保护级别与特性，分析观赏视线与生态敏感区域，划定其本体及环境的保护空间范围，确定保护措施，保护特色风景资源；制定游览组织、设施建设、景观保护等方面的保护规定。

(2)人文景观保护

结合周边空间环境特征提出防护方式和保护措施，划定保护及景观协调范围，提出景观协调要求，划定保护控制范围，制定有针对性的保护规定。

(3)珍稀动物资源的保护

应在专题调查的基础上，编制珍稀动物资源保护名录，摸清各类动物活动习性、活动规律，划定保护范围，根据珍稀动物的特定保护要求，预留生物保护廊道，限定游人活动空间、线路、时段与方式，隐蔽设置游人通道和旅游服务设施。

(4)古树名木、珍稀植物保护

划定有效保护范围，保持其原生环境不受破坏，可采取防护、复壮、监测等措施。作为景物进行游览时，应控制游人对其根部土壤的踩踏，可设置架空步道或防护设施。

(5)特色原生植物群落

划定保护范围；对现状树种单一的次生林可进行定向抚育改良，培育本地域建群树种，加快现有植被向结构稳定的地带性群落演替；在重要景观游览区，可顺应自然条件，选择配置乡土观赏树木，定向培育风景林。

(6)外来物种防护

在受到外来生物侵害威胁的濒危物种、特殊生物群落及环境区域，划定保护范围，建立隔离、阻截防护带，在入口处设置清洗、清除设施。已受外来物种侵害的环境，提出清除、控制的规划措施与计划。

(7)生态与环境保护

对受到破坏、退化的自然生态系统应进行恢复，科学提出生态修复、水源涵养、植被抚育、水土保持等措施和具体的修复方案。植物生态修复与景观营造应保护原生植被，适地适树，保护生物多样性。提出退耕还林、还湖、还草及限牧育草的生态保护措施。对于因生产生活产生的污染问题，应提出规划治理意见和工程措施。

(8)科研监测保护

在生态保护区、自然景观保护区、史迹保护区等敏感和特别保护区域，应设置动植物保护、环境保护、科研监测等设施以及游人安全等防护设施。

(9)抗灾减害保护

对于地质灾害、自然灾害频发等安全隐患区应进行游览安全控制，划定游人游览区域与非游览区域，制定游览活动与方式的规定，对存在安全隐患区域应主要采取避让措施，并对规划区内的安全隐患提出切实可行的技术防治措施。

10.3.1.2 景源规划

(1)景源调查评价

应在总体规划景源评价的基础上，在规划范围内进行全面、深入的调查筛选，挖掘新的景点和景物，摸清新景源的分布、特征、环境等基本情况，进行景源评价；宜将风景资源类型划分至子类，完善景源系统。确定景源在风景名胜区中的作用与地位。天景、地景、水景、园景、生景、建筑、胜迹、风物等不同类型景源，应根据其观赏特点，明确观赏内容、观赏方式、游人引导、游人量控制、观赏点设置等；应突出景源的科普教育功能，安排科普教育展示项目与设施。

(2)景观特征分析与景象展示构思

景观特征分析和景象展示构思应遵循景观多样化和突出景观特色的原则，对各类景观景物的种类、数量、特点、空间关系、意趣展示及其观赏方式等进行具体分析。是运用审美能力对景观实施具体的鉴赏和理性分析，探讨与之相适应的游赏展示措施和具体利用或组织方法。可以包括对景物素材的属性分析，对景物组合的审美或艺术形式分析，对景观特征的意趣分析，对景象构思的多方案分析，对展示方法和观赏点的分析。在这些过程中，常常形成不少的景观分析图，或综合形成一种景观地域分区图，以此提示详细规划区所具有的景感规律和赏景关系，并蕴含着规划构思的若干相关内容。

(3) 景观环境整治与提升

景观环境整治和景观视线视廊控制是在延续原景观肌理的基础上，清理影响游览与景观环境的建(构)筑物，保留特色建(构)筑物，改造或遮挡无法拆除但影响景观风貌的建(构)筑物，可增加点景建筑，同时增强自然植物景观营造，突出自然景观特色。对因过度的商业服务干扰风景游赏环境的现象，可结合调整商业网点布局提出治理措施。对因生产、生活产生的环境污染，应提出治理措施；此外，还应提出改善环境卫生、去除污染和污物的工程技术或其他措施。

现状历史人文景点景物的维护和修缮应符合真实性和完整性原则，周边环境整治应与历史人文景点景物相协调。现状景点游览环境改善应明确游览、观赏方式；组织游赏序列；对景观空间较丰富的景点，宜按主、次、配景的关系组织景观层次；并应提出景观提升、环境改善和设施配套等相应规划措施。受破坏的景观及环境需要恢复时，应提出整治措施与要求，恢复其特色景观风貌、文化传统内涵与空间格局。

重要景观视线、视廊应按照美学原则进行控制，保持观赏的通透性，并应对破坏观赏的因素提出整治措施。

(4) 观赏点建设

游赏规划组织应满足美学和生态原则、游人观赏心理要求；结合景源在游线上的位置与作用等因素，确定景源的观赏点；景源观赏宜远近相结合，可以根据景源特点，将观赏点选择布置在景源最佳观赏效果的地段，其建设应服从地形环境特征，建设基址与周边景物宜巧妙结合。各观赏点之间应具有合理的视角、视距、视线和视域；选择近、中、远距离的不同观赏点。室外观赏点的视距宜选择为景源高度2倍以上的距离。自然景点远观更能体现其组合环境特征，适宜近观的也可设置观赏场点或场地；对于人文景点可远距离观赏人文与自然的融合，近观其风貌特点，更宜近距离深入了解。

(5) 景点利用规划

对于能够提升美学价值、游览体验和风景品质的景点，应编制景点利用规划。景点利用规划应立足本土文化、提升审美意境、强化景观特色、丰富游赏内容与游赏体验，完善景观设施。景点规划应明确景点的构成内容、特征；测算主要景点游人容量；确定景点范围内可开展的活动内容；范围大、内容综合的景点明确主、次、配景关系，按照渐进原则组织观赏序列；编制景点规划一览表；提出景点建设和保护措施。

① 自然景点、景物建设　应符合游赏组织需要和风景美学规律，合理选择游赏道路并布置必要的游览休息设施；应尽量避免对自然景点、景物进行加工改造，确实有必要修复的受损部分，应进行专题研究论证，避免导致人工化问题；改善周边植物景观环境时，应符合当地原生植被生长规律，增强观赏效果。

② 历史人文景点、景物建设　应明确游览组织安排和景源保护设施要求，清理对历史人文景点、景物有不利影响的其他建筑物和构筑物，尽量避免对历史人文景点和景物的改建、扩建、加建；历史人文景点景物本体的维护与修缮应符合真实性和完整性，历史建筑修复应保持其真实性和可识别性，保持原用地和建筑的布局与规模；胜迹修复宜维持其真实性和延续性；园景改造应延续原主题和景观特点。

③ 遗址复建　建筑遗址复建是指在符合国家文物和宗教保护管理要求、符合风景区总体规划要求情况下的历史文化、宗教、风景等建筑规划建设行为。遗址复建需谨慎，复建前应专题研究其完整历史情况，应进行专题研究，论证复建的必要性和可行性，分析研究其原址、原貌、原规

模、原功能和景观空间环境等情况，根据现状情况确定复建方案。遗址复建必须尊重历史、保护文化、承袭传统、体现价值、合理利用，促使传统文化得到有效的保护和传承，并与自然景观环境协调统一。遗址复建可采取新旧分开的可识别方式，保留原遗址遗迹，复建方式可采取原貌建设、历史风貌展示或数字复原展示等方式。

④新建人文景点、景物　新建的人文景点、题刻等应精心选址和构思，避开生态敏感和地质灾害隐患区域、防洪泄洪区，以建设景观精品为目标，提升审美意境，强化景观特色，充分利用现状地形巧妙布局，减少对原有地物与环境的损伤或改造，从而丰富游赏内容与游赏体验。

人文景点建设应论证题材与环境的可行性，布局与选址要因地制宜、适应环境，符合空间环境审美要求；体量、色彩、形式、风格、材料等与风景名胜区历史人文环境相适应，与自然环境相协调，材料宜选用自然材质，景观形象应具有较高的艺术水平，体现风景诗画意境。

题刻宜选择自然山石、崖壁，题刻应醒目、精练，具有高度的文学和艺术水平。自然景观专类园可结合风景名胜区景观特点建设，园址避开生态环境优良区域，以自然景观科普教育、游憩休闲功能为主。

⑤游览、休憩等风景建筑　游览、休憩等风景建筑选址应符合游览需要，须与地形、地貌、山石、水体、植物等其他风景要素统一协调，层数以一层为宜，主景和点景建筑的高度和层数服从景观需要；文化建筑建设应选择景区的适宜地点，宜避开重要景观区、植物集中分布区、生态环境敏感区和地质灾害隐患区等，方便游人到达。其中，文化建筑可包括博物馆、纪念馆、展览馆、科普馆等。

(6) 景群、景线规划

景群、景线规划主要是为了引导游人观赏，规划应明确其景点构成、价值与景观特征，划定范围，组织观赏序列和游览活动，充分展示景群、景线的综合景观特征，并依据总体规划深化相应内容。

景群利用应依据其景点分布的空间组织关系、景观特征，提出相应的景观序列与主题，选择合理的游赏利用方式与游赏线路，展现景群的丰富景观。

景线利用应结合生态环境、景观和风貌特征，选择风景建筑和景观设施，培育特色植被，组织游赏线路，构成景观序列。

10.3.2　服务设施规划

服务设施规划应依据风景区总体规划确定的各级旅游服务基地进行分类规划设置。主要旅游服务设施应结合自然地形与环境设置，并满足无障碍设计要求和不同人群游览需要。

10.3.2.1　规划原则

在进行规划时，除应遵守各自专业的国家或行业技术标准与规范外，还应遵守以下 3 项原则：① 规划项目选择要适合风景区的实际需求；② 各项规划的内容、深度及技术标准要与控制性规划的阶段要求相适应，对需要安排的各项工程设施选址和布局提出控制性建设要求；③ 各项规划之间应与风景区的具体环境和条件相协调。

10.3.2.2　服务设施分类

服务设施规划应包括旅游服务设施和管理服务设施两部分。旅游服务设施主要由旅行、游览、饮食、住宿、购物、娱乐、文化及其他 8 类相关设施组成；管理服务设施主要由管理办公、安全和医药卫生 3 类相关设施组成。

(1) 游客中心

游客中心可分为综合游客中心和专类游客中心。综合游客中心宜设置在风景区主入口附近；专类游客中心可设置在独立景区或次要入口附近；游客中心也可设置于就近的城区、镇区。游客中心的基本功能应包含信息咨询、展示陈列、科普教育、旅游服务、医疗救护等功能，其规模、功能、配套设施、开发状况要与风景名胜区的级别和人流量相匹配。

咨询形式可分为问询式咨询和自助式查询，符合智慧景区功能要求。科普教育和展陈内容应包括风景区的发展演变、资源特点、资源价值及保护意义等，展陈对象可以模型、图片、标本和实物为主。视听是风景区展示功能的一种补充形式，包括电影、数字多功能光盘(DVD)、幻灯片、投影等。旅游服务包括旅游商品、导游解说、文化娱乐等内容。医疗救护是为游人突发疾病与突发事件提供救援服务。

(2)解说系统

风景区徽志、解说标识牌、导览标识牌、指示标识牌和安全警示标识牌等应进行系统规划，统一形式、规范设置，构建具有特色的解说系统。在国家级风景名胜区主要和次要入口明显位置必须设立国家级风景名胜区徽志和风景区名称；在景源入口、观赏点、科普点等明显位置设置解说设施，介绍与景源相关的科普、爱国主义教育及文化教育等内容；在景区道路主要位置、道路重要转折点、重要设施附近等设置导览标识牌和指示标识牌；在有游览安全隐患处及其他需要提示安全的位置设立安全警示性牌示设施等。风景区的其他标志应符合现行行业标准《风景园林标志标准》(CJJ/T 171—2012)的相关规定。

(3)餐饮、住宿设施

餐饮、住宿设施布局与建设应结合总体规划定位确定的旅游服务基地进行设置，其建筑形式应与当地餐饮文化与居住文化特色相协调，满足游人用餐和住宿需求，营造各具特色的设施环境。

①餐饮、住宿设施选址　要考虑后期建筑施工、水电供应、货物运输相对不便等问题，也要注意游人在不同海拔高度用餐、购买饮料、住宿的意愿；山地区域由于缺少适宜建设用地，餐饮、住宿设施选址对游览线路、居民点、景点的依托性会更强。旅游商店、小卖部、商亭等购物设施宜设置在游人密集、且不影响游览的地段，其他购物设施宜集中设置在旅游服务基地，或结合就近的城区、镇区的商业设施设置。娱乐、文化设施需与景点、道路交通规划相结合，便于游人安全集散和统一管理。

②餐饮、住宿设施设计　建设体量宜小不宜大，建筑高度宜低不宜高，建设风格宜简不宜繁。其植物景观应与自然景观环境相协调。

(4)邮电设施

邮电所、邮电局宜设置在总体规划确定的旅游服务基地，邮亭宜设置在主要景区出入口等处。

(5)购物设施

购物设施宜设置在游人密集地段，其他购物设施宜集中设置在旅游服务基地，或结合邻近的城区、镇区的商业设施设置。

(6)娱乐设施

娱乐设施不宜单独设置，应结合旅游村以上级别的旅游服务基础设施进行建设。对于景区内特色露天表演等设施可结合游赏需求和详细规划区功能设置。

(7)文化设施

文化设施的展览内容应与历史文化相结合，满足不同游人的文化需求。文化设施可与娱乐设施相结合设置。

(8)管理办公设施

① 办公设施　应包含门票售卖、职工办公、风景名胜区管理、医疗救护、应急救援、治安管理等主要功能。管理办公设施宜设置在风景名胜区外或者主要出入口附近。

② 安全设施　风景名胜区的安全保障机构宜结合风景名胜区的主入口、管理设施、游客中心设置，或与周边乡村、城镇的安保设施等相结合设置。在风景名胜区内需要警示危险地段应设置安全防护设施和医药卫生监控设施等。

③ 医药卫生设施　风景名胜区应设置独立的医疗救护设施，在游客中心应设置医疗救护点，并结合旅游城市医疗卫生服务设施形成医疗救护体系。

10.3.2.3　设施规划规模

风景名胜区内主要服务设施应结合自然地形与环境设置，并满足无障碍设计要求和不同人群游览需要。服务设施规模的建设总量和设置类别应符合风景名胜区总体规划和服务设施配置指标的要求。服务设施配置及建设规模应根据游人规模、场地条件、景观环境等确定，应严格控制，其建设总量和设置类别应符合风景区总体规划和表10-1旅游服务设施配置指标的规定，宜小不宜大。在满足游客需求的前提下，要求与风景区的自然景观相协调，做到因地制宜，具有当地特色。

表 10-1　旅游服务设施配置指标参考数据

设施类型	设施项目	配置指标和要求
旅行	邮电通信	1. 日均游人量达到 10 000~15 000 人：设邮电所，用地面积 22~34m²/千人； 2. 日均游人量达到 30 000~50 000 人：设邮电局，用地面积 25~50m²/千人，建筑面积 60~80m²/千人； 3. 邮电所面积以 30~100m² 为宜
游览	卫生公厕	1. 单座厕所的总面积为 30~120m²，平均 3~5m² 设一个厕位(包括大便厕位和小便厕位)，每个厕位服务 300~400 人； 2. 每座厕所的服务半径：在入口处、步行游览主路及景区人流密集处，服务半径为 150~300m；在步行游览支路、人流较少的地方，服务半径为 300~500m； 3. 入口处必须设置厕所； 4. 男女厕位比例(含男用小便位)不大于 2∶3
	游客中心	总面积控制在 150~500m²，其中信息咨询 20~50m²；展示陈列 50~200m²；视听 50~200m²；讲解服务 10~30m²
	座椅桌	步行游览主、次路及行人交通量较大的道路沿线 300~500m；步行游览支路、人行道 100~200m；登山园路 50~100m
	风雨亭、休憩点	结合公共厕所，步行游览主、次路及行人交通量较大的道路沿线 500~800m；步行游览支路、人行道 800~1000m
餐饮	饮食点、饮食店	每座使用面积：2~4m²
	餐厅	每座使用面积：3~6m²
住宿	营地(帐篷或拖车及小汽车)	综合平均建筑面积：90~150m²/单元(每单元平均接待 4 人)
	简易旅宿点	综合平均建筑面积：50~60m²/间
	一般旅馆	综合平均建筑面积：60~75m²/间
	中级旅馆	综合平均建筑面积：75~85m²/间
	高级旅馆	综合平均建筑面积：85~120m²/间
购物	市摊集市、商店、银行、金融	单体建筑面积不宜超过 5000m²
	小卖部、商亭	30~100m² 为宜
娱乐	艺术表演、游戏娱乐、康体运动，其他游娱文体	小型表演剧场：500 座以下； 主题剧场：800~1200 座； 观众厅面积在 0.6~0.8m²/座为宜
文化	文化馆、博物馆、展览馆、纪念馆及文化活动场地	每个展览厅的使用面积不宜小于 65m²
其他	治安机构	面积以 30~80m² 为宜
	医疗救护点	面积以 30~80m² 为宜； 高原等特别地区，可根据情况增设医疗救护设施

10.3.3 游览交通规划

综合游览交通规划是结合风景区的环境条件、游赏需求以及游人量控制，对景区内除车行路以外的其他游览道路与设施进行的规划。通过规划可以预测交通流量情况、设计合理的交通方式、确定适宜的交通转换节点，并且组织风景区的交通网络系统。

10.3.3.1 风景名胜区道路选线

风景区因建设在地形复杂的多山地带，所以在确定道路选线时，安全是规划的第一要素。同时要对景区的现状环境条件进行调查分析，综合考虑风景区自然资源和人文资源的保护情况、生态环境保护及开发利用、景点良好的观赏效果以及合理便利的游线组织等多方面因素，才能确定最佳的道路线路。

10.3.3.2 游览道路系统

风景区的游览道路系统包括电瓶车路、自行车游览路、步行游览路等。

(1)电瓶车路

在风景名胜区需提供观光电瓶车的部分游览区域内，应设置单独的电瓶车路。在出现电瓶车路与步行游览路并行的情况时，要将电瓶车的行车速度限制在15km/h以下，同时为确保游客最佳的游览体验，电瓶车线路应避开游客会驻足观赏的主要景观节点及景物所在路段。

(2)自行车游览路

自行车游览路是风景区内的一种非必要交通方式，是否建设需要结合景区所处的环境条件，综合考虑地形地貌、景区资源与生态保护情况、游览需要等因素，并避免与车行游览路和步行游览路相互干扰。对于一些具有特殊要求的道路如山地、竞速赛道等，在建设时也要符合相应建设要求。

自行车游览路要设置在平缓或缓坡的区域，道路纵坡控制在5%以内，当出现纵坡大于4%的连续下坡路段时，注意长度不能超过200m；自行车游览路要单独设置，不能分设，当部分路段与步行游览路混行时应有标线分隔。并且在建设时不能影响到车行游览路和步行游览路，避免相互干扰；单向行驶的自行车路宽度宜大于2.5m。为保证观赏效果，自行车游览路和其停靠场地要避开主要景点、景物等游人会驻足观赏的地段，防止遮挡视线。

(3)步行游览路

步行游览路的设计在很大程度上会影响游客的游览体验，在考虑道路选线和建设方式时需要综合景区的游线组织安排、自然环境保护利用、景源景点观赏效果以及不同类型游客游览的心理特征等多方面因素。因此，步行游览路的设置应符合以下规定：

在设计道路选线时要考察分析风景区所处的环境条件，结合地形地貌、景源分布情况，宜采用环形路网，便于游客浏览整个景区。步行游览路一般分设为主路和次路。主路的宽度要大于2.0m，作为风景区的主要游览路线，起到串联主要景点、景物与观赏点的作用。次路的路宽一般为0.8~2.0m，是风景区的一般游览路线，串联其他景点、景物与观赏点。当景区内部分路段的步行交通量较大或是地形坡度较大时，在有条件的情况下，应将步行主路分幅设置，每幅路宽控制在3.0m以内。

(4)康体运动型步行路

康体运动型步行路属于风景名胜区内一种非必要的游览交通方式，可根据景区的实际需要情况，并结合当地的地形地貌与生态环境条件进行设置。在建设康体运动型步行路时要充分利用场地原有的山路和土路，形成一个单向交通的环形路，同时尽量避开主要游览路线。康体运动型步行路可以根据不同运动类型的运动强度进行不同路线长度与坡度的不同等级分设，道路宽度一般控制在0.8~2.0m，以自然土石道为主要路面类型。

(5)水上游线

水上游线也是景区内一种非必要的游览交通方式，在有条件的情况下，可在一些水域范围内组织水上游览路线。需要注意选择的游船与设计的航线不能对风景区内的游览环境产生负面影响，同时游船码头与陆地的衔接要合理适宜，有相应的集散场地，并且避开景点、景物等游览地段。

（6）客运索道

客运索道一般在风景区内确实有必要的情况下进行设置，比如一些地段的路程时常过长、场地高差大、道路陡峭以及生态敏感度高不宜建设车行路等，可做专门的论证。在设置客运索道时要注意隐蔽，色彩与周围自然环境相协调，同时避开景点与观赏面，防止对风景区内的景观环境和游客欣赏体验造成不利影响。索道站点的尺度规模宜小不宜大，不可以在站点内同时安排其他和索道运行管理无关的设施。

10.3.3.3 游人集散场地

游人集散场地应设置在风景区、景区出入口及交通转换处的地形较平缓地带。休息场地的设置要结合风景观赏点，考虑步行路到达的便捷程度，在一些用地有限的地段可进行分散设置。风景区出入口的集散场地和休息场地要和城市的广场用地有所区别，设计要以自然式为主，规模适中，顺应景区的地形地貌，结合周围自然生态环境和景观环境。在满足游人活动和集散需要的同时，还要注意保护古树名木、大树以及珍稀植物。

10.3.3.4 停车场

停车场应设置在风景区、景区出入口及交通转换处的地形较平缓地带，或者利用坡地建成台地与多层停车场，尽量减少对当地自然生态环境的破坏。停车场建设要符合《停车场规划设计规则（试行）》的一般要求，每停车位标准面积要按照国家现行旅游场所停车位指标相关标准执行。停车场应种植冠幅大的乔木，形成绿树掩映的效果，同时可以遮蔽周围不利景观，减少负面影响。

10.3.4 基础工程设施规划

基础工程设施规划主要包括给水工程、排水工程、电力工程、电信工程、环境卫生、综合防灾等内容。因为风景区内的服务设施普遍具有规模小、分布分散的特点，在一般情况下对于一些远离城镇的景区很难实施集中供热和燃气管道供应，但对于其他服务设施较为集中的旅游基地则可以根据详细规划区的特别需要与实际情况编制供热工程和燃气工程等规划。为保护风景区自然生态环境，在采取集中供热、餐饮时应优先考虑清洁能源，不宜使用燃煤、秸秆等燃料。

基础工程设施规划要与周边城乡的基础设施相衔接，风景区内的旅游城、旅游镇、旅游村等服务基地的基础工程详细规划应依据现行的有关规划规范、标准编制。旅游基地的详细规划可以按照有关规划和标准进行编制，如《城市规划编制办法》《城市给水工程规划规范》（GB 50282—2016）、《城市排水工程规划规范》（GB 50318—2017）、《城市电力规划规范》（GB/T 50293—2014）、《城市通信工程规划规范》（GB/T 50853—2013）、《城市环境卫生设施规划规范》（GB 50337—2018）、《防洪标准》（GB 50201—2014）、《镇规划标准》（GB 50188—2007）等。

基础工程设施在建设时不得损坏风景区的景源、景观和环境，同时工程设施构筑物、设备安装和管道布置的位置要注意隐蔽，应避开主要景点和景物。所有管道宜埋地敷设，设施的色彩与形式要隐蔽在周围环境中，必要时可通过植物种植、地形处理等方式进行遮挡。例如，可选用树木外形相近的塔架，隐蔽于树林之中，靠近山体岩石的建（构）筑物可采用山体岩石质地与色彩的表面处理方式，使之与周围环境相融合。

10.3.4.1 给水工程规划

在进行给水工程规划时应先对总体规划确定的水源进行论证，确定给水设施的规模、位置后，布置给水管线。由于水源选择和管线布置对给水系统的影响较大，所以在总体规划阶段会存在实施困难、安全保证率较低的可能性，详细规划要解决这两个问题。在布置给水系统时应先对地形、设施布局、景观要求、技术经济等因素进行综合评价分析，同时满足用水需要和安全需要，保证系统技术可靠、经济合理、实施管理容易。

用水量应根据游人数量、旅游服务设施的建

筑物性质和用水指标进行预测。散客用水量指标应为10~30L/(人·d)。景区内主要用水的建筑为服务建筑和公共建筑，如旅馆、餐饮、商业、办公、会展(展览馆、博物馆)，应按照现行国家标准《建筑给水排水设计规范》(GB 50015—2019)中的宿舍、旅馆和公共建筑生活用水定额及小时变化系数表选择计算，管网漏失水量与未预见水量之和宜按最高日用水量的10%~15%计。

供水水质应符合现行的国家标准《生活饮用水卫生标准》(GB 5749—2022)的规定，从工艺技术和管理角度考虑，城市自来水管网是风景区内的给水系统的首要选择，当出现没有城市自来水管网供水的情况时，水源则优先选用水量充足、水质较好的地下水或山泉水，最后选用溪流及湖泊等地表水，并均应该符合《生活饮用水水源水质标准》(CJ 3020—1993)。若水质不达标，应设置给水处理设施。给水处理设施应设置在不受洪水威胁、工程地质条件及卫生环境良好的位置，并且靠近主要用水设施，便于取用。当水压、水量不能保证供水要求和安全时，应设提升泵站和蓄水设施。

给水管线布置时要综合考虑地形地貌、经济合理性以及隐蔽性，宜沿道路埋地敷设，避开不良地质构造。当埋地敷设工程量大，实施困难时，应选择安全可靠、施工方便的给水管材，并同时满足景观、安全供水、巡线检修、防冻等要求。

10.3.4.2 排水工程规划

为保障风景区的景观质量和环境要求，区内污水不得随意排放。若无法接入市政污水管网，则应设计污水收集、处理系统。处理设施宜采用集中与分散相结合的模式，处理程度和工艺应根据受纳水体、再生利用的要求确定。同时考虑排水系统的景观化要求，在地质条件允许开挖的情况下，埋地设置。排水工程规划应符合以下规定：

① 排水体制应采取雨污分流的形式。

② 确定好排水设施规模、管线布置、污水处理工艺及排放标准。

③ 生活污水量预测应按日平均用水量的85%~90%计算。

④ 雨水设计重现期宜采用1~3年。

⑤ 排水系统应以重力流为主，不设或少设排水泵站。

⑥ 排水管渠应根据当地水文、地质、气象及施工条件确定材质、构造基础、管道接口和埋深。

⑦ 污水的预测主要考虑的是服务设施的生活污水量，应按日平均用水量的85%~90%计算。当道路广场浇洒、绿化等用水量较大时，污水的计算要扣除该部分用水量后再乘以污水排放系数。

10.3.4.3 电力工程规划

在进行详细规划时应根据现行行业标准《民用建筑电气设计规范》(JGJ 16—2008)的要求，对风景区总体规划确定的电源进行论证和确认。当旅游服务设施分散且规模较小、设置供电线路不经济时，可在不破坏风景区景观质量和自然生态系统的前提下，结合当地条件，利用太阳能、风能、地热、水能、沼气生物能等能源。对水能的应用要谨慎，水电站的建设必须要确保景观环境质量不被破坏。

用电负荷预测宜采用单位建筑面积负荷指标法，应符合国家和当地的节能要求和表10-2的规定。其中一级负荷应由两个电源供电，二级负荷供电系统宜由两回线路供电。当采用单电源、单回路供电时，一、二级负荷建筑应设置自备电源。

表10-2 风景区单位建筑面积用电负荷指标

建筑类别	用电指标(W/m²)
旅 馆	30~50
商 业	一般：40~80 大中型：70~130
办 公	40~80
医疗点	40~70
展览建筑	50~80

应确定变配电所的位置与容量时，要考虑风景区的特殊性，从景观的角度出发，变压器宜与其他建筑物合建，当用电负荷小且分散时宜选用户外箱式变电站，并采取景观措施进行遮挡。风景区内供电电源引自附近变配电所(站)，其电压

等级一般为220kV、110kV、35kV和10kV等。另外，低压供电半径不宜超过200m，变配电不宜超过四级，单台变压器的容量不宜大于1250kV·A。

从风景区的景观质量、检修维护等方面考虑，在游览道路和游人活动区域，供电线路宜沿道路埋地敷设，一般情况下最小深度不小于0.7m，可使用有外护层的绝缘电缆，在不影响景观情况下可架空明设。

10.3.4.4 电信工程规划

通信网络应全面覆盖详细规划区，移动、宽带普及率要达到100%。在一些比较集中的服务设施，如办公、住宿等位置，应设置远端模块或程控交换机，采用铜缆或光纤有线接入方式，程控用户交换机可按交换设备终期容量的1.2~1.5倍计算，中继线数量可按交换设备用户容量的10%考虑。当用户数量较少且有线无法接入或有线接入不经济时，应采用无线接入方式。移动通信基站要注意遮蔽，不得影响周围景观。

电话需求量应根据服务建筑类别和游人数量采用单位建筑面积电话用户预测指标进行预测，符合表10-3规定，并满足当地电信部门和管理方要求。在一些风景区内，若存在无线信号没有覆盖的情况，需要在主要游览道路和景点设置公用电话，布置间距一般在300~500m的范围内。

表10-3 每对电话主线所服务的建筑面积

建筑类别	每对电话主线所服务的建筑面积(m^2)	备注
宾馆	20~30	每单间客房1对，每套间客房2对
服务中心	40~50	—
商业	30~40	—
办公	25~30	—
休闲娱乐场所	100~120	—

在一些特别保护区域如珍稀动植物、科学考察地，或有特殊使用要求如防火专用通信线路时，应单独设置通信线路，不可与风景区的正常管理和游人共用。

通信线路的埋设方式要考虑风景区的景观质量，提倡采用硬塑料管或混凝土管块埋地敷设，埋深为0.8~1.2m，主干管道的孔径应大于75mm，配线管道孔径应大于50mm。管道的管孔数按终期电缆条数及备用孔数确定，宜与有线电视、广播及其他弱电线路共同敷设。

监控系统设置应遵守“人防、物防、技防相结合”的指导思想，将安全防范确立为第一要素，主要包括监控中心地点和主要摄像机位置、线路走向和系统配置等内容。监控系统应以游人游览线路为重点，分布在主要出入口(大门)、停车场、售票处、大型文化娱乐设施、游人聚集区、缆车、水面周边、漂流、游船码头等，保障游人在景区内游览活动的人身和财产安全。

根据风景区的性质、游览服务功能和管理需要(如特别保护区域、科学监测等)，另行委托编制无线通信、安全防范、通信和信息网络、数字化景区、智能管理和多媒体等专项规划或方案。

10.3.4.5 环境卫生工程规划

在风景区详细规划区域内宜分类收集生活垃圾，单独收集、处理医疗垃圾，不宜设置垃圾处理设施，可将垃圾收集、转运至城镇垃圾处理厂。在主要游览道路100m左右、一般游览道路200~400m应设置一处垃圾废物箱。在主要服务建筑附近应设置小型垃圾转运站，用地面积不宜大于200m^2。公厕可设在服务建筑内，按照现行国家标准《城市环境卫生设施规划规范》(GB 50337—2003)，独立式水冲厕所的建筑面积按40~60m^2考虑，在部分给水管道不能到达区域应设置环保生态的免水冲厕所。

10.3.4.6 综合防灾工程规划

我国风景区数量大、分布广、类型多，发生灾害的种类和程度也不可能完全相同，综合防灾工程规划就是根据风景区的分类、地理位置、气象条件、地质地貌等条件进行选择性编制。对消防、防洪、抗震、海洋及地质灾害的规划具体要求如下：

各类建筑和设施的消防规划应按现行国家标准《建筑设计防火规范》(GB 50016—2018)执行。在森林型景区入口处设置防火检查站，同时应配备消防器具、布置防火通信网络并设立防火瞭望塔。

要针对游览活动区域的防洪规划采取必要的预警、防范等安全措施。村镇、服务设施等防洪措施按现行国家标准《防洪标准》(GB 50201—2014)执行，必要时应设置截(排)洪沟。

建设抗震应符合现行国家标准《中国地震动参数区划图》(GB 18306—2015)和《建筑抗震设计规范》(GB 50011—2010)的规定，供水、供电、通信等生命线工程设施的抗震设防标准应提高一级。

海洋灾害类型繁多，如海潮、海浪、海冰、海雾、海啸以及有害生物等都会影响风景区的旅游活动，需要采取多重措施来预防。在海滨、海岛风景区的详细规划中，一方面要针对海洋灾害制订防灾预案，提出预警防范等安全措施；另一方面要针对规划建设的游艇码头、海滨浴场、滨海旅游道路等工程，提出防灾与安全的规划要求，规划建设的所有服务设施均应避开海洋灾害高发区、海滨浴场安全区域划定并配备安全设施以及布置防风防浪堤等。

游览线路、服务设施的选线和选址应尽量避开一些存在崩塌、滑坡、泥石流、地裂缝、地面沉降、坠石、沼泽、悬崖等地质灾害、自然灾害频发的高隐患区域。对于其他难以避让的安全隐患区，规划可限定游览安全时段，提出可行的技术防治措施、游览管控和应急救助措施，将工程措施和生态措施相结合，保障游览安全。可根据存在的安全隐患和游览安全需要将风景区分为游人游览区域与非游览区域，在游人游览区域应制订单独的游赏方式、游赏线路、游赏活动与行为的规定。

防灾避难场所及相应设施应选址在较平坦、安全的地段，并应符合现行国家标准《防灾避难场所设计规范》(GB 51143—2015)的规定。

10.3.5 居民点建设规划

我国风景区一般包含一定数量的村镇，有的还与城市关联紧密，包含部分城区(街道)，甚至包括整个城市建成区。城市、村镇等建设对风景区的生态环境和景观环境影响很大，必须区别于一般的城市与村镇建设，应在发展方向、建筑布局、产业选择、建设风貌等方面进行严格控制。因而需要符合环境承载力及总体规划的要求；保护风景资源与生态环境，控制建设风貌与自然景观环境相协调；与风景区的发展统筹协调，拓展旅游职能，禁止发展污染风景区环境的工矿企业，已存在的污染企业应进行搬迁和调整；根据实际情况核定居民点的发展规模。详细规划区内的城市、村镇等居民点建设规划应突出风景及环境特点，符合环境承载力要求以及城乡规划编制的基本要求。

10.3.5.1 规划要求

① 应深化和完善风景区总体规划中关于居民社会调控与经济发展引导规划的内容。

② 应保护风景资源与生态环境，居民点建设风貌应与当地文化特色及自然景观环境相协调。

③ 应优先发展旅游产业及与之相关的农副产业，严禁设置污染环境的工矿企业。

④ 应根据居民人口、服务设施的实际需要和实际用地条件，按照适量、适建原则，合理确定居民点建设用地范围、规模与标准。

⑤ 对于历史文化名城名镇名村和传统村落，规划应符合国家和地方相关保护和规划要求。

10.3.5.2 城市居民点

城市居民点的开发边界、建设强度和建筑体量应严格控制，体现城区与自然环境的过渡，规划应符合国家和地方相关保护与规划要求。

严禁向景区、景点延伸发展，建设用地不宜过度集中、成片发展，而应保留自然景观隔离廊道或视廊。建筑高度应采取自城区向自然环境递减原则，绿化率应采取自城区向自然环境递增原则，通过控制建筑高度、提高绿化率、组织天际轮廓线等方式，提高城区与风景区自然环境之间的相互观赏效果。地块建筑布局应紧凑灵活，建筑设计应符合风景美学要求。

10.3.5.3 村镇居民点建设

风景区内的村镇居民点建设关键是要与自然景观环境相协调。建设原则如下：

① 应巧妙地利用现有地形地势，充分保护并

利用好现状的山体、水体、古树名木、植被、田园等自然要素与景源，营造具有自然特色的村镇景观格局，最大限度地减少对自然环境的损害。

② 要控制好整体建筑风貌，宜采用地方风格与形式，建筑高度以低层为宜，建筑体量宜小，建筑强度和密度宜低，注重加强绿化覆盖率。

③ 应开展公共设施、公共卫生、公共空间的建设，美化环境的同时满足居民生活需要。对于具有旅游服务职能的村镇居民点要充分体现旅游职能，宜结合居民建筑开展旅游服务活动，新建旅游服务设施应与村镇整体景观风貌相协调，统筹布局旅游服务设施建设用地，协调与整体景观风貌的关系。

景点类的村镇居民点一般是指传统风貌保持较好、受现代生活和建设冲击较小，具有较好的欣赏、审美和文化价值的居民点，其中目前审定公布的历史文化名城名镇名村和传统村落是其中的代表。这类居民点一般建筑为低层，与自然景观环境融合较好，应保护其历史文化价值和非物质文化遗产，保护文物建筑、传统建设格局、建筑风貌特色和乡村田园景观特色。建筑改建应符合原址原规模要求，并按照原风貌控制建筑高度、色彩、体量、屋顶形式、建筑立面等。新增的居住或旅游服务设施等建筑宜另外选址建设，并与原村址保持一定距离或有自然环境隔挡，不得影响原居民点建筑风貌。

敏感地段的村镇居民点是指位于风景区重要景源附近、一级保护区内、主要游线上以及主要游览出入口处的居民点。因其对游人游览体验和景观环境影响较大，除满足村镇居民点建设基本要求外，应严格控制建筑规模、体量、高度、形式、材料、色彩，不能搬迁的，需特别强调其建设应减弱对游人和景观环境的影响，可适当加强绿化遮挡，达到树木掩映的效果。

10.3.6 用地协调规划

10.3.6.1 用地规划

用地规划应充分尊重用地现状特征，详细分析资源条件、工程地质条件、地形地貌、空间关系、景观联系及生态环境等方面要求，划定禁止建设、限制建设和适宜建设的范围。建设用地应在适宜建设的范围内选取。用地布局应服务于风景区游览职能，扩展风景游赏地。用地规划应包括现状用地分析、用地区划、用地布局、用地分类、用地适建性与兼容性等内容。

(1) 现状用地分析

现状用地分析应包括土地利用现状特征、风景游赏与生产生活等各类用地的结构和关系、土地资源保护利用存在的问题和矛盾等，并应汇总现状土地利用一览表，提出土地利用调整的对策和目标。

(2) 用地区划

用地区划应依据用地适宜性评价和风景区总体规划要求划定建设边界，明确建设条件。

(3) 用地布局原则

① 应保护风景游赏用地、林地、水源地和优良耕地等，将未利用的废弃地等纳入规划优先利用。

② 应优先扩展甲类用地，严格控制乙类、丙类、丁类、庚类用地，缩减癸类用地。

③ 应综合考虑文物古迹保护、古树名木保护、城乡建设的“五线”控制、视廊及景观空间形态控制等要求。

④ 应根据各专项规划要求，明确用地配置的规划安排，列出规划土地利用统计表。

(4) 用地分类

基本分类应按现行国家标准《风景名胜区总体规划标准》(GB/T 50298—2018)执行，应采用大类、中类、小类3级分类体系；用地分类应按土地使用的主导性质进行划分和归类，并应与现行国家标准《城市用地分类与建设用地标准》(GB 50137—2011)相衔接；在风景区内涉及城乡用地规划的区域的用地分类，可在风景区用地分类的大类下，按城市或镇的用地分类进行细分。用地分类的代号，大类应采用中文表示，中类和小类应各用一位阿拉伯数字表示。

(5) 用地适建性与兼容性

各类用地的使用必须符合用地性质和适建性规定，还应符合风景区景观保护、生态环境保护等特定要求，规范具体要求如下：

① “旅游服务设施用地”(乙)内设施适建性应

按现行国家标准《风景名胜区总体规划标准》（GB/T 50298—2018）中“旅游服务设施与旅游基地分级配置表”的规定控制。

② 城乡建设用地的适建性除应符合城乡规划的有关规定外，还应符合风景区景观保护生态环境保护等特定要求。

③ “居民社会用地”（丙）可兼容旅游服务功能，设施适建性可参照相同区域旅游服务基地的等级要求。

④ “旅游服务设施用地”（乙）可兼容“风景游赏用地”（甲）功能。

10.3.6.2 建设用地控制

对于村镇、服务区、入口区、大型文化娱乐设施等集中建设区域，因建设用地较多，宜采用指标控制为主的方式对其建设提出规划要求，以修建性方案作为辅助和补充。建设用地控制要兼顾资源保护与发展建设，强制性规定与指导性要求结合，在土地使用和建设控制的强制性要求的基础上，对项目建设提出必要的指导要求。建设用地控制性规划应包括地块划分、土地使用、设施配套、景观环境等。

（1）建设用地控制性规划原则

① 应根据生态敏感性和景观敏感性，进行资源保护和土地使用的分类控制。

② 应尊重土地自然特征，维护原有地貌特征和大地景观环境，降低地表改变率，营造空间特色。

③ 应明确具体地块的不同保护、建设与功能等控制要求。

④ 应统筹安排地形利用、工程补救、水系疏浚、生态修复、表土回用、地被更新和景观恢复等各项技术措施。

（2）地块划分

地块划分应根据土地使用的主导性质确定，以中类为主、小类为辅，并应确定地块编码。地块划分应明确范围边界，地块规模应与资源分布状况、地形地貌和用地类型相适应。

（3）土地使用控制

土地使用控制应对用地的基本内容和建设强度进行控制。设施配套控制应对管理服务设施、基础工程设施、保护设施和交通设施等进行控制。风景区建设用地因其所处地区的资源特殊性，除了一般建设用地的控制要求外，在强制性要求中增加了建筑总量和建筑限高两项指标，以充分体现严格控制风景区内建设的要求。此外，还根据风景区资源保护、管理、游览、自然景观等方面的自身特点，提出设施配套、景观环境等相应的控制指标。控制指标应符合表 10-4 的规定。

表 10-4 建设用地控制指标

指标体系分类			控制指标分类	建设用地指标使用
1	土地使用	基本内容控制	用地面积	▲
			用地性质	▲
			后退红线	▲
			出入口方位	▲
			配建车位	▲
			用地使用兼容	△
		建设强度控制	建筑密度	▲
			容积率	▲
			建筑总量	▲
			绿地率	▲

（续）

指标体系分类			控制指标分类	建设用地指标使用
2	设施配套	管理服务设施控制	管理办公设施	△
			安全设施	▲
			医药卫生设施	△
		基础工程设施控制	基础工程设施	△
		保护设施控制	保护设施（监测站、瞭望塔、防火设施等）	▲
		交通设施控制	交通设施（旅游码头、换乘枢纽、停靠站）	△
3	景观环境	建筑景观控制	建筑限高	▲
			建筑体量	△
			建筑形式	△
			建筑色彩	△
			建筑材料	△
			建筑屋顶	△
		自然景观控制	植被覆盖率	△
			古树名木保护	△
			驳岸景观	△

注：▲强制性控制指标，△指导性指标。

10.3.7 建筑布局规划

风景区的出入口、旅游服务设施集中区、文化设施与文化娱乐项目集中区和重要交通换乘区应进行城市设计和建筑布局规划。

建筑布局应避开重要风景视点、视廊、观赏面等景观区域，应协调与周边风景及空间环境的关系，对周边景点、景物及观赏视线视廊进行分析，以地形、地物所构成的空间尺度关系确定建筑的风格、形式、体量和规模，构成与风景环境和谐的整体风貌。

用地空间不能集中满足功能安排时，建筑布局宜结合用地条件分散布置。分散的建筑布局应有机组织空间序列和游览线路。建设基址选择应利于建设，利于保护、游览与交通组织。建筑布局应结合场地条件减小地表改变率，应合理利用地形、地物，保留有价值的地形地貌和景观要素，保护地表植被，防止水土流失。严禁开山采石、乱挖滥填，将土方量减至最少。对需要重点保护的景物应留出观赏空间，提出保护措施。

建筑布局应将地形、水体、绿地、树木、标识牌、道路、场地等环境与景观要素同主体建（构）筑物进行平面与竖向的统筹安排，在满足使用功能空间的基础上美化环境空间，达到树木掩映的景观效果。建筑布局内容包括立意、功能、建筑、道路、景观环境、工程设施、地形与竖向等，需综合布局，详细明确各项建设要求，应充分考虑生态环境保护、景观风貌协调的要求，建设本身应具有景观性，符合审美要求。项目建设应符合实际功能需要，在一定建设范围内，各项建设指标之间比例关系应合理，避免个别指标不正常情况。应绘制建筑布局规划总平面与竖向规划图纸，重点建筑宜增加立面、剖面或效果示意图纸。

应明确详细规划区范围内的用地、建筑面积及建筑限高等内容，并应按表10-5技术经济指标表进行汇总。

表 10-5 技术经济指标表

项目		计量单位	数值	所占比例(%)	指标使用
一、规划总用地		hm^2			▲
1. 建筑用地	功能建筑用地	hm^2			▲
	景观建筑用地	hm^2			▲
	工程设施用地	hm^2			▲
2. 绿化用地		hm^2			△
3. 风景用地		hm^2			△
4. 其他用地		hm^2			△
二、总建筑面积	现状建筑面积	m^2			▲
	新增建筑面积	m^2			▲
三、容积率		—			△
四、建筑限高		—			▲
五、建筑密度		%			△
六、地表改变率		%			△

注：▲必要指标；△选用指标。

10.3.8 分期规划

详细规划的规划期与总体规划一致，规划实施将根据轻重缓急和实际需要逐步展开，为此需制定详细规划的建设分期实施内容，明确分阶段实施的目标、重点和实施步骤。同时编制建设分期实施项目库，明确其性质、内容、位置、规模、规划设计要求等，以加强景区保护与建设管理，并估算投资额，指导规划实施。

10.3.9 成果规定

统一详细规划成果的表达方式，是为了提高规划的规范化水平，利于审查、理解和交流，其中文本格式、制图标准、空间坐标的统一是基本要求。详细规划成果应包括：规划文本、规划说明书、规划图纸、遥感影像图等。规划中涉及的重大专题研究报告、评审意见、审批文件等，可作为说明书附录。基础资料可作为说明书附录，应包含规划中涉及的重要基础情况、统计数据、附图等内容。详细规划中涉及控制性规划内容的规划图则可纳入规划图纸中。

规划文本是实施风景区详细规划的行动指南和规范，应以法规条文方式书写，直接表述风景区详细规划的规划结论，用词应简练准确，利于执行与监管。规划文本一般可包括总则、土地利用规划、景观保护与利用规划、旅游服务设施规划、游览交通规划、基础工程设施规划、建筑布局规划等内容。

规划说明书是对规划文本确定的原则、性质、目标、容量、要求等内容的详细说明，对有关现状条件、存在问题等作出分析或说明，对规划内容的分析研究和对规划结论的论证阐述。可以对规划背景、编制过程、规划中需要把握的重大问题等作前言或后记予以说明。规划说明书应分析现状，论证规划目标、规划技术路线，解释说明规划文本和规划内容。

规划图纸可根据编制深度进行选择，应与主要规划内容相对应。控制性深度的风景区详细规划一般包括表 10-6 中 1～12 的图纸内容，修建性深度的风景区详细规划一般包括表 10-6 中 1～4、8～10、11、13～15 等图纸内容。规划图则是控制性深度的详细规划需要增加的内容，应全面反映规划控制内容，并明确区分强制性内容。分图图则的图幅大小、格式、内容深度、表达方式应保持一致。

规划制图应使用规范、准确、标准的地形图底和标准比例尺，采用先进技术绘制。规划图纸应做到要素齐全、坐标准确、清晰易辨、图文相符、图例一致，并应在图纸的明显处标明项目名称、图名、图例、风玫瑰、比例尺、编制日期、编制单位等内容，便于数据共享、项目审批、监测监管。详细规划成果应电子化，做到文本格式统一、制图标准统一、空间坐标(经纬度、三维坐标等)统一。

主要图纸的基本内容应符合表 10-6 的规定。

表 10-6 风景区详细规划图纸规定

图纸资料名称	比例尺			图纸基本内容
	规划面积(km^2)			
	10 以下	10~30	30 以上	
*1. 现状图	1∶1000~1∶2000	1∶2000~1∶5000	1∶5000~1∶10 000	现状风景资源、居民点与人口、旅游服务基地与设施、综合交通与设施、工程设施、用地、建筑分布与面积、功能区划、保护分区等
*2. 总平面图	1∶1000~1∶2000	1∶2000~1∶5000	1∶50 00~1∶10 000	风景资源、旅游服务设施、居民点、综合交通与设施、建设项目等
*3. 区位分析图	1∶10 000~1∶25 000	1∶25 000~1∶50 000	1∶50 000~1∶100 000	在风景区的位置、周边交通分析、景区外游览关系分析等
*4. 用地分析图	1∶1000~1∶2000	1∶2000~1∶5000	1∶5000~1∶10 000	遥感 GIS 分析、用地评价、适建性分析等
5. 景点规划图	1∶1000	1∶1000	1∶1000	景物、保护范围、控制范围、观赏序列等
6. 风景游赏规划图	1∶1000~1∶2000	1∶2000~1∶5000	1∶5000~1∶10 000	景区景群景点、游览路线、活动项目、游赏组织、观赏序列等
7. 保护培育规划图	1∶1000~1∶2000	1∶2000~1∶5000	1∶5000~1∶10 000	保护对象、保护范围与边界、保护等级或类别、保护设施等
8. 竖向规划图	1∶1000~1∶2000	1∶2000~1∶5000	1∶5000~1∶10 000	地形、地貌景观、高程、最高高程、最低高程、主要建筑底层和室外地坪、地下工程管线及地下构筑物的埋深等
*9. 游览交通规划图	1∶1000~1∶2000	1∶2000~1∶5000	1∶5000~1∶10 000	出入口、车行游览道路、步行游览道路、木栈道、自行车道、路桥、汀步、旅游码头、停车站场、交通设施
10. 植物规划图	1∶1000~1∶2000	1∶2000~1∶5000	1∶5000~1∶10 000	植物景观、植物群落或植被生态修复等
*11. 基础工程规划图	1∶2000~1∶5000	1∶5000~1∶10 000	1∶10 000~1∶20 000	给水、排水、电力、电信等
*12. 土地利用规划图	1∶2000~1∶5000	1∶5000~1∶10 000	1∶10 000~1∶20 000	划分用地分类以中类为主、小类为辅
13. 重要节点平面图	1∶2000~1∶5000	1∶5000~1∶10 000	1∶10 000~1∶20 000	功能布局、建筑、竖向、道路、小品、种植、工程等规划
14. 重要节点效果图	1∶1000~1∶2000	1∶1000~1∶2000	1∶2000~1∶5000	俯视或人视效果示意图
15. 建筑方案示意图	1∶200~1∶500	1∶200~1∶500	1∶200~1∶500	建筑布局、建筑效果示意图

注：标注“*”的表示必备图纸。

在规划图纸的基础上，需要编制规划分图图则时，应标明下列主要内容：地块所处的位置；各地块的用地界线、地块编号；各地块的保护等级、土地使用性质及主要控制指标；配套设施的位置及范围；道路红线宽度、道路长度、道路横断面形式、道路红线后退距离、道路交叉口转弯半径、道路交叉点坐标与标高、公交站、停车场、禁止机动车开口路段、人行步道系统(人行过街天桥与地道)；绿地控制要求；工程设施站点用地和大型工程通道地下及地上空间控制要求；其他对环境有特殊影响设施的卫生与安全防护距离和范围；建筑景观控制要点；自然景观控制要点。

文本与图纸、规划说明书与基础资料可分别合订成册，对于篇幅小的规划成果，也可以把四部分合订成一册。封面注明项目名称、规划编制单位、编制日期等内容，扉页注明项目名称、规划编制单位及规划设计证书等级、编号，项目负责人、参加人员姓名、专业资格等，并加盖规划编制单位成果专用章。规划文本和说明书应采用A4版式制作；规划图纸成果可采用A4版式或A3版式制作，与A4版规划文本合订成册。规划图纸为A3版的，图纸可以折叠，并与规划文本装订成A4版规格，也可以单独装订图册。

小　结

本章的教学目的是使学生掌握风景区详细规划具体内容。要求学生能读懂详细规划图纸，并能进行风景区详细规划。教学重点有风景区详细规划基本规定、景观保护与利用规划、旅游服务设施规划、游览交通规划。教学难点为风景区详细规划的深度掌控。

思考题

[1]风景区详细规划的内容有哪些？

[2]风景区详细规划与总体规划的区别与联系是什么？

推荐阅读书目

国家市场监督管理总局，中华人民共和国住房和城乡建设部. 2018. 风景名胜区详细规划标准[S]. 中国建筑工业出版社.

下篇　风景区规划案例与发展经验

第11章 规划案例——哈尔滨天恒山风景区总体规划

11.1 现状概况

11.1.1 区域位置

天恒山风景名胜区位于哈尔滨市道外区团结镇与民主镇交界处，西侧与哈尔滨市区以阿什河相隔，北望松花江，南靠天恒大街，东临江南中环路。距哈尔滨市主城区约3km，总面积20.61km^2(图11-1)。

该区域位于松嫩平原东南缘，临张广才岭西麓。其地形特点为东南高而西北低，由东南向西北呈阶梯式下降。海拔在120~215m之间，平均海拔125m左右，属于波状高平原地貌。也形成一些微地貌，如冲沟和陡崖等。相对高差95m，中部为天恒山山脉，南部、东北部相对平缓；坡度以0°~10°为主，坡向以西北向、北向为主(图11-2)。

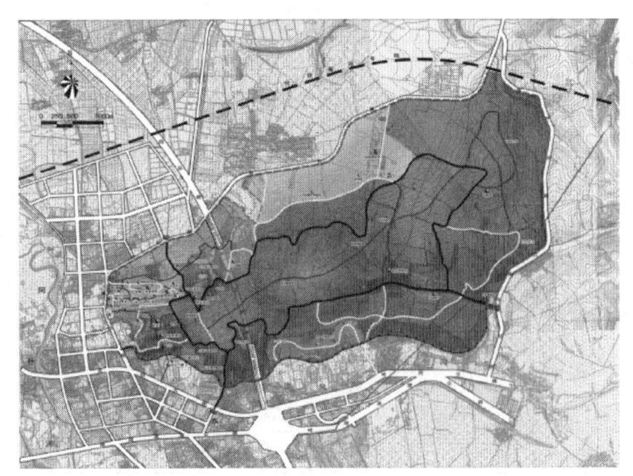

图11-1 规划区域现状

(资料来源：《天恒山风景名胜区总体规划》，2014)

11.1.2 历史沿革

相传天恒山为龙的化身，山体酷似一条龙，又名卧龙山、皇山、黄山，俗名荒山。由于其原来山头形似龙嘴，又称黄山嘴子，相传宋朝徽、钦二帝被俘后曾登上此山，故称皇山，后误传为黄山、荒山。1994年，经市相关部门批准，更名为天恒山。卧龙寺位于天恒山山顶，卧龙寺旨在打造一个东方净琉璃世界的佛门重地。2004年被列为市级风景区，2012年天恒山风景区被列为第七批省级风景名胜区，根据《黑龙江省风景名胜区管理条例》规定，编制天恒山风景名胜区总体规划。

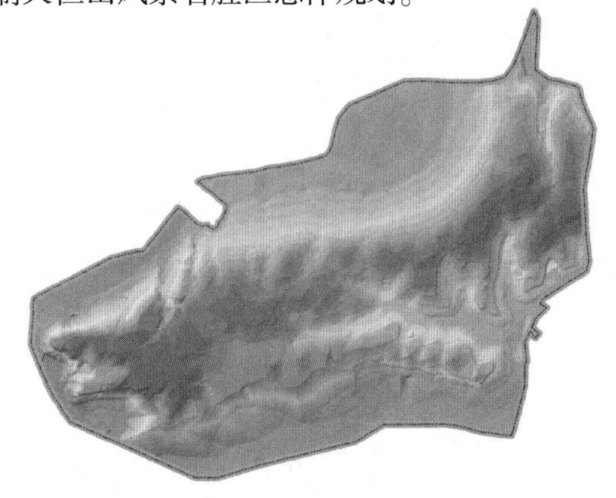

图11-2 基于GIS的场地高程分析

11.1.3 资源现状

天恒山风景名胜区是哈尔滨市规划打造的“万顷松江湿地、百里生态长廊”和阿什河风光带的交汇处，是哈尔滨近郊唯一的山地型旅游风景区，自然环境相对优越，在哈尔滨市独具特色，具备了省级风景资源的品质。主要风景资源特征概括为奇特地质地貌、疏朗岗地森林、数载药师名刹、悠久金源文脉、浓郁知青情怀。

11.1.3.1 自然资源

天恒山是哈尔滨市城郊唯一的一座自然山体，天恒山海拔 120～215m，属中温带大陆性季风气候，自然植被丰富，并时常有野生动物出没。山体幅员辽阔、重峦叠嶂、丘陵起伏、沟壑纵横，一年四季空气清新，春夏秋冬景色宜人。天恒山春游踏青，夏攀揽翠，秋叶迷人，冬雪怡情，堪称是大都市项下的一颗绿宝石。

11.1.3.2 人文资源

区域人文资源丰富，包括冰雪、北方森林、民俗构成的地域文化；佛教和谐、厚重博大的人文气息；辽金时期的遗址遗迹；最具影响力的红色垦荒体验；完整体现第四纪的山体，具有较高的文化、游憩价值。

(1)冰雪文化资源

天恒山地处北方，其拥有了独特的北方冰雪文化，在苍茫的自然环境中形成的质朴民俗，形成了景区内浓郁的北方人文氛围。

(2)佛教旅游资源

卧龙寺位于天恒山山顶，相传天恒山为龙的化身，山体酷似一条龙，卧龙寺旨在弘扬东方净琉璃世界的佛教和谐文化理念，通过厚重博大的人文气息，禅意浓浓的氛围，给人超凡脱俗的身心感受，打造一个东方净琉璃世界的佛门重地。

(3)历史文化资源

在天恒山东南坡的石人沟，发现有金代的两个石人，均用花岗岩雕成，面南而立。一为文臣，一为武将；在两个石人之间，陈设一石供桌。据说，在两个石人之前，原来还有石羊、石虎、石马、石象等雕塑，其中石羊已被省博物馆收藏。

经过考古研究发现，自远古时代就有人类在天恒山劳动生息，景区内曾出土过新石器及粗糙的陶器残片，并在天恒山发现梅氏犀下颌骨化石和一些动物化石，属于同一时期的古生物，生活在距今两万年前的第四纪。因此，天恒山是全国唯一一座最能完整体现第四纪的“荒山”，具有极高的科研价值和地质教学价值。

11.2 现状分析与对策

11.2.1 天恒山发展的优势与动力

(1)区位优势

天恒山风景名胜区位于哈尔滨市东郊，紧邻哈尔滨市主城区，距主城区约3km。哈同公路和哈同高速公路从景区南侧通过，规划城市四环路穿过景区，具有发展休闲、旅游经济价值的极佳区位优势。

(2)自然风景资源优势

天恒山风景资源类型丰富，山体丘陵起伏，高低错落，延绵不断；现有 40 万余株树木结片成林，20 多个树种；丰富的植物资源也为动物的栖息繁衍创造了良好的环境，山上有山鹰、山鸡、野兔和松鼠等动物出没。随着景区资源的保护和培育，各类风景资源都得到了发展提升。

(3)人文资源优势

天恒山是哈尔滨人的发祥地，有着丰富的历史文化遗产。对其遗址进行发掘，采得大量新石器和陶片，指出这里在石器时代已有人类活动；还发现梅氏犀下颌骨化石和野牛化石等古生物，生活在距今两万年前的第四纪；金源文化也是其主要文化，东南坡的石人沟发现的石人，就是重要的金代遗址。

(4)政策环境优势

黑龙江省委、省政府提出实施“哈尔滨百万亩森林绿化”，哈尔滨市城市总体规划确定了以“一江、两河、三沟、四湖”为依托的生态框架。

天恒山风景名胜区作为其重要的组成部分，保护、开发、建设天恒山风景名胜区是城市生态环境建设的必然要求，对构建城市生态网络具有重要意义。

11.2.2 天恒山发展的矛盾与制约因素

(1)局部区域环境破坏较为严重

天恒山的自然景观和生态资源遭到人为的破坏，季节性耕地的开垦侵吞了部分自然植被；附近砖厂的大量采土已经造成山体破损，水土流失严重；殡仪馆的存在也极大地影响游客的心情，导致现阶段游客人数稀少。

(2)基础设施建设落后

天恒山的基础设施建设仍未启动，给排水、供热管网等基础建设未与城市管网衔接，污水自由排放，对景区环境影响较大。现状内部道路集中在西侧，不成体系，与景区其他区域可达性差。

(3)游览服务设施不成体系

天恒山周边缺少吃、住、行、游、娱、购等旅游服务设施，并且未形成系统完整、特色鲜明、布局合理的服务设施系统。

(4)滞留用地制约风景区发展

长期以来，风景区周边滞留用地复杂，企事业单位的生产，村屯农民毁林开荒，生产、生活产生的垃圾严重污染了天恒山的自然生态环境，影响了风景区整体形象，制约了天恒山的发展。

(5)风景区管理机构与机制不健全

风景区隶属于道外区园林绿化管理办公室管理，下设天恒山风景管理站，进行日常管理维护。现有的管理机构在行政力度、结构设置、人力财力等方面都存在缺陷，限制风景区发展，需要做出调整。

11.2.3 规划对策

(1)制定科学的保护培育规划

利用GIS技术对天恒山周边环境进行动态分析、评价，综合动植物因子，研究景观生态安全格局，制定科学的保护培育及游赏规划。突出利用自然、人文资源优势，强化以自然山水、地域文化为主体的典型景观形象。

(2)完善风景名胜区基础设施系统

景区通过各类市政城市管网的引入，科学技术的应用，工程系统的合理布置，形成完整的基础设施体系。

(3)完善风景名胜区旅游服务设施系统

在科学的风景资源评价基础上，优化、整合风景资源，提高景点质量；完善游览服务设施，加强游览线路周边的环境美化、景点建设；加快景区建设，完善景区功能，提供给广大游人进行游览欣赏、文化娱乐及休闲运动的场所。

(4)完善城市生态功能区建设

在保护现有植被资源的基础上，大力植树造林，绿化山体，种植适应性强的各类树种，创造季相分明、种类繁多的多层次、多功能的植物景观群落。

(5)引导滞留用地与周边区域协调发展

控制景区内的居民居住、经营建设活动，引导区内农民外迁；景区内的企事业单位，应引导其迁出；对周边村屯的整体风貌、污水处理等进行相应的管理。

(6)健全管理经营组织机构

成立不低于局级的行政主管单位，设置风景区管理所需要的各个职能部门，进一步提高管理效能；适当导入健康的社会力量，使其在天恒山的经营管理方面发挥积极的作用。

11.3 风景资源评价

11.3.1 风景资源选择与分类

实地景源调查结果表明，天恒山风景名胜区景观资源共筛选出景点26处，其中自然景点14处，人文景点12处。

依据《风景名胜区总体规划标准》(GB 50298—2018)中的风景资源分类标准，天恒山风景名胜区现状景源可分为2大类、5中类、13小类(表11-1)。

表 11-1 天恒山风景名胜区景观资源分类

大类	中类	小 类	名 称
自然景源	地景	山景	天恒山山体
		蚀余景观	黄土瀑布、八砖厂土林、哈一砖高地应力
		地质珍迹	公仆林北侧冲沟、柳条沟冲沟、奶牛场后身冲沟、梦台山冲沟、卧龙寺冲沟、三砖厂后身冲沟、向阳山公墓东侧冲沟、三砖厂剖面、荒山组建组剖面
	生景	植物生态类群	十八垧地
人文景源	园景	现代公园	知青文化景区
	建筑	风景建筑	六和亭
		文娱建筑	知青展览馆
		宗教建筑	卧龙寺
		纪念建筑	哈一机砖窑
		工交建筑	环城高速公路、登山廊梯
	胜迹	遗址遗迹	古人类活动遗迹、古生物类地质遗迹、石人沟
		纪念地	公仆林
	游娱文体场地		汽车影院

11.3.2 风景资源分级评价

11.3.2.1 评价原理

① 风景资源评价必须在真实资料的基础上，把现场勘查与资料分析相结合，实事求是地进行。

② 风景资源评价应采取定性概括与定量分析相结合的方法，综合评价景源特征。

③ 根据风景资源的类别及其组合特点，应选择适当的评价单元和评价指标，对独特或濒危景源，宜做单独评价。

11.3.2.2 评价方法

风景资源单元评价是依据《风景名胜区总体规划标准》所规定的评价指标层次，进行权重分析，确定分值，再按照《风景名胜区总体规划标准》确定的风景资源分为特级、一级、二级、三级、四级的标准进行级别确定。对所选的 26 处景源的分级标准为：95 分及以上为特级，94~80 分为一级，79~70 分为二级，69~60 分为三级，60 分以下为四级(表 11-2)。

表 11-2 景观资源评价

序号	名 称	景源价值(70 分)	环境水平(20 分)	利用条件(5 分)	规模范围(5 分)	总分(100 分)	等级
1	天恒山山体	55	15	4	5	79	二
2	石人沟	50	10	2	3	65	三
3	黄土瀑布	45	15	2	4	66	三
4	八砖厂土林	45	15	2	3	65	三
5	哈一砖高地应力	40	15	2	3	60	三
6	公仆林北侧冲沟	45	12	2	3	62	三
7	柳条沟冲沟	40	10	1	2	53	四
8	奶牛场后身冲沟	40	12	1	2	55	四
9	梦台山冲沟	40	10	1	2	53	四
10	卧龙寺冲沟	50	15	2	4	71	二
11	三砖厂后身冲沟	45	12	2	2	61	三
12	向阳山公墓东侧冲沟	40	10	2	2	54	四
13	三砖厂剖面	55	15	4	4	78	二
14	荒山组建组剖面	50	12	2	3	67	三
15	十八垧地	40	15	3	4	62	三
16	知青文化景区	50	12	4	4	70	二
17	六和亭	48	15	3	2	68	三
18	知青展览馆	50	15	3	4	72	二
19	卧龙寺	50	15	4	4	73	二
20	哈一机砖窑	48	15	3	3	69	三
21	环城高速公路	40	15	1	2	58	四
22	登山廊梯	35	12	2	2	51	四
23	古人类活动遗迹	50	10	1	1	62	三
24	古生物类地质遗迹	50	10	1	1	62	三
25	公仆林	40	12	2	2	56	四
26	汽车影院	35	15	2	3	55	四

景点评价指标主要为：景源价值 70 分；环境水平 20 分；利用条件 5 分；规模范围 5 分。

① 特级景源 具有珍贵、独特、世界遗产价值和意义，有世界奇迹般的吸引力。

② 一级景源 具有名贵、罕见、国家重点保护价值和国家代表性作用，在国内外知名和有国际吸引力。

③ 二级景源 具有重要、特殊、省级重点保护价值和地方代表性作用，在省内外闻名和有省级吸引力。

④ 三级景源 具有一定价值和游线辅助作用，有市县级保护价值和相关地区的吸引力。

⑤ 四级景源　具有一般价值和构景作用，有本风景名胜区或当地的吸引力。

11.3.3　风景资源评价结论

根据风景资源的分类情况调查，自然风景资源的景物景观数量为14项，占总量的54%；人文风景资源的景物景观数量为12项，占总量的46%(表11-3)。

根据所确定的评价指标及分级标准，经过对风景旅游资源进行定性与定量的评价，将天恒山风景名胜区的风景旅游资源分为3个等级，分别为：二级景源6处，占参评总数23%；三级景源12处，占参评总数46%；四级景源8处，占参评总数31%(表11-4、图11-3)。

表11-3　景观资源等级类型

风景资源类型		景源级别			小计	
大　类	中类	二级	三级	四级		
自然景源	地景	3	6	4	13	14
	生景	—	1	—	1	
人文景源	园景	1	—		1	12
	建筑	2	2	2	6	
	胜迹	—	3	2	5	
合计		6	12	8	26	26

表11-4　天恒山风景名胜区景观资源等级

景源等级	自然景观资源	人文景观资源
二级	天恒山山体、卧龙寺冲沟、三砖厂剖面	知青文化景区、知青展览馆、卧龙寺
三级	黄土瀑布、八砖厂土林、哈一砖高地应力、公仆林北侧冲沟、三砖厂后身冲沟、荒山组建组剖面、十八垧地	石人沟、六和亭、哈一机砖窑、古人类活动遗迹、古生物类地质遗迹
四级	柳条沟冲沟、奶牛场后身冲沟、梦台山冲沟、向阳山公墓东侧冲沟	环城高速公路、登山廊梯、公仆林、汽车影院

从景源类型上可以看出，虽然自然景源与人文景源在数量上有差别，但在等级上相当，说明天恒山风景名胜区的游赏应体现自然与人文景观相辅相成，在自然生态环境中透露文化气息，在人文环境内创造生态效益，使其在空间组合关系上完整。

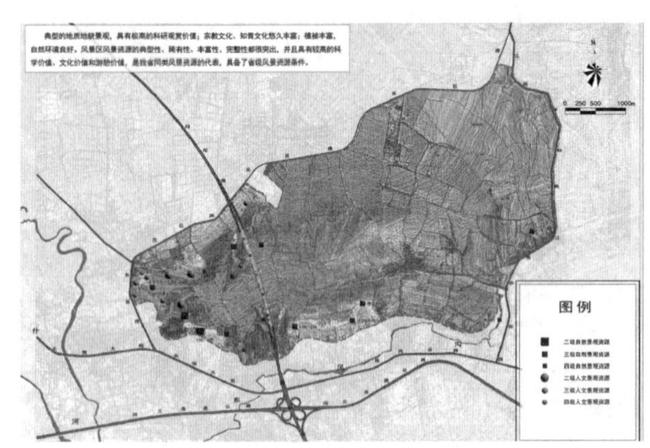

图11-3　风景资源评价等级图示意

从景源评价等级上可以看出，风景名胜区具有省级重点风景名胜区级别的景源价值，在省内外闻名，有省级吸引力。

风景资源的总体评价结论：典型的地质地貌景观，具有极高的科研观赏价值；宗教文化、知青文化悠久丰富；植被丰富，自然环境良好。风景区风景资源的典型性、稀有性、丰富性、完整性都很突出，并且具有较高的科学价值、文化价值和游憩价值，是黑龙江省同类风景资源的代表，具备了省级风景资源条件。

11.3.4　风景资源特征概括

(1)奇特地质地貌

天恒山风景名胜区以典型的第四纪地质剖面景观及第四纪地貌景观为主，由东北区中标准剖面、冲沟、陡崖等地貌景观组成，同时拥有古人类活动遗址，第四纪动物化石遗迹，是集系统性、完整性、稀有性于一身的具有极大科学与经济价值的宝贵地质遗产。

(2)疏朗岗地森林

天恒山风景名胜区海拔在120~215m之间，是哈尔滨市城郊的唯一一座山体，森林植被丰富，以温带落叶阔叶林和温带常绿针叶林为主，40余万株树木结片成林，自然生态在哈尔滨城区周边绝无仅有，构成了天恒山风景名胜区的岗地森林景观。

(3)数载药师名刹

多年来，卧龙寺(药师佛道场)一直是天恒山风景名胜区主要景点之一，许多居士、信众每逢初一、十五到此进行拜谒，供养佛祖。药师佛为东方佛，其佛法理念为普度众生，为世人消灾避祸，祛病延寿，解除众生一切身心苦难，堪称“东方净琉璃世界”。

(4)悠久金源文脉

东北女真族所建立的金朝政权与创造的金源文化，有着悠久的历史，是中华多民族国家历史与文化的重要组成部分。金代历史文化的探寻将成为天恒山风景名胜区最具潜力的旅游资源。

(5)浓郁知青情怀

知识青年上山下乡是一场声势浩大，长达 20 年，涉及近 2000 万人的活动，是中国现代史上的重要事件之一。在东北黑土地奋斗过的知青数以万计，知青文化景区为他们提供一处回想记忆的空间，也为更多的人提供一处体验知青文化的场所。

11.4 规划总则

11.4.1 规划依据

①《中华人民共和国城乡规划法》；
②《中华人民共和国环境保护法》；
③《中华人民共和国文物保护法》；
④《中华人民共和国水法》；
⑤《中华人民共和国水污染防治法》；
⑥《中华人民共和国土地管理法》；
⑦《中华人民共和国森林法》；
⑧《中华人民共和国野生动物保护法》；
⑨《中华人民共和国水土保持法》；
⑩《风景名胜区总体规划规范》；
⑪《风景名胜区条例》；
⑫《地质灾害防治条例》；
⑬《黑龙江省风景名胜区管理条例》；
⑭《黑龙江省旅游发展总体规划(2003—2020)》；
⑮《哈尔滨市城市总体规划(2011—2020)》；
⑯《哈尔滨市旅游业发展总体规划(2002—2020)》。

11.4.2 规划原则

(1)生态优先、合理开发的原则

贯彻“严格保护、统一管理、合理开发、永续利用”的风景名胜区管理的基本原则，将天恒山风景名胜区自然环境资源的保护和恢复作为首要内容，合理地调控景区内开发建设强度，发展生态旅游，打造天恒山风景名胜区“青山、绿草、白雪、广袤森林”的景观风貌。

(2)地域文化先导的原则

充分尊重和发掘地区的文化内涵和人文特征，对于文化多样性给予充分的认识，并自觉运用和渗透到规划的各个层面中，围绕地域特色、佛教文明、知青年代等文化主题，策划多样的文化景观和休闲活动项目，使天恒山风景名胜区成为黑龙江省文化展示与传播的重要窗口，城市社会文明进步的标志。

(3)以人为本的原则

要注重城市型风景名胜区的典型特征，充分关注风景名胜区与城市现实生活的紧密关系，了解公众的合理需求，追求人类与自然之间和谐的良性互动关系，不能片面地强调隔离式保护，应考虑社会提出的经营要求，便于景区市场化运作。

(4)突出特色、创新发展的原则

策划具有天恒山生态特色和文化脉络的新旅游景点及项目，与现有的景观资源相协调，形成和谐统一的游览体系，创造具有影响的系列景观，使风景名胜区特色更鲜明，发展更迅速。

(5)可持续发展的原则

对于不可再生的各类资源要执行严格保护的原则，如重要价值的风景资源、文物、生态环境等，要维持其良好的存在状态，确保其拥有永久性持续发展的潜力和自我调节的机能。

(6)管理服务统筹兼顾、可操作的原则

在充分发挥规划对管理实践的指导意义的同

时，也要注重非管理体系效能的优化，从管理者的角度使规划的服务性更完善。协调规划理念与现实运作的关系，避免过于理想化而削弱了实际操作功能，也要避免迁就现实因素而使规划的科学合理性受到损害。本着形成“一个主体、一份规划、协作推进、合理发展”的局面，实现规划目标。

11.4.3 规划期限

天恒山风景名胜区总体规划期限为2014—2030年，规划分3期：

近期：2014—2020年；

中期：2021—2025年；

远期：2026—2030年。

11.4.4 规划范围

依据景源特征及其生态环境的完整性，历史文化与社会的连续性及地域单元的相对独立性，以及保护、建设、管理和发展的必要性，来确定本次规划的范围。

(1)规划范围

东起江南中环路，南至规划路(天恒大街以北、天恒山南侧山脚下50~400m处，其中三砖厂处100~250m，八砖厂、一砖厂处400m，其余部分以山脚突出部分为基准，外延50m划定风景区南侧界限)，西、北到东巨路，规划总面积20.61km^2(图11-4)。

(2)外围控制范围

南以天恒大街为界，西至规划哈东第一大道，东、北方向以景区外围800m的范围内为规划控制保护地带，总规划面积16.04km^2。

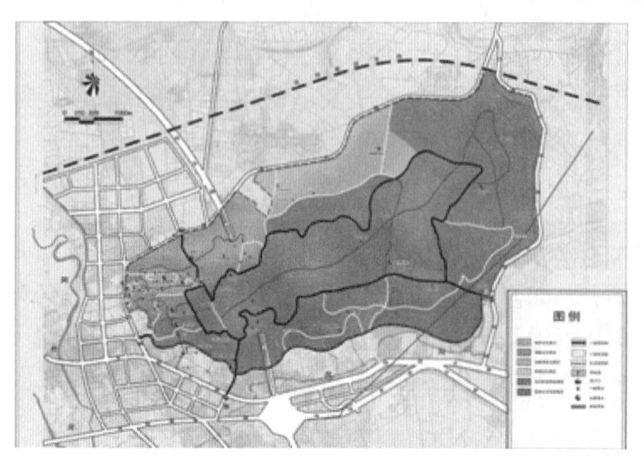

图11-4 规划总平面图

11.5 规划性质与发展目标

11.5.1 规划性质

天恒山风景名胜区是以森林恢复、旅游观光、休闲运动为主要功能，兼具城市居民郊野休闲娱乐与生态功能的山地型省级风景名胜区。

11.5.2 规划发展目标

通过对天恒山风景名胜区生态资源和风景环境进行科学、系统的保护、培育，游赏路线的合理安排，游览配套设施的合理建设，达到保护—开发利用—管理三环节的良性循环。力争把天恒山创建成为自然生态环境维护良好、景观形象和游赏魅力独特、各类基础设施条件优越、人与自然协调发展的风景游憩胜地；进一步发挥其在城市生态环境调节、市民休闲生活中的作用，适应城市经济社会的需要，促进城市产业的发展。

(1)山地风景构建

通过对山体与周边城市风貌的良好调节和控制，恢复原有森林风貌，发展新的有机融合的整体山地文化格局，规划更加富有哈尔滨地方特色的区域多元化空间景观。

(2)城市生态体现

通过对各类自然资源的保护、恢复与优化，内部各系统的建设和重组，强化内外环境的协调互利和整体发展的平衡有序，使景区的自然风光和历史文脉得到保护和发展，成为城市生态资源的蓄积地和生态活力的源泉，得以永续利用。

(3)区域旅游标志

通过综合整治，全面提高环境容量和环境品质，使游览观光、休闲运动等服务内容完善，塑造具有景区特色的景观形象。为外来旅游者提供一个了解哈尔滨文化的景区；为全体市民提供一个优质宜人、充满天然野趣的休闲观光、游乐、科普教育的场所。

(4) 人居环境改善

通过对周边村屯和企事业单位的环境整治，显著改善周边地带的居住品质和景观环境，成为景区及周边范围内人类居住环境质量的基本保证。

(5) 带动产业发展

通过天恒山风景名胜区环境景观构建，拉动房地产业、商业、旅游产业、观光产业、文化产业五大产业，带动道外区和哈东新区的发展，促进城市产业的协调发展，成为哈尔滨市旅游业的闪光点，并牵动全市乃至全省休闲旅游产业的发展。

11.6　规划分区、结构与布局

11.6.1　功能分区

根据风景名胜区的使用要求，从完善风景名胜区的各项功能出发，统筹整合区内各类用地类型，并考虑其地理、自然条件，规划将景区规划分为生态保育区、运动休闲区、风景游览区三大功能区。

(1) 生态保育区

面积 13.96km^2，是以生态恢复、保护培育为主要功能的区域。天恒山作为自然保留地和完整体现第四纪地质特征的山体，是重点恢复林地区域，只适宜简单地用于科教、展示、登高、休憩等活动，不宜有大规模的开发项目和建设内容，山体不能遭到破坏。

(2) 运动休闲区

面积 1.87km^2，规划结合自然地形，进行新兴运动、冰雪运动的体验，成为一个发展各类新兴和冰雪特色运动的主题公园，是以开展体育健身、休闲运动为主要功能的区域。

(3) 风景游览区

包括知青文化景区、佛教文化景区、动植物观光景区、金代民俗体验景区，总面积 4.78km^2。利用各种文化、传说进行规划和开发，成为展示文化、民俗、宗教等内容的景区，是以文化展示、休闲体验、动植物观赏为主要功能的区域。

11.6.2　职能结构

风景名胜区职能结构涉及风景名胜区的自我生存条件、发展动力、运营机制等重大问题，成为风景名胜区规划综合集成的主要结构框架体系。依据风景名胜区规划目标和规划对象的性能、作用及构成组织整体规划结构。《风景名胜区总体规划标准》总结风景名胜区职能结构系统分别是：风景游赏职能系统、旅游接待服务设施职能系统和居民社会职能系统。

(1) 风景游赏系统

风景游赏体系是整个风景名胜区的主体和核心。将风景名胜区内景观资源进行特征分析和安排，把可游览欣赏对象组织成景点，把内容相关、特征相似的若干景点组成景区，并将风景名胜区内外、各景区之间相互联系的主要通道构成景区的主要脉络，使风景名胜区整个风景游赏体系完整、协调、统一。

(2) 旅游接待服务设施系统

为风景游赏活动提供配套服务，按服务等级可分为服务接待中心、旅游服务点、旅游服务站。按设施类型可分为行政管理设施、旅行设施、游览设施、饮食设施、购物设施、保健设施。

(3) 居民社会系统

风景名胜区内居民点应根据现状情况及景区需要进行调整，控制其规模，并合理建设管理，与城市规划和村镇规划相协调，形成系统规划。

11.6.3　布局结构

在对风景名胜区现状进行充分调查研究的基础上，依据景观资源属性、特征和景观资源地域分布、空间关系，在保持原有的自然景源和人文景源的完整性，并为景区未来的发展留有足够的弹性空间的原则指导下，遵从风景名胜区的性质，突出风景名胜区的特征，协调风景资源保护与风景游览的关系，为实现风景名胜区的发展目标，确定风景名胜区规划结构。

天恒山风景名胜区规划结构可以概括为“一山、二环、三片、六区、多点”。

“一山”　即天恒山山体。天恒山山体酷似一条龙，从上空看犹如一条龙盘横于天恒山上，规划以“绿色龙脉”为框架，结合周边地质景观和旅游线路，体现原始、生态的山地风貌。

“二环” 包括环绕景区外围的城市道路和规划贯穿整个风景名胜区各个分区的环路，是城市进入景区和景区内各分区相互联系的主要通道，构成景区的主要脉络。

“三片” 根据自然条件和开发项目的不同，满足风景名胜区功能控制的需要，将风景名胜区划分为三大片区，分别为资源保护区、风景游赏区、接待服务区。

“六区” 围绕自然风光、多元文化的特征，结合观光、休闲、科教、度假、康体等功能，规划六大景区，包括森林生态恢复景区、知青文化景区、佛教文化景区、动植物观光景区、休闲运动景区、金代民俗体验景区。

“多点” 结合已开发项目和其他景观资源节点，打造森林游赏、文化体验、休闲活动、科普教育等主题的多个景点。

11.6.4 总体布局

根据风景名胜区的结构分析和功能分区的情况，风景名胜区在景区布置、内外交通系统、游览组织等各方面做出总体布局安排，具体如图 11-4 所示。

① 根据结构分析确定了各景区具体的范围和性质，并确定景区内各个景点和项目的分布情况与内容。

② 依据交通分析确定各个级别的入口和功能，并设置主要停车场，安排景区内机动车交通系统和步行网络。根据道路交通分析与资源分布，确定内部交通的主要形式和空间分布。步行游览主入口设立在入口广场—中心广场—山门一线。

③ 确定主要的旅游服务设施，平衡各个风景游览区的服务系统。

11.7 游人容量、人口及生态分区规划

11.7.1 游人容量

游人容量是指在保持景观稳定性、保障游览质量和舒适安全以及合理利用资源的限度内，单位时间、一定规划单元内所能容纳的游人数量，是限制某时、某地游人过量集聚的警戒值，是风景名胜区环境承载力的重要指标，也是确定旅游服务设施配置的主要依据。在一定规划范围内的游人容量，应综合分析并满足该地区的生态允许标准、游览心理标准和功能技术标准。

11.7.1.1 游人容量测算方法

游人容量的计算方法主要有线路法、面积法和卡口法。天恒山风景名胜区总体规划游人容量计算采用的是面积法。

面积法的采用公式如下：

$$C_{日}=A\cdot D/B$$

式中 $C_{日}$——日环境容量（人次/日）；

A——可游览面积（m^2）；

D——日周转率；

B——每位游客应占有的合理面积（m^2/人）。

年游人容量计算采用公式如下：

$$C_{年}=C_{日}\cdot N\cdot K$$

式中 $C_{年}$——年环境容量（人次/年）；

$C_{日}$——日环境容量（人次/日）；

N——全年适宜旅游天数；

K——游人系数取 0.7。

11.7.1.2 游人容量估算

此次规划仅就基本游人容量进行测算，估算范围为规划的 6 个景区。各个景区均有适宜冬、夏两季旅游的景点，因此不分季节统一计算，对每个景区的可游览面积和景区面积进行分项统计，然后将《风景名胜区总体规划标准》中的风景游赏地以及游客容量计算中的游憩用地对应起来，根据游憩用地生态容量指标，推算出各规划分区的容量指标。

天恒山风景名胜区游人容量具体指标及日游人容量估算见表 11-5。

天恒山风景名胜区 6 个景区的日游人容量之和约为 2 万人次。天恒山风景名胜区的游览并没有明显的季节性区别，由此确定风景名胜区的

年适

表 11-5 天恒山风景名胜区日游人容量估算

游览景区名称	计算面积（hm²）	生态容量指标（m²/人）	一次性容量（人/次）	日周转率（次）	日游人量（人次/日）
知青文化景区	67	300	2233	1	2233
佛教文化景区	20	300	667	1	667
动植物观光景区	172	500	3440	1	3440
休闲运动景区	187	500	3740	1	3740
金代民俗体验景区	219	500	4380	1	4380
森林生态恢复景区	1396	2500	5584	1	5584
合　计	2061				20 044

（资料来源：《天恒山风景名胜区总体规划》，2004）

宜游览天数为 240d，即可估算出天恒山风景名胜区的年游人容量为 480 万人次/年。

11.7.2 人口规模

(1) 职工人数

由于风景名胜区面积大，各景区相对独立性较强，因此，风景名胜区需要较多的管理维护人员，规划 2030 年职工人数为 480 人，其中直接服务人员为 96 人，间接服务人员 384 人。

(2) 游人人数

天恒山风景名胜区 2030 年游人规模为 736 700 人次/年，平均 3070 人次/日。

(3) 人口规模

天恒山风景名胜区人口规模为职工人数和游人人数之和，风景名胜区总人口为 737 180 人。

11.7.3 生态原则与生态分区

11.7.3.1 生态原则

① 避免对自然环境的消极作用，控制和降低人为负荷，在对自然环境充分尊重的基础上确定游览时间、空间范围、游人容量、项目内容和开发强度。

② 保持和维护天恒山风景名胜区原有生物种群、结构及其功能特征，保护典型而有示范性的自然综合体。

③ 提高天恒山风景名胜区自然环境的复苏能力，提高氧、水、生物量的再生能力与速度，提高风景名胜区生态系统或自然环境对人为负荷的稳定性或承载力。

11.7.3.2 生态分区

根据景区内生态环境现状，把风景区按生态状况分为生态不利区、生态稳定区、生态有利区。

① 生态不利区　主要指山体周边被村屯、砖厂破坏的区域。由于污水污气自然排放，垃圾直接倾倒，这些区域大气、水域、土壤植被处于不利状态。要大力整治区域内的生态环境，以实施综合的自然保育措施为主，尽量不施加人为压力。

② 生态稳定区　指风景名胜区内大部分耕地用地，这一区域的大气、土壤都处于稳定状态，但林木缺乏，应退耕还林，在保护现有生态状态的基础上，大力植树造林，实施针对性的自然保育措施，进行限制性开发建设。

③ 生态有利区　指风景名胜区内除生态稳定区和不利区外的其余地带。这一区域各项环境要素状况稳定，采取适用的自然保护措施。

11.8 保护与培育规划

风景名胜资源是珍贵的自然与文化遗产，是不可再生的国家资源，保护风景资源是风景名胜区管理的首要任务。风景保护规划按照完整性、真实性和适宜性原则，根据天恒山风景名胜区的特点，采取分类保护、专项保护的方法，通过对各类资源的调查、分析，以风景资源的价值和级别为主要依据，进行相应的保护区划分。

11.8.1 规划原则

保护天恒山风景资源的完整性和原真性，最大限度地恢复天恒山森林植被，构建安全的景观生态格局，在保护和利用的过程中，尽可能恢复并保护自然景观资源，保护其所在环境的完整性。

保护天恒山风景名胜区地质景观资源的完整

性，保证其自然属性不被破坏，发挥其在地质构造、地貌发育、应力作用、自然环境及生态系统、植物群落等方面的科普教育和地学旅游功能。

保护天恒山风景名胜区文化景观资源的完整性和原真性，加强对天恒山各类文化的保护修缮。利用文化景观和修建文化建筑时应尽可能地保证文化资源原设计、材料、工艺和环境的真实性。

保护生态系统的完整性和生物多样性，修复并保护天恒山的生态系统，防止本地物种，特别是濒危物种的生存繁衍环境受到外来物种的侵蚀和旅游等人类活动的破坏。

11.8.2 分类保护规划

根据资源的不同类型，规划选择重要或特殊的专项进行分类保护。按照保护培育对象的种类和属性特点，本规划将天恒山风景名胜区分为自然景观保护区、史迹保护区、风景恢复区、风景游览区、发展控制区和外围控制区。

11.8.2.1 自然景观保护区

自然景观保护区主要指具有需要严格限制开发行为的特殊天然景源和景观的区域，区内具有独特的地质剖面类和地貌景观类的地质遗迹景观，并且植被保存较好，具有较为典型的森林景观特征，栖息有野生的动物及禽鸟，构成了天恒山风景名胜区的自然生态景观保护格局，为城市及风景名胜区的发展保存绿色生态基底空间。

该区范围主要是天恒山山体西南侧自然资源比较丰富的区域，总面积2.69km²。

自然景观保护区是天然景源和景观保存较为完好的区域。在该区域内，对开发建设活动进行严格限制，除少量旅游接待、景点建设、安全防护和生态修复建设活动以外，不得安排其他无关的建设设施；保持原生自然地貌和植被，严禁开山取石以及破坏自然植被、山体的建设行为；可以配置必要的步行游览和安全防护设施；控制游人，有序进入，不得安排与风景名胜区无关的人为设施；除已规划控制的过境交通线路，其他区域严禁机动交通工具及其设施进入，局部地段可考虑环保型的电动交通工具进入。

11.8.2.2 史迹保护区

史迹保护区主要指具有突出的历史价值和人文价值的资源及其周围环境，包括各级文物、建筑、建筑组群、保护街区和有价值的历史遗迹。

该区主要为石人遗址区，总面积0.10km²。

史迹保护区保障管理的目标在于保护历史遗迹、建筑、文化的原真性和完整性。根据保护文物的实际需要，对遗迹进行修缮；可以安置必要的游览和防护设施，应将游人量控制在合理范围内；不得安排旅宿床位，严禁增设与其无关的人为设施；严禁机动交通及其设施进入；严禁任何不利于保护的因素进入；开展符合本遗址风格的林地氛围。

11.8.2.3 风景恢复区

风景恢复区主要指由于风景名胜区内自然植被、地形地貌等各种自然和人文景观遭到破坏，需要重点恢复、培育、涵养的对象与地区。

该区范围主要为风景名胜区内需要退耕还林的区域，总面积15.52km²。

风景恢复区内自然植被大部分已经被破坏，风景质量不高，但是对风景名胜区的整体环境影响较大，具有修复、培育的可能。应采用必要的技术措施与设施对被破坏的山体和植被部分根据景观要求进行整理、修复；对游人的活动进行控制与引导；有计划、分阶段逐步搬迁居民点；不得安排与风景资源恢复无关的项目与设施；严禁对风景恢复不利的各类行为与活动。

11.8.2.4 风景游览区

风景游览区主要指风景资源和风景游赏对象集中，主要开展游览活动的区域，其利用和使用强度必须严格控制在风景名胜区资源与环境允许的容量以内。

该区主要为知青公园、卧龙寺、金代民俗村等风景游赏集中区域，总面积2.05km²。

区内要严格保护山体、水体、植被、景源和风景环境，严禁开山采石、污染环境；游人以主动的方式参与游览活动，可划出一定范围作为游览空间。可以进行适度的资源开发利用行为；可以适量安排游览项目，游览项目与游览活动要与风景名胜区的性质相一致；分级限制游人规模、机动交通，适度配置旅游设施，不得破坏风景资源；控制本区的建筑设施的性质、规模、体量、高度、色彩、风格等，建筑与各种设施应与自然环境相互协调，限制无关建设。

11.8.2.5 发展控制区

发展控制区指在风景区范围内，除上述保护分区用地之外的其他各项用地，均划为发展控制区。

主要为哈尔滨市兽医研究所，总面积 0.25km^2。在不违背景区建设目标与方针的前提下，准许保留原土地利用形态，控制各项设施的规模与内容；可以安排符合天恒山风景名胜区性质的各项旅游活动；不得进行毁林行为；在林地中放牧；使用污染环境的药物等。哈尔滨市兽医研究所应加强管理与引导，控制建筑规模、高度及体量，并将其功能逐步转变成为风景区的接待服务基地。

11.8.2.6 外围控制区

外围控制区指在风景名胜区范围以外，南以天恒大街为界，西至规划哈东第一大道，东、北方向以景区外围 800m 的范围内为规划控制保护范围。重点保护整个景观风貌与生态环境不受破坏，在上述前提下根据"开发性保护为主"的原则进行建设。

具体保护控制内容包括：

① 根据观赏视距与视域的关系，确定风景名胜区南侧山下建筑高度控制在 7.5～24m 之间，天恒大街与天恒山之间互为对景，在天恒大街上可以远眺天恒山山顶，天恒山游客也可俯视天恒小镇。

服务区建筑为金源文化传统风貌，其他建筑为现代欧式简约风格；色彩以淡暖色系为主基调，以黄色和白色为主；建筑体量应不宜过大，并且与环境相协调。

② 禁止建设影响景观和污染环境的项目，现有污染源应限期治理，污染严重、治理不好的企业应停产搬迁。

③ 禁止开山采石，保护山体及植被，限制砍伐树木，培育山林植被，保护自然水体，不得填水建房。

④ 环城高速路两侧各建设不低于 100m 宽的防护绿带；江南中环路两侧各建设不低于 50m 宽的绿带，其余城市道路按规定建设绿带。

⑤ 步行进山游览主入口(入口广场—中心广场—山门一线)两侧各控制 60m 范围作为风景名胜区的配套服务空间；进山车行道路两侧各控制不低于 40m 的绿带。

⑥ 各类设施建设应与风景区环境相协调。

11.8.3 专项保护规划

11.8.3.1 地质资源保护规划

天恒山风景名胜区具有典型的第四纪地质剖面景观及第四纪地貌景观。地质剖面类主要为人类工程活动开挖形成的剖面；地貌景观类主要因为受重力、风力、地表水等外动力作用下剥蚀而造成的冲沟地貌景观，是集系统性、完整性、稀有性于一身的具有极大科学与经济价值的宝贵地质遗产，需要得到有效保护和永续利用。具体保护措施如下：

① 地质剖面类遗迹对于研究东北中更新纪地层及地应力具有非常宝贵的科学价值，应保留其剖面出露地层，在其周边进行植被恢复。

② 地貌景观类景观为冲沟地貌景观，现状毫无人工痕迹，沟内花草浑然天成、自成系统，与沟边景色相映成趣，应保留其自然景观形态。

11.8.3.2 生物多样性保护规划

生物多样性是人类赖以生存和经济可持续发展的物质基础，是与人类社会持续发展息息相关的最重要因素。进行生物多样性专项保护，就是保护森林环境，使动植物物种生存的空间、生活栖息与繁衍的环境免受破坏。

天恒山的植被应以温带落叶阔叶林和温带常绿针叶林为主，植物优势成分为松科、杨柳科、槭树科、木樨科、桦木科。具体保护措施如下：

① 严格保护现有林地植物群落和树种，保护和大力使用乡土树种，加强对外来引进物种的管理，防止“生物灾害”。

② 严禁捕杀、贩卖野生动物，保护动物的生存环境，扩大阔叶林和浆果类植物种植面积，为鸟类繁衍提供环境。

③ 根据景点的不同需要进行人工造林，在其中混种灌木或其他能耐一定程度庇荫且具有观赏价值的花灌木及亚乔木。这样能增进地力，有利于树木生长；丰富林下植被，增加林地层次，提高观赏价值。

④ 禁止滥采乱挖活动，保护野生菌类植物。

⑤ 加强科研投入和科普教育。

⑥ 在保护的基础上，按照生态学的原理，大力开展植树造林，品种培育，不断扩大种群数量，调整树木结构，合理开发，持续利用。

11.8.3.3 文化资源保护规划

天恒山风景名胜区的文化类型大致可划分为历史文化和地域民俗文化，而历史文化大体又有4类，即万年历史的地质文化，以知青文化为主的红色文化、佛教文化、龙文化；地域民俗文化大体上可分为以冰雪文化和森林文化为代表的北方生态文化，以及以金源文化为代表的北方民俗文化。具体措施如下：

① 文化保护中坚持“保护为主、合理利用、传承发展、长远规划、分步实施、讲求实效”的原则。

② 在风景名胜区管理机构中设立文化保护管理的分支机构，专门负责风景名胜区内的非物质文化遗产保护工作。

③ 在天恒山的各项规划建设中要充分挖掘、利用民俗文化、地质文化、佛教文化、知青文化等各类文化资源，体现天恒山的文化特征。

11.8.4 核心景区保护规划

11.8.4.1 核心景区划定

风景名胜区核心景区作为风景名胜资源最集中、最具观赏价值、最需要严格保护的区域，是衡量风景名胜区自然景观、历史文化、生态环境品质和价值高低的重要条件。天恒山风景名胜区的核心景区包括分类保护规划中所划定的自然景观保护区和史迹保护区。

11.8.4.2 保护措施

除了遵循自然景观保护区、史迹保护区的各项保护要求以外，还应强调以下内容：

① 要特别重视主要景点和景观视线的保护。

② 对核心景区内不符合规划、未经批准以及与核心景区资源保护无关的各项建筑物、构筑物，都应当提出搬迁、拆除或改作他用的处理方案。

③ 在核心景区内严格禁止与资源保护无关的各种工程建设，严格限制建设各类建筑物、构筑物。

④ 应设立专职人员，对核心景区保护情况进行监督，及时发现和制止各种破坏景观和生态环境的行为。

⑤ 加强宣传，使游人和当地居民自觉、主动地参与保护工作。

11.9 风景游赏规划

天恒山风景名胜区规划6个景区，分别为知青文化景区、佛教文化景区、动植物观光景区、休闲运动景区、金代民俗体验景区、森林生态恢复景区(表11-6)。用地由风景名胜区管理机构管理。其中，森林生态恢复景区主要处于天恒山山体部分，以自然森林和地质景观为特色，以恢复天恒山原始、生态的自然环境为主要功能，游览内容突出龙文化和地质文化展示、徒步登山、野外宿营等；知青文化景区、佛教文化景区、动植物观光景区、金代民俗体验景区、休闲运动景区处于风景名胜区相对平缓的部分，以历史文化和山城空间格局为主要特色，以生态游览、休闲运动、旅游服务等为主要功能。风景名胜区针对省内外及哈尔滨市本地居民服务。

表 11-6 规划景区一览表

名称	面积（km^2）	范围	景观特色	游赏内容
知青文化景区	0.67	位于风景名胜区西部，东、北临动植物观光景区，南接佛教文化景区，西至东巨路	知青文化展示、知青生活体验	知青博物馆观赏、红色记忆廊道游览、活动体验、露宿野营
佛教文化景区	0.20	位于风景名胜区西部，知青文化景区、森林生态恢复景区围合区域	药师佛为主的佛教文化	宗教旅游、登高览胜
动植物观光景区	1.72	位于风景名胜区西北部，东临休闲运动景区，南临森林生态恢复景区、知青文化景区，西、北至东巨路	生态森林、动植物景观	动物观赏、喂食，生态植被观光
休闲运动景区	1.87	位于风景名胜区北部，动植物观光景区、森林生态恢复景区、风景名胜区边界围合区域	军事场景、运动场地、草原风貌	休闲活动、军事体验
金代民俗体验景区	2.19	位于风景名胜区东部，东至江南中环路，南至景区边界，西、北接森林生态恢复景区	千年金源文化人文景观	探访古迹、领略文化、民俗体验、表演观赏
森林生态恢复景区	13.96	位于风景名胜区中心位置，用地为天恒山山地主体	地质景观、山体风貌、生态森林	生态游览、徒步登山、登高远眺文化体验参与、登山宿营、原始生态游览

11.9.1 景区规划

11.9.1.1 知青文化景区

(1) 景观特色与游赏内容

知青文化景区以知青文化展示和知青生活体验为特色，以知青博物馆观赏、红色记忆廊道游览、活动体验、露宿野营为主要游赏内容。

(2) 规划重点

知青文化景区位于风景名胜区西侧，面积约0.67km^2。规划分为两大区，分别为知青文化展示区和知青生活展示体验区，目标是努力建成为中国最具知名度的知青文化休闲体验园和最具影响力的红色垦荒青春纪念地。

通过知青用具、知青老照片、档案、书信、宣传画、记录影像、艺术作品、雕塑等多种展示形式，创造提供知青记忆交流的场所；实景再造与知青生活环境的艺术化再现，为知青提供重温历史，并进行再认识的场景与场所；整体营造能够使当代青年了解知青、了解先辈的经历，引起青年思考并启迪人生的积极场所。规划景观内容包括知青博物馆、红色记忆廊道、生命之河广场、打谷场、湿地、柳树林野营、纪念林等。

11.9.1.2 佛教文化景区

(1) 景观特色与游赏内容

佛教文化景区以药师佛为主的佛教文化为主要景观特色，以宗教旅游、登高览胜为主要游赏内容。

(2) 规划重点

佛教文化景区位于风景名胜区西侧，面积约0.20km^2。规划旨在弘扬佛教和谐文化理念，传达厚重博大的人文气息，营造禅意浓浓的氛围，给人超凡脱俗的身心感受，造就一个东方净琉璃世界的佛门圣地。

① 分期有序地完成卧龙寺建设，使其成为我国最大的药师佛寺庙和药师佛道场。

② 完善景区环境和步行游览线路，创造怡人的观赏环境。

③ 规划在现状六和亭北侧增设玲珑塔，登高览胜。

④ 改善卧龙寺西侧谷内环境，东侧修建竹舍，打造净心礼禅的景观。

11.9.1.3 动植物观光景区

(1)景观特色与游赏内容

动植物观光景区以生态森林、动植物景观为特色，以动物观赏、喂食，生态植被观光为主要游览内容。

(2)规划重点

动植物观光景区位于风景名胜区西北侧，面积约1.72km²。规划以建设动物展示园为主，生态植被、地质景观观光为辅。景区现状有大面积森林植被，扩展其建设动物展示园、植物观赏区，饲养适宜当地环境生长的各类小动物，规划景观内容包括动物展示园、冲沟等。

11.9.1.4 休闲运动景区

(1)景观特色与游赏内容

休闲运动景区以军事场景、运动场地为主要景观特色，以休闲活动、军事体验为主要游览内容。

(2)规划重点

休闲运动景区位于风景名胜区北侧，为北面缓坡，面积约1.87km²。规划以运动休闲为主题，遵循自然地形，策划军事拓展基地、军事露营营地、真人CS体验园，打造具有军事特点的纯天然的运动休闲区，成为风景名胜区内一处健康休闲氧吧。

11.9.1.5 金代民俗体验景区

(1)景观特色与游赏内容

金代民俗体验景区以千年金源文化人文景观为特色，以探访古迹、领略文化、民俗体验、表演观赏为主要游赏内容。

(2)规划重点

金代民俗体验景区位于风景名胜区东侧，面积约2.19km²。规划以浓厚的历史文化为背景，以古代遗迹为底蕴，充分挖掘哈尔滨的金源文化足迹，带给游人独特的民俗体验之旅。

① 挖掘天恒山金代的各种民俗，举办民俗表演、民俗展览等活动。

② 建造养马场，进行马上活动，体验古代骏马奔腾、驰骋疆场的民族精神。

③ 规划金代民俗村，展现金代原始村落生活场景。

11.9.1.6 森林生态恢复景区

(1)景观特色与游赏内容

森林生态恢复景区以珍贵的地质景观、山体风貌、生态森林为特色，以文化体验参与、登山宿营、原始生态游览、徒步登山、登高远眺为主要游赏内容。

(2)规划重点

森林生态恢复景区位于风景名胜区中心山体部分，面积约13.96km²。规划重点恢复森林植被，展现山地风貌，设置游览登山道，为游人提供生态游览和森林观光等活动，通过植物类型、季相搭配，展现“五花森林、绿色龙脉”的风景。

① 改造现状山体状况，退耕还林，采用多种造林模式，促进生物多样性和生态类型多样性，创造富有特色的森林景观。

② 体现龙文化，不同树木的围合种植，留出龙形的空间，从上空看犹如一条龙盘旋于天恒山上，打造天恒山灵秀、幽深的龙文化景象。

③ 规划地质文化教学基地，提供科学研究与教学、天恒山地质构造以及古生物化石等遗址遗迹资源展示的场所。

④ 景区林地幽深，林木茂密，开展雪屋体验、原始露营体验、树屋体验等，体会最原始、最生态的休闲活动。

⑤ 开辟天恒山山地生态游览线，登高览胜，远眺农田风光和城市景象。

⑥ 利用天恒山山地生态游览线开展自然教育，沿路设置当地植物、动物、地理、自然及生态知识的教育标牌。

11.9.2 景点规划

天恒山风景名胜区规划涉及景点共45个，根据规划主题与建设情况，可将这些景点分为两类，即现状保护完善景点和规划新建景点。现状保护完善景点是现状已具备一定的景观条件或者已进行了一定程度的开发建设，规划加以完善、充实、提高和利用，此类景点有 18 个；规划新增景点是根据规划的环境条件和规划需要，确定了新的景观建设内容，目的是提高风景名胜区的景观价值，充实游览内容，此类景点有 27 个(表 11-7)。

11.9.3 游赏项目组织

根据《风景名胜区总体规划标准》的要求，并结合天恒山风景名胜区自然景观和人文景观的特点，规划将游赏项目分为野外游憩、审美欣赏、科技教育、娱乐体育、休养保健和其他 6 类，共 32 个游赏项目。游赏项目分类及策划详见表 11-8。

表 11-7 规划景点一览表

景区	景点名称	建设类型	规划内容
知青文化景区(16)	哈一机砖窑	保护	以老砖窑为代表的主题文化景区
	荒山组建组剖面	保护	
	牛奶厂后身冲沟	保护	
	汽车影院	保护	
	知青博物馆	完善	纪念知识青年上山下乡这段重要历史，弘扬北大荒精神，反映当年知青经历的博物馆
	登山廊梯	完善	垂直景观视角的攀爬景观廊道
	知青文化广场	新建	设置知青文化墙、知青主题雕塑
	红色记忆廊道	新建	展现红色时期题材的景观廊道
	生命之河广场	新建	以红色雕塑、树木，河流、落叶，自然植被的踏步，表现知青的人生沉浮、生命光辉和知青精神
	知青生活体验园	新建	以知青点、农舍为主要展示区域，并可以进行餐饮、住宿等体验活动
	湿地	新建	体现北大荒开荒前的沼泽地，并在湿地内设置垂钓活动
	柳树林野营地	新建	利用原址的柳树林结合湿地在林中规划出露营区
	纪念林	新建	游人在参观的过程中可以在纪念林中种下一棵象征自己青春的树
	猎人小屋	新建	别致的木质小屋子提供和展示猎人生活的场景
	林场小屋	新建	还原林区伐木场的知青生活环境
	观景塔	新建	观赏园景、落日景观塔
佛教文化景区(5)	六和亭	保护	
	卧龙寺	完善	完成卧龙寺整体建设
	玲珑塔	新建	登高览胜观景建筑
	竹舍	新建	修禅庭院景观
	灵修谷	新建	净化心灵、远离尘世的冲沟峡谷景观
动植物观光景区(3)	柳条沟冲沟	保护	
	十八垧地	保护	
	动物展示园	新建	
休闲运动景区(4)	动物研究所	完善	
	军事拓展基地	新建	可作为教育培训、军训、军事拓展训练、旅游休闲等运动基地
	真人 CS 体验园	新建	穿梭丛林之间，享受最真实的战场体验
	军事露营营地	新建	体验军事户外生活方式，达到户外休闲娱乐的目的
金代民俗体验景区(3)	金代民俗村	改建	将原有兴恒屯改建成体现金源文化的民俗体验村落
	马场甸子	新建	养马场，体验骑马乐趣
	民俗表演场	新建	可以观赏丰富多样的传统表演的地方，节日里还可以展开各种传统的游戏
森林生态恢复景区(14)	石人遗址	完善	
	卧龙寺冲沟	保护	
	三砖厂后身冲沟	保护	
	向阳山公墓东侧冲沟	保护	
	梦台山冲沟	保护	
	公仆林北侧冲沟	保护	
	教学基地	新建	为地质学及相关专业学生提供野外实地学习的机会
	原始露营营地	新建	体会最原始、最生态的休闲活动
	树屋体验园	新建	
	雪屋体验园	新建	
	日照亭	新建	观赏日出，供登山休息
	长途远足径	新建	开辟沿山游步道，可徒步登山、定向比赛
	三砖厂剖面	完善	
	山门入口	新建	通向山上佛寺的外门

表 11-8 游赏项目一览表

游赏类别	项目编号	游赏项目	活动地点	游赏类别	项目编号	游赏项目	活动地点
野外游憩	1	消闲散步	森林生态恢复景区、佛教文化景区	科技教育	17	纪念	革命公墓、纪念林、公仆林
	2	郊游野游	森林生态恢复景区		18	宣传	金代民俗村
	3	垂钓	知青文化景区湿地	娱乐体育	19	游戏娱乐	树屋体验园、雪屋体验园、鹿拉爬犁体验园、驯鹿园、军事拓展基地、民俗表演场
	4	登山	森林生态恢复景区		20	健身	长途远足径、自行车运动
	5	骑驭	马场甸子		21	演艺	室内外民俗表演、金代民俗体验景区
审美欣赏	6	览胜	观光塔、六和亭、日照亭		22	体育	滑雪场、滑草、骑马、自行车、CS 运动、跑步
	7	摄影	天恒山山体		23	冰雪活动	滑雪、滑冰、爬犁
	8	寻幽	森林生态恢复景区	休养保健	24	避暑避寒	天恒山服务区
	9	访古	古生物遗迹、石人雕塑		25	野营露营	军事宿营营地、原始宿营营地、柳树林野营地
	10	寄情	红色记忆廊道		26	休养疗养	休闲养生文化中心
科技教育	11	考察	第四纪地质剖面景观、荒山组建组剖面		27	森林浴	森林生态恢复景区
	12	探胜探险	冲沟、地质剖面	其他	28	民俗节庆	知青节、佛教节日、冰雪节、赛马节等
	13	观测科研	动植物观光景区		29	社交聚会	天恒山庄
	14	科普教育	教学基地、野生动物研究所、知青博物馆		30	宗教礼仪	卧龙寺、竹舍、静修院
	15	采集	知青生活体验园		31	购物商贸	
	16	文博展览	文化展示中心		32	劳作体验	知青生活体验园

11.9.4 风景单元组织

11.9.4.1 组织原则

① 依据景区内容与规模、景观特征分区、构景与游赏需求等因素进行组织。

② 使游赏对象在一定的结构单元和结构整体中发挥积极作用。

③ 应为各景物间和结构单元间相互因借创造有利条件。

11.9.4.2 单元组织

规划针对天恒山风景名胜区的自然文化景观突出的特点和每个景区的特色，合理进行风景单元组织，分别组织了多种游赏项目，除传统型的观光旅游外，还涉及生态旅游、文化旅游、城郊假日休闲旅游、体育健身旅游等多种方面。通过这些有利结合的游赏单元，使游赏的景物和结构单元间创造良好的因借条件，使游赏对象发挥良好作用。

在景区主要安排为本地居民和周边城市服务的生态型休闲旅游项目，并结合服务区整体形成风景名胜区的对外旅游项目。其中，自然生态游包括森林生态恢复景区生态游览线、动植物观光景区观光等项目；文化旅游包括知青体验园、卧龙寺、金代民俗村、各类博物馆等项目；体育健身游包括长途远足径、露营、滑雪场等项目。

11.9.5 游览线路组织

11.9.5.1 组织原则

根据天恒山风景名胜区的景源特点和分布情况，组织多内容、多层次、多形式的游览活动，以增强游人的游赏情趣。规划体现以下原则：

① 突出特点，发挥优势，使游人充分感受到天恒山风景名胜区的风景环境特色和内涵。

② 各景区、景点组成富有变化、生动鲜明的景观序列，尽量避免走回头路。

③ 能够满足不同游人的游览要求，使游线选择更加灵活。

④ 有利于合理组织游人和按环境容量控制游

人量。

11.9.5.2 游线组织

天恒山风景名胜区景观主题丰富，可以组织多种游赏路线，总体上围绕“自然与人文”两大资源打造 7 条游览线路。主要为知青文化主题游、森林景观游、地质地貌科普游、休闲体育运动游、金源文化体验游、宗教文化活动游、动植物欣赏游。

① 知青文化广场—哈一机砖窑—登山廊梯—湿地—知青生活体验园—知青博物馆—猎人小屋—林场小屋—观景塔—生命之河广场—红色记忆廊道（知青文化主题游）。

② 入口广场—中心广场—山门—卧龙寺冲沟—竹舍—卧龙寺—灵修谷—玲珑塔—六和亭（宗教文化活动游）。

③ 山体恢复公园—八砖厂土林—哈一砖高地应力—黄土瀑布（地质地貌科普游）。

④ 长途远足径—日照亭—生态游览线—雪屋体验园—树屋体验园—原始宿营营地—公仆林—向阳山公墓东侧冲沟（森林景观游）。

⑤ 军事宿营营地—军事拓展基地—真人 CS 体验园（休闲体育运动游）。

⑥ 民俗表演场—马场甸子—金代民俗村—石人遗址（金源文化体验游）。

⑦ 动物展示园—公仆林北侧冲沟—十八垧地（动植物欣赏游）。

11.9.5.3 游程安排

根据游赏内容（景区、景点）、游览时间、游览距离，可大致分为 3 种类型：半日游、一日游和二日游。每条游览线安排半日游，每两条半日游览线组合为一日游，依次可组合为二日游。

11.10 典型景观规划

11.10.1 典型景观规划概述

天恒山风景名胜区是以第四纪地质剖面景观、冲沟、陡崖为地质地貌特征，以“五花森林”为植物景观特色，以冬寒夏爽为季相特征，以地质景观、生态森林、多元文化、寒地民俗为游赏体验内容，以观光游览、休闲娱乐、科普教研、商务度假为主要功能的城市山地型风景名胜区。

天恒山风景名胜区自然风景资源丰富，山体开阔壮丽，地质景观独特，天恒山风景名胜区代表了我国第四纪“荒山组”地质景观的典型风貌，是省内最具代表的坐落在城市近郊的山地型风景名胜区。人文风景资源独特，多种文化汇聚，现代文化与地方传统文化相得益彰。

其典型景观主要由以下五部分构成：

① 奇特地质地貌；

② 疏朗岗地森林；

③ 数载药师名刹；

④ 悠久金源文脉；

⑤ 浓郁知青情怀。

11.10.1.1 规划原则

① 充分认识典型自然景观和人文景观的特征和价值，保护典型景观本体及其环境，保持景观的永续利用。

② 挖掘和利用景观特征与价值，突出特点，组织适宜的游赏项目与活动。

③ 妥善处理典型景观与其他景观的关系。

④ 保护好风景名胜区的生态环境，按景点容量控制游人规模。

11.10.1.2 规划目标

① 突出天恒山风景名胜区的自然景观特征，结合地域文化打造典型景观。

② 完善保护哈尔滨近郊唯一山地型景观，发挥其最大的生态效益。

③ 着力刻画国内最典型的知青文化、佛教文化特色，发挥最大的社会效益。

④ 重点打造最典型的冰雪、森林、民俗文化艺术景观，发挥最大的经济效益。

⑤ 以不破坏景观及环境为前提，合理布置生态的景点设施设备，把典型景观以最佳方式展示给游人。

11.10.1.3 典型景观的作用

由于天恒山风景名胜区的建设尚处于初级开发阶段，大量的设施尚需建设。根据天恒山典型景观的成因、现存状况、景观特征，通过多层次综合展示，将自然遗迹、历史文化展示给广大游人，宣传其科学、文化、经济、游览价值。

(1) 科学价值

天恒山风景名胜区以典型的第四纪地质剖面景观及第四纪地貌景观为主，具有极高的科学价值；景区内通过放养和驯化野生动物，营造适合动物生长繁衍的生态环境，具有很高的科普科研功能；各种博物馆、雕塑群从多角度向人们展示知青文化、地质文化、森林风光、北方民俗等浓缩的文化精华，发挥了极大的科普教育功能。

(2) 文化价值

天恒山风景名胜区文化类型多样、文化价值显著，伴随景区发展主要形成六大文化价值：以第四纪地质遗迹为标志的地质文化；以卧龙寺为代表的佛教文化；以知青文化为代表的红色文化；以金源文化为代表的民俗文化；以北方地域文化为标志的生态文化；以具有养生、度假功能为特征的休闲文化。

(3) 经济价值

天恒山风景名胜区结合景源特征开展以森林生态旅游、运动休闲旅游、文化体验旅游和商务度假旅游为重点的旅游活动。天恒山风景名胜区在保护现有资源的同时，充分挖掘和利用其景观特征与价值，发挥其经济作用。

(4) 旅游价值

天恒山风景名胜区在自然观光、生态游览、休闲运动、文化体验、商务度假等方面具有很高的旅游价值。春、冬两季以体验冰雪活动为主；夏季以休闲养生、商务度假、观光游览活动为主；秋季以森林生态游为主；四季都可开展各类文化观赏体验。

11.10.2 典型景观规划的内容

11.10.2.1 山体典型景观规划

(1) 规划思想

① 维护山体完整，严禁各种破坏山体的建设和人为活动，保证山体轮廓线的流畅。

② 遵循自然与科学规律及其成景原理，兼顾山体景观的欣赏、科学、历史、保健等价值，有序有度地利用与发挥地质景观的潜力，组织适合山体遗迹的景观特征。

③ 丰富山体植被，保护现状山体上形成的森林，对植被较少的山体应进行植物补栽，防止山体滑坡和泥石流等自然灾害的发生。

(2) 规划要点

① 天恒山山体景观十分丰富，在保护和展现山体景观的同时，合理利用地形要素和地景要素，严禁破坏植被。

② 恢复山体生态环境，使原貌景观与周围景点和交通线路协调统一。

③ 修复治理破损山体，采取危岩卸载、边坡放缓等措施，消除地质灾害隐患。

④ 结合山体景观的欣赏、科学、历史、保健等价值，进一步强调生态环境保护和发挥科普教育的重要性。

11.10.2.2 植物典型景观规划

(1) 规划思想

① 维护原生种群和区系，保护古树名木和现有大树，培育地带性树种和特有植物群落。

② 因地制宜地恢复、提高植被覆盖率，以适地适树的原则扩大林地，发挥植物的多种功能优势，改善风景名胜区的生态和环境。

③ 利用和创造多种类型的植物景观和景点，重视植物的科学意义。

④ 植物景观分布应同其他内容的规划分区相互协调，在旅游设施和居民社会用地范围内，应保持一定比例的高绿地率或高覆盖率控制区。

(2) 规划要点

① 采用适应性强的乡土树种，开展林地绿化，特别是山体被破坏的地方，应下大力气恢复植被，提高森林覆盖率。

② 充分发掘原有比较良好的生态基础，将需要改良的植被通过对林相的调节，季相的控制，恢复万山红遍、层林尽染的壮观景象。

③ 在风景名胜区植被丰富的地区划定植物保护区，严禁机动车的进入，严格限制游客量，避

免人为活动对自然环境的破坏。

④ 在保持基调植被的基础上，发展适宜本土生长的特色观赏植物。

⑤ 在各个景区内，按照其地形、地貌和游赏内容，以及对周围景观的影响情况，适地适树，种植不同季相、不同色相、不同林缘配置的树种。

11.10.2.3 文化典型景观规划

(1) 规划思想

① 充分挖掘展现风景名胜区历史文化资源特色。

② 在“保护”“完善”“恢复”原则的基础上，突出以人为本、人与自然协调发展的理念。

③ 恢复具有历史性、新建具有地方特色的文化景观，加大文化典型景观的整治与保护力度。

④ 丰富和完善天恒山风景名胜区文化品牌，更好地发挥文化景观在风景名胜区的重要作用。

(2) 规划要点

① 保护天恒山地质遗迹、金源文化遗址等，禁止建设与历史景观保护、恢复无关的工程。

② 恢复步行登山游览步道，净化游览环境，森林生态恢复景区内除内部专用游览观光环保机动车外，其他机动车禁止进入。

③ 完善知青文化景区、佛教文化景区的景观建设，促进风景名胜区多元文化的发展。

④ 创建金代民俗体验景区，恢复具有金源文化特色的整体景观风貌。

⑤ 将风景名胜区内森林、冰雪、民俗等元素相互结合，形成独具魅力的北方地域文化景观。

11.10.2.4 建筑典型景观规划

(1) 规划思想

① 应维护一切有价值的原有建筑及其环境，严格保护文物类建筑，恢复特色建筑原有的风貌。

② 风景名胜区的各类新建筑，应服从风景环境的整体需求，不得与大自然争高低，在人工与自然协调融合的基础上，创造建筑景观和景点。

③ 建筑布局与相地立基，均应因地制宜，充分顺应和利用原有地形，尽量减少对原有地物与环境的损伤或改造。

(2) 规划要点

① 建筑风格必须延续地方文化的脉络，各类建筑应采用协调的色调和风格。

② 建筑布局要充分考虑地形和自然背景，建筑立面和体量不应过大，与风景名胜区各类要素相协调。

③ 各类建筑应根据其性质进行整体设计，追求人工景观与自然景观的完美结合。

④ 在山地景区内可选用多种生态建筑形式。

⑤ 景观建筑包括亭、台、楼、阁、廊、榭、舫等，其选址要因地制宜，体量适当，多采用木、天然石等乡土建材，突出自然气息。

⑥ 小卖部、茶室、餐厅、售票点等服务型建筑，宜按景观建筑形式实施。

11.10.3 典型景观与风景名胜区整体关系

天恒山山地景观是天恒山风景名胜区的展示主体，而风景名胜区的其他景观如森林生态景观、多元文化景观、人工构筑物等都是风景名胜区景观的有机组成部分，共同构成风景名胜区的景观整体。天恒山山地景观贯穿了各个景区，而其他景观也有很多，主景、从景、情景交融，构成了天恒山的总体景观形象。

11.11 游览设施规划

11.11.1 现状概况

天恒山风景名胜区现有旅游服务设施较少，有一些饭店、商店和旅店集中在天恒大街两侧，服务对象是镇内居民和过往行人，规模很小，档次偏低。在东巨路上有一个度假村，现已停业。

目前风景名胜区中仅开发建设了知青文化景区、佛教文化景区中部分旅游景点和两处管理用房，没有其他任何服务设施。随着其他景区的开发和旅游活动的增加，现有的服务设施将不能满足游客的需求。

11.11.2 客源市场分析与游人规模预测

(1) 客源市场与游人活动分析

天恒山风景名胜区的旅游客源市场与哈尔滨市

旅游客源市场紧密相关，目前客源市场绝大部分集中在市区内，偶有省内外地前来踏青、礼佛的游人。

现状游客主体为市区及周边居民，多是半日游或一日游，一年游人量集中的日子是清明节、端午节等节假日，其余时间，游人主要在休息日上山进行野游、野餐等活动。

(2)客源市场定位

天恒山风景名胜区近期市场以哈尔滨市及周边县市为主要客源，中期客源市场以省内为主，拓展东北地区市场；远期客源市场以东北三省为主，扩展华北、华东、华南客源市场。

(3)游人规模预测

目前风景名胜区内只有知青文化景区、卧龙寺两个主要游览项目，其他景点和设施还处于酝酿和建设阶段，整个风景名胜区的管理、宣传、配套设施、游览组织尚未形成完善的体系化运作，游人数据没有统计，据有关部门估算每年约10万人左右。随着各景区景点及服务设施的相继建成和投入使用，风景名胜区的游人量将在近期和中期出现跨越式增长。因此，估算风景名胜区的游人增长率需要根据风景名胜区的具体建设阶段及哈尔滨市市旅游发展的相关数据进行修正。

2014—2030年，天恒山风景名胜区的发展将经历3个发展过程：快速增长期(2014—2020年)，次快速增长期(2021—2025年)，稳定发展期(2026—2030年)(表11-9)。规划确定这3个发展过程的游人增长率分别为20%、10%、5%。

从计算结果可以看出，2020年游人规模将达到35.84万人次，2025年游人规模将达到57.72万人次，2030年游人规模将达到73.67万人次。

11.11.3 旅游设施配备与服务人口估算

(1)旅游设施配备

旅游设施配备应包括旅行、游览、饮食、住宿、购物、娱乐、保健和其他8类相关设施。应依据风景名胜区、景区、景点的性质与功能，游人规模与结构，以及用地、淡水、环境等条件，配备相应种类、级别、规模的设施项目。

表11-9 天恒山风景名胜区游人规模预测

规划分期	规划年份	递增率(%)	游人规模(万人次)
近期	2013年	—	10.00
	2014年	20	12.00
	2015年	20	14.40
	2016年	20	17.28
	2017年	20	20.74
	2018年	20	24.89
	2019年	20	29.87
	2020年	20	35.84
中期	2021年	10	39.42
	2022年	10	43.36
	2023年	10	47.70
	2024年	10	52.47
	2025年	10	57.72
远期	2026年	5	60.61
	2027年	5	63.64
	2028年	5	66.82
	2029年	5	70.16
	2030年	5	73.67

(2)直接服务人口估算

① 旅宿床位应是游览设施的调控指标，应严格限定其规模和标准，应做到定性、定量、定位、定用地范围。

床位数=(平均停留天数×年住宿人数)/(年旅游天数×床位利用率)

风景名胜区所需的旅宿床位主要由周边及市区内住宿点承担，旅游点承担部分旅宿床位服务。规划近期确定全年住宿人员是总游人数的5%，中期是8%，远期是10%。天恒山风景名胜区预测床位出租率为80%，年可旅游时间为240d，游客平均留宿天数为1d，根据上式计算得到所需床位数结果，2014—2020年配套旅游床位数应达到94张，2021—2025年旅游床位数应达到241张，2026—2030年旅游床位数应达到384张。

② 直接服务人员估算应以旅宿床位或饮食服务两类游览设施为主，其中，床位直接服务人员估算：

直接服务人员=床位数×直接服务人员与床位

数比例

天恒山风景名胜区直接服务人口与床位比例取值为 1∶4，并根据国际通行惯例和经验，直接服务人口与间接职业人口的比例为 1∶(3~4)，对间接从业人员的人数进行测算，各阶层所需要的旅游从业人员数量见表 11-10。

表 11-10 天恒山风景名胜区从业人员预测 人

类 别	2020 年	2025 年	2030 年
直接从业人员	24	60	96
间接从业人员	96	240	384

11.11.4 规划原则

(1) 关注服务对象的人本主义原则

旅游接待设施规划应首先关注旅游者的各种需求，无论是住宿、餐饮、娱乐等设施及服务，都应根据当前的和将来的服务对象制定相应发展建设策略。只有让旅游者处处体验到旅游区的人文关怀，才能提高游客的满意度及重游率。

(2) 因地制宜、尊重环境的原则

在旅游服务设施的选址和设计时应尊重风景名胜区的自然环境，努力做到与环境及景观特征相协调，坚决避免对风景资源造成视觉上的污染，同时还应通过建筑形式，让游客感知当地的人文风貌。

(3) 以须定量、渐进调整的原则

区内旅游服务设施规模的确定按照“必须”原则。“可有可无”的设施不设，“可多可少”的设施少设，并在运行过程中逐步调整。

(4) 依托城市、合理布局的原则

天恒山风景名胜区紧邻市区，规划应综合考虑区内区外的现有设施，充分利用周边城区的宾馆饭店，通过对旅游服务设施的数量和级别的系统规划达到旅游服务设施的合理布局。

11.11.5 旅游设施规模与布局

规划将风景名胜区的旅游服务设施分为住宿类旅游服务设施和非住宿类旅游服务设施分别规划。

11.11.5.1 非住宿类旅游服务设施

(1) 规模等级

风景名胜区的非住宿类旅游服务设施分为 3 级，依次为旅游服务中心、服务点和服务站。

① 旅游服务中心 提供各类服务项目，种类齐全，分布集中。

② 旅游服务点 分布在主要景区内，提供简易的游览、购物、卫生保健、宣传咨询等服务项目。

③ 旅游服务站 分布在主要景点附近，提供较简易的购物、咨询等服务项目。

(2) 空间布局

① 规划旅游服务中心 1 处，位于外围控制区内，可为天恒山风景名胜区各个景区提供种类齐全的服务项目。

② 规划旅游服务点 6 处，分别设在知青博物馆、卧龙寺、动物展示园、动物研究所南侧、金代民俗村、教学基地对面。

③ 规划旅游服务站 10 处，布置在各服务点之间主要步行观光路、机动车观光路沿线的适当位置或主要景点附近。

11.11.5.2 住宿类旅游服务设施

(1) 规模预测

本次规划中住宿类接待设施规模的确定，不但要以风景名胜区合理的环境容量和游人规模的发展为依据，还要考虑约 80% 的游客以半日游和一日游为主的具体情况。规划取日最高允许接待游人量的 20% 与 2030 年预测日均游人量的 20% 的平均值确定风景名胜区的住宿设施规模，即床位数为(20 000×20%+3070×20%)/2≈2307(床)。

风景名胜区内景区以山地景观为主，不适宜建设大规模的宾馆、酒店。因此，住宿设施可依托山下的森林小镇；考虑到天恒山风景名胜区靠近哈尔滨市区，部分游人也可依托外围城区的接待能力。规划按照“山上玩、山下住”的原则，确定外围城区提供 90% 的接待能力，则在天恒山风景名胜区的景区内需提供床位数为 2307×10%≈231(床)。

(2)空间布局

规划确定风景名胜区景区内住宿接待设施包含度假住宿和宿营地两种类型。

① 度假住宿主要在金代民俗体验景区内，提供231个接待床位。

② 宿营地3处，主要为柳树林野营地、军事露营营地、原始露营营地。

11.12 道路交通规划

11.12.1 规划原则

① 增强景区的可进入性，建立多系统、多层次的交通联系。

② 景区内交通设施建设体现生态、环保、节能原则。

③ 景区内交通以电瓶车、自行车、步行为主。

11.12.2 外部交通规划

(1)过境交通

四环路(即环城高速路)南北向经隧道穿过风景名胜区，四环路分割风景名胜区所带来的消极作用需要靠沿路确保充分的绿带来降低负面影响。

(2)外围道路

外围道路为天恒大街、东巨路与江南中环路，围合成天恒山风景名胜区的外部交通环线，交通条件良好，共同承担风景名胜区对外交通流量，使游人到达风景名胜区能够得到保障。

11.12.3 内部交通规划

(1)一级机动车游览路

在风景名胜区内建设环绕整个景区的环路，并连接到外部道路上，平均宽度为7m，全长18.8km。

(2)二级机动车游览路(机—步混行游览路)

景区内部的主要机动车交通方式，为连接主要景点及休闲服务设施，结合两侧完善的步行环境和休憩设施，林荫化程度较一级机动车游览高，平均宽度为3~5m，全长18.1km。

(3)步行游览路

分布在整个风景名胜区范围内，连接各级景点和休闲场所，平均宽度2~3m，总长19.3km。形式灵活，富于变化，与各类场地和休憩设施紧密结合。

11.12.4 出入口及停车场

(1)主入口

规划3号门、5号门、7号门3个入口为风景名胜区机动车游览的主要出入口，设立可以停靠大巴的主停车场，面积$(0.6\sim1)\times10^4\text{m}^2$，游客须在此换乘景区专用车辆进行游览。

山下规划1号门，即入口广场—山门为步行游览的主要出入口，设立可以停靠大巴的主停车场，面积$0.6\times10^4\text{m}^2$。

(2)次入口

在南、北方向规划设置4号门、6号门两个次入口，主要方便周边居民进出景区，以机—步混行游览路连通，因此可只设小型停车场地(面积为$0.3\times10^4\text{m}^2$)，并设有相关的服务站点和功能设施。

(3)景区入口

各个山地景区均有两个以上出入口与景区内路网衔接，分设临时和专用停车场。

小　结

本章的教学目的是使学生了解风景区总体规划的实际应用。重点是让学生结合实例理解风景区总规的系统规范内容。难点是如何针对不同风景区进行特色规范。

思考题

该风景区规划中有哪些亮点与不足？

推荐阅读书目

风景规划——《风景名胜区规划规范》实施手册．张国强，贾建中．中国建筑工业出版社，2002.

第12章 新技术在风景区中的应用

12.1 相关新技术简介

随着科学技术的飞速发展，很多尖端技术已经广泛应用于风景区规划与管理中。积极学习和应用相关科学技术的最新发展，能有效促进风景园林规划的科学发展。随着大数据、云计算、物联网、人工智能、虚拟现实、“3S”等新技术成果在各行业的应用普及，风景区规划行业也感受到了“科技+”的力量，以科技创新提升风景区的发展水平是今后发展的趋势。目前，相对比较成熟可以应用到风景区中有以下几个方面的新技术。

12.1.1 大数据

大数据(Big Data)的定义是指：一种规模大到在获取、存储、管理、分析方面大大超出了传统数据库软件工具能力范围的数据集合，具有海量的数据规模、快速的数据流转、多样的数据类型和价值密度低四大特征。大数据是需要新处理模式才能具有更强的决策力、洞察发现力和流程优化能力来适应海量、高增长率和多样化的信息资产。大数据主要来源于智能设备与互联网平台，是数据分析的辅助工具，能展现数据的时空分布结果。

12.1.2 云计算

云计算(Cloud Computing)是分布式计算的一种，指的是通过互联网“云”将巨大的数据计算处理程序分解成无数个小程序，然后经过多部服务器组成的系统进行处理和分析这些小程序得到结果并返回给用户。云计算早期，即简单的分布式计算，解决任务分发，并进行计算结果的合并。因而，云计算又称网格计算。通过这项技术，可以在很短的时间内(几秒钟)完成对数以万计的数据处理，从而达到强大的互联网服务。云计算不是一种全新的互联网技术，而是一种全新的互联网应用概念，云计算的核心概念就是以互联网为中心，在网站上提供快速且安全的云计算服务与数据存储，让每一个使用互联网的人都可以使用网络上的庞大计算资源与数据中心。云计算的数据储存技术是将信息资源进行整合储存，而要想用户能够体会到高效、快捷的服务体验，关键的步骤是对储存信息进行科学管理，目的是使用户能够在大量数据库中快速找到自己想要了解的信息。

云计算，属于大数据技术中较为重要的部分，现阶段合理有效地运用云计算和互联网数据，可以实现企业内部资源共享，打造一种全新的管理模式。将云计算处理技术有效应用到5G通信网络中，可以不断拓展现有通信功能，实现网络数据架构的有效连接和整合，升级服务管理模式，保证各个方面的工作实现有序、协调进行。在此过程中，需要重点建设和完善多种基础设施和相关发展平台，保证其计算存储功能处于正常运作状态，可以通过移动云计算技术实现远程操作控制。此外，还需要通过对云计算系统的完善，对多种分布式文件进行有效存储和处理工作，将海量有用数据全部储存到云端平台，方便人们随时查找和应用。运用该技术，需要不断更新管理技术，不断与5G通信网络发展趋势进行融合统一，有效更新管理模式，提升管理水平，保证系统运行效果。创建具有非常丰富和多样化功能的云计算平台，可以提供用于构建智慧城市的服务交付模型，包括私有云、公共云和混合云。

12.1.3 物联网

物联网(the Internet of Things，简称IOT)是指通过各种信息传感器、射频识别技术、全球定位系统、红外感应器、激光扫描器等各种装置与技术，实时采集任何需要监控、连接、互动的物体或过程，采集其声、光、热、电、力学、化学、生物、位置等各种需要的信息，通过各类可能的网络接入，实现物与物、物与人的泛在连接，实现对物品和过程的智能化感知、识别和管理。物联网是一个基于互联网、传统电信网等的信息承载体，它让所有能够被独立寻址的普通物理对象形成互联互通的网络。

物联网具备3个特征：①全面感知：即利用RFID、传感器、二维码等随时随地获取物体的信息；②可靠传递：通过各种电信网络与互联网的融合，将物体的信息实时准确地传递出去；③智能处理：利用云计算、模糊识别等各种智能计算技术，对海量的数据和信息进行分析和处理，对物体实施智能化的控制。

12.1.4 人工智能

人工智能(Artificial Intelligence，AI)是研究如何使用计算机来模拟人的某些思维过程和智能行为(如学习、推理、思考、规划等)的学科，主要包括计算机实现智能的原理、制造类似于人脑智能的计算机，使计算机能实现更高层次的应用。人工智能将涉及计算机科学、心理学、哲学和语言学等学科。可以说几乎是自然科学和社会科学的综合学科，其范围已远远超出了计算机科学的范畴，人工智能与思维科学的关系是实践和理论的关系，人工智能是处于思维科学的技术应用层次，是它的一个应用分支。

12.1.5 虚拟现实

虚拟现实(Virtual Reality，VR)技术是一种模拟人在自然环境中视听、运动等行为的人机交互技术，并可通过感觉、手势对虚拟物体进行交互操作。由于虚拟现实技术产生的现场逼真感和时时可见的模型搭建效果，可对规划设计产生良好的辅助作用，由于VR技术能够弥补传统规划方法的局限，因而具有较为广泛的前景和研究价值。虚拟现实技术的作用包括：

①可以使得真实环境得到还原，这种被还原的环境主要包含：存在的环境、正处于形成中的环境、之前遭受破坏的环境、居民区、战场以及校园等。

②对不存在的环境进行创造。这种不存在的环境主要处在人类的想象当中，比如，游戏场景以及科幻电影场景等，这些都可以表现在人类丰富的想象力当中。

③恢复真实存在的场景，但是这些场景并没有被人类察觉。这种环境主要包含微观分子结构以及宏观天体运动等，这些都是人类无法感知的环境，但是在利用虚拟现实技术的基础上，可以完成其模拟，进而使得这种环境显现在人们的面前。

12.1.6 “3S”技术

“3S”(遥感技术RS、全球定位系统GPS、地理信息系统GIS)技术具有强大的功能，可以代替人类进行多种数据采集、分析和模拟工作，在景观生态规划中的作用也日益突出，已在城市规划管理、交通运输、测绘、环保、农业、制图等领域发挥了重要的作用，取得了良好的经济效益和社会效益。风景区规划要处理大量的复杂的空间信息，基础资料特别是基地数据资料的实时性、准确性是规划成功的关键所在，因此利用“3S”技术科学地进行规划与管理已非常普遍。

将有关的风景资源信息储存在GIS中，这既有利于信息资料的快速检索，也方便了文件的网络传输与数据共享，可以随时查询、分析、处理、叠加、更新，从而使信息的收集工作变得快捷、安全，具有比传统方法更为方便有效的优点。并可模拟园林专家的思维进行推理，得出与专家相同的结论，成为森林公园评价、规划与决策的有效工具。如利用 GIS 对单幅或多幅图件及其属性数据进行分析和指标量化分析，便可以直接给出坡度、坡向、高程等各种指标的分级图。通过对用地不同属性的分解与统计，包括叠加分析、缓冲区分析、拓扑空间查询、空间集合分析（逻辑交运算、逻辑并运算、逻辑差运算）形成专题图层，再根据不同的专题图层进行用地开发的适宜性评价，从而为规划提供科学依据。

随着当前地理信息系统应用的广泛深入，应用中要求处理或要求决策的问题越来越复杂，其中有相当一部分问题是数学模型及其他模型难以解决的，能否解决实际问题还取决于利用专业知识进行的模块设计和应用上。这就要求地理信息系统与专家系统结合，借助专家的知识和经验，模拟专家的决策方法，建立智能辅助规划与管理系统，使复杂的决策问题简化。形象直观、简单易用、有针对性的用户界面及操作环境也是 GIS 的二次开发智能化的体现，还能为规划师提供更友好的操作界面，从而提高实际应用的效果。

12.2 新技术在风景区中的应用

12.2.1 现状获取中的应用

大数据时代发展风景名胜区规划，应在克服传统规划动态性、科学性、公众参与度不足等问题的前提下，以融合多元大数据提升现状调研方法、将传统方法与信息化手段结合，向信息化转变，开发新型空间研究手段、促进各社会层次协同规划、规划成果动态可视化表达为发展重点，充分发挥风景名胜区资源优势和大数据高速、高效、科学的特点，网络信息抓取与现状调研并行，实现宏观、中观和微观尺度上真正的循环。进而实现风景名胜区规划大数据时代高效、稳定、可持续的发展目标，为我国国家公园体制的建立奠定基础。风景名胜区规划的调研过程可融合多元大数据的特性，将调研结果信息化、矢量化处理并以数据库模式进行整理、储存。收集风景名胜区的基础数据信息，根据专项因子的内容进行整理统计，将各项专题因子的数据源数字化。

信息和数据源一般包括：空间数据，即已数字化的文件；图形图像信息；文档信息数据。

已数字化的文件，包括等高线、数字地形、遥感影像、数字地面模型等。目前，这些数字化的文件可以向测绘部门购买。我国国家地形图的比例尺一般从 1∶10 000 到 1∶500 000，标准规定一般采用 1980 年的西安坐标系和 6 度分带的高斯-克吕格的地图投影。该类型的文件不需要或者极少需要解译步骤，但是偶尔的错漏需要手工调整。

图形图像信息一般是相关的规划图、现状图纸，如植被类型分布、土壤类型分布、土地利用现状等。在数字化的过程中，需要对风景区规划相关的专题因子进行数字化解译和数据整理，让图像文件转换成带有属性数据的矢量或者栅格文件。

文档信息数据包括文字、表格等，要对其进行整理、统计和录入等工作，将其转化为属性数据，对应到相应的图元中。

12.2.2 分析评价中的应用

①建立数字地模。通过建立风景名胜区规划的信息模型，进行风景名胜区适宜性分析和风景资源评价分析时，将风景名胜区的特征明确地凸显出来。此模型需以影响规划决策的专项因子基础数据为依据来建立。这些专项因子可分为自然因子、人类活动因子和半自然半人工因子。在对单因子数据统计、分析和标准化的基础上，根据项目进行的需要，进行多因子的叠加、筛选等综合数据分析。

②根据风景名胜区的类型，当地的资源、经济、社会等状况以及风景区规划的目标，制定单项因子的评分标准和参数等级划分。该标准可能受后几步的反馈影响，会有一个反复修改的过程，不是一蹴而就的。

③综合的数据分析，在对单因子数据统计、分析和标准化的基础上，根据项目进行的需要，进行多因子的叠加、筛选等综合数据分析。

12.2.3 规划决策中的应用

传统风景名胜区规划实践中的专家决策模式科学性不足，风景名胜区规划应引入数字化的信息技术，提高规划效率和技术支持能力，提高风景名胜区规划编制与规划管理的科学水平。

①通过分析数据的时空分布特征，结合大数据时代的新型空间分析方法，识别风景名胜区内的核心景区和游线道路系统，极大地提升规划结果的公正性、客观性和科学性。

②通过收集互联网社交平台、电子政务平台等开放交互系统中的留言信息，以文本语意分析、网络舆情分析为方法，建立政府、游客、居民共同参与的协同规划，提高风景名胜区规划的公众参与度。

③通过可视化的技术，将整个规划的思路、方法和决策过程向他人展示，如杭州西湖风景区基于VR技术构建"环西湖数字模型系统"，将周边山体、城市空间和西湖的关系进行还原。基于各种重要视点，以不同的运动模式，研究新建项目对西湖地区规划产生的影响，从而做出规划设计决策。

在各方面综合数据的整理结果基础上，对多方案的规划成果进行反复论证，各个利益方多次沟通、取得共识，最终确定规划方案，提升设计的合理性。

12.2.4 智慧养护中的应用

风景区面临着从"重数量"向"量质并重"，从"单一功能"向"复合功能"的转变，传统的管理理念已不能适应现代风景区管理的要求，存在数据整合性差、信息孤岛等问题，以新一代数字化技术为核心的"智慧风景区"应运而生，致力于运用云计算、大数据、人工智能等为现代风景区管理提供更多的技术支持。通过大数据时代快速发展的计算机技术实现动态、实时的规划方案展示和数字化景区管理，推动"智慧景区"战略的发展。

运用物联网、大数据、智能视频分析、信息智能终端等技术，实现景区园林的智慧养护和智慧管理功能。涵盖风景区智能管理子系统、应急管理子系统、人员身份识别子系统、风景区数据分析共享子系统，针对景区风景区养护、人员流动等问题开展动态监督考核管理。实现土壤墒情、智慧灌溉、病虫害预测、智能割草等功能，解决园林养护中由于不同种类植物特性差异化、养护成本高、针对性实效性低等难题，实现园林养护智能化。同时景区指挥中心设置应急指挥管理平台，实现景区各类数据的实时监控查询，以应对突发事件，确保整个景区的流畅运转。

(1)智慧喷灌

可针对景区内草坪等植物实施智慧灌溉。通过环境监测器、土壤温湿度传感器等监测到周围环境参数，将数据传到云端，通过云端系统及数据模型下达策略至控制器，通过控制器、电磁阀控制单独的喷头（变频器、恒压阀、管道等硬件设施），整个过程无须人工参与。

(2)监测土壤、环境

通过物联网技术对土壤温湿度、水分、pH值、土壤、肥料、植物养分、重金属成分以及空气温湿度、光照度、降水量等多维信息实时感知，有效支撑养护中不同种植物的灌溉和施肥策略。

(3)病虫害防治

病虫害防治是传统园林管理中的难题，在景区设置智慧虫情监测系统，包括集虫箱和接虫箱，通过远红外病虫体处理，保证病虫体完整性，通过远程视频进行病虫体辨别、病虫害治疗前后影响对比，并结合地区历史大数据分析进行病虫害预警防范。

(4)智能割草

设置AI割草机器人，对草地进行养护，每台工作区域约5000m^2。采用智能方式重新定义草坪的维护，为草坪提供细致的打理和守护，高频剪草、标准化作业，替代传统人工割草，设置便捷、简单易用、环保高效。

12.2.5 智慧管理中的应用

(1)风景区信息管理

风景区信息管理平台是智慧管理的基础平台，通过对风景区内花木植被的信息矢量化来进行相关的属性分析和检索。在智慧管理系统中接入景区基础空间数据、园林监管数据、绿地感知数据，同时实现绿地规划、植被现状、养护巡查、环境传感等一系列数据的收集、校准、核对、归档工作，形成图、数、表一体化的风景区信息一张图展示与查询。

(2)风景区综合监管

景区管理人员可以调取信息管理平台的风景区数据进行信息在线审核、批复，实现远程监管；民众可以通过信息管理平台提出建议，参与景区管理，实现社会舆论监督，为景区决策提供意见参考，提高风景区整体管理效率。

基于指挥中心大屏图划分养护区域，动态导入养护人员的位置和工作情况，便于管理人员对养护工作进行监督指导，实现景区管理的品质化和精细化。在景区布置高像素摄像机，采用视频监控方式，对景区重要节点的园林建筑、植被花境等进行实时监控。同步设置对应的传感设备，进行“四情监测”，动态获取景区绿地相关环境指标，为相关管理、养护及考核工作提供依据。

植物展示方面，在景区内选取特色植物进行挂牌处理，铭牌上注明植物所属类别、科属、生长习性、拉丁学名等要素，并配备二维码供游客在游赏过程中“扫一扫”获取植物详细信息。

这种智慧管理模块保证了景区养护、绿地规划的智能化效果，管理者可通过综合管理平台随时查询园区相关风景区数据，为新增绿地节点建设和景观提升提供科学决策，降低人力物力成本，对城市绿地的智能化、可持续发展也具有很强的借鉴意义。

12.2.6 智慧交通中的应用

(1)景区停车场管理

建立智能停车场系统，景区停车场分为大巴、小车、非机动车、障碍车停车位，车辆进入景区停车场前，可提前通过查看停车场空余车位，进入停车场是通过摄像头识别车牌、车型，通过景区APP引导车主寻找相应的停车位置。为缓解旅游旺季、旅游黄金周景区停车场的压力，景区停车场可从技术层面缓解停车场的需求紧张问题，形成智能化管理的停车场。当车辆进入景区，在入口关卡的摄像头就可记录车辆的信息，然后自动引导游客定位空余车位并引导游客停车。

(2)景区观光车管理

对于景区内的观光车，实行GPS监控。景区相关负责人可通过信息中心，查看观光车的位置、停车情况。结合景区游客人流情况合理调配车辆，缩短等车时间。

12.2.7 导览服务中的应用

导览系统是风景区诸多要素当中重要的组成部分，是景区服务功能、解说功能、引导功能、管理功能、教育功能得以发挥的必要基础。现阶段的风景区旅游行业若要快速融入提升服务品质的潮流中，与新技术(AR、VR、物联网、人工智能等)的接轨是必然条件。此举可以加强风景区旅游业的现实竞争力。开展风景区建设和新技术协同发展的旅游服务，有利于提升现代化景区的服务技术。

12.2.7.1 AR技术

AR技术是一种将虚拟影像叠加到现实世界中，并与使用者产生互动的技术，能对现实世界中的信息进行补充和强化。现阶段景区的智能导览APP大多只提供简单的定位服务和景点介绍，与普通的地图应用和旅行类应用的功能存在严重同质化的现象，有着很大的改进空间。将AR技术融入风景区智能导览系统，游客能在游览的过程中获得更多现实世界中并未展示的信息，体验迥然不同的景区之旅。AR技术能让游客通过智能手机等硬件设备与景区环境进行更加丰富的互动。旅游景区本身的场景就具有很高的价值，基于AR技术的景区智能导览系统更能充分发挥场景上的优势，结合空间式、散点式的信息组织形式和诸多感官的信息表现形式，实现更高品质的场景互动。游客在实景中游览的同时，还能与虚拟中的影像互动，增加了游览过程中的乐趣。

12.2.7.2 VR技术

VR技术通过融合空间定位和空间呈像技术，能帮助游客即时获取景区景点周边信息和导航线路，融合智能识别与定位技术，能在景区景点设置虚拟导览标识，实现景区景点的自动播放与介绍，降低导游工作量，降低景区景点的嘈杂度，从而提高旅游体验。

(1)开展虚拟导游

通过VR虚拟导游，能根据游客现实所处的实际位置，详细地讲解其所处地点的风景景观特点、历史故事等相关内容。

(2)进行场景还原

对于那些已经损毁且难以物理修复或物理修复成本过高的景区景点、历史文物等，通过VR技术在专家指导下，对它们进行重构和再现，还可以将这些虚构的元素以照片、视频等多媒体形式呈现，真实还原景区景点的历史风貌，方便游客真实体验景区景点特色。

(3)进行路径还原

为了增加VR虚拟技术带给旅客的真实感，可以通过第一人称视角，设置旅游路径，并根据实际场景，对沿途的景点、花草树木、声音等进行高度虚拟仿真，让游客体验到接近现实游览的感觉，实现真实的虚拟旅游体验。

12.2.7.3 人工智能技术在导览中的应用

人工导游由于自身素质、知识水平等主观原因，很难做到完美地实时服务游客，满足游客各式各样的要求，其结果便是给游客带来一定程度上的游览障碍，造成一部分游客心中不好的游览体验。人工智能导览系统涵盖地图定位、线路推荐、语音讲解、设施标注等功能，比人工导游拥有更多的服务功能且更为稳定。人工智能技术在风景区导览中应用特征如下。

(1)智能AI机器人导览讲解服务

智慧导览AI导游在景区现场运行活动，实现机器人景区服务的高效、规律与灵活。可以在景区入口处为游客提供讲解、问答、拍照、路线引导等服务，并引导游客导流至线上应用，使游客在景区中也能享有旅程科技提供的“移步异景”功能，体验个人化实时讲解服务。

(2)个性化智能规划服务

智能AI可以根据游客所在位置、游览时间、游客需求、景区季节等因素，自动为游客推荐个性化路线。节省游客规划路线、查询信息时间，游览体验更佳。此外，可以促使传统导游所具备的景点讲解、基础设施指明等功能更加个性化。游客可选择AI语音讲解或人工语音讲解，随意调整收听时间、地点、次数等。

可以智能识别并解答游客有关的旅游问题，实时连接当地最新的旅游政策和旅游信息、以及客流信息，并告知游客；通过游客的咨询问题、分析旅游市场的客户需求，以及消费偏好，根据游客对某个关键词的咨询热度，分析预测所对应旅游业态的热度，并提前做好预案。

12.2.7.4 物联网技术在导览中的应用

物联网技术作为智慧旅游的关键技术，在风景区自助导览服务应用大有可为，可以为游客提供智能的、全方位的游览支持，在一定程度可以代替导游的讲解工作。物联网技术在风景区导览中应用特征如下。

(1)指导游客选择游览路线

利用物联网(IOT)技术可以实现地理位置的实时获取，实现用户通过客户端自动定位位置、浏览景点地图、浏览景点等功能。游客的位置信息定位后，计算最近的景点和附近景点的推荐和介绍之间的距离，然后在游客选择目的地后直接进入导航界面。风景地图和导航的功能主要是介绍整个景区和筛选主要路线。客户可将整个景区地图下载到旅游终端。游客可以根据自己的需要选择路线或规划路线，并指导路线。

(2) 对风景区全局进行统一导览调度

利用通用分组无线业务（general packet radio service，GPRS）以及无线通信等技术，完成对游客的追踪服务。系统可实时对服务信息进行统计，分析各个景点中的实际游客数量，利用网络传输到智能导览系统中的 LED 显示屏中，游客可结合显示信息，自主更改游览路线。当显示屏中显示某一区域的游客量超过一定人数时，即可发出“游览区域人数已饱和”提示，自动提示引导游客到未饱和景区游览。

12.3 新技术应用展望

在风景区规划与管理方面的应用，应与国家“十四五”旅游发展规划相一致，强化自主创新，集合优势资源，结合疫情防控工作需要，加快推进以数字化、网络化、智能化为特征的智慧旅游，深化“互联网+旅游”，着重从以下几个方面扩大新技术的应用。

12.3.1 推进智慧旅游发展

创新智慧旅游公共服务模式，有效整合旅游、交通、气象、测绘等信息，综合应用第五代移动通信（5G）、大数据、云计算等技术，及时发布气象预警、道路通行、游客接待量等实时信息，加强旅游预约平台建设，推进分时段预约游览、流量监测监控、科学引导分流等服务。建设旅游监测设施和大数据平台，推进“互联网+监管”，建立大数据精准监管机制。

打造一批智慧风景区，开发数字化体验产品，发展沉浸式互动体验、虚拟展示、智慧导览等新型旅游服务，推进以“互联网+”为代表的旅游场景化建设。提升风景区重点区域 5G 网络覆盖水平。推动停车场、旅游集散中心、旅游咨询中心、游客服务中心、旅游专用道路、旅游厕所及旅游景区、度假区内部引导标识系统等数字化、智能化改造升级。通过互联网有效整合线上线下资源，促进旅行社等旅游企业转型升级，鼓励旅游景区、度假区、旅游饭店、主题公园、民宿等与互联网服务平台合作建设网上旗舰店。鼓励依法依规利用大数据等手段，提高旅游营销传播的针对性和有效性。

12.3.2 加快新技术的创新

加快推动大数据、云计算、物联网、区块链及 5G、北斗系统、虚拟现实、增强现实等新技术在风景区旅游领域的应用普及，以科技创新提升风景区旅游业发展水平。大力提升旅游服务相关技术，增强旅游产品的体验性和互动性，提高旅游服务的便利度和安全性。鼓励开发面向游客的具备智能推荐、智能决策、智能支付等综合功能的旅游平台和系统工具。推进全息展示、可穿戴设备、服务机器人、智能终端、无人机等技术的综合集成应用。推动智能旅游公共服务、旅游市场治理“智慧大脑”、交互式沉浸式旅游演艺等技术研发与应用示范。

积极发展风景区旅游资源保护与开发技术，重点推进旅游资源普查、旅游资源安全防护、文物和文化资源数字化展示、创意产品开发、游客承载量评估、旅游信用评估、智能规划设计与仿真模拟、旅游安全风险防范等技术研发和应用示范。推进物联网感知设施建设，加强对重要旅游资源、重点设施设备的实时监测与管理，推动无人化、非接触式基础设施应用。

促进风景区旅游装备技术提升，重点推进夜间旅游装备、旅居车及营地、可移动旅居设备、游乐游艺设施设备、冰雪装备、邮轮游艇、低空旅游装备、智能旅游装备、旅游景区客运索道等自主创新及高端制造。

12.3.3 提高创新综合效能

加强旅游大数据基础理论研究，推动区域性和专题性旅游大数据系统建设，推动建立一批旅游技术重点实验室和技术创新中心，遴选认定一批国家旅游科技示范风景区，全面提升旅游科技创新能力，形成上下游共建的创新生态。

推动政府、企业、高校、科研院所等主体间资源整合联动，构建开放高效的协同创新网络，鼓励开展旅游应用创新合作，支持一批旅游科技创新工程项目，实施创新型旅游人才培养计划。

12.4 GIS在风景区规划中的应用

风景区规划要处理大量的复杂的空间信息，基础资料特别是基地数据资料的实时性、准确性是规划成功的关键所在，因此，为了科学地进行规划与管理，必须有足够的现存环境状态与特征的信息，例如，有关自然环境的空间数据包括地形地势、植被覆盖、地表地质、水文数据、土壤、气候；有关能源的空间数据包括潜在的能源的位置、大小，现有能源分布体系的状况、利用模式等。而这些数据的处理和分析工作量是非常大的。随着社会和经济的发展，环境的问题越来越突出，涉及的范围越来越广，数据处理的难度和量也越来越大，新技术的引入成为必然。

12.4.1 GIS在规划中应用的优势

12.4.1.1 GIS在空间数据管理中的应用

GIS在空间数据管理方面有一个突出的特点：有"层"这样的一个术语，不同来源的数据可以分到不同的层上来描述，具有海量存储的特点。各个分层本身和分层之间都可以进行运算，如变换、旋转、叠加等。这样的数据管理方式有助于描述各类信息之间的内在联系，必要时还可以进行相互运算。运用层的叠加功能，园林规划师可以得到具有多重属性的新层，如图12-1所示。这种技术在风景区规划过程中，可以通过对用地不同属性的分解与统计，形成专题图层，再根据不同的专题图层进行用地开发的适宜性评价，从而为规划提供依据。由于信息数据可用电子文件方式进行保存，这既有利于信息资料的快速检索，也方便了文件的网络传输与数据共享，从而使信息的收集工作变得快捷、安全，具有比传统方法更为方便有效的优点。

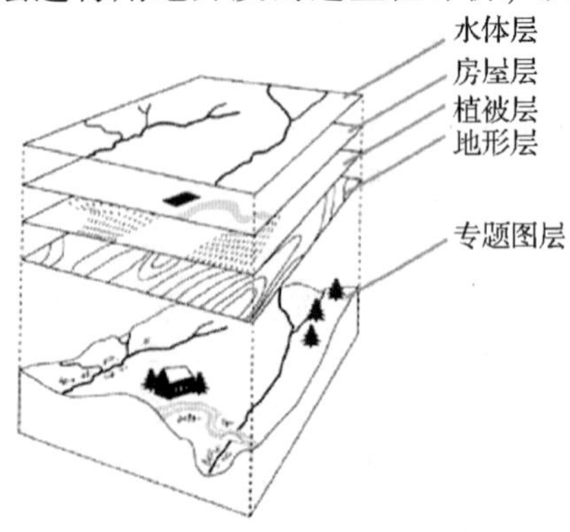

图12-1 由ArcView建立的专题图层

12.4.1.2 GIS在空间数据的分析、查询中的应用

利用计算机进行地形分析方法要比传统的方法更为简单、精确和直观。一般来说，只需在建库时将空间信息输入计算机，根据数据的性质分类，性质相同或相近的归并一起，形成一个数据层。然后给定我们所需要的精度要求，应用GIS对单幅或多幅图件及其属性数据进行分析和指标量算分析，便可以直接给出坡度、坡向、高程等各种指标的分级图。这种应用以原始图为输入源，而查询和分析结果则是以原始图经过空间操作后生成的新图件来表示，在空间定位上仍与原始图一致。因此，也可将其称为空间函数变换。这种空间变换包括叠加分析、缓冲区分析、拓扑空间查询、空间集合分析(逻辑交运算、逻辑并运算、逻辑差运算)。

进行地形分析通常采用的方法是数字高程模型(digital elevation model，DEM)分析法。数字高程模型是地理空间定位的数字数据集合，我们可以利用它来分析地形的坡度、坡向、高程、三维形态等。另外，这些分析数据可以形成数据库，规划师可以根据实际的需要进行多条件检索，如可以给定坡度范围、坡向要求及高程要求，然后便可查询符合这几种要求的地块。图形化的结果输出表现方式，优于传统的数据文件和报表形式，只有这样，规划师才能发挥最高的工作效率，从重复性的计算工作中解脱出来，专心于对规划方案的思考。

(1)利用数字高程模型得到高程分析

可以将数字高程模型的格网点高程数据(或离散高程数据)利用栅格追踪法原理，按照不同的高程范围分级，可以得到地面高程分析图，如图12-2右图所示。深绿色代表高程为290~344m的区域，棕红色代表高程为562~616m的区域。此外，还可利用GIS建立起的数字高程模拟，自动绘出所选区域的山体的轮廓线，如图 12-3 所示，横坐标为所选区域的平面距离，纵坐标为高程的域值。

(2) 利用数字高程模型进行坡度和坡向分析

利用数字高程模型，通过计算机运算，很容易得到区域的坡度及坡向分级图，还可以根据规划的实际需求，来运算符合一定坡度、坡向要求的地面范围。同时可以得到坡度、坡向各等级的统计数字。坡度定义为水平面与地形面之间的夹角，坡向定义为坡面法线在水平面上的投影与正北方向的夹角。在 ArcView 中，Aspect 输出的坡向值有如下规定：正北方向为 0°，正东方向为 90°，以此类推。图 12-4 右是坡度分级图，其中各种颜色所代表的坡度值如左图所示。图 12-5 右是坡向分级图，其中各种颜色所代表的坡度值如左图所示。

(3) 利用数字高程模型进行地面晕渲

通过模拟实际地面本影与落影的方法产生的地面晕渲图，可以反映实际地形起伏特征。传统

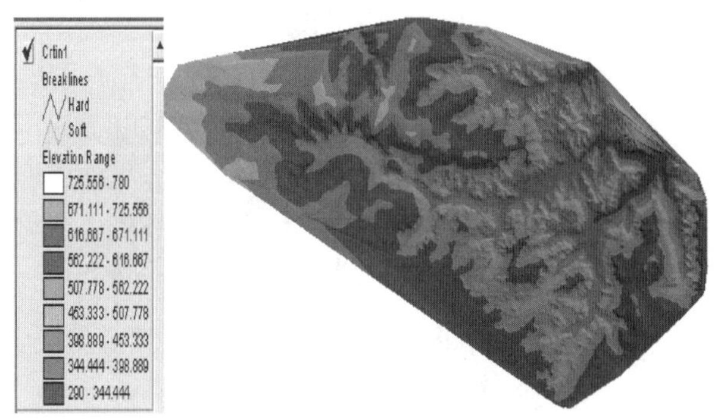

图 12-2 由 ArcView 提取的高程分级

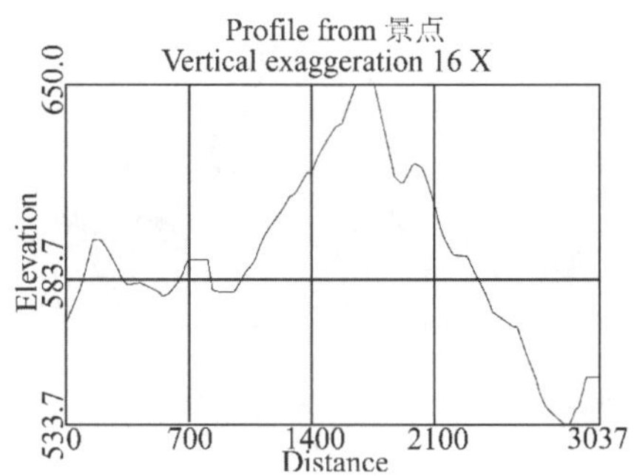

图 12-3 由 ArcView 提取的山体轮廓线

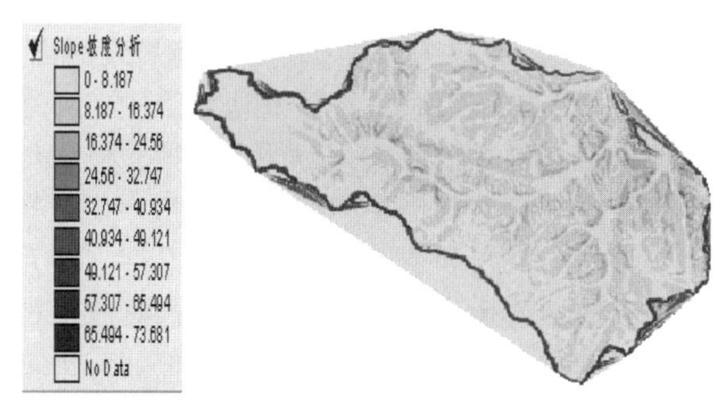

图 12-4 用 ArcView 提取的地面坡度

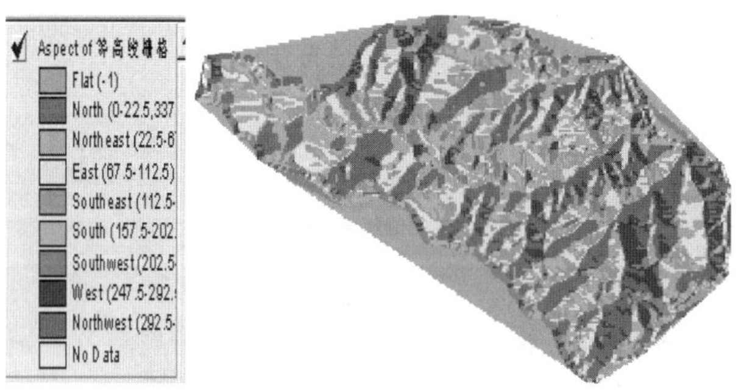

图 12-5 用 ArcView 提取的地面坡向

图 12-6 由 DEM 产生的地面晕渲

的人工描绘晕渲图的方法不但费工、费时，而且带有很大的主观因素。而利用数字高程模型为数据源，以地面光照通量为依据运算出的晕渲图不但克服了手工描绘的缺点，而且还具有相当逼真的立体效果，如图 12-6 所示。在进行规划时将地面晕渲图作为叠加底图之一，将非常有助于平面上的规划。

12.4.1.3 GIS 在景观表达中的应用

利用 GIS 的数字地形模型（digital terrain model），可以进行地表的三维模拟与显示，并能进行不同视点（或景点）的可视性分析，为景点的

选址和最佳游线的选择提供视觉分析依据。运用CAD、3ds Max、GIS等多种技术，可将规划的山、水、树、路、建筑等对象置于基地场景中，并通过视线的分析、光线的变化、气象模拟、植物生长模拟等手段，给定任意的视点和视角，让计算机运算出这一视角和视点可以看到的三维立体景观图，方便地分析出规划的不足，并及时做出调整。在强调大众参与决策的今天，这种方式更为理性。我们还可以通过它看出各个断面的状况，研究区域的轮廓形态及变化规律。而利用数字高程模型与正射影像叠合，还可以得到逼真的地面三维模型(图12-7)。

12.4.1.4 GIS在景观评价中的应用

采用GIS技术，能够更客观地对公园的资源状况进行评价。例如，根据现有的地形、地势、植被、水体、地质等数据，建立相应的评价模型，通过GIS系统的空间叠加分析技术，可以利用一系列复杂系统的多变量分析，辅助规划师得出科学的决策，并自动制作出相应的评价结果图件。采用这种方法，不必涉足现场的每个地方，特别是那些在现状调查时不易到达或没能到达但可能极具较高利用价值的地方。

景观评价主要技术依据就是AcrView的空间叠加功能。空间叠加就是将两幅或多幅图以相同的空间位置重叠在一起，经过图形和属性运算，产生新的空间区域的过程。叠加图形的运算为两两叠加，如果叠加层多于两层，就需重复两两叠加的过程。矢量多边形叠加后会产生一些细小的多边形，这些多边形对于空间叠加的运算没有多大的实际意义，由于其面积极小，最终的叠加图难以表示出来。因此每叠加运算一次最好进行一次碎多边形的清除。图形叠加后，还需进行属性运算，也就是根据给定的函数来计算属性数据。属性运算后的结果是一组离散的数值，需进一步分类才能使叠加的结果得以正确而方便的理解。通过AcrView的Reclassiy功能，将属性数据重新分类，使数据非常清楚地满足用户的需要。

12.4.1.5 利用数字高程模型的可视域分析

对于给定的观察点，可以利用数字高程模型计算出在地形环境中基于这一观察点的可视区域。我们可以将其用于观景点的可视区域分析、道路选线分析以及基础设施的选址等方面。如图12-8为景点的可视性分析图，图中的深色区域为主要景点的不可视范围，浅色为所有景点的可视范围；图12-9为两景点间的可视性分析图，其中浅色为两点间的可视区域，深色为不可视区域。

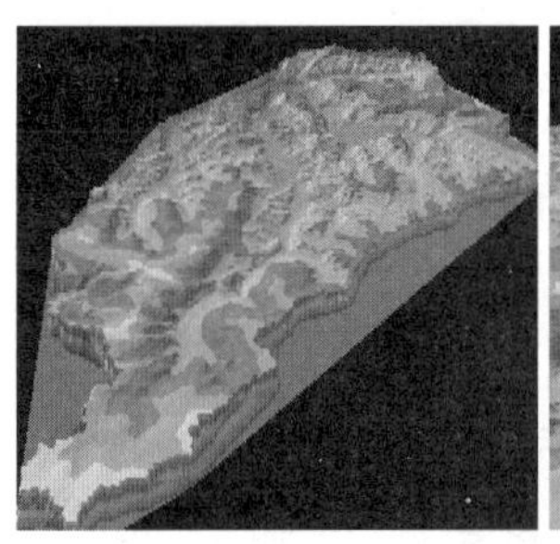
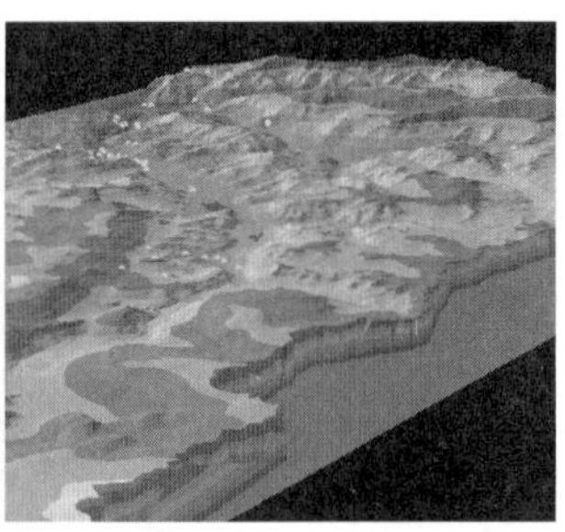

图12-7 地面三维模型

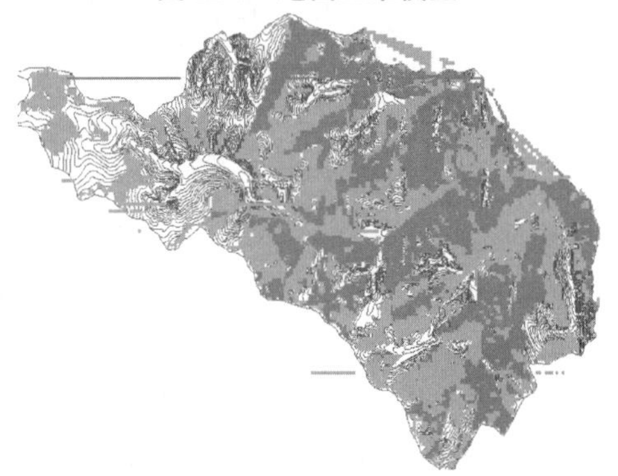

图12-8 由ArcView生成的可视域分析

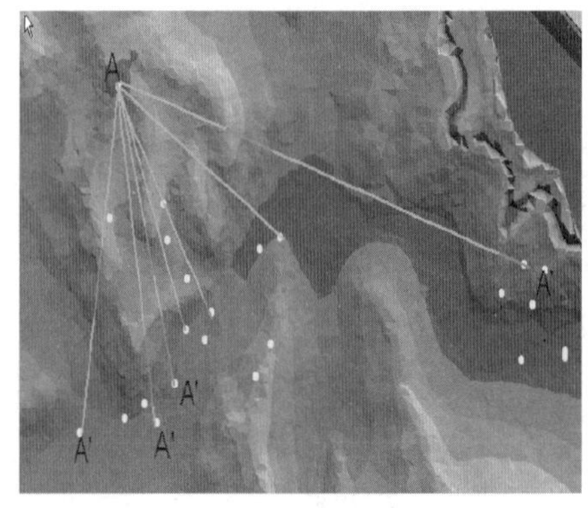

图12-9 由ArcView生成的两点间可视域分析

12.4.2 GIS 在风景区规划中应用案例

12.4.2.1 数据库总体方案设计

利用地理信息系统进行工作的实质就是对各种不同类型的数据进行操作处理，因而一系列重要的工作就是采集不同来源以及不同类型的数据，并创建数据库，存储地理数据。在空间数据库中，所有的地图、影像和属性数据都根据不同的空间表达方式和记录方式进行地理编码。

GIS 是用数字来描述地理实体的，其数据形式可以分为空间数据和属性数据。空间数据是用于表示地理对象位置、分布、形状、空间相互关系等信息内容的数据。而属性数据是表示与空间位置无关的其他信息，如树种、年龄、高度、等级、类型等信息的数据。GIS 空间数据结构有两种：矢量数据结构和栅格数据结构，前者通过坐标系来精确表示点、线、面等地理实体；后者以规则的象元阵列来表示空间地物或现象的分布，阵列中的每个数据表示地物或现象的属性特征。栅格数据结构利于空间分析，数据结构简单，数学模型方便，但数据的存储量大、图表的输出不美观、不精确，GIS 中使用的遥感影像、图片就是以栅格数据格式存储的；矢量结构存储量小、表示空间精度高、图表输出质量好，但数据结构复杂，数据模拟较难，空间分析不便。一个较为合理并且行之有效的方法是两种结构并存，并提供二者高效的转换功能，在 ArcView 3.2 很容易实现。具体做法是：选择需要转换的文件，选择菜单栏中的“Edit”，在弹出的菜单中点击“Convert to shipfile”(反之点击 Convert to grid)。

(1)空间数据库的建立

空间数据包括可用点、线、面来表达的矢量数据和遥感影像、图片等栅格数据，其中尤以矢量结构的数据为主。一个完整的空间数据库应该包括各类比例尺的基本地形图数据，根据系统建立的基础要求，系统的空间数据库共包括下列矢量数据格式文件：测量控制点、居住地、水系及附属设施、境界、地貌、图纸、植被七大类要素，以及部分专题现状信息，如现状道路、建筑、旅游资源、基础设施分布图等。将这些文件统一到一个公共目录下，组合成空间数据库。其建立流程如下：

——新建 APR 文件；

——调入已配准的矢量文件(Add theme)；

——建立新视图(New View)；

——建立新主题(New theme)；

——选择合适绘制工具类型(点、线、面)进行绘制；

——存储数据文件。

(2)属性数据库的建立

属性数据主要有两种：一种是在建立空间数据文件时自动产生的属性数据；另一种是表格形式的文本数据。对于前一种属性数据，它与一般数据库中的文本数据的重要区别之处是它具有空间标识，即每一个属性数据总是与某一空间实体相对应。对于属性数据，GIS 软件核心模块专门设置了 Tables 来管理属性数据，对于 INFO、DBF、ASCII 文件可以直接读取，通过 SQL Connect 将数据库相连。在 View 的操作中产生的任意一个矢量专题以及离散型的栅格数据专题都自动地生成一个相应的属性表，可以对其进行编辑操作。

属性数据一般通过调查、统计等方式收集。为了使属性调查工作顺利进行，须制定合适的、满足应用需求的属性调查规划。这里，值得注意的是合理地确定属性的分类及取舍。在评价与规划中的数据库主要有旅游资源数据库、道路系统数据库、基础设施数据库、植物资源数据库。其中，旅游资源数据库包括景点名称、位置、海拔、开发年限；道路系统数据库包括道路名称、起点、终点、长度、路宽、路面性质、路面等级、有无林荫带、最大容许车速、最大容许承压；基础设施数据库包括名称、位置、年限、权属等；植物资源数据库包括林班号、小班号、面积、林种、起源、权属、分类类型。

(3)空间数据源的采集

空间数据采集的方法有多种，现应用较多的是以地形图为数据源、以航空或航天遥感图像为数据源。遥感图像的精度将有可能提高到米级甚至分米级。

(4)空间数据的数字化处理

空间数据的数字化方法是指将地图类的文件输入计算机，成为可识别数据的方法。地图类文件可以直接通过使用数字化工具的方法完成数字化；而遥感、航摄图像产品形式的图像类文件主要有两种方法把它们组织到GIS中去：一种是通过遥感成图的方法把它们编成专题图，然后按地图类数字化到GIS中；另一种方法是通过扫描的方式数字化到GIS中，在GIS系统中进行图像处理、判读，通过地理编码对它们完成数字化过程。

12.4.2.2 GIS应用技术流程

由于在各项分析规划过程中，虽查询要求不同，但技术流程是一致的，故在此做总体的详细说明，在各分项中不一一重复叙述。

在建立基础空间数据库后，分别建立各规划的视图空间，如图12-10所示。

图12-10　建立的各规划视图名称

在每一项规划的视图空间内，用Add Theme命令加入相关的空间数据及图形图像。

根据各项规划的查询要求，用Map Calculator命令进行空间图形的属性数据运算。以建筑选址为例，在命令栏中输入：([植被]) and ([坡度3]) and ([坡向东南－西南]) and ([Map Calculation 2])，如图12-11所示。

点击Evaluate进行运算，所得区域即为满足条件的适宜区，如图12-12所示点状的区域。

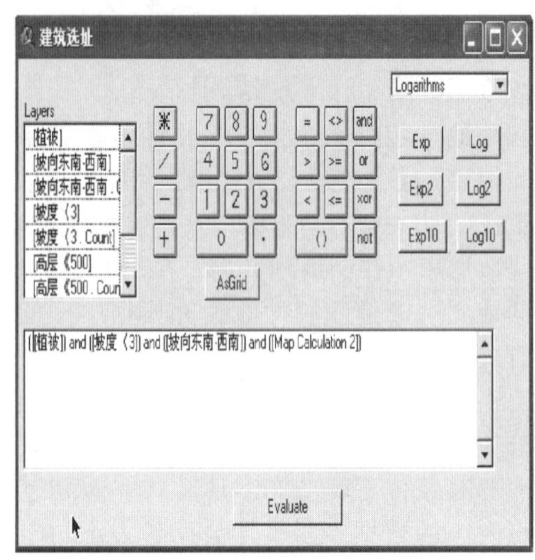

图12-11　用Map Calculator命令进行运算

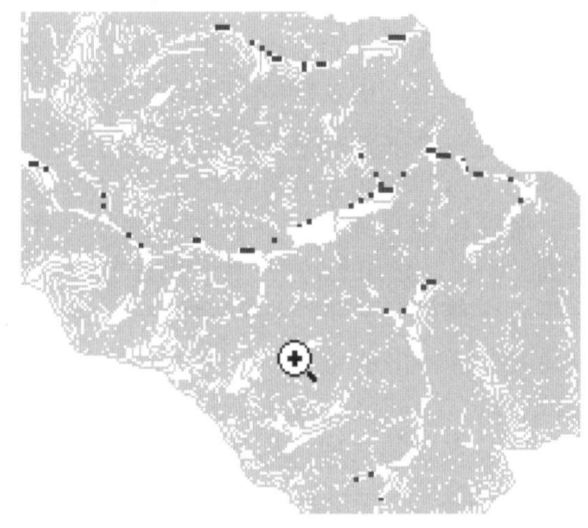

图12-12　运算后得出的适宜区域

用Layout命令将生成的图形以JPEG格式输出，将其插到CAD中绘制规划图，如图12-13所示。

利用GIS进行适宜度分析评价的步骤如下：

① 依据因子分级标准做出单因子分析图。

② 将单因子评价结果进行叠加。

③ 叠加后所得的是一组离散的数值，需进一步分为5类，获得综合适宜度分段标准，使叠加的结果得以正确而方便的理解。

④ 最后应用GIS绘制成适宜度分析评价图，如图12-13所示。

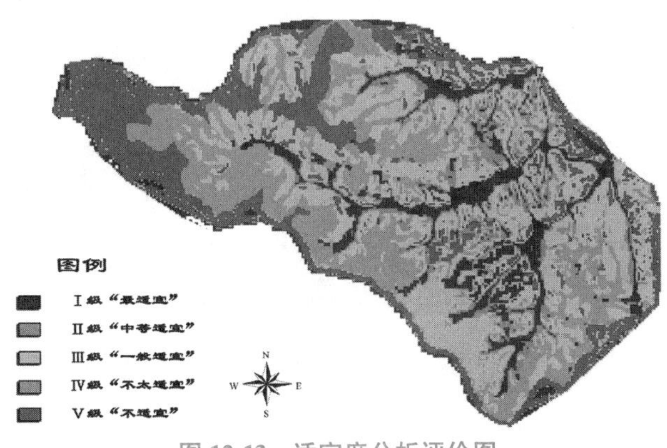

图 12-13　适宜度分析评价图

小　结

本章的教学目的是让学生对目前新技术在风景区应用的发展态势有所了解，对如何应用 3S 技术有初步的认识。能对新技术在风景区应用有所启发，结合专业特色广泛应用新技术。教学重点有 GIS 在风景区规划中的应用。教学难点为对各种新技术特点的掌握。

思考题

[1]应用在风景区中的新技术有哪些？

[2]你认为应用在风景区中的新技术哪个最重要？为什么？

[3]简述 GIS 在风景区规划中应用的优势。

推荐阅读书目

[1]大数据时代风景名胜区规划思路与方法探讨. 任宇杰，唐晓岚. 共享与品质——2018 中国城市规划年会论文集(13 风景环境规划)，2018：176-184.

[2]物联网技术在林业信息化管理中的应用. 吴昊. 林业勘察设计，2021，50(6)：77-79.

[3]基于 ARIMA 模型的风景区 5G 用户数预测及网络规划. 王雄，李俊达，查昊. 电信快报，2021(9)：41-46.

[4]VR 技术在城乡规划领域应用现状和展望. 洪苗，张希. 建筑与文化，2021(3)：36-37.

[5]虚拟现实(VR)技术在风景园林规划与设计中的应用研究. 岳忙芳. 工程建设与设计，2021(2)：163-164.

[6]基于 BIM 技术的江西龙虎山风景名胜区规划设计的信息化管理研究. 张浩，蔡玲，陈宇，等. 赤峰学院学报(自然科学版)，2017，33(5)：51-54.

[7]城市园林绿化智慧化管理体系及平台建设初探. 师卫华，季珏，张琰. 中国园林，2019，35(8)：134-138.

[8]都峤山风景区的智慧化发展. 唐彰元. 区域治理，2019(39)：48-50.

[9]VR 技术在泉州数字旅游中的应用研究. 程琳凯，彭振龙，曹位杰. 数字技术与应用，2021，39(8)：69-71.

[10]中国风景名胜区高质量发展大数据分析报告[R]. 中国风景名胜区协会，2022(3).

第13章 自然保护地体系的发展与国外经验

在世界自然保护联盟(IUCN)提出并广泛采用的保护地分类体系中，“国家公园”由于较好地处理了自然生态保护与资源开发利用之间的关系，被看作现代文明的产物和国家进步的象征，已成为国际主流的保护地模式。1982 年我国建立的中国国家级风景名胜区制度标志着国家公园制度建设在新中国正式启动，在国家级风景名胜区徽志上明确标明对应名称是“National Park of China”，即中国风景名胜区对外称为中国国家公园。在我国，传统的保护地类型体系比较复杂，体现在国家级风景名胜区、国家级自然保护区、国家森林公园、国家地质公园、国家湿地公园、国家矿山公园和国家水利风景区等多个类型，由林业、环保、建设等十余个政府行政主管部门分管，存在重叠设置、多头管理、边界不清、权责不明、保护与发展矛盾突出等问题。近些年为解决这些问题，对如何建立以国家公园为主体的自然保护地体系进行了一系列的努力。自从 2015 年我国启动国家公园体制试点建设，构建以国家公园为主体的自然保护地体系，推进自然保护地优化整合。国家公园体制试点在顶层设计、管理体制、机制创新、资源保护、保障措施等方面进行了有益探索，取得了阶段性成效。

目前，自然保护地体系建设提速，国家公园试点任务已经完成，2021 年已正式设立第一批国家公园。到 2025 年的发展目标是健全国家公园体制，完成自然保护地整合归并优化，完善自然保护地体系的法律法规、管理和监督制度，提升自然生态空间承载力，初步建成以国家公园为主体的自然保护地体系。到 2035 年的发展目标是显著提高自然保护地管理效能和生态产品供给能力，自然保护地规模和管理达到世界先进水平，全面建成中国特色自然保护地体系。目前有必要明确我国目前的状况，并吸收国外国家公园的经验，建立健全我国的自然保护地体系，积极推动绿水青山转化为金山银山，是今后风景区发展的趋势。

13.1 自然保护地体系概述

建立分类科学、布局合理、保护有力、管理有效的以国家公园为主体的自然保护地体系，是生态文明领域的重大制度创新，是我国风景区发展的重要方向。我国目前已建立数量众多、类型丰富、功能多样的各级各类自然保护地，在保护生物多样性、保存自然遗产、改善生态环境质量和维护国家生态安全方面发挥了重要作用。由于风景名胜区是具有中国特色的自然保护地类型，在开展的全国自然保护地整合优化预案编制过程中明确，“暂不涉及风景名胜区自身范围调整，风景名胜区体系予以保留”。风景区作为自然保护地体系中的一个重要类型，应规范风景区的规划建设，提高保护的有效性，提供高质量生态产品，为推进美丽中国建设，了解自然保护地体系，实现保护与发展双赢贡献自身的力量。

13.1.1 自然保护地体系的发展现状

自然保护地是生态建设的核心载体，美丽中国的重要象征，在维护国家生态安全中居于首要地位。经过多年努力，已建立各级各类自然保护地近万个，占陆域国土面积的 18%。2018 年国家机构改革后，由林草部门统一保护监管各类自然保护地。针对自然保护地边界不清等问题，自然资源部、国家林业和草原局于 2020 年启动自然保护地整合优化工作，对全国自然保护地历史遗留问题和现实矛盾冲突开展全面调查摸底评估，研究制定相关规则，出台了一系列政策文件，推进自然保护地整合优化。在自然保护地整合优化预案编制和审查工作中，相关部门密切合作，协调各自技术支撑单位信息共享，调集第三次全国国土调查、矿业权、高分卫星影像等最新成果，组建专班审核各地上报成果，开展实地考察论证，建立六部门联合会审机制，并与生态保护红线评估调整深度融合。目前，全国自然保护地整合优化预案已通过了专家组评议审查。

目前已完成国家公园体制试点，在 2021 年设立第一批国家公园，积极进行国家公园及各类自然保护地总体布局和发展规划，完成自然保护地勘界立标并与生态保护红线衔接，制定自然保护地内建设项目负面清单，构建统一的自然保护地分类分级管理体制。

13.1.1.1 自然保护地定义与目的

自然保护地是由各级政府依法划定或确认，对重要的自然生态系统、自然遗迹、自然景观及其所承载的自然资源、生态功能和文化价值实施长期保护的陆域或海域。建立自然保护地目的是守护自然生态，保育自然资源，保护生物多样性与地质地貌景观多样性，维护自然生态系统健康稳定，提高生态系统服务功能；服务社会，为人民提供优质生态产品，为全社会提供科研、教育、体验、游憩等公共服务；维持人与自然和谐共生并永续发展。要将生态功能重要、生态环境敏感脆弱以及其他有必要严格保护的各类自然保护地纳入生态保护红线管控范围。

13.1.1.2 自然保护地总体目标

建成中国特色的以国家公园为主体的自然保护地体系，推动各类自然保护地科学设置，建立自然生态系统保护的新体制新机制新模式，建设健康稳定高效的自然生态系统，为维护国家生态安全和实现经济社会可持续发展筑牢基石，为建设富强、民主、文明、和谐、美丽的社会主义现代化强国奠定生态根基。

13.1.1.3 自然保护地类型

在最新的《自然保护地分类分级》(LY/T 3291—2021)中，依据管理目标与效能，按照自然属性、生态价值和保护强度高低依次分为国家公园、自然保护区和自然公园 3 种类别(表 13-1)。

表 13-1 自然保护地分类体系

类别	类型	代码	基本特征
国家公园	国家公园	Ⅰ	具有国家代表性的大面积自然生态系统、独特的自然景观及其承载的生物多样性和自然遗迹
自然保护区	生态系统	Ⅱa	具有典型、特殊保护价值的森林、草原、荒漠、湿地、河湖、海洋等自然生态系统
	野生生物	Ⅱb	珍稀、濒危野生动植物物种及其生境
	自然遗迹	Ⅱc	具有重大科学价值的地质遗迹、古生物遗迹等自然遗迹
自然公园	生态自然公园	Ⅲa	具有重要生态、科学、科普和观赏价值的森林、草原、荒漠、湿地、河湖、海洋等生态系统及其承载的生物多样性和独特地貌、地质遗迹资源
	风景名胜区	Ⅲb	具有重要生态、科学、文化和观赏价值，自然与人文景观集中且高度融合

(1)国家公园

国家公园指在自然生态系统最重要、自然景观最独特、自然遗产最精华、生物多样性最富集，生态过程完整，具有全球价值和国家代表性的区域优先设立，实行完整性、原真性保护，国家公园不再细分类型。

(2)自然保护区

自然保护区指在具有典型、特殊保护价值的自然生态系统，珍稀、濒危野生动植物物种的天然集中分布区，重大科学价值的自然遗迹等区域设立，对主要保护对象实行严格保护，可分为生态系统、野生生物、自然遗迹3个类型。

(3)自然公园

自然公园指在具有重要生态、科学、文化和观赏价值的自然生态系统、自然遗迹和自然景观等区域设立，实行可持续管理，依据自然生态系统或地质遗迹以及自然与人文融合的主体不同可分为生态自然公园和风景名胜区两个类型。风景名胜区单独列出，与生态自然公园并列为自然公园的两大类之一，以"具有重要生态、科学、文化和观赏价值，自然与人文景观集中且高度融合"为基本特征，这也指出了风景名胜区的定位和方向。

生态自然公园划定应符合自然保护地划定条件，以某类自然生态系统或自然遗迹为主体的区域，可按分类特征分别命名为(森林、草原、湿地、荒漠、海洋、地质)自然公园，分类应具有下列特征之一：

①森林、湿地、草原、荒漠、海洋等自然生态系统典型、生态区位重要或生态功能重要、生态修复模式具有示范性。

②自然生态系统承载的自然资源珍贵、自然景观优美。

③自然区域具有重要或者特殊科学研究、宣传教育和历史文化价值。

④对追溯地质历史具有科学研究、科普和观赏价值的地质剖面、构造形迹、古生物遗迹、矿产地等遗迹。

风景名胜区划定应要求符合自然保护地划定条件，具有观赏、文化或者科学价值，景观优美、风貌独特的区域，具有下列特征之一：

①具有较高生态、观赏价值的山岳、江河、湖沼、岩洞、冰川、海滨、海岛等典型的特殊地貌。

② 具有科学研究和文化、典型观赏价值，自然与人文融合的人居民俗、生物景观、陵区陵寝和纪念地等独特风貌的区域。

③中华文明始祖遗存集中或重要活动且与文明形成和发展关系密切、自然文化融合的历史圣地。

13.1.1.4 自然保护地分级

自然保护地实行两级设立、分级管理，分为国家级、地方级两个管理层级。

①由国家批准设立的为国家级自然保护地，包括国家公园、国家级自然保护区、国家级自然公园。

②由省级人民政府确定的为地方级自然保护地，包括地方级自然保护区和地方级自然公园。

满足上述分类条件要求外，需具备以下①、②条特征，且具备③、④、⑤条特征之一的自然公园可认定为国家级自然公园，其他为地方级自然公园。

①具有中央或省级政府统一行使全民所有自然资源资产所有者职责的基础。

②主要保护对象集中分布区一般不低于1000hm^2，以特殊保护对象为目标的保护地面积可适当缩小。

③自然生态系统在全国具有保护价值，主体生态功能具有典型性或国家示范性。

④保护区域基本处于自然状态或者保持历史原貌，具有恢复至自然状态的潜力。

⑤原则上集中连片，面积能够确保自然生态系统、地质遗迹与自然景观的完整性和稳定性，能够维持珍稀、濒危或特有的野生生物物种种群的生存繁衍。

13.1.1.5 科学划定自然保护地

(1)确立国家公园主体地位

做好顶层设计，科学合理确定国家公园建设数量和规模，在总结国家公园体制试点经验基础上，制定设立标准和程序，划建国家公园。确立国家公园在维护国家生态安全关键区域中的首要地位，确保国家公园在保护最珍贵、最重要生物多样性集中分布区中的主导地位，确定国家公园保护价值和生态功能在全国自然保护地体系中的主体地位。国家公园建立后，在相同区域一律不再保留或设立其他自然保护地类型。

(2) 编制自然保护地规划

落实国家发展规划提出的国土空间开发保护要求，依据国土空间规划，编制自然保护地规划，明确自然保护地发展目标、规模和划定区域，将生态功能重要、生态系统脆弱、自然生态保护空缺的区域规划为重要的自然生态空间，纳入自然保护地体系。

(3) 整合交叉重叠的自然保护地

以保持生态系统完整性为原则，遵从保护面积不减少、保护强度不降低、保护性质不改变的总体要求，整合各类自然保护地，解决自然保护地区域交叉、空间重叠的问题，将符合条件的优先整合设立国家公园，其他各类自然保护地按照同级别保护强度优先、不同级别低级别服从高级别的原则进行整合，做到一个保护地、一套机构、一块牌子。

(4) 归并优化相邻自然保护地

制定自然保护地整合优化办法，明确整合归并规则，严格报批程序。对同一自然地理单元内相邻、相连的各类自然保护地，打破因行政区划、资源分类造成的条块割裂局面，按照自然生态系统完整、物种栖息地连通、保护管理统一的原则进行合并重组，合理确定归并后的自然保护地类型和功能定位，优化边界范围和功能分区，被归并的自然保护地名称和机构不再保留，解决保护管理分割、保护地破碎化和孤岛化问题，实现对自然生态系统的整体保护。

13.1.1.6 统一建立管理体制

(1) 统一规范高效管理自然保护地

理顺现有各类自然保护地管理职能，提出自然保护地设立、晋(降)级、调整和退出规则，制定自然保护地政策、制度和标准规范，实行全过程统一管理。建立统一调查监测体系，建设智慧自然保护地，制定以生态资产和生态服务价值为核心的考核评估指标体系和办法。各地区各部门不得自行设立新的自然保护地类型。

(2) 分级行使自然保护地管理职责

结合自然资源资产管理体制改革，构建自然保护地分级管理体制。按照生态系统重要程度，将国家公园等自然保护地分为中央直接管理、中央地方共同管理和地方管理 3 类，实行分级设立、分级管理。中央直接管理和中央地方共同管理的自然保护地由国家批准设立；地方管理的自然保护地由省级政府批准设立，管理主体由省级政府确定。探索公益治理、社区治理、共同治理等保护方式。

(3) 合理调整自然保护地范围并勘界立标

制定自然保护地范围和区划调整办法，依规开展调整工作。制定自然保护地边界勘定方案、确认程序和标识系统，开展自然保护地勘界定标并建立矢量数据库，与生态保护红线衔接，在重要地段、重要部位设立界桩和标识牌。确因技术原因引起的数据、图件与现地不符等问题可以按管理程序一次性纠正。

(4) 推进自然资源资产确权登记

进一步完善自然资源统一确权登记办法，每个自然保护地作为独立的登记单元，清晰界定区域内各类自然资源资产的产权主体，划清各类自然资源资产所有权、使用权的边界，明确各类自然资源资产的种类、面积和权属性质，逐步落实自然保护地内全民所有自然资源资产代行主体与权利内容，非全民所有自然资源资产实行协议管理。

(5) 实行自然保护地差别化管控

根据各类自然保护地功能定位，既严格保护又便于基层操作，合理分区，实行差别化管控。国家公园和自然保护区实行分区管控，原则上核心保护区内禁止人为活动，一般控制区内限制人为活动。自然公园原则上按一般控制区管理，限制人为活动。结合历史遗留问题处理，分类分区制定管理规范。

13.1.2 国家公园的发展

建立国家公园的目的是保护自然生态系统的原真性、完整性，始终突出自然生态系统的严格保护、整体保护、系统保护，把最应该保护的地方保护起来，因此一定要坚持生态保护第一。

国家公园应坚持世代传承，给子孙后代留下珍贵的自然遗产；国家公园应坚持国家代表性，国家公园既具有极其重要的自然生态系统，又拥有独特的自然景观和丰富的科学内涵，国民认同度高；国家公园以国家利益为主导，坚持国家所有，具有国家象征，代表国家形象，彰显中华文明；国家公园应坚持全民公益性，国家公园坚持全民共享，着眼于提升生态系统服务功能，开展自然环境教育，为公众提供亲近自然、体验自然、了解自然以及作为国民福利的游憩机会。鼓励公众参与，调动全民积极性，激发自然保护意识，增强民族自豪感。

建立国家公园体制是我国生态文明制度建设的重要内容，对于推进自然资源科学保护和合理利用，促进人与自然和谐共生，推进美丽中国建设，具有极其重要的意义。坚定不移实施主体功能区战略和制度，严守生态保护红线，以加强自然生态系统原真性、完整性保护为基础，以实现国家所有、全民共享、世代传承为目标，理顺管理体制，创新运营机制，健全法治保障，强化监督管理，构建统一规范高效的中国特色国家公园体制，建立分类科学、保护有力的自然保护地体系。

为加快构建国家公园体制，截至2020年我国已经顺利进行了10个国家公园体制试点地区建设，在总结试点经验基础上，借鉴国际有益做法，立足我国国情，在2021年首批公布5个国家公园通过试点验收，三江源国家公园、大熊猫国家公园、东北虎豹国家公园、海南热带雨林国家公园、武夷山国家公园正式成为我国国家公园。在设立各国家公园的批复中分别提出各国家公园的重点保护内容，如三江源国家公园全面加强长江、黄河、澜沧江源头生态系统的整体保护、系统修复、综合治理；大熊猫国家公园全面加强大熊猫野生种群及其栖息地的保护恢复；东北虎豹国家公园全面加强东北虎、东北豹野生种群及其栖息地的保护恢复；海南热带雨林国家公园全面加强岛屿型热带雨林生态系统保护修复；武夷山国家公园全面加强武夷山生态系统保护修复、文化和自然遗产保护，积极稳妥有序推进国家公园建设。

13.1.2.1 基本原则

(1)科学定位、整体保护

坚持将山水林田湖草沙作为一个生命共同体，统筹考虑保护与利用，对相关自然保护地进行功能重组，合理确定国家公园的范围。按照自然生态系统整体性、系统性及其内在规律，对国家公园实行整体保护、系统修复、综合治理。

(2)合理布局、稳步推进

立足我国生态保护现实需求和发展阶段，科学确定国家公园空间布局。将创新体制和完善机制放在优先位置，做好体制机制改革过程中的衔接，成熟一个设立一个，有步骤、分阶段推进国家公园建设。

(3)国家主导、共同参与

国家公园由国家确立并主导管理。建立健全政府、企业、社会组织和公众共同参与国家公园保护管理的长效机制，探索社会力量参与自然资源管理和生态保护的新模式。加大财政支持力度，广泛引导社会资金多渠道投入。

13.1.2.2 国家公园体制建设目标

国家公园是我国自然保护地最重要类型之一，属于全国主体功能区规划中的禁止开发区域，纳入全国生态保护红线区域管控范围，实行最严格的保护。国家公园的首要功能是重要自然生态系统的原真性、完整性保护，同时兼具科研、教育、游憩等综合功能。

建成统一规范高效的中国特色国家公园体制，交叉重叠、多头管理的碎片化问题得到有效解决，国家重要自然生态系统原真性、完整性得到有效保护，形成自然生态系统保护的新体制新模式，促进生态环境治理体系和治理能力现代化，保障国家生态安全，实现人与自然和谐共生。到 2030 年，国家公园体制更加健全，分级统一的管理体制更加完善，保护管理效能明显提高。

13.1.2.3 国家公园空间布局

国家公园空间布局研究首先应根据自然生态系统代表性、面积适宜性和管理可行性，明确国家公园准入条件，制定国家公园设立标准，确保自然生态系统和自然遗产具有国家代表性、典型性，确保面积可以维持生态系统结构、过程、功能的完整性，确保全民所有的自然资源资产占主体地位，管理上具有可行性。然后研究国家公园空间布局，明确国家公园建设数量、规模。统筹考虑自然生态系统的完整性和周边经济社会发展的需要，合理划定单个国家公园范围。国家公园建立后，在相关区域内一律不再保留或设立其他自然保护地类型。

13.1.2.4 建立统一事权、分级管理体制

(1) 建立统一管理机构

整合相关自然保护地管理职能，结合生态环境保护管理体制、自然资源资产管理体制与自然资源监管体制改革，由一个部门统一行使国家公园自然保护地管理职责。

国家公园设立后整合组建统一的管理机构，履行国家公园范围内的生态保护、自然资源资产管理、特许经营管理、社会参与管理、宣传推介等职责，负责协调与当地政府及周边社区关系。可根据实际需要，授权国家公园管理机构履行国家公园范围内必要的资源环境综合执法职责。

(2) 分级行使所有权

统筹考虑生态系统功能重要程度、生态系统效应外溢性、是否跨省级行政区和管理效率等因素，国家公园内全民所有自然资源资产所有权由中央政府和省级政府分级行使。其中，部分国家公园的全民所有自然资源资产所有权由中央政府直接行使，其他的委托省级政府代理行使。条件成熟时，逐步过渡到国家公园内全民所有自然资源资产所有权由中央政府直接行使。

按照自然资源统一确权登记办法，国家公园可作为独立自然资源登记单元，依法对区域内水流、森林、山岭、草原、荒地、滩涂等所有自然生态空间统一进行确权登记。划清全民所有和集体所有之间的边界，划清不同集体所有者的边界，实现归属清晰、权责明确的目标。

(3) 构建协同管理机制

合理划分中央和地方事权，构建主体明确、责任清晰、相互配合的国家公园中央和地方协同管理机制。中央政府直接行使全民所有自然资源资产所有权的，地方政府根据需要配合国家公园管理机构做好生态保护工作。省级政府代理行使全民所有自然资源资产所有权的，中央政府要履行应有事权，加大指导和支持力度。国家公园所在地方政府行使辖区(包括国家公园)经济社会发展综合协调、公共服务、社会管理、市场监管等职责。

(4) 建立健全监管机制

相关部门依法对国家公园进行指导和管理。健全国家公园监管制度，加强国家公园空间用途管制，强化对国家公园生态保护等工作情况的监管。完善监测指标体系和技术体系，定期对国家公园开展监测。构建国家公园自然资源基础数据库及统计分析平台。加强对国家公园生态系统状况、环境质量变化、生态文明制度执行情况等方面的评价，建立第三方评估制度，对国家公园建设和管理进行科学评估。建立健全社会监督机制，建立举报制度和权益保障机制，保障社会公众的知情权、监督权，接受各种形式的监督。

13.1.2.5 建立资金保障制度

(1) 建立财政投入为主的多元化资金保障机制

立足国家公园的公益属性，确定中央与地方事权划分，保障国家公园的保护、运行和管理。中央政府直接行使全民所有自然资源资产所有权的国家公园支出由中央政府出资保障。委托省级政府代理行使全民所有自然资源资产所有权的国家公园支出由中央和省级政府根据事权划分分别出资保障。加大政府投入力度，推动国家公园回

归公益属性。在确保国家公园生态保护和公益属性的前提下，探索多渠道多元化的投融资模式。

(2)构建高效的资金使用管理机制

国家公园实行收支两条线管理，各项收入上缴财政，各项支出由财政统筹安排，并负责统一接受企业、非政府组织、个人等社会捐赠资金，进行有效管理。建立财务公开制度，确保国家公园各类资金使用公开透明。

13.1.2.6 完善自然生态系统保护制度

(1)健全严格保护管理制度

加强自然生态系统原真性、完整性保护，做好自然资源本底情况调查和生态系统监测，统筹制定各类资源的保护管理目标，着力维持生态服务功能，提高生态产品供给能力。生态系统修复坚持以自然恢复为主，生物措施和其他措施相结合。严格规划建设管控，除不损害生态系统的原住民生产生活设施改造和自然观光、科研、教育、旅游外，禁止其他开发建设活动。国家公园区域内不符合保护和规划要求的各类设施、工矿企业等逐步搬离，建立已设矿业权逐步退出机制。

(2)实施差别化保护管理方式

编制国家公园总体规划及专项规划，合理确定国家公园空间布局，明确发展目标和任务，做好与相关规划的衔接。按照自然资源特征和管理目标，合理划定功能分区，实行差别化保护管理。重点保护区域内居民要逐步实施生态移民搬迁，集体土地在充分征求其所有权人、承包权人意见基础上，优先通过租赁、置换等方式规范流转，由国家公园管理机构统一管理。其他区域内居民根据实际情况，实施生态移民搬迁或实行相对集中居住，集体土地可通过合作协议等方式实现统一有效管理。探索协议保护等多元化保护模式。

(3)完善责任追究制度

强化国家公园管理机构的自然生态系统保护主体责任，明确当地政府和相关部门的相应责任。严厉打击违法违规开发矿产资源或其他项目、偷排偷放污染物、偷捕盗猎野生动物等各类环境违法犯罪行为。严格落实考核问责制度，建立国家公园管理机构自然生态系统保护成效考核评估制度，全面实行环境保护“党政同责、一岗双责”，对领导干部实行自然资源资产离任审计和生态环境损害责任追究制。对违背国家公园保护管理要求、造成生态系统和资源环境严重破坏的要记录在案，依法依规严肃问责、终身追责。

13.1.2.7 构建社区协调发展制度

(1)建立社区共管机制

根据国家公园功能定位，明确国家公园区域内居民的生产生活边界，相关配套设施建设要符合国家公园总体规划和管理要求，并征得国家公园管理机构同意。周边社区建设要与国家公园整体保护目标相协调，鼓励通过签订合作保护协议等方式，共同保护国家公园周边自然资源。引导当地政府在国家公园周边合理规划建设入口社区和特色小镇。

(2)健全生态保护补偿制度

建立健全森林、草原、湿地、荒漠、海洋、水流、耕地等领域生态保护补偿机制，加大重点生态功能区转移支付力度，健全国家公园生态保护补偿政策。鼓励受益地区与国家公园所在地区通过资金补偿等方式建立横向补偿关系。加强生态保护补偿效益评估，完善生态保护成效与资金分配挂钩的激励约束机制，加强对生态保护补偿资金使用的监督管理。鼓励设立生态管护公益岗位，促进当地居民参与国家公园保护管理和自然环境教育等。

(3)完善社会参与机制

在国家公园设立、建设、运行、管理、监督等各环节，以及生态保护、自然教育、科学研究等各领域，引导当地居民、专家学者、企业、社会组织等积极参与。鼓励当地居民或其举办的企业参与国家公园内特许经营项目。建立健全志愿服务机制和社会监督机制。依托高等学校和企事业单位等建立一批国家公园人才教育培训基地。

13.1.3 风景区的发展

除具有与一般自然保护地相同的自然生态保

护功能之外，中国的风景名胜区还孕育了极其丰富的山水文化、红色文化、宗教文化、书院文化、科技文化、民俗文化等，历史、宗教、民俗、名人、诗词、书画等早已融入景区的山山水水、一草一木之中，使之成为中华民族文化传承、审美启智的重要空间载体。风景名胜区的名称，具有精确的特征指代，它兼顾“风景”与“名胜”，即“自然”与“文化”的双重属性，协调了自然与文化综合管理功能与保护类型。风景名胜区无疑是自然保护地体系“中国特色”的重要组成部分，更是制度自信与文化自信的重要载体。

13.1.3.1 风景名胜区整合优化

目前是自然保护地整合优化的关键时期，主管部门严格落实《建立国家公园体制总体方案》《关于建立以国家公园为主体的自然保护地体系的指导意见》(以下简称《指导意见》)，对我国现行自然保护地保护管理效能进行评估，逐步改革按照资源类型分类设置自然保护地体系，研究科学的分类标准，厘清各类自然保护地关系，构建以国家公园为代表的自然保护地体系。自然保护地整合优化是夯实自然保护地长远发展的大事，是一个历史性工程，极具艰巨性和复杂性。

风景名胜区是我国自然保护地体系建设的重要组成部分，在保护和传承自然遗产、建设生态文明和美丽中国中发挥着重要作用。风景名胜区不是单一的自然或文化保护空间，而是多元复合型空间，复杂的居民社会结构和经济社会利益是我国风景名胜区保护工作中普遍存在的客观现实。因此，风景名胜区整合优化工作是一项综合而复杂的工作，不是简单的自然保护地边界调整和归类界定，更不是归并重组的“数字游戏”，而是与管理机构职能和地方社会经济发展密切相关的全局战略。风景名胜区整合优化工作要充分考虑生态保护需求、经济社会发展需要和各方利益诉求，不能“一刀切”，而是要实事求是，有针对性地解决风景名胜区内存在的历史遗留问题。经过较长一段时间的综合评价，为防止风景名胜区过度破碎化，主管部门决定整体保留风景名胜区体系、范围和名称，把对风景名胜区资源特征和功能定位的深入落实在自然保护地整合优化的行动指南中。秉持“科学规划、统一管理、严格保护、永续利用”的原则，将我国风景名胜区建设成为最具中国特色的自然保护地类型，为世界自然保护地体系提供中国方案。

《指导意见》提出自然公园原则上按一般控制区管理，一般控制区内限制人为活动。各省(自治区、直辖市)根据实际情况制定具体实施细则，如浙江省《实施意见》中进一步细化了该要求，明确自然公园(含风景名胜区)实施两区管控：重要脆弱的自然生态系统、自然遗迹、自然景观和珍稀濒危物种集中分布地设为严格管控区，禁止建设与保护无关的项目；其他区域为合理利用区，在不超过生态承载力的前提下，可适度开展相关活动。但在实际管理中，仍需在现行法律法规基础上，细化技术层面相关要求，以使管理更加科学、细致，有针对性。

(1)整合优化原则

风景区原有体系保留，名称不变。

已划入生态红线的风景区，不调整；未划入生态红线的风景区，生态重要区域划入，其他生态区域不可划入。

风景区应与其他自然保护地一起进行优化。

风景区整合优化时要衔接“三区三线”国土空间规划。

(2)整合优化规则

风景名胜区和国家公园等的整合优化如图13-1至图13-3所示。

(3)范围调整规则

①调入　周边自然文化保护价值高的区域，经评估后应当划入。

②保留　生态保护红线内的区范围不调整。

历史文化名村、少数民族特色村寨和重要人文景观合法建筑，包括有历史文化价值的遗址遗迹、寺庙、名人故居、纪念馆等有纪念意义的场所予以保留。

③调出　未划入生态保护红线范围，且经评估不破坏完整性、核心资源价值和管理有效性的区域，可调出。

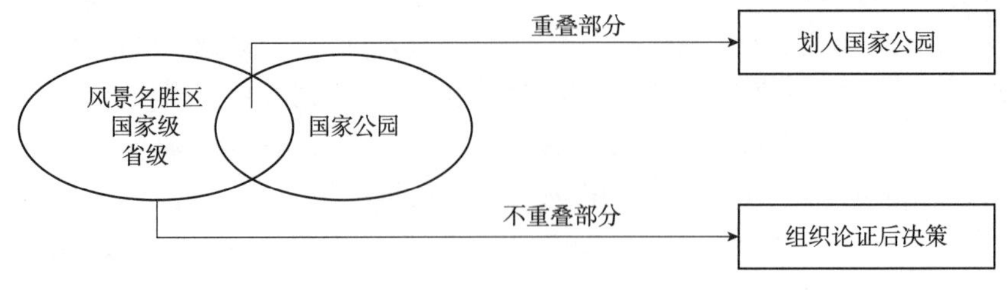

图 13-1　风景区与国家公园整合规则

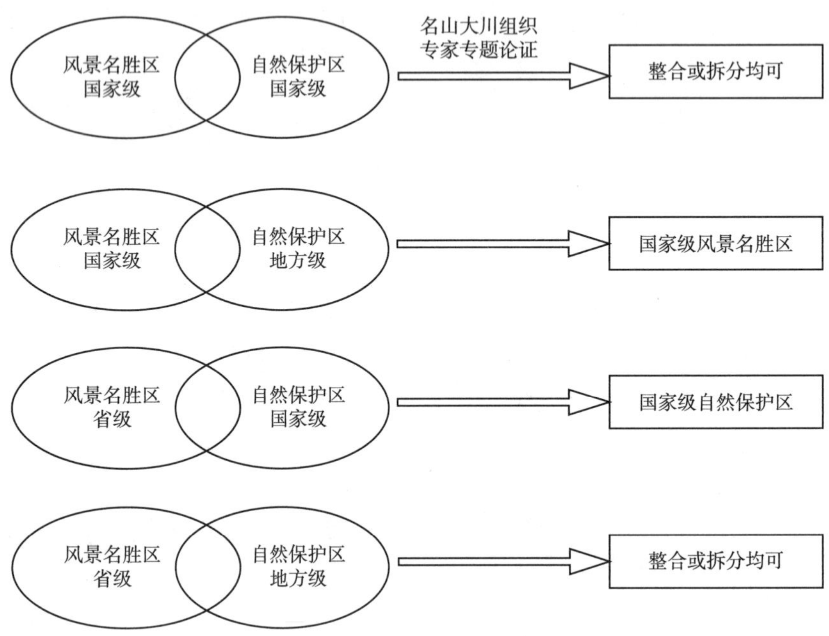

图 13-2　风景区与自然保护区的整合优化规则

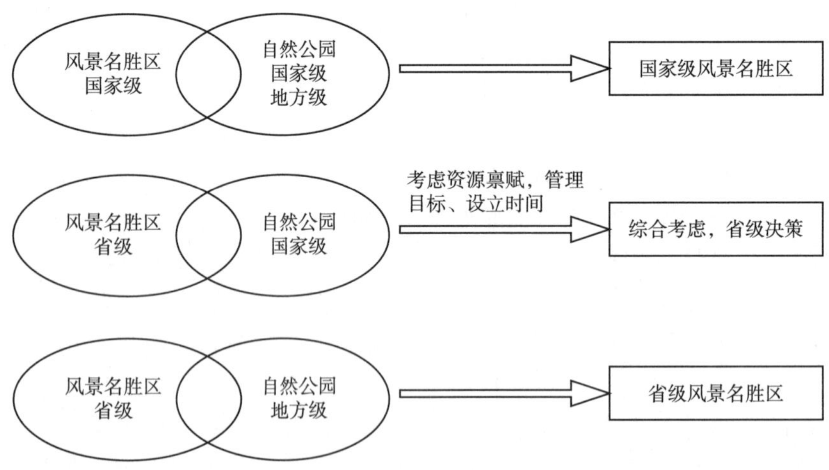

图 13-3　风景区与自然公园的整合优化规则

城镇建成区或者人类活动密集区域。

已纳入城镇开发边界的各类开发区、工厂和已建、拟建项目设施及用地；涉及重大经济和民生项目的设施及用地(线性工程除外)。

用地均按矿业权自然资函(〔2020〕861号)等文件有关要求处置。

(4)其他注意事项

因技术原因引起的数据、图件与实地不符等问题，予以纠正。

依托风景名胜区申报世界遗产地的，原则上保持稳定，范围和原管理方式不变。

跨省级行政界线的，原则上予以拆分。

空间矛盾冲突已列入整改问题清单的，应当按照省级政府确定的整改措施处置，没有处置到位的，不予调整。

13.1.3.2　风景名胜区发展趋势

风景名胜区高质量发展的趋势如下：

(1)加强保护恢复与监测

以自然恢复为主，辅以必要的人工措施，分区分类开展受损自然生态系统修复。建设生态廊道、开展重要栖息地恢复和废弃地修复。加强野外保护站点、巡护路网、监测监控、应急救灾、森林草原防火、有害生物防治和疫源疫病防控等保护管理设施建设，利用高科技手段和现代化设备促进自然保育、巡护和监测的信息化、智能化。配置管理队伍的技术装备，逐步实现规范化和标准化。

(2)分类有序解决历史遗留问题

①解决交叉重叠问题　通过对资源、范围、规划和管理等方面评价，提出范围调整优化、城镇开发边界划定、社区发展、重大建设项目布局等意见。按照“将符合条件的优先整合设立国家公园，其他各类自然保护地按照同级别保护强度优先、不同级别低级别服从高级别的原则进行整合”等相关政策要求，根据保护区域的自然属性、生态价值和管理目标，通过归并、拆分等方式，解决交叉重叠，做到一个管理机构、一套人马、一块牌子。

②合理优化边界范围　按照“景源特征及其生态环境的完整性，历史文化与社会的连续性，地域单元的相对独立性，保护、利用、管理的必要性与可行性”原则，开展风景名胜区边界范围优化工作。在不影响风景名胜资源完整性、不涉及核心景区和生态保护红线、不涉及世界遗产范围的前提下，细化涉及城镇建成区、开发区、度假区等区域的范围调整规则，分类处理历史遗留问题。调整边界范围涉及违法违规项目的，要建立台账、尊重历史、依法妥善处置，不能一调了之。对风景区进行科学评估，将保护价值低的建制城镇、村屯或人口密集区域、社区民生设施等调整出自然保护地范围。结合精准扶贫、生态扶贫，核心保护区内原住居民应实施有序搬迁，对暂时不能搬迁的，可以设立过渡期，允许开展必要的、基本的生产活动，但不能再扩大发展。依法清理整治探矿采矿、水电开发、工业建设等项目，通过分类处置方式有序退出；根据历史沿革与保护需要，依法依规对自然保护地内的耕地实施退田还林还草还湖还湿。

(3)创新自然资源使用制度

按照标准科学评估自然资源资产价值和资源利用的生态风险，明确自然保护地内自然资源利用方式，规范利用行为，全面实行自然资源有偿使用制度。依法界定各类自然资源资产产权主体的权利和义务，保护原住居民权益，实现各产权主体共建保护地、共享资源收益。制定自然保护地控制区经营性项目特许经营管理办法，建立健全特许经营制度，鼓励原住居民参与特许经营活动，探索自然资源所有者参与特许经营收益分配机制。对划入各类自然保护地内的集体所有土地及其附属资源，按照依法、自愿、有偿的原则，探索通过租赁、置换、赎买、合作等方式维护产权人权益，实现多元化保护。

(4)探索全民共享机制

在保护的前提下，在自然保护地控制区内划定适当区域开展生态教育、自然体验、生态旅游等活动，构建高品质、多样化的生态产品体系。完善公共服务设施，提升公共服务功能。扶持和规范原住居民从事环境友好型经营活动，践行公民生态环境行为规范，支持和传承传统文化及人地和谐的生态产业模式。推行参与式社区管理，按照生态保护需求设立生态管护岗位并优先安排原住居民。建立志愿者服务体系，健全自然保护地社会捐赠制度，激励企业、社会组织和个人参与自然保护地生态保护、建设与发展。

(5)加强科技支撑和国际交流

设立重大科研课题，对自然保护地关键领域和技术问题进行系统研究。建立健全自然保护地科研平台和基地，促进成熟科技成果转化落地。加强自然保护地标准化技术支撑工作。自然保护地资源可持续经营管理、生态旅游、生态康养等活动可研究建立认证机制。充分借鉴国际先进技术和体制机制建设经验，积极参与全球自然生态系统保护，承担并履行好与发展中大国相适应的国际责任，为全球提供自然保护的中国方案。

13.2 国外国家公园

国家公园(National Park)概念是由美国艺术家乔治·卡特林(Geoge Catlin)首先提出的。1832年，在去(达科他州)旅行的路上，他对美国西部大开发对印第安文明、野生动植物和荒野的影响深表忧虑。他写道："它们可以被保护起来，只要政府通过一些保护政策设立一个大公园——国家公园，其中有人也有野兽，所有的一切都处于原生状态，体现着自然之美。"自1872年世界上第一个国家公园——美国黄石公园建立至今，国家公园已经走过了140多年的历程，国家公园的理念已经被世界各国所接受并大力发展，也从较为单一的概念衍生出"国家公园和保护区体系""世界遗产""生物圈保护"等相关概念。在生态自然理念倡行的21世纪，国家公园的发展更为全面，甚至已经成为人们精神文化生活中的重要部分，许多国家已经根据本国的特点和条件建立起自己的国家公园系统，并且在不断完善中。尽管各国对国家公园的定义会有所区别，1969年世界自然保护联盟(International Union for Conservation of Nation, IUCN)和联合国教科文组织(UNISCO)在新德里"IUCN第十次大会"上正式接受美国的概念，确立了一致的关于国家公园的国际标准，将其发展成为以国家公园为代表的"国家公园与保护区体系"。定义为：国家公园是具有国家意义的公众自然遗产公园，它是为人类福祉与享受而划定，面积足以维持特定自然生态系统，由国家最高权力机关行使管理权，预防和阻止一切可能的破坏行为，游客到此观光需以游憩、教育和文化陶冶为目的并得到批准。明确国家公园必须具有以下3个基本特征：① 区域内生态系统尚未由于人类的开垦、开采和拓居而遭到根本性的改变，区域内的动植物种、景观和生境具有特殊的科学、教育和娱乐的意义，或区域内含有一片广阔而优美的自然景观。② 政府权力机构已采取措施以阻止或尽可能消除在该区域内的开垦、开采和拓居，并使其生态、自然景观和美学的特征得到充分展示。③ 在一定条件下，允许以精神、教育、文化和娱乐为目的的参观旅游。

1972年和1982年分别在美国国家黄石公园和印度尼西亚巴厘岛召开了第二次和第三次国家公园大会。经过不断地修改和完善，最终在1994年将国家公园定义为"国家公园是一国政府对某些在天然状态下具有独特代表性的自然环境区划出一定范围而建立的公园，属国家所有并由国家直接管辖；旨在保护自然生态系统和自然地貌的原始状态，同时又作为科学研究、科学普及教育和提供公众游乐、了解和欣赏大自然神奇景观的场所"。所以对于国家公园的保护功能与作用，绝大多数国家给予了肯定，也积极采取措施构建国家公园的保护体系。

自美国黄石国家公园建立以来，世界其他国家纷纷加入建设国家公园的行列中。1879年，澳大利亚成立了世界上第二个国家公园——皇家国家公园；1890年，美国建立了巨杉和优胜美地国家公园，1899年建立了雷尼尔山国家公园；英国于1895年设立了"国家托拉斯"；加拿大于1885年开始在西部划定了冰川、班夫、沃特顿湖3个国家公园；同期，澳大利亚共设立了6个国家公园，新西兰设立了2个国家公园。至此可以看出黄石公园建立后的50年间，国家公园的理念虽然在世界范围内开始传播，但传播速度较慢，几乎全部国家公园都是在美国及英联邦国家出现的。

第二次世界大战以后，在整体和平的大环境下，人们越来越重视自然生态，再加上旅游业的繁荣发展，国家公园的发展有了较大的突破。在北美，国家公园的数量从 50 个扩大到 356 个；在欧洲，从 25 个扩大到 379 个；到 20 世纪 70 年代中期，全世界已有 1204 个国家公园。近年来，全球都在关注生态环境问题。经济的发展刺激了世界旅游业的发展，而国家公园不仅可以为各个国家的旅游业增添亮点，更能较好地处理自然生态环境保护与资源开发利用之间的关系，所以已经在全世界普遍推广。目前世界上直接冠以“国家公园”之名的有 3740 个，截至 2014 年 3 月，世界保护区委员会（WCPA）数据库统计的属于国家公园（Ⅱ类）的数量为 5219 个，其中发达国家的数量较多，发展中国家也正不断加强国家公园建设。

今天，国家公园不仅仅是个名称，其背后蕴涵的是一种对自然文化遗产区域进行可持续发展与保护的最优化的管理体制。但是，由于经济发展水平、土地利用形态、历史背景以及行政体制方面的不同，世界各国和地区在实践中不只是借鉴美国的国家公园经验，而是既延续国家公园的宗旨精神，又使之本土化，形成了具有各国特色的国家公园制度。

13.2.1 国外国家公园概况

由于世界各国各地区的社会制度、经济基础、历史发展、文化背景、人口素质不同，世界各国的国家公园特征和内涵也存在诸多差异。

13.2.1.1 美国

美国的国家公园是国有资源和遗产资源，包括国家公园纪念地、历史以及历史公园风景路、休闲地以及白宫等不同类型，还包括濒危物种栖息地、博物馆收藏品、考古遗址和历史遗址等，由美国国家公园管理局统一管理。

美国国家公园的土地归联邦政府所有，联邦政府对国家公园实行日常运营的全方位垂直管理。美国国家公园管理局于 1916 年 8 月 25 日，由美国国会依照美国国家公园管理构成法批准成立，它是隶属于美国联邦政府的行政管理机构，直属上级单位是内政部，以景观保护和适度旅游开发为双重任务。

1935 年美国通过历史遗迹法案，将国家重要的自然与历史资源统一交由国家公园管理局管理，下设地区局，分线管理各地的国家公园，各国家公园设有公园管理局，具体负责本公园的管理事务。国家公园管理局、地区管理局、基层管理区，3 级机构实行垂直领导，与公园所在地政府没有隶属关系。

美国国家公园的目标是保持资源的真实性、完整性和可持续利用。几乎每一个国家公园都有独立立法，国家公园管理局的各项政策也都以联邦法律为依据。国家公园的公益性建设，号召公民和全社会的参与和支持，管理部门的重大决策和措施必须向公众征询意见，实现多数人的利益最大化而非部门利益最大化。

美国国家公园的管理人员一律由国家公园管理局任免和调配，工作人员要进行培训并配备先进设备，以保证国家公园的资源保护和服务质量。依照国际惯例，国家公园可以引进志愿人员制度，包括志愿服务人员、高层次的志愿维护人员和解说人员。

美国的国家公园为非营利性事业单位，由联邦法律保证国家遗产资源在联邦财政支出中的地位，管理经费主要依靠政府的拨款，部分靠私人或财团捐赠，门票只是作为管理手段，旨在提高人们的环保意识。近年来，社会捐赠资金显著增多，以帮助国家公园开展社会活动，减轻联邦政府的财政负担。

美国的国家公园实行特许经营权制度，公园的餐饮、住宿、娱乐等设施，通过特许商业经营处批准，由特许承租人经营，财务收支与公园管理机构无关，做到管理者和经营者分离，避免了重经济效益、轻资源保护的倾向，而且有利于筹集管理经费，提高服务效率和服务水平。

美国国家公园规划设计、施工监理等工作由国家公园管理局下设的丹佛规划设计中心全权负责，保证规划设计的质量，以及总体规划、控制性详细规划、单体设计的一致性。规划设计在上报前，必须向当地及州的国民广泛征求意见。

此外，美国国家公园管理局还与其他联邦政府机构、大学组建合作研究单位将学术优势和土地管理经验相结合，为国家公园提供科研技术支持和教育资源，保证国家公园管理机构完成使命。

(1)美国国家公园系统

美国是世界上第一个建立国家公园的国家，目前已经形成了庞大丰富的国家公园体系。1997年，美国国家公园系统包括20个类别，共369个单位，总面积33.7万km^2，覆盖49个州，占国土总面积的3.6%，其中“国家公园”54处，面积为20.9km^2，占国家公园系统总面积的62%。到2016年8月，国家公园系统数量扩大到422个，详细类别及数量详见表13-2。至今国家公园数量达至63个。

美国国家公园系统中的不同名称，反映了公园的多样性。近些年来，美国国会和国家公园管理局都在努力简化一些术语(有些已经成功)，并建立一些基本标准，来规范对正式名称的不同用法。

在加入国家公园系统的地域中，具有珍贵的自然价值或特色，有着优美风景或很高科学质量的土地或水体，通常命名为国家公园、纪念地、保护区、海滨、湖滨或滨河路。这些地域，包含着一个或多个有特色的标志，诸如森林、草原、苔原、沙漠、河口或河系；或者拥有观察过去的地质历史、壮丽地貌的“窗口”，诸如山脉、台地、热地、大岩洞；也有的是丰富的或稀有的野生动物、野生植物的栖息地、生长地。

表13-2 美国国家公园一览表

类别	1997年数量(个)	面积(km^2)	2016年数量(个)
1. 国家公园(National Park)	54	209 265.13	59
2. 国家历史公园(National Historic Park)	37	655.48	50
3. 国家休闲游乐区(National Recreation Area)	18	14 975.64	18
4. 国家史迹地(National Historic Site)	72	93.53	78
5. 国际史迹地(International Historic Site)	1	0.14	1
6. 国家纪念地(National Monument)	73	8354.36	84
7. 国家纪念碑(National Memorial)	26	32.57	30
8. 国家战场(National Battlefield)	11	53.01	11
9. 国家战场公园(National Battlefield Park)	3	35.32	4
10. 国家战场遗址(National Battlefield Site)	1	0.004	1
11. 国家军事公园(National Military Park)	9	153.84	9
12. 国家海滨(National Seashore)	10	2398.23	10
13. 国家湖滨(National Lakeshore)	4	926.10	4
14. 国家河流(National River)	6	1683.53	15
15. 国家园林路(National Parkway)	4	690.81	4
16. 国家风景游览小道(National Scenic Trail)	3	745.56	3
17. 国家荒野风景河流及沿河路(National Wild and Scenic River and Riverway)	9	887.77	9
18. 国家保护区(National Preserve)	15	95 865.08	19
19. 国家保护地(National Reserve)	2	135.19	2
20. 其他未名地(Without Designation)	11	157.60	11
总 计	369	337 108.89	422

① 国家公园　一般都远离城市，多以自然景观为主，资源丰富，有着大面积的陆地或水体，以便有助于对资源提供充分的保护。可供人们进行一段时间的游览、度假。国际自然保护联盟也曾对"国家公园"这一概念确定过定义。黄石、大峡谷、优胜美地等都是美国非常著名的国家公园黄石国家公园，如图 13-4 和图 13-5 所示。

图 13-4　黄石国家公园大峡谷（赵志强摄）

图 13-5　黄石国家公园温泉（赵志强摄）

② 国家历史公园　以人文景观为主，涵盖国内一些具有历史意义的地方，加以保护，供人参观游览。通常有比较大的范围，其内容也比国家史迹地丰富得多。美国没有专设文物管理局，有关考古、文物古迹保护等方面的业务，都由国家公园管理局负责。坐落在费城中心区的国家独立历史公园、位于波士顿附近的罗维尔国家历史公园，就是这种类型的公园。

③ 国家休闲游乐区　在国家公园系统中，最早的休闲游乐区是由联邦政府的其他机构将水库周围一些地方联系起来而组成的。国家公园管理局根据合作协议管理这些区域。休闲游乐区的概念，现在已扩展到其他一些可用于休闲游乐的陆地及水体，甚至包括城市中心一些比较重要的地方。旧金山的金门国家休闲游乐区，就是一个例子。

④ 国家史迹地　这是近些年由国会批准列入国家公园系统的。也是一些有历史纪念意义的地方，但范围较小，内容也不及国家历史公园丰富。

⑤ 国际史迹地　仅有一处，是有关美国与加拿大历史的一处地方。

⑥ 国家纪念地　主要是保留那些小的具有国家意义的资源，通常比国家公园小得多，也没有国家公园那样丰富的多样性。国家纪念地所包含的内容较多，可用于很大的自然保留地、历史上的军事工事、历史遗迹、化石场地以及自由女神像等。

⑦ 国家纪念碑　主要用于有纪念意义的场地，但它们也不一定需要场地或建筑来表现其历史主题。例如，林肯故居是一处国家史迹地，而在哥伦比亚地区的林肯纪念碑就是一个国家纪念碑。

⑧ 国家战场　用于与美国的军事历史有关系的地方。

⑨ 国家战场公园　用于与美国的军事历史有关系的地方。

⑩ 国家战场遗址　用于与美国的军事历史有关系的地方。

⑪ 国家军事公园　用于与美国的军事历史有关系的地方。

⑫ 国家海滨　建于大西洋、太平洋海岸。在保护自然价值的同时，可开展水上娱乐活动。

⑬ 国家湖滨　虽然任何一个水质清洁的湖区都可能设为国家湖滨，现已建立的 4 个都位于大湖地区。

⑭ 国家河流　主要是保护那些没有筑坝、开渠或其他改变的自由流动的小河、溪流。要保护这些河流的自然状态。这些区域可以提供徒步旅行、划独木舟、狩猎等户外活动的机会。

⑮ 国家园林路　当公路经过令人感兴趣的风

景地段时，可在公路的两侧设置国家公园路，让人悠闲地驾车通过，以便欣赏风景。这种路禁止高速驾驶。

⑯ 国家风景游览小道　通常是穿过优美景观地区的长距离的蜿蜒小径。这些小路大多数穿过的是国家公园系统中受保护的地方，或在国家历史中有可纪念的人物、事件、重要活动的地方。一些考古的线路，把印第安人的历史文化与美国现代生活联系到一起。历史的区域，通常都保存或恢复反映它们在过去一段时期中最有历史意义之处。

⑰ 国家荒野风景河流及沿河路　荒野河流看上去只有很少的人类活动痕迹，是自由流动的，除通过小径之外通常很难接近。风景河流仍保持比较原始的岸线，但通过公路可以到达。被指定为荒野风景河流系统中的每一条河流，其管理机构的任务就是保护或增强它的特色，任何娱乐用途都必须与保护相协调。

⑱ 国家保护区　1974年，大柏树林国家保护区(Big Cypress National Preserve)和大灌木丛国家保护区(Big Thicket National Preserve)被批准为第一批国家保护区。该类型的建立，首先是为了保护某些资源。

⑲ 国家保护地　这是一种比保护区小的保护地点，可能交由当地或州当局来管理，第一个国家保护地是1988年建立的石头城国家保护地(City of Rocks National Reserve)。

⑳ 其他未名地。

(2)美国国家公园的规划体系

美国国家公园规划体系一般来说包括总体管理规划、战略规划、实施规划以及年度工作规划和报告5个层级(或阶段)，均由内政部国家公园管理局丹佛规划设计中心负责统一编制，规划程序依次从大尺度的总体管理规划，到更具体的战略规划、实施规划以及年度工作规划。规划编制之前，首先要明确，什么样的问题适合在总体管理规划中考虑，什么样的问题适合在更具体的战略规划或补充规划中考虑。每个层次的规划都有不同的功能，所有不同层次的规划都要尽量避免重复和混乱。

每个层次规划都应阐明与其他层次规划之间的关系和联系、各种环境分析和公众参与，针对特殊项目和行动的各种环境分析都将遵循或援引先前的针对总体管理规划的环境评估文件。

① 总体管理规划　国家公园管理局对国家公园系统中的每个单位都要保留一份有效的总体管理规划文件。每个总体管理规划的目的都要保证，公园对资源保护和游客利用有一个明确的方向。这个用于决策的基本工作，是由多学科的工作组通过咨询管理局内部的有关人员、其他联邦和州机构、其他团体和公众完成的。总体管理规划将依据所有有价值的科学信息、游客利用方式、环境影响与各种行动相关的费用等因素而确定。

公园总体管理规划是公园规划和决策序列中的第一步。它将关注为什么建立公园，在规划实施期间，安排哪些管理内容，如资源条件、游客利用方式和合适的各种管理行动应该规划完成。公园总体管理规划是一个长期的过程，当它涉及建立自然和文化框架时，可能要持续很多年，这个规划将考虑公园的生态、景观和文化等资源作为国家公园系统的一个单位和大的区域环境的一个部分。公园总体管理规划还将为所有不同的公园和整个地区建立一个共同的目标。这种结合将有助于避免在一个地区解决问题的同时，在另一个地区出现同样的问题。

总体管理规划要求准备一份环境影响报告书，按照环境评估程序通知公众哪些财产可能受环境影响。如果可能，公园总体管理规划将纳入区域协调规划和生态系统规划。国家公园管理局参与到区域协调规划之中，以较好地了解和关注不同利益团体的独立性和要求，了解他们的权力和利益。根据需要，总体管理规划将重新审议、修订或修改，或者暂时保留规划，并开始编制新的规划。总体管理规划每10~15年修改一次，如果条件突然发生变化，这个时间还会缩短。

② 战略规划　一个公园的战略规划应依据公园功能和目标、公园总体管理规划和公园系统战略规划，同时满足公园系统和地方的要求，并由公园园长和地区分局局长联合通过。

公园战略规划应与公园总体管理规划确定的

功能、目标和管理内容一致。如果公园没有最新的总体管理规划作为战略规划的依据，将以已有的总体管理规划和更新的公园功能和目标作为工作的基础。尽管公园战略规划与总体管理规划共享一些信息，但取代不了总体管理规划。与总体管理规划相比，战略规划是针对更短期的框架，更具有量化的目标和结果，一般不要求像总体管理规划那样对资源综合分析、咨询和协调。通过战略规划，公园管理人员将不断评估总体管理规划作为解决公园问题的基础，或者提出重新编制或修改总体管理规划的要求。通过战略规划程序，公园应该决定主要目标的调整和强调的重点，进而确定是否需要重新编制新的总体管理规划或补充和修改原总体管理规划。战略规划还可以确认是否需要编制更具体的补充规划。总体管理规划和补充规划的程序都要符合或衔接国家环境政策法案和国家历史保护法案的相关规定，并考虑对自然、文化和社会经济环境的影响。

为实施国家公园管理局规定的管理行为，实现政府行为和结果法案规定的管理目标，战略规划应包括以下内容：公园功能说明；公园的目标（与公园总体管理规划的规定相同）；长期目标；实现这些目标的近期内容；年度目标与长期目标的关系（如果不明显）；可能影响实现这些目标的主要外部因素；用以建立和调整目标的计划和实施评估以及评估时间表；向法律顾问和其他有关专家咨询的内容清单；编制规划的人员。

③ 实施规划　将针对总体管理规划确定的管理内容和战略规划进一步确定长期目标的具体实施行动和项目。针对复杂的、技术的以及有争议的问题制订行动计划，经常要求有大量的细节和在总体管理规划和战略规划阶段之后进行的具体分析，实施规划就是要提供这些细节和分析。实施规划编制应考虑以下两个因素：第一，实施规划将确定实施公园管理内容和长期目标所需项目的规模、结果以及投资预算；第二，实施项目将集中在实施战略规划目标所需的特殊技术、原则、设备、结构、时间和资金渠道。两者既可以组合在一起，也可以分开考虑。

技术专家组在公园或地区分局的项目负责人的指导下，编制实施规划，由公园园长通过规划。个别的项目只在具体管理程序中通过实施，以确保它们与公园的其他计划和目标相结合。

基于规划的有效性和公众参与的目的，实施规划的编制可以与总体管理规划、具体管理交叉。然而，总体管理规划和战略规划层次中要求的决策将更优先、更直接、更具体地考虑实施规划和行动。针对改变资源状况、游客对公园的利用、新开发或恢复等主要行动，必须与已通过的总体管理规划一致，并与最新的战略规划的长期目标衔接。即使总体管理规划与实施计划同时进行，它们也必须处于不同的两个文件，或一个文件的两个部分中。

④ 环境评估　针对总体管理规划和一些特殊的可能对环境产生影响的项目或决策，都需要依据国家环境政策法案、国家历史保护政策和相关法律进行正式的方案评估（环境评估）。由于很多涉及环境质量和文化资源的问题都是通过实施规划而不是通过总体管理规划解决，因此，环境影响评估开始于总体管理规划阶段，并常常持续到实施规划。

⑤ 公园年度工作规划　每个公园都要编制年度规划，阐明每个财政年度的目标和包含实施这些目标程序的年度工作报告。年度实施规划和报告的编制将与国家公园管理局的预算编制同时进行。

年度工作规划将包括以下两个因素：第一，依据并反映公园长期目标的每年增长量的年度目标（完成本财政年度计划的成果）；第二，包括列出实现年度目标的各项工作、预算和人工的年度工作规划（财政年度内的投入和支出）。

年度工作规划将包括预算和人工因素，后一年的年度预算的编制将考虑预算的衔接（跨年度的和不跨年度的），并依据总统批准公布的预算考虑优先项目的因素。考虑与其他规划做出的决定的衔接，年度工作规划可以不要求公众参与和咨询，但必须公布于众。

⑥ 年度工作报告　由以下两个部分组成：第一，一个财政年度预算执行情况的报告；第二，一份本财政年度工作规划的评估报告。年度工作

报告将特别写明由于预算调整而改变的工作。评估报告将论证上一个财政年度已经执行但没有完成的项目，分析在上一个年度公园为什么没有完成一个或多个年度目标以及在下一个年度实现这些目标的步骤。公园年度报告将与整个公园系统的年度报告发生联系，如果需要，将结果纳入公园系统的报告。年度工作报告是作为完成工作的情况提供给国会，以便考虑管理机构的年度预算和年度工作规划，年度工作报告也作为评估管理人员的基础。

13.2.1.2 英国

许多人认为英国国家公园强有力的保护理念和保护机制是成功的。1949年英国颁布了《国家公园和乡村土地使用法案》，将具有代表性风景或动植物群落的地区划分为国家公园。1995年，在《环境法》中定义国家公园的目的，一是保护和促进自然美景、野生动物和文化遗产；二是提升公众对国家公园的认知和享受。目前英国共有15个国家公园，本质上是由国家认定的，为了保护国家利益而存在的保护区受到英国政府的严格保护，在近100年内形成了较为实用且成熟的国家公园管理体系。英国的国家公园在处理公园自然性与生产性，公共性与私有性两个矛盾方面有突出表现，公园景观以乡村为主，属于半自然景观。在管理模式上，英国采取协作共管共治模式，秉持政府资助、地方投入、公众参与相结合的方针，由政府任命管理官员，会同环境学家、生态学家、地理学家等及地方行政长官和公众代表组成的国家公园委员会实施对国家公园的管理。英国国家公园的建立有效地保护与优化了自然美景、野生生物资源，同时为公众理解和欣赏特殊品质提供了大好机会。

英国国家公园模式在欧洲较有代表性。英国国土面积小，人口密度大，人类聚集历史悠久，国土范围内几乎没有完全的荒野地区，大部分自然景观中都包含了难以磨灭的人类印记。因此，不同于美国国家公园，英国的国家公园内常有大量居民，以半自然乡村景观为主，既是受保护的乡村地区，也是人们居住生活和工作的地方，为人们提供休闲娱乐、呼吸新鲜空气的多元化体验，任何人都有权访问。

景观特征评估是英国国家公园景观保护的基础和依据，通过评估每个国家公园的整体景观特征并进行分区，详细客观地描述特征及要求，为相关政策的制定提供景观风貌保护的标准。在自然资源保护方面，英国国家公园以生物多样性行动计划作为技术指导，通过调研区内的野生动植物资源，对不同的土地利用方式和重要的动植物及其栖息地提出详尽的保护要求。

英国的国家公园在管理上采取一种综合型模式，即政府资助、地方投入、公众参与相结合。每个国家公园都有自己的管理机构，由国家和地方政府的代表共同组成，在住宅建设、大型基建或工业设施建设方面拥有审批权，对国家公务员实施直接管理；15个管理机构由英国环境食品与农村事务部通过规划管制手段统一管理；地方议会社团、居民合作伙伴等利益相关者依法参与国家公园的规划及实施。

英国国家公园的财政来源包括政府投资、社会捐赠、私人企业和旅游收入，大部分资金为国家拨付，在保护景观、生物文化遗产等方面大力投入，帮助人们理解和享受国家公园的特殊价值，并进行国家公园的基础调查、专题研究及管理等。国家以经济补偿的形式保护乡村的景观风貌，位于保护区内的农场均可申请国家津贴，以维持当地的社会结构和可持续性的土地经营管理。

13.2.1.3 法国

法国本土及殖民地境内的自然保护地包含国家公园、区域自然公园、海洋自然公园、自然保护区、群落生境保护区、河湖岸线保护区等多种类型，约占法国土地面积的21%和水域面积的22%。在中央政府层面主要由法国环境部的生物多样性署(Agence française pour la biodiversité，AFP)管理，旗下有国家公园管理局(Parcs nationaux de France，PNF)、海洋保护地管理局(Agence des aires marines protégées)、国家水生环境办公室(Office national de l′eau et des milieux aquatiques，ONEMA)等保护地专职管理机构。

法国的自然保护地类型和IUCN对世界保护地的分类并非一一对应关系，国家公园主要包含Ⅰ、Ⅱ、Ⅴ类保护地类型，区域自然公园和海洋公园主要是第Ⅴ类，自然保护区包含Ⅰ、Ⅲ、Ⅳ类。法国一共建立了11个国家公园，其中有8个在法国本土，有3个在法国殖民地。最新的是2019年建立的第十一个国家公园—— 森林国家公园(Parc national des forêts de Champagne et Bourgogne)，位于香槟和勃艮第地区。法国国家公园总面积约占法国领土面积的约10%，每年接待游客超过900万人次。

法国国家公园在管理上分为核心区(Cœur du Parc)、加盟区(Aire d´adhésion)，核心区是自然资源保护区的重点区域，加盟区由志愿加入国家公园保护管理的市镇构成。法国国家公园展现了风景、自然主义和风景区相交融的美学内涵。

法国国家公园可以建立在国家所有、集体所有和私人所有的土地上，主要通过地役权的方式协调与土地所有者的利益关系，因此不受土地权属的限制。在国家公园宪章起草阶段，由国家公园管委会征求土地所有者的意见，土地所有者可以通过地役权的法定程序申请相关补偿。根据《环境法典》(Code de l′ environnement) 规定，当国家公园的建立导致土地产值下降一半以上，或者在私有土地上新建建筑时，土地所有者可要求向国家公园管委会出售土地；如果私人土地被划入核心区，土地所有者可要求生态补偿或出售土地。

13.2.1.4 德国

德国在建立国家公园方面相对较晚，1970年建立了第一个国家公园，即巴伐利亚森林国家公园。根据德国《联邦自然保护和景观管理法》(1977年实施，2010年修订为最新版)第24条，德国国家公园是指依法指定的保护地，符合：①面积大，未破碎化，具有特殊的属性；②大部分地区满足作为自然保育区的要求；③大部分地区基本没有人类干扰，或者人类干扰的程度在有限的范围内，保证自然过程和自然动态不受干扰。在建立目的方面，国家公园内大部分地区应能够保证自然过程和自然动态不受人为干扰；如果与保护目的相兼容，可以满足一些其他要求，包括环境监测、自然教育、为公众提供体验自然的机会等。

截至2014年2月，德国共有15个国家公园，总面积10 395km^2，占国土面积约0.54%(不包括海洋和沿岸地区；国家公园面积各不相同，其中最小的约30km^2(亚斯蒙德)，最大的约4500km^2(石勒苏益格—荷尔斯泰因州瓦登海)，平均面积约700km^2；国家公园主要分布在德国沿国境线的位置、或在曾经的东西德交界处，原因在于这些区域往往人烟稀少，对自然的影响程度相对较小。德国是联邦共和制国家，共有16个联邦州，目前除莱茵兰州尚未建立国家公园，巴伐利亚州、梅克伦堡州各有2个国家公园，其余基本上一个州有一个国家公园。在资源类型上，国家公园涵盖了德国多样的生态系统，如高山流石滩和高山草甸、山地森林、河流沼泽、海岸浅滩和海洋等。

不同于美国的中央集权的管理模式，德国的国家公园管理实行比较典型的地方管理模式。由于德国国家公园和大部分面积较大的自然保护区均属于地区或州政府所有，因此，国家公园并非由联邦政府而是由地方政府建立，其管理权限也就由州或其他地方政府所拥有。中央政府只负责相关的政策发布及立法层面的工作，国家公园的具体管理工作则完全交由地方政府负责。

为加强对国家公园的管理，目前德国各州的环境部均下设了国家公园地区办事处，同时在各县则设立了国家公园办公室，均属政府机构，以便分别管理辖区内的各个国家公园、自然公园及自然遗址等。管理机构由第一梯度：州立环境部→第二梯度：地区国家公园管理办事处→第三梯度：县/市的国家公园办公室3个梯度构成。国家公园管理办事处制定规划和年度计划，经营并管理公园的旅游业及设施，保护公园内的物种和资源，鼓励参与科学考察和科学研究，对公众进行宣传教育等。上述机构分别隶属州/县议会，并在州/县政府的直接领导下，依据国家的有关法规，自主地进行国家公园的管理与经营活动。在此过程中，联邦的食品、农业、森林部门以及州的林业和自然保护部、陆地开发和环境事务部也参与国家公园的有关管理工作。

13.2.1.5 日本

日本建立和运营国家公园的历史和经验短于前几个案例国家，但是却凭借可持续发展管理模式为国家公园的发展增添动力，也带动了日本旅游业的大力发展。20世纪30年代，日本受美国国家公园思潮影响开始建立国家公园，日本称之为国立公园建设的探索。1930年日本在内务省成立国家公园委员会，1931年发布国家公园法，在此之后日本建立起多个国家公园，成为日本秀丽山川和海岸的典型代表，但之后因战争的到来终止了对国家公园的管理。太平洋战争失败后，日本积极通过发展旅游业以振兴和恢复国家经济，这开启了日本对于国家公园发展的新一轮热潮，国家公园由国家环境省命名，并严格遵循《自然公园法》，游客数量逐年增长，也促进了国家公园旅游业的繁荣发展。

因国情与美国差异较大，日本的国立公园也与美国国家公园不同，是指那些全国范围内规模较大、自然风光秀美、生态系统完整、有命名价值的国家风景及著名的生态系统，原则上应有超过20km^{2}的核心区域，核心景区保持原始景观，有若干未受人类活动影响的生态系统、动植物种类和地形地貌，并具有特殊科学、教育、娱乐等功能的区域。与美国相比，国立公园的土地国有率比较低。

按照日本国立公园法的规定，日本的国立公园管理由国家环境省与县政府、市政府、公园园长、公园员工以及国家公园内各类土地所有者密切合作进行，在注重发挥中央政府作用的同时，充分发动地方政府、特许承租人、科学家、当地群众的积极性，共同参与管理。

国立公园由国家环境省主管，自然保护委员会协管，在国立公园和野生物种办公室下设公园管理站。相关的法律法规由国家环境省制定，每5年修改一次。国立公园实行统一规划，严格规定园内休憩活动的范围和内容，对公园的食宿设施、交通系统和各种户外活动统一制定详细规划，并提出具体管理要求。

在国立公园的游客服务和设施供给方面，日本的管理体制和方法中包含了特许承租人提供设施的手段。公共设施由国家环境省和地方共同提供，允许地方公共团体和个人在取得营业执照后，按照公园的使用规划提供服务设施。

迄今日本国立公园达到34处，总面积达2.1万km^2，占国土总面积约5.592%；国定公园56处，总面积约达1.4万km^2，占国土总面积约5.2%。日本设立大量国立、国定公园不仅为国民提供充足的休闲度假景点，也在很大程度上避免游客扎堆在少数几个景点中。国定公园的前提是保护当地的自然和景观，所以为了尽量不给自然生态带来负荷，很多国立公园设立了海中瞭望塔，使游客不必深入公园内部就能眺望公园的景观。例如，富士箱根伊豆国立公园，比起旅游的便利，当地重视的依然是保护自然环境，所以一直没有修高速公路。日本各大公园旅游服务设施非常完善，这需要很大的成本投入，各级政府专门为此列出专项预算，为广大市民提供优质的服务。

国立公园规划是根据各个公园的特性确定风景保护、管理措施以及各类设施的建设计划，包括设施计划和控制计划。设施计划包括保护设施和利用设施的计划，控制计划包括保护计划和利用计划以及利用调整地区计划。保护计划是通过对公园内部特定行为的禁止与控制防止开发和过度利用的规划。对于不同的保护分区，设置不同强度的控制措施。利用计划是针对重要的景观区，对游客利用的时期和方式进行调整、限制和禁止的设定，达到合理利用与环境保护的平衡。保护设施计划是为了恢复自然环境和避免危险，对必要的设施进行规划。利用设施计划是在管理和利用设施集中的区域，为促进公园合理的利用而进行的利用设施规划。利用调整地区计划是对于重要的风景地区，由于利用者增加导致生态系统受损，通过控制利用者人数等措施保护其生态系统，并促进其可持续发展。

13.2.1.6 新西兰

19世纪至今，新西兰共建立了14个各具特色的国家公园，面积超过30 000km^2。其中4座位于新西兰北岛，9座位于南岛，1座位于最南端的离岛斯图尔特岛上。

新西兰国家公园管理是国家层面的绿色管理模式，国家发展以农牧业和现代旅游业为支柱的绿色经济，将资源和环境的保护提高到至高地位，真正实施在强势资源保护管理之下的经济和社会可持续发展模式。

1996 年 10 月 1 日，新西兰议会正式颁布了《保护法》，作为国家的保护大法，制定各类资源保护法，形成较为完善的保护法律体系，克服资源保护多头管理弊端。

1987 年 4 月 1 日，新西兰政府撤销一些职责单一的管理部门，成立统管土地、森林、野生动物环境的综合性、唯一性国家保护部门——保护部，专司保护的职能，这是保护新西兰自然和历史遗迹主要的中央政府机构。保护部的宗旨是保护新西兰的自然和历史遗产，供当代及子孙后代长期享用。保护部具有强势的管理权力和大量经费支持，代表所有新西兰人民，依据国会通过的保护法案，具体管理 14 个国家公园。

新西兰还形成了政府和社区民众双向平行参与的“双列统一管理体系”的保护管理模式，将国家绿色理念全面融入国家公园，将国家公园作为国家的绿色旅游品牌，全面提升国家的绿色健康价值理念；全面推行绿色规划和设计技术，实行强势保护下的特许经营以及社区公众全方位参与保护的机制。

13.2.1.7 加拿大

美国黄石公园建立以后，加拿大紧随美国开始建立自己的国家公园，迄今已有 47 处。1887 年加拿大在艾伯塔建立的第一座国家公园——班夫国家公园(Banff National Park)，主要借鉴黄石国家公园的模式并照搬了《黄石法案》的内容。之后加拿大致力于专业的法律法规制定，尤其是《加拿大国家公园法》和《加拿大国家海洋保护区法》是两部走在国际前沿的法律文献，详细规定了生态完整性建设目标、具体的技术性分区方案、制度化的公园管理计划，其系统完整，科学含量高，为其他国家提供了可借鉴的经验。加拿大实行协作共管共治模式，并且首创了国家公园的专门职能管理体制，专业性色彩极强的国家公园局，保障了全国范围内游憩用地的统一管理，这种集约式的管理体制，在公园政策项目不断庞大的今天发挥着越来越显著的作用。

13.2.1.8 澳大利亚

澳大利亚是全球第二个拥有国家公园的国家，于 1879 年在悉尼郊区建立了皇家国家公园。澳大利亚建立国家公园的目的和宗旨是保护自然，注重维持生物的多样性，防止资源紧张、环境破坏威胁自然和人类的持续发展，属地自治管理模式也在这一宗旨之下衍生发展起来。在澳大利亚，国家公园事业被纳入社会范畴，每年国家投入大量资金建设国家公园，国家公园范围内的一切设施，包括道路、野营地、游步道和游客中心等均由政府投资建设，所需经费均由联邦政府和州政府专款提供，国家公园不搞营利性创收，国家公园的主要任务是保护好公园内的动植物资源和环境资源，开展科研工作，实施联邦政府制订的各项保护发展计划。

澳大利亚目前拥有 516 个国家公园，其覆盖面积约 2800 万 hm^2，占澳大利亚陆地面积的 1/4，2700 多个指定的保护区分布在全澳各地并受到联邦和州、领地的法律保障。根据澳大利亚宪法规定，各州政府、领地政府对建立和管理国家公园以及其他自然保护区承担责任，澳大利亚从国家到各州、领地都有完善的立法和制度对自然资源和生态环境进行保护，并且这些立法和制度都会得到严格执行。例如，昆士兰政府为摩尔顿湾国家海洋公园制定了细致严格的保护措施，定期组织专业研究机构对公园内的景观资源健康性及其在化学、物理和生态领域的变迁做适当的评估，并根据评估来制定相应的保护发展策略。澳大利亚重视树立可持续旅游发展理念，1994 年推行了国家生态旅游战略，是世界上最早制定和实施该战略的国家。他们制定、实施了国家生态旅游战略和自然与生态旅游认定计划，重视旅游区建设与经营过程中的生态环境保护，注重保护旅游地居民的利益以及发挥非政府、非营利性组织的作用。国家公园采取所有权与经营权分离的经营方式，在很大程度上避免了承包商为了收回投资而肆意开发的情形。澳大利亚可持续旅游遵循的基本原则是“旅游环境影响最小化”，在人与自然、发展与环境保护之间的关系上，整体保护、局部开发，建筑与自然环境协调；植物群落构成绿色环境，形成良好的视觉生态景观。在澳大利亚，游客也被要求必须注意保护动物的栖息环境，澳大利亚还专门为环保志愿者和背包旅行者设立了一个大型非营利性组织，通过志愿者每年参与的项目来实现其环境保护的目的，这些项目包括树木种植、恢复历史建筑、考察濒危动植物、栖息地的保存及杂草的去除，志愿者、环保组织的行动对社区居民和游客都发挥了良好的带动作用。

澳大利亚政府充分发挥非政府、非营利性环保组织作用，如“清洁澳大利亚”“澳大利亚信托会”吸纳大量志愿者为国家公园无偿提供服务，而对于国家公园形象打造最成功的经典案例则是大堡礁国家公园在全球招募“世界最幸福雇员”的推广活动，这对于提升大堡礁的全球声誉和澳大利亚国家形象皆产生了巨大而积极的影响，值得其他国家思考和借鉴。

13.2.2 国家公园管理体系

自1872年经过100多年的研究和发展，“国家公园”已经成为一项具有世界性和全人类性的自然文化保护运动，并形成了一系列逐步推进的保护思想和最优化的保护模式。目前，有225个国家建立了9800个不同类型的国家公园，在建设国家公园的过程中也逐渐形成了各自的管理体系，保证国家公园的长远发展。

13.2.2.1 美国

美国是最早以国家公园形式开展资源与环境保护的国家，也走在了国家公园发展的前端。美国国家公园在发展历程中，逐渐形成了成熟完善又独具特色的体系，即统一集中的管理体制，保护第一与休闲娱乐相结合的原则，不断完善的相关法律体系，以联邦政府为核心的公私经营模式。

美国国家公园的管理人员都由联邦政府统一任命及调动安排。国家公园管理局总部位于华盛顿，由7个地区办公室将华盛顿和各个构成单位连接起来，协调管理。华盛顿办公室有一个主任和一个副主任，主任和副主任在5个主任助理的协助下，制定整个公园系统的政策和指南。国家公园管理局的管理方针要求所有国家公园单位都无条件服从执行。国家公园从中央到地方的管理单位之间隶属关系明确，职责明晰，即便是当地政府也无权管理公园所属区域，更无法干涉管理事务。国家公园体系清晰明了的管理体制体现了规划、管理的周密性、协调性，设计决策的科学度、公开度。虽然每个地区办公室都承担制订发展计划的责任，但较大和较复杂的计划工作主要是由丹佛设计中心来筹划完成，确保规划建设中的整体效果和实施质量。除了丹佛设计中心，美国国家公园还设有2个培训中心，位于亚利桑那大峡谷的奥尔布莱特培训中心，主要负责为新入职员工开设最基本的入门课程、解说课程及在西部环境、东部环境工作中所需要的相关课程。它与丹佛设计中心相互配合，完成应对美国东西部地区国家公园的不同时期而需要的课程教育。而位于佐治亚的联邦执法培训中心，是为所有的公园警察提供培训颁发执法资格证书的专门机构。三者互相配合，完成对工作人员入职前的全面培训。管理局自上而下、直属、系统地管理系统，能够有效规避地方部门各自为政、政令不一的问题，从而避免出现政令脱节的局面，保证了管理保护政策的落实效果。严密的隶属关系，统一高效的决策体系，强有力的执行力度使得管理的有效性大大提高。

美国国家公园建立和管理的目的包括两方面：自然保护与公众休闲娱乐。公园体系也是为当下公众的休闲娱乐而服务，但休闲娱乐也要以自然保护为前提，应将这两个原则有机结合起来。科学管理与服务是管理局奉行的原则。在长期的探索中，美国国家公园建立了保护和休闲互相协调的方案：一是国家公园体系内不许修建索道和其他娱乐性设施。即便险峻的山势不便于游客全面的游历和欣赏壮美景色，但是为了尊重原始自然风光的完整性，美国国家公园管理局不允许在公园内修建索道和其他娱乐性设施。因此，自然风光才能以原始状态保存下来，公园的完整性也不会因休闲而遭到破坏。二是对公园道路建设的重视，国家公园的道路既要增强游客的游览经历，提供高效安全的出行通道，同时又要对自然和文化资源产生最小的影响甚至避免产生影响。在尽量完善道路网的同时，避免修建道路对生态系统和欣赏价值造成破坏，尽可能采取各种补救措施。例如，为了同样保证野生动物的便利，联邦政府斥资 1.3 亿美元，耗时 4 年，建成了“野生动物跨越道”。此外，小径和步行道是进入公园许多区域的唯一方式，保证公园环境的协调一致和观赏质量。三是严格的准入制度。1988 年通过的《改善国家公园管理局特许经营管理办法》成为美国国家公园特许经营的指导性方针，管理局严格界定自己“管理员”的角色，国家公园管理局作为非营利性的机构，将管理焦点放在自然和文化遗产的管理和保护上，通过联邦政府拨款和民间捐款来保证日常的运转。国家公园的食宿则通过公开招标，保证所有权和经营权的分离，从而杜绝经济利益的牵连，确保了公园管理局对经营者的监督。四是对游客数量合理控制。美国国家公园严格控制游客数量和环境容量，使游客数量尽量低于环境容量，公园管理人员可通过确定公园的游客接待能力并将公园利用活动保持在接待能力之内。此外，在公园内部设置开放区和非开放区，非开放区可以观瞻，却不能畅行无阻地进入，合理调控游客数量保障了公园的长久健康发展。

从国家公园建立之初，国会和相关管理部门就致力于不断地推进国家公园相关的法律建设和完善。从宪法中美国国会有权“制定规则以统辖和管制(联邦)土地……”到成文法中明确赋予国家公园管理局责任的条款：包括国家公园管理局的规章制度以及《国家史迹保护法》在内的其他相关联邦法律，它们正是美国国家公园体系不断完善的缩影。美国国家公园的法律体系从总体上可分为纵向立法和横向立法。其中，纵向的国家公园立法可以由最重要的核心立法、国家公园体系类型立法、公园管理立法和区域性立法共同组成。《组织法》和《国家公园系统一般授权法》为核心立法，是国家公园体系发展延续的法律基础；国家公园体系类型立法是保障公园构成类别增加和扩张的立法；公园管理立法约束了管理局的管理，同时也保障管理部门有法可依而免受侵害；区域性立法是针对个别单元制定的法律，在强调普遍性和通用性的基础上，尊重区域性公园的特殊性。国家公园法律体系的横向立法是指在由国家制定的针对资源管理、环境保护、公共社会关系等方面的立法。无论是横向立法还是纵向立法，都需要严格遵守，不得有违。随着国家公园的不断发展，国家公园的立法也越来越细致。从基本法令发展到针对公园各个方面的法令，如 1935 年的《历史遗迹、文物和建筑法令》，1969 年的《公园内志愿人员法令》，1998 年的《国家公园公共汽车管理法令》，国家公园的发展史同时也是一部国家公园立法史。1969 年的《国家环境政策法》为建立以生态保护为主的管理目标提供了法律基础，明确提出国家公园体系应以维持生态系统原始平衡为保护的首要原则，国家公园建立的目的主要是维护或恢复每一个单元内的原貌。国会以立法的形式，不但扩大了国家公园体系的管理面积和管理深度，同时也实现了完整保护生态系统原始性和多样性的要求。与此同时，文化遗产的保护理念也不断融入立法进程中。1890 年首次把战争地作为一种文化遗产形式保护起来；1906 年的《古迹法》是文化遗产保护的基础性法律；1935 年的《历史地保护法》进一步扩大了保护范畴，文化遗产保护更加有了保障。随着保护观念越发深入人心，《国家历史保存法案》及《考古资源保护法案》和《美国原住民墓地保护与文物归还法案》等法案也纷纷确立。国家公园的健康发展离不开国家公园健全的法律体制，不断完善的立法，越来越详细和全面的内容，为管理者们提供了确定发展方向和做出决断的依据和框架。在这样一个完善的法律框架之内，公园能够阻挡牟利群体试图钻营的行为，从而能够确保公园的自然性和完整性，推动国家公园的长远发展。

美国国家公园采取典型的中央集权型管理体制，管理局是行政体系的核心，公园管理局下设分局，分管不同区域的国家公园。中央管理局和基层管理局一起，形成以各级管理局为主线的垂直管理系统。国家公园运营经费的 70%左右是来自联邦政府拨款，与此同时，众多机构也成为保护国家公园的重要力量。美国社会的非政府组织非常多，且宗旨不一，但都拥有巨大的社会影响力和号召力。其中又以塞拉俱乐部等环保组织最为典型。正是凭借自身影响力和强大的舆论宣传媒介，非政府组织不仅能够从社会各界吸纳资金和志愿者来支持国家公园管理局的管理，更能够唤醒公众的环保意识，增强美国社会对资源环境保护的广泛关注，从而在全社会开展全方位、全员参与的环保活动。科研机构通过开展相关研究，为国家公园的设立、规划、保护提供长期支持。管理局等组织为科研机构提供专项研究资金，专门用于开展多样性保护等研究，大沼泽国家公园控制外来植物数量研讨就是管理局同大学开展合作研讨的典范。与此同时，国家公园的经营管理大量依赖社会各界力量。每年都有成千上万的志愿者为国家公园服务。目前，国家公园拥有约246 000名志愿者，每年为公园奉献约670万小时义务劳动，相当于额外拥有3200名永久雇工。因此，数量巨大的志愿者群体是维持国家公园日常工作的重要力量。美国国家公园的管理以公园管理局为核心，但又结合了个人和民间团体的力量。以联邦政府为核心的公私管理体制能避免管理局独断专行、肆意开发，个人和团体的力量能够在一定程度上影响公园的发展规划，同时也为公园的发展注入活力。政府的监管也能保障以特许经营为代表的项目朝着有利于公园整体发展的方向迈进，规避不必要的开发对长远发展的不利影响。因此，以政府为核心，多种社会力量共同参与的公园管理体制是国家公园保持长盛不衰，并不断完善的重要基础。

中央直接管理的集中体制避免了多头管理、职责混淆的弊端，健全的法律则有效保障了全体公民保护公园、享受公园。无论是美国政府或个人，都致力于公园体系的保护和完善，全民参与、全民享有成为美国公园体系保护和利用的理念。美国国家公园体系独具特色的管理体制，成为其健康持久发展的保障。也正是得益于公园完善的管理体系，美国国家公园成为世界国家公园纷纷效仿的范例。

13.2.2.2 英国

英国国土面积小，人口密度大，并且拥有悠久的人类聚居历史，因此，其国土范围内几乎没有完全的荒野地区，长期的居住、农耕和工业等人类活动不但给英国带来了许多美丽的景观区域，还使大部分英国人与其乡村区域始终维系着难以割断的情感联系。1949年英国正式通过了《国家公园与乡村进入法》，确立了包括国家公园在内的国家保护地体系，并于1951年指定了第一批国家公园。截至2013年，英国已经拥有15处国家公园，涵盖了其最美丽的山地、草甸、沼泽地、森林和湿地区域。每个国家公园均设有独立的公园管理局(National Park Authority，NPA)。大部分国家公园土地为私有，土地所有者为当地农户或国家信托(National Trust)等机构，以及住在村庄与城镇的数千居民。公园管理局有时也拥有部分土地，但多数情况则是管理局与国家公园内所有的土地所有者共同合作保护当地景观。由于国家公园内仍延续原有的农耕畜牧业，同时其土地大部分是私人所有，所以英国的国家公园具有生产性和私有性，这与国家公园应当具有的自然性与公共性两个属性存在冲突。生产性与自然性、私有性与公共性这两组矛盾是英国国家公园管理始终面临的特有状况和现实问题。为此，国家公园的管理并非简单将土地收归国有，而是采取更温和的方式，具体表现在法律基础、组织机构、规划政策3个方面。

英国在第二次世界大战战后重建时进行了新的国土规划，此轮规划也为景观保护相关法律的制定奠定了基础。随后出台的《国家公园与乡村进入法1949》确立了国家公园的法律地位；1972年《当地政府法》(*Local Government Act*)规定国家公园是独立的规划当局；1995年《环境法》(*The Environment Act*)将国家公园设立的目标修改为：① 保护与提高国家公园的自然美景、野生生物和文化遗产；② 为公众理解与欣赏公园的特殊质量提供机会。2000年，苏格兰国会发布《国家公园法》(*The National Parks Act*)，开始在苏格兰设立国家公园。除此之外，有很多重要法律包含影响国家公园、公园管理局和公园规划的条文，如《乡村和道路权法2000》(*The Countryside and Rights of Way Act*)、《规划和强制购买法2004》(*Planning and Compulsory Purchase Act*)、《自然环境和乡村社区法2006》(*The Natural Environment and Rural Communities Act*)、《当地政府和公共参与健康法2007》(*Local Government and Public Involvement in Health Act*)、《规划法2008》(*Planning Act*)、《当地民主、经济发展和建设法2009》(*Local Democracy, Economic Development and Construction Act*)、《海洋和沿海进入法2009》(*Marine and Coastal Access Act*)等。法律基础的复杂性一方面是由英国法律体系本身的特点决定的;另一方面也反映出国家公园法律重视与已有政策和法律基础的一致,尽量保证与现有体系的协调,增加公众接受度。同时,该法律安排还可以保证国家公园管理相关机构即使不是专设机构,也能在做出与国家公园有关的决策时考虑公园保护需求。

除国家公园管理局,很多不同层面、不同职能的组织对国家公园的保护管理负责。在联合国层面,国家环境、食品和乡村事务部(Defra)总体负责所有国家公园。在成员国层面,分别由英格兰自然署(Natural England)、威尔士乡村委员会(Countryside Council of Wales,CCW)和苏格兰自然遗产部(Scottish Natural Heritage)负责其国土范围的国家公园划定和监管。在国家公园层面,每个国家公园均设立公园管理局,由中央政府拨款。根据《环境法》,除保证公园设立的两个目标外,管理局还需要培育当地社区的社会经济福利,避免公园的保护管理工作给当地社区造成较大经济损失。此外,还有一些非政府机构与国家公园管理相关,如国家公园管理局协会(ANPA)、国家公园运动(CNP)等。国家信托和林业委员会(Forestry Commission)由于在国家公园拥有部分土地,也承担了相应的保护责任,还有如自然的声音(RSPB)、野生生物信托(Wildlife Trusts)、森林信托(Woodland Trust)、英国遗产署(English Heritage)和历史英格兰(Historic Scotland)等保护相关的慈善机构为国家公园内相应资源保护提供支持和建议。在多机构协同工作的过程中,公园管理局扮演了提供交流平台和中间协作的角色,不仅针对相关机构,还要保证农户和居民等个人土地所有者的参与,管理过程中利益相关者的参与可以从公园管理局人员构成、管理规划准备阶段、管理规划草案咨询等方面得到体现。根据《环境法》,每个国家公园管理局须准备和发布一份《国家公园管理规划》,管理规划准备过程非常重视利益相关者的参与,在英格兰自然署的一份管理规划编制操作指南中,将其利益相关者参与强度设定为有限性对话(bounded dialogue),即利益相关者能够影响最终决策。其中各级地方政府、当地社区、游客和其他潜在使用者是最重要的团体。管理规划草案完成后必须进行公众咨询,这项要求适用于英国所有的法定规划和环境影响评估。草案制定方需要记录完整的公众反馈记录;咨询期的时间长度既不能太短,让被咨询者感觉到太匆忙,也不能太长,以致其丧失兴趣;同时其反馈意见必须在最终的规划文件中得到反馈,或者反映在一份简短的咨询报告中。

由于土地私有,公园管理局主要通过控制开发和奖励有利于土地管理的措施来实现公园保护,管理政策多是基于已有规划体系的温和调整,而非创造一个全新的体系,使其更易被土地所有者接受。国家公园的规划政策也很庞杂,其中最重要的是国家公园管理规划和法定规划体系下的区域规划(regional plan)和地方规划(local plan)。《国家公园管理规划》至少应包括的关键要素为:有关国家公园管理规划作用的描述、国家公园设立的目的和社会经济职责、国家公园的关键特征和特殊质量、国家公园面临的主要问题和趋势、政策和行动计划。管理规划中较少涉及空间规划的内容,而是采用"愿景—目标—行动计划"的框架:一方面综合公园保护管理有关的国际国内法规、战略、规划、措施和现实状况;另一方面明确公园发展方向,阐述如何实现目标,最后为实现目标建立政策框架。具体政策多需要综合调动其他相关资源,并非仅依靠管理规划和管理局自身,因此,管理规划与其他规划文件之间大多是互相影响的关系。根据1990年的《城镇和乡村规划法》,政府授权国家公园管理局作为地方规划当局制定包括采矿与废弃物规划和发展控制规划在内的地方规划。目前该体系正处于改革时期，不同地方由于改革进度不同存在差异。以峰区国家公园（Peak District National Park）为例，其法定规划分为区域空间战略（RSS）和当地规划框架（LDF）两个层次，与公园管理规划共同构成规划政策框架，包括该地各项政策要求。

总体来说，英国国家公园的管理体系温和而复杂，这种特征有几方面的优势：首先，可以在现有的政策和法令框架下产生，公众接受度较高；其次，可以在国家监督的前提下将保护国家公园的责任完全下放给居住在公园和使用乡村地区的人；最后，管理体系相对灵活，在不对法律做出根本变革的前提下可以较容易地改变控制或者奖励措施的强度，同时还为在不同的成员国采纳不同的方法提供可能性。因此，可以有效缓解英国国家公园面临的两个矛盾，即自然性与生产性、公共性与私有性。

13.2.2.3 德国

德国是一个联邦共和制国家，按德国宪法有关规定，自然保护工作由联邦政府与州政府共同开展，联邦政府仅制定框架性规定，州政府对制度实施具有决策权。德国国家公园面积较大，通常在50hm^{2}以上，是大型的、具有全国意义的自然景观，其中大部分区域很少或没有人类活动的影响，人们在其保护要求允许的情况下，可以进行开拓和探索，同时德国国家公园还承担科学研究或环境教育的目的。国家公园主要采用地方管理模式，中央政府只负责政策发布、立法层面上的工作，而国家公园管理等具体事务全由地方政府负责，国家公园土地占有权属地方政府，其经营和管理经费也由当地政府自理。

1976年颁布的《联邦自然保护法》（又称《联邦自然保护和景观规划法》）是德国保护地保护和管理的基本法规。该法较为详尽地列出了自然保护和景观管理的宗旨、原则、保护地划分类型以及各部门和州府自然保护和景观管理领域所要履行的义务和承担的职责。根据《联邦自然保护法》，设立国家公园的目的是保护生态环境和野生生物，对民众宣传教育，开发旅游但不以营利为主要目的。德国的国家公园承担着保护自然、开展科研活动、科学普及教育以及招揽游客4项任务。德国目前有15个国家公园，总面积超过1×10^4hm^2。依照这部法律，各州根据自己的实际情况制定了国家公园建设和管理的法律，如《巴伐利亚州自然保护法》《科勒瓦爱德森国家公园法令》等。每州的国家公园法律都对各自国家公园的性质、功能、建立目的、管理机构、管理规模等有着具体的说明。比如《科勒瓦爱德森国家公园法令》明确指出国家公园的主要功能便是保护欧洲历史最悠久、面积最大、保存最为完整的榉树林生态系统。德国国家公园较为完备地实现了“一区一法”制度，并基本上能得到有效实施。

13.2.3 对中国风景区发展的启示

13.2.3.1 各国国家公园比较分析

北美洲的美国、加拿大的国家公园建设一直走在世界的前沿，由于身处经济发达地区，它们在很长时间内是世界的经济中心，地广人稀的特点被充分印证在它们的国家公园风貌上。因此，北美国家提倡的“荒野地”的保护模式也影响了很多国家。作为移民国家，民众的保护自然意识较为强烈，各种民间组织也很多，这些均促进了其在国家公园保护理念与规划管理技术上的进步。大洋洲的澳大利亚，同样也是一个人口密度低、国土面积大的国家，因此，美国提倡的“荒野地”的保护模式在其国家公园的实践中更加切实可行。欧洲大陆的面积，人口情况则与北美洲正好相反，国家众多，人口密度较大，具有传统文化与自然景观和谐统一的景观特色，与同为发达地区的北美国家提倡的“荒野地”的保护模式截然不同，这里的生物多样性和人文多样性，对于全国都有非常重要的意义，国家自然景观与文化景观是密不可分的，这一点充分反映在其国家公园的规划与发展思路上。亚洲人口密度高，地形地貌复杂，各国的经济状况差别极大，总的来说发展中国家居多。由于国家众多，民族与地域特色极为显著，这些都决定了亚洲的国家公园呈现复杂而多样的特点，保护与开发的理念也会随着个体特征的不同而有所差异，由于国家公园背后的经济利益问题，一些国家的国家公园保护陷入很大的困境，在整体发展趋势上有一定的滞后性。各国国家公园差异可以总结为以下3点：

(1)对国家与地方利益关注不同，决定了保护与开发力度的差异

开发的目的是取得社会和经济福利，它代表了地方利益，那么保护的目的则是保证地球能够永续开发利用，并支持所有生物生存，它更代表了国家层面的利益。美国、英国在国家利益与地方利益的关系处理上有着明显的相同趋向，在立法上，日本与法国在体现地方利益这方面也做了很大的努力，国家公园的主要使命是保护和服务，通过适度的经营牟取经济效益不是目标，而只是配合提高管理效率的一种手段，这其实就是对地方利益的一种关注。

(2)土地所有者与使用者关系的复杂程度，决定了管理模式的复杂性

在管理方法上，各国均有符合自身地域特色的管理模式，而决定了管理模式的简单与复杂的根本问题，其实是土地所有制与土地管理制度问题。美、英两国的土地所有权与使用权均分属不同利益方，管理方有明确的权限范围，对国家公园的管理相对成熟。法国的大部分土地归个人所有，相对来说，法国只要找到一种管理私有土地的方法即可，所以，法国的国家公园乃至整个国土的开发也是一种相对单一的模式，法国政府是通过政府的协约机制来解调国家与私人利益关系的。日本的土地所有权较复杂，因此其管理模式要相对复杂得多，各级利益主体关系复杂，所以日本国家公园在管理上实行统一规划，对公园内的旅游活动的范围内容做出了严格规定。

(3)人地关系的紧张程度决定了三圈层保护分区面积比例关系

受到国家所处地域环境的影响，国土面积、人口密度也决定了开发强度，美国大陆地广人稀的地区环境使得国家公园中核心保护区的面积远远超过开发利用区域，而欧亚大陆的人地关系紧张程度直接导致法国、英国、日本均对国家公园的开发强度增大，像法国就形成中心保存地区、周边保全地区、完全保护区的分区方式，其周边保全地区、完全保护区的面积所占比要远远高于其中心保存地区。

13.2.3.2 国外国家公园的经验启示

国家公园不仅仅是个名称，其背后蕴含的是一种对自然与文化资源进行可持续发展与保护的最优化管理体制，能够体现一个国家和民族对待自然和历史的精神取向，以及对待公众和后代的负责态度。中国的国家公园正处在起步阶段，而国外发达国家在国家公园方面已经有了近百年的历史经验，借鉴国外国家公园的成熟管理经验，可为中国国家公园理念的发展提供指导，解决中国在自然文化遗产保护中存在的突出问题，构建中国特色的国家公园体制，以实现生态文明目标。

(1)科学的生态理念，明确以“保护”为核心

在IUCN保护地体系中，国家公园保护要求的严格程度属于第二类，因此设立国家公园的首要目的是保护，其次才是旅游开发等。在中国，风景名胜资源也不等同于一般经济资源，而是公益性的国有资产，因此，中国的国家公园应明确定位和目标，回归对自然资源保护第一的原则，才能实现可持续发展。

(2)垂直的管理模式，实现管理的有效性

美国、新西兰等国家均由单一的管理机构管理国家公园，中国的国家公园管理方面也应考虑设立专职统一的管理机构，从国家层面统筹和协调全局的建设与管理，避免出现多头管理带来的管理混乱、推诿责任等弊端。

(3)明确的土地权属

由于各个国家国情不一，国家公园的土地权属也并非全球统一，大部分国家和地区承认国家公园的土地权属多样化，但国有或私有等不同情况均有明确的规定，无土地权属方面的纠纷。

(4)完善的法律体系

发达国家对于国家公园的重视程度首先体现在立法层面上，相关法律体系通常较为完善，美国、加拿大、澳大利亚、英国、德国、日本、韩国等建立国家公园体制的国家，绝大部分都有专门的国家公园法律。美国、加拿大、日本等一些发达国家，不仅国家公园的立法层次较高，而且

还形成了较为成熟的法律体系，内容详细，可操作性强。当前中国的各类资源保护法律法规多而散，分而治之的法律常造成经济利益的分歧，从而影响统一保护目的的实现。因此应出台行政法规，初步搭建国家公园体系框架，在条件成熟时，制定一部资源保护大法统领相关法律，完善法律保障体系，是中国的国家公园体系应当考虑的关键问题之一。

(5)巩固科研合作，作为保护和管理的有力工具

科学的规划决策系统是保证有效管理的有力工具。通过统筹协调为公园实行分区、公众参与、环境影响评价、实施计划等指明方向。国家公园加强与各高校及研究机构的合作，对公园内游憩活动、生态系统的影响等进行研究，可为更好地处理保护与利用的关系提供理论和实践指导。

(6)可靠的经费保障

发达国家的国家公园法律法规中，均对国家公园的财政经费做了专门的规定，确保国家公园有充足的资金来实施规划保护和管理。只有充足的经费保障，才能更好地约束经营活动，国外许多国家公园实行特许经营制度，做到管理者和经营者分离，并由相关法规约束，有效地解决了经费筹集，服务水平等方面的问题。

(7)注重社区参与和社区利益分配，实现可持续发展

社区参与是国家公园可持续发展的重要基础之一，社区民众的权益得到保障，将对当地旅游业发展起到极大的支持作用，提供强有力的社会基础。因此，中国的国家公园应借鉴国外先进经验，与公园周边社区结成利益共同体，使社区和周边地区发展受益。

国家公园保存了国家乃至全人类共同的自然和文化遗产资源，必须通过严格的保护和合理的开发，使其世代传承、永续利用。中国应从发达国家的长期探索中汲取宝贵经验，结合自身国情，对资源保护和开发问题的理论和实践进行分析，寻求最适合中国的国家公园发展道路，真正切实有效地保护中国的自然和文化资源。

13.3 世界遗产

近年来，世界遗产保护的概念在全球日益受到重视。世界遗产保护理念的提出、变化和发展，与人类社会所经历的巨大变革紧密联系，反映了人类对于自身文化发展的关注和人类心灵成长的需求。世界遗产保护不仅是从保护地球自然生态资源的角度，也是从保护人类文化多样性的角度，反映了人类维护自身持久生存能力及环境的愿望，为可持续发展观念的形成与发展奠定了基础，并且在可持续发展完善定义形成后日渐成为国家可持续发展战略的重要实施途径。

截至2022年7月，全球共有世界遗产1154处，其中文化遗产897处、自然遗产218处、自然与文化双遗产39处。我国在1985年加入《世界遗产公约》，成为缔约国之一。1987年12月我国的长城、故宫、周口店北京人类遗址、莫高窟、秦始皇陵、泰山共6个项目被首批列入世界遗产名录。截至2022年7月，我国共有世界遗产56处，其中文化遗产38项、自然遗产14项、自然与文化双遗产4处，位居全球第二，自然遗产数量和混合遗产数量位居全球第一。

13.3.1 世界遗产产生背景

1972年11月16日，联合国教科文组织在巴黎颁布了《保护世界文化和自然遗产公约》(简称《世界遗产公约》)，从此保护世界遗产受到世界各国政府和公众的普遍关注和逐步重视，由此开启了世界遗产国际认证和保护的崭新篇章。

埃及修建阿斯旺水坝事件对于国际遗产的保护具有里程碑意义，主要原因在于大坝的建设会淹没古埃及文明的瑰宝——阿布辛拜勒神庙所在的谷地。联合国教科文组织为此发起了一场国际运动，将阿布辛拜勒神庙和菲莱神庙搬迁，进行异地保护。在这之后的几十年中，联合国教科文组织已经承担了数项重大的文物保护项目，如抢救佛罗伦萨的艺术品、挽救历史名城威尼斯、斯里兰卡的文化三角、巴基斯坦的莫亨朱达罗等文化遗产的抢救行动。联合国教科文组织为了指导

各国文化遗产的保护工作，使其达到国际水准，并使保护工作成为一项持久的国际行动计划，在保护文化遗产和自然遗产的国际原则和国际协定的制定方面花费了大量精力。将保护文化遗产和自然遗产结合起来的想法源于美国，1965年在美国首都华盛顿召开了一次白宫会议，会议提出，为了世界人民的现在和将来，应当保护世界杰出的自然风景和历史遗址，并呼吁建立“世界遗产信托基金”，以促进国际合作。1968年世界自然保护联盟（IUCN）也向其成员国提出了类似的建议。1972年，这些建议提交给在瑞典斯德哥尔摩召开的联合国人类环境会议讨论。最终，1972年11月16日，联合国教科文组织通过了由这些建议形成的文件，即《世界遗产公约》，决定将国际公认的、具有杰出和普遍价值的文化古迹与自然景观列为世界遗产保护区，作为全人类的共同财产加以保护和管理，传承给子孙后代。

《保护世界文化和自然遗产公约》提出了一种崭新的概念，开辟了资源保护领域的新天地。其宗旨是：建立一个依据现代科学方法制定的永久有效的制度，共同保护具有突出普遍价值（outstanding universal value）的文化和自然遗产。世界遗产公约和世界遗产组织的诞生有以下三点意义：①成功地保护了一大批世界著名的文化和自然遗产，为人类文明史保留下众多的弥足珍贵的精神财富；②以遗产组织为纽带，联络起管理者、专家、学者的群体，为世界和平和全球学术文化交流提供了广阔的场所；③借助于得到良好保护的世界级文物与自然风光地，极大地促进了全球旅游、观光、休闲、娱乐业的发展，从而对世界经济的结构调整和持续发展起到了推动作用。

世界遗产的徽志外圆内方，外圈的圆象征着大自然，中间的正方形代表人类所创造的事物，两者密切相连，象征着文化遗产与自然遗产之间相互依存的关系。此外，这个标志呈圆形，既象征全世界，也象征着要进行保护。

13.3.2 世界遗产定义及评估标准

13.3.2.1 自然遗产定义

《保护世界文化和自然遗产公约》中“自然遗产”的定义：“在本公约中，以下各项为‘自然遗产’：从审美或科学角度看具有突出的普遍价值的由物质和生物结构或这类结构群组成的自然面貌；从科学或保护角度看具有突出的普遍价值的地质和自然地理结构以及明确划为受威胁的动物和植物生境区；从科学、保护或自然美角度看具有突出的普遍价值的天然名胜或明确划分的自然区域。”

13.3.2.2 文化遗产定义

《保护世界文化和自然遗产公约》中“文化遗产”的定义：“在本公约中，以下各项为‘文化遗产’。文物：从历史、艺术或科学角度看具有突出的普遍价值的建筑物、碑雕和碑画，具有考古性质成分或结构、铭文、窟洞以及联合体；建筑群：从历史、艺术或科学角度看在建筑式样、分布均匀或与环境景色结合方面具有突出的普遍价值的单立或连接的建筑群；遗址：从历史、审美、人种学或人类学角度看具有突出的普遍价值的人类工程或自然与人联合工程以及考古遗址等地方。”

13.3.2.3 文化和自然双遗产

只有同时部分满足或完全满足《世界遗产公约》第1条和第2条关于文化和自然遗产定义的遗产才能认为是“文化和自然混合遗产”。

13.3.2.4 突出的普遍价值的评估标准

如果遗产符合下列一项或多项标准，委员会将会认为该遗产具有突出的普遍价值，所申报遗产必须是：

①作为人类天才的创造力的杰作。

②在一段时期内或世界某一文化区域内人类价值观的重要交流，对建筑、技术、古迹艺术、城镇规划或景观设计的发展产生了重大影响。

③能为延续至今或业已消逝的文明或文化传统提供独特的或至少是特殊的见证。

④是一种建筑、建筑或技术整体、或景观的杰出范例，展现人类历史上一个（或几个）重要阶段。

⑤是传统人类居住地、土地使用或海洋开发

的杰出范例，代表一种(或几种)文化或人类与环境的相互作用，特别是当它面临不可逆变化的影响而变得脆弱。

⑥与具有突出的普遍意义的事件、活传统、观点、信仰、艺术或文学作品有直接或有形的联系(委员会认为本标准最好与其他标准一起使用)。

⑦绝妙的自然现象或具有罕见自然美和美学价值的地区。

⑧是地球演化史中重要阶段的突出例证，包括生命记载和地貌演变中的重要地质过程或显著的地质或地貌特征。

⑨突出代表了陆地、淡水、海岸和海洋生态系统及动植物群落演变、发展的生态和生理过程。

⑩是生物多样性原址保护的最重要的自然栖息地，包括从科学和保护角度看，具有突出的普遍价值的濒危物种栖息地。

13.3.3 世界遗产保护的新发展

(1)全球化对自然文化遗产地的影响

当前，全球化浪潮正以前所未有的力量，从经济、文化和环境等多个角度深刻地改变着地球的面貌。全球化浪潮推动着城市化以及各类工程建设，使得人类的活动遍及地球各个角落。据统计，全球几无土地未被人类触及和改造。

自然和文化遗产地的设立保护着包括海岸、山径、纪念地和战场遗址在内的多种自然景区和历史景点，既为子孙后代造福，也为今日公众欣赏。在自然遗产保护方面，在许多地区，尤其是在高度城市化的地区，自然系统已十分破碎，甚至已经消亡，由此带来栖息地破碎化及生物多样性降低等环境问题。从全球范围看，稀缺的自然资源，如森林、淡水、动物、矿产等，无疑已经成为制约人类可持续生存和发展的新瓶颈。而大量人工基础设施和建筑日益成为大地景观的主题，它们日益交织成网，对自然系统和生态过程带来多方面的影响。在文化遗产保护方面，在全球化以及由此带来的工业化、市场化和城市化大规模改变地球自然环境面貌的同时，对地球上的文化多样性以及珍贵的文化资源也带来了巨大影响。受到城市化、商业化的影响，建设性破坏现象普遍存在；另外“活的”传统难以延续，人类的记忆正在被抹去，文化以假古董的形式呈现，逐渐成为标本。在当代语境下，如何在兼顾社会和经济发展的同时保护人类的共同遗产，并让其以恰当的形式延续下去，是一直在探讨的话题。

(2)可持续发展受到的挑战

人类为了自身的长久需求而倡导可持续发展的理念，表明了一个可持续的生态系统是如何通过人类系统和人工环境提供生存的自然资源而成为我们社会的基础。其中包括建设资本(灰色基础设施)、人类与社会资本(社会基础设施)、自然资本和可持续的生态系统(生态基础设施，包括各类生态过程、物质要素及功能)。它们形成自上至下依次增大的支撑结构，构成稳固的人类生存环境的支持体系，也成为一种人与自然和谐可持续的生存环境。但现实中这种关系往往上下颠倒，即灰色基础设施四处蔓延，机能性的内容蚕食了生态、文化、美学及人的生活。如何维护人类生存的基础、同时关注人类发展历程中的诸多价值，是我们当前面临的核心问题。

(3)“多样性”面临威胁

经过人类数万年的改造，地球上许多自然环境已经与生活在当地的人类文化融为一体。在全球的不同地域，丰富的自然环境多样性与文化多样性总是联系在一起的，它们相互作用、相互影响和相互促进。其文明的成果反映在如建筑、耕作、技术、艺术、饮食、医学、服饰等诸多方面。但全球化产生了“统一与标准化”的趋势，多元民族和文化群体形成的文化多样性面临着被改变、同化乃至丧失的威胁。

要保护地球上的文化多样性，每一个文化的细部都要被尊重和重视。同时，如同保护自然遗产的主要目标之一是为了维护生物多样性一样，保护文化遗产的主要目标之一就是为了保护文化多样性。而记载着历史记忆和底蕴的文化遗产是展现文化多样性的核心载体。在当前的全球化背景下，珍贵的文化遗产和未受干扰的生态系统一样，也具有稀缺性、脆弱性和不可再生性。无论物质还是非物质文化遗产，都蕴含着历史、文化、美学、技术等方面的珍贵信息及其价值，一旦被破坏，这些信息和价值就会受损、残破或者丢失。大规模的城市开发和工程建设，使许多物质文化遗产都在遭受着销蚀、破损、残缺和消失的危险。而一些不恰当的保护方式，即便保留了物质文化遗产本体，但摧毁了文化环境和文化过程及其联系，使文化遗产成为孤岛，使之丧失了价值的完整性和真实性。如何在全球化的背景下，保护文化遗产本体及其所依托和植根的文化环境和联系，是值得深入研究，也是今后努力的方向。

小　结

本章的教学目的是使学生对国内自然保护地体系发展态势有所了解，对国内外国家公园的经验有所了解，对世界遗产有初步的认识。要求学生能对国外风景资源保护与利用发展得以正确的认识，从而应用到国内的国家公园、风景区的保护中去。教学重点有国家公园的内涵及发展、各国国家公园体制建设经验及世界遗产的发展。教学难点为风景区发展趋势的掌握。

思考题

[1]我国的自然保护地体系有何特点？

[2]中国国家公园有哪些需要解决的问题？

[3]我国风景区今后的发展趋势是什么？

[4]美国国家公园对我国风景区规划建设有何启示？

推荐阅读书目

[1]中国国家公园制度建设途径研究. 贾建中，邓武功，束晨阳. 中国园林，2015(2)：57-61.

[2]论国家公园生态观——以美国国家公园为例. 陈耀华，陈远迪. 中国园林，2016(3)：8-14.

[3]论中国的国家公园与保护地体系建设问题. 束晨阳. 中国园林，2016(7)：19-24.

[4]中国国家公园的探索与实践. 张希武，唐芳林. 中国林业出版社，2014.

[5]国家公园理论与实践. 唐芳林等. 中国林业出版社，2017.

[6]美国国家公园体系百年管理与规划制度研究及启示. 吴亮，董草，苏晓毅等. 世界林业研究，2019，32(6)：84-91.

[7]国家文化公园概念的缘起与特质解读. 龚道德. 中国园林，2021(6)：38-42.

[8]中国国家公园生态旅游研究：阶段趋势、研究议题、评述与展望. 余正勇，陈兴. 环境科学与管理，2022，47(2)：144-148.

[9]国家公园规划. 杨锐，庄优波，赵智聪. 中国建筑工业出版社，2020.

[10]中国国家公园和保护区体系理论与实践研究. 杨锐. 中国建筑工业出版社，2022.

参考文献

白伟岚，蒋依依，白羽，2008. 地市级风景名胜区体系规划在健全城市绿色基础设施中的作用——以漳州市为例[J]. 中国园林(9)：68-74.

陈耀华，陈远迪，2016. 论国家公园生态观——以美国国家公园为例[J]. 中国园林(3)：8-14.

陈英瑾，2011，英国国家公园与法国区域公园的保护与管理[J]. 中国园林，27(6)：61-65.

程琳凯，彭振龙，曹位杰，2021. VR 技术在泉州数字旅游中的应用研究[J]. 数字技术与应用，39(8)：69-71.

丁文魁，1993. 风景科学导论[M]. 上海：上海科技教育出版社.

董丽，2012. 风景园林植物景观在人居环境建设中的作用[J]. 风景园林(5)：56-59.

付军，2012. 风景区规划(修订版)[M]. 北京：气象出版社.

高危言，2014. 国家公园发展过程和治理模式[M]. 北京：中国建筑工业出版社.

龚道德，2021. 国家文化公园概念的缘起与特质解读[J]. 中国园林，37(6)：38-42.

国家林业和草原局. 国家公园设立规范[S]. GB/T 39737—2020.

国家市场监督管理总局，中华人民共和国住房和城乡建设部. 2018. 风景名胜区详细规划标准(GB/T 51294—2018)[S]. 北京：中国建筑工业出版社.

国家市场监督管理总局，中华人民共和国住房和城乡建设部. 2018. 风景名胜区总体规划标准(GB/T 50298—2018)[S]. 北京：中国建筑工业出版社.

洪苗，张希，2021. VR 技术在城乡规划领域应用现状和展望[J]. 建筑与文化(3)：36-37.

胡涌，张启翔，1998. 森林公园一些基本理论问题的探讨——兼谈自然保护区、风景名胜区及森林公园的关系[J]. 北京林业大学学报(3)：52-60.

贾建中，邓武功，束晨阳，2015. 中国国家公园制度建设途径研究[J]. 中国园林(2)：57-61.

李德华，2001. 城市规划原理[M]. 北京：中国建筑工业出版社.

李经龙，张小林，郑淑婧，2007. 中国国家公园的旅游发展[J]. 地理与地理信息科学，23(2)：109-112.

李婧梅，2016. 三江源国家公园发展思路与建设路径探索[J]. 青海社会科学(4)：52-56.

李如生，2004. 美国国家公园管理体制[M]. 北京：中国建筑工业出版社.

李如生，李振鹏，2005. 美国国家公园规划体系概述[J]. 风景园林(2)：31-34.

李振鹏，2015. 国家风景名胜区制度与国家公园体制对比研究及相关问题探讨[J]. 风景园林(11)：74-77.

李铮生，2006. 城市园林绿地规划与设计[M]. 北京：中国建筑工业出版社.

刘红纯，2015. 世界主要国家国家公园立法和管理启示[J]. 中国园林(11)：73-77.

刘颂，刘滨谊，温全平，2011. 城市绿地系统规划[M]. 北京：中国建筑工业出版社.

刘雯，曹礼昆，贾建中，2012. BIM 技术在风景名胜区规划中的应用探索——以长江三峡风景名胜区为例[J]. 中国园林(11)：27-35.

陆地，2015. 快速城镇化背景下武汉东湖风景名胜区生态文明构建策略[J]. 中国园林(10)：66-70.

罗勇兵，王连勇，2009. 国外国家公园建设与管理对中国国家公园的启示——以新西兰亚伯塔斯曼国家公园为例[J]. 管理观察(17)：36-37.

马洪波，2016. 对推进三江源国家公园体制试点的思考[J]. 青海社会科学(4)：47-51.

马盟雨，李雄，2015. 日本国家公园建设发展与运营体制概况研究[J]. 中国园林(2)：32-35.

任宇杰，唐晓岚，2018. 大数据时代风景名胜区规划思路与方法探讨[C]//共享与品质——2018 中国城市规划年会论文集(13 风景环境规划)：176-184.

师卫华，季珏，张琰，等，2019. 城市园林绿化智慧化管理体系及平台建设初探[J]. 中国园林，35(8)：134-138.

束晨阳，2016. 论中国的国家公园与保护地体系建设问题[J]. 中国园林(7)：19-24.
苏杨，2015. 中国国家公园体制试点的相关概念、政策背景和技术难点[J]. 环境保护(14)：17-23.
覃盟琳，吴承照，周振宇，2008. 基于CPSR规划模型的风景区环境生态规划研究——以云南乃古石林景区详细规划为例[J]. 中国园林(2)：65-70.
唐芳林，2015. 建立国家公园的实质是完善自然保护体制[J]. 林业与生态(10)：13-15.
唐晓岚，2012. 风景名胜区规划[M]. 南京：东南大学出版社.
唐学山，1997. 园林设计[M]. 北京：中国林业出版社.
唐彰元，2019. 都峤山风景区的智慧化发展[J]. 区域治理(39)：48-50.
田至美，2005. 重庆天坑地缝景区环境容量测算[J]. 国土与自然资源研究(2)：72-73.
王晓红，陈训，陈月华，等，2008. 贵州百里杜鹃风景区植物景观资源调查与营造建议[J]. 北方园艺(9)：137-140.
王雄，李俊达，查昊，2021. 基于ARIMA模型的风景区5G用户数预测及网络规划[J]. 电信快报(9)：41-46.
王应临，杨锐，埃卡特·兰格，2013. 英国国家公园管理体系评述[J]. 中国园林(9)：11-19.
魏民，陈战是，等，2008. 风景名胜区规划原理[M]. 北京：中国建筑工业出版社.
吴承照，2015. 保护地与国家公园的全球共识——2014 IUCN世界公园大会综述[J]. 中国园林，11：69-72.
吴昊，2021. 物联网技术在林业信息化管理中的应用[J]. 林业勘查设计，50(6)：77-79.
吴亮，董草，苏晓毅，等，2019. 美国国家公园体系百年管理与规划制度研究及启示[J]. 世界林业研究，32(6)：84-91.
熊诗琦，刘军，2017. 中国国家公园发展研究综述[J]. 旅游纵览(下半月)(1)：124-125.
许大为，叶振启，李继武，等，1996. 森林公园概念的探讨[J]. 东北林业大学学报(6)：90-93.
杨赉丽，2019. 城市园林绿地规划[M]. 5版. 北京：中国林业出版社.
杨锐，2022. 中国国家公园和保护区体系理论与实践研究[M]. 北京：中国建筑工业出版社.
杨锐，2001. 美国国家公园体系的发展历程及其经验教训[J]. 中国园林(1)：62-64.
杨锐，2003. 美国国家公园规划体系评述[J]. 中国园林(1)：45-48.
杨锐，等，2014. 国家公园与自然保护地研究[M]. 北京：中国建筑工业出版社.
杨锐，庄优波，党安荣，2007. 梅里雪山风景名胜区总体规划过程和技术研究[J]. 中国园林(4)：1-6.
杨锐，庄优波，赵智聪，2020. 国家公园规划[M]. 北京：中国建筑工业出版社.
余正勇，陈兴，2022. 中国国家公园生态旅游研究：阶段趋势、研究议题、评述与展望[J]. 环境科学与管理，47(2)：144-148.
岳忙芳，2021. 虚拟现实(VR)技术在风景园林规划与设计中的应用研究[J]. 工程建设与设计(2)：163-164.
臧振华，张多，王楠，等，2020. 中国首批国家公园体制试点的经验与成效、问题与建议[J]. 生态学报，40(24)：8839-8850.
张国强，贾建中，2002. 风景规划——《风景名胜区规划规范》实施手册[M]. 北京：中国建筑工业出版社.
张浩，蔡玲，陈宇，等，2017. 基于BIM技术的江西龙虎山风景名胜区规划设计的信息化管理研究[J]. 赤峰学院学报(自然科学版)，33(5)：51-54.
张引，庄优波，杨锐. 2018. 法国国家公园管理和规划评述[J]. 中国园林，34(7)：36-41.
章小平，2007. 九寨沟景区旅游环境容量研究[J]. 旅游学刊，22(9)：50-55.
中国风景名胜区高质量发展大数据分析报告[R]. 中国风景名胜区协会 ，2022(3).
中华人民共和国国家标准，2003. 旅游景区质量等级的划分与评定[S]. GB/T 17775—2003.
中华人民共和国国家标准，2008. 风景名胜区分类标准[S]. CJJ/T 21—2008.
中华人民共和国国务院. 风景名胜区条例[Z]. 2016. 9. 19
周维权，1999. 中国名山风景区[M]. 北京：清华大学出版社.
朱璇，2006. 美国国家公园运动和国家公园系统的发展历程[J]. 风景园林(6)：22-25.
庄优波，杨锐，2012. 世界自然遗产地社区规划若干实践与趋势分析[J]. 中国园林(9)：9-13.
庄优波，2014. 德国国家公园体制若干特点研究[J]. 中国园林，30(8)：26-30.
DEPAR TMENT FOR ENVIRONMENT，FOOD AND RURAL AFFAIRS，2010. UK government vision and circular 2010：English national parks and the broads[EB/OL]. London：the Department for Environment，Food and Rural Affairs.

DWYER J, 1991. Structural and evolutionary effects upon conservation policy performance: comparing a U. K. national and a French regional park[J]. Journal of Rural Stadies, 7(3): 265-275.

POORE D., POORE J, 1987. Protected Landscapes: the United Kiagdom Experience [M]. Manchester: Countryside Commission, 4.

THE COUNTRYSIDE AGENCY, 2005. National park management plans guidance 2005[EB/OL]. West Yorkshire, Wetherby: Countryside Agency Publications.